T0280725

CAMBRIDGE LIBRARY COLLECTION

Books of enduring scholarly value

Mathematical Sciences

From its pre-historic roots in simple counting to the algorithms powering modern desktop computers, from the genius of Archimedes to the genius of Einstein, advances in mathematical understanding and numerical techniques have been directly responsible for creating the modern world as we know it. This series will provide a library of the most influential publications and writers on mathematics in its broadest sense. As such, it will show not only the deep roots from which modern science and technology have grown, but also the astonishing breadth of application of mathematical techniques in the humanities and social sciences, and in everyday life.

Oeuvres complètes

Augustin-Louis, Baron Cauchy (1789-1857) was the pre-eminent French mathematician of the nineteenth century. He began his career as a military engineer during the Napoleonic Wars, but even then was publishing significant mathematical papers, and was persuaded by Lagrange and Laplace to devote himself entirely to mathematics. His greatest contributions are considered to be the Cours d'analyse de l'École Royale Polytechnique (1821), Résumé des leçons sur le calcul infinitésimal (1823) and Leçons sur les applications du calcul infinitésimal à la géométrie (1826-8), and his pioneering work encompassed a huge range of topics, most significantly real analysis, the theory of functions of a complex variable, and theoretical mechanics. Twenty-six volumes of his collected papers were published between 1882 and 1958. The first series (volumes 1–12) consists of papers published by the Académie des Sciences de l'Institut de France; the second series (volumes 13–26) of papers published elsewhere.

Oeuvres complètes

Series 1

VOLUME 3

AUGUSTIN LOUIS CAUCHY

CAMBRIDGE UNIVERSITY PRESS

Cambridge New York Melbourne Madrid Cape Town Singapore São Paolo Delhi

Published in the United States of America by Cambridge University Press, New York

www.cambridge.org
Information on this title: www.cambridge.org/9781108002684

This edition first published 1911
This digitally printed version 2009

ISBN 978-1-108-00268-4

ŒUVRES

COMPLÈTES

D'AUGUSTIN CAUCHY

ΑΕΙ Ο ΘΕΟΣ ΓΕΩΜΕΤΡΕΙ

ŒUVRES

COMPLÈTES

D'AUGUSTIN CAUCHY

PUBLIÉES SOUS LA DIRECTION SCIENTIFIQUE

DE L'ACADÉMIE DES SCIENCES

ET SOUS LES AUSPICES

DE M. LE MINISTRE DE L'INSTRUCTION PUBLIQUE.

Iʳᵉ SÉRIE. — TOME III.

PARIS,

GAUTHIER-VILLARS, IMPRIMEUR-LIBRAIRE

DU BUREAU DES LONGITUDES, DE L'ÉCOLE POLYTECHNIQUE,

Quai des Grands-Augustins, 55.

MCMXI

PREMIÈRE SÉRIE.

MÉMOIRES, NOTES ET ARTICLES

EXTRAITS DES

RECUEILS DE L'ACADÉMIE DES SCIENCES

DE L'INSTITUT DE FRANCE.

II.

MÉMOIRES

EXTRAITS DES

MÉMOIRES DE L'ACADÉMIE DES SCIENCES

DE L'INSTITUT DE FRANCE.

MÉMOIRE

SUR

LA THÉORIE DES NOMBRES [1].

Mémoires de l'Académie des Sciences, t. XVII, p. 249; 1840.

AVERTISSEMENT DE L'AUTEUR.

Le Mémoire qu'on va lire est l'un des deux que j'ai présentés à l'Académie des Sciences le 31 mai 1830. Il renferme le développement des principes que j'avais établis dans les *Exercices de Mathématiques* et surtout dans le *Bulletin des Sciences* de M. de Férussac, pour l'année 1829 [2]. Mon absence, qui s'est prolongée pendant 8 années, ayant retardé l'impression de ce Mémoire, je le publie aujourd'hui tel que je le retrouve dans le manuscrit prés nté, le 31 mai 1830, à l'Académie des Sciences, et paraphé à cette époque par le Secrétaire perpétuel M. Georges Cuvier. Toutefois, pour ne pas fatiguer l'attention du lecteur, je supprimerai une grande partie des numéros placés devant les formules et, pour éclaircir quelques passages, je joindrai au texte plusieurs notes placées, les unes au bas des pages, les autres à la suite du dernier paragraphe. Comme quelques notes de la première espèce existaient déjà dans le manuscrit, afin qu'on puisse facilement les distinguer des notes nouvelles, je marquerai celles-ci, quand elles seront placées au bas des pages, par un astérisque.

(1) Présenté à l'Académie des Sciences le 31 mai 1830.

(2) *Voir* le Tome XII de ce *Bulletin,* p. 205 et suiv. (*OEuvres de Cauchy,* S. II, T. II).

§ I.

Soient

$$p = n\varpi + 1$$

un nombre premier;
n un diviseur de $p - 1$;
θ une racine primitive de

$$x^p = 1; \tag{1}$$

τ une racine primitive de

$$x^{p-1} = 1; \tag{2}$$

t une racine primitive de

$$x^{p-1} \equiv 1 \pmod{p}. \tag{3}$$

Alors

$$\rho = \tau^\varpi$$

sera une racine primitive de

$$x^n = 1 \tag{4}$$

et

$$r \equiv t^\varpi \pmod{p}$$

une racine primitive de

$$x^n \equiv 1 \pmod{p}. \tag{5}$$

On aura

$$\tau^{\frac{n\varpi}{2}} = -1, \tag{6}$$

$$t^{\frac{n\varpi}{2}} \equiv -1 \pmod{p} \tag{7}$$

et de plus, si n est pair,

$$\rho^{\frac{n}{2}} = -1,$$

$$r^{\frac{n}{2}} \equiv -1 \pmod{p}.$$

De plus, k étant un nombre entier quelconque, nous désignerons par

$$m = \mathrm{I}(k)$$

le nombre m propre à vérifier la formule

$$k \equiv t^m \qquad (\mathrm{mod.}\, p),$$

en sorte qu'on aura

$$k^{\varpi} \equiv t^{m\varpi} \equiv r^m \equiv r^{\mathrm{I}(k)},$$

et nous poserons

$$\left(\frac{k}{p}\right) = \tau^{m\varpi} = \tau^{\varpi\,\mathrm{I}(k)} = \rho^{\mathrm{I}(k)}.$$

Par suite, comme on aura, en vertu de l'équation (7),

$$\mathrm{I}(-1) = \frac{n\varpi}{2},$$

on en conclura

$$\left(\frac{-1}{p}\right) = \rho^{\frac{n\varpi}{2}} = \tau^{\frac{\varpi}{2}\varpi} = (-1)^{\varpi}.$$

On aura d'ailleurs évidemment

$$\left(\frac{h}{p}\right)\left(\frac{k}{p}\right) = \left(\frac{hk}{p}\right), \qquad \left(\frac{h}{p}\right)^l = \left(\frac{h^l}{p}\right), \qquad \cdots\cdot$$

Soient maintenant

$$\Theta_h = \theta + \rho^h \theta^t + \rho^{2h}\theta^{t^2} + \ldots + \rho^{(p-2)h}\theta^{t^{p-2}} \tag{8}$$

et

$$\Theta_h \Theta_k = \mathrm{R}_{h,k}\, \Theta_{h+k}. \tag{9}$$

$\mathrm{R}_{1,m}$ sera une fonction de ρ de la forme

$$\mathrm{R}_{1,m} = a_0 + a_1\rho + a_2\rho^2 + \ldots + a_{n-1}\rho^{n-1};$$

et, si l'on pose

$$k \equiv mh \qquad (\mathrm{mod.}\, n),$$

on aura, en supposant m différent de zéro et de $\frac{n}{2}$,

$$\mathrm{R}_{h,mh} = a_0 + a_1\rho^h + a_2\rho^{2h} + \ldots + a_{n-1}\rho^{(n-1)h}$$

et

$$\text{(10)} \qquad R_{h,k} = (-1)^{\varpi(h+k)} \sum \left(\frac{u}{p}\right)^h \left(\frac{v}{p}\right)^k,$$

le signe $\sum$ s'étendant à toutes les valeurs entières de u, v comprises entre les limites 1, $p-1$, et qui vérifieront l'équivalence

$$1 + u + v \equiv 0 \qquad (\text{mod}.\, p).$$

On aura d'ailleurs, en supposant h différent de zéro,

$$\text{(11)} \qquad \Theta_h \Theta_{-h} = (-1)^{\varpi h} p, \qquad R_{h,-h} = -(-1)^{\varpi h} p,$$

et, en supposant h, k ainsi que $h+k$ non divisibles par n,

$$\text{(12)} \qquad R_{h,k} R_{-h,-k} = p.$$

On trouvera, au contraire,

$$\text{(13)} \qquad R_{h,0} = R_{0,h} = -1.$$

Enfin l'on aura

$$\text{(14)} \qquad a_0 + a_1 + a_2 + \ldots + a_{n-1} = p - 2$$

et, en supposant n pair,

$$\text{(15)} \qquad a_0 - a_1 + a_2 - a_3 + \ldots - a_{n-1} = -(-1)^{\frac{\varpi n}{2}}.$$

Par suite, si l'on suppose

$$\text{(16)} \qquad R_{h,k} = F(\rho),$$

on trouvera

$$\text{(17)} \qquad F(\rho^m) = R_{mh,mk} \qquad \text{et} \qquad F(\rho^m) F(\rho^{-m}) = p,$$

si le nombre m est tel qu'aucune des équations

$$\text{(18)} \qquad \rho^{mh} = 1, \qquad \rho^{mk} = 1, \qquad \rho^{m(h+k)} = 1$$

ne soit vérifiée. On aura, au contraire,

$$\text{(19)} \qquad F(\rho^m) = -(-1)^{\varpi mh,\ \varpi mk}$$

si une seule des équations (18) est satisfaite, et

$$F(\rho^m) = p - 2 \tag{20}$$

si les trois équations (18) subsistent simultanément.

Soient encore h, k, l trois nombres entiers propres à vérifier la condition

$$h + k + l \equiv 0 \quad (\text{mod}. n). \tag{21}$$

On aura, en supposant ces nombres tous trois différents de zéro,

$$\Theta_h \Theta_k \Theta_l = (-1)^{\varpi l} \frac{\Theta_h \Theta_k}{\Theta_{h+k}} = (-1)^{\varpi k} \frac{\Theta_h \Theta_l}{\Theta_{h+l}} = (-1)^{\varpi h} \frac{\Theta_k \Theta_l}{\Theta_{k+l}}$$

et, par conséquent,

$$(-1)^{\varpi h} R_{k,l} = (-1)^{\varpi k} R_{l,h} = (-1)^{\varpi l} R_{k,h}. \tag{22}$$

Soit maintenant s une racine primitive de

$$x^{n-1} \equiv 1 \quad (\text{mod}. n), \tag{23}$$

le nombre n étant supposé premier, et faisons

$$\Theta_1 \Theta_{s^2} \Theta_{s^4} \ldots \Theta_{s^{n-3}} = \mathfrak{F}(\rho) \quad [1]; \tag{24}$$

on aura

$$\Theta_s \Theta_{s^3} \Theta_{s^5} \ldots \Theta_{s^{n-2}} = \mathfrak{F}(\rho^s) \tag{25}$$

et, de plus,

$$\begin{aligned} \mathfrak{F}(\rho) &= \mathfrak{F}(\rho^{s^2}) = \mathfrak{F}(\rho^{s^4}) = \ldots = \mathfrak{F}(\rho^{s^{n-3}}), \\ \mathfrak{F}(\rho^s) &= \mathfrak{F}(\rho^{s^3}) = \mathfrak{F}(\rho^{s^5}) = \ldots = \mathfrak{F}(\rho^{s^{n-2}}). \end{aligned}$$

Donc $\mathfrak{F}(\rho)$ sera de la forme

$$\mathfrak{F}(\rho) = c_0 + c_1(\rho + \rho^{s^2} + \rho^{s^4} + \ldots + \rho^{s^{n-3}}) + c_2(\rho^s + \rho^{s^3} + \ldots + \rho^{s^{n-2}}) \tag{26}$$

[1] Nota. — s étant une racine primitive de la formule (23), on a

$$\begin{aligned} s^{n-1} - 1 &\equiv 0 \\ \frac{s^{n-1} - 1}{s^2 - 1} = 1 + s^2 + s^4 + \ldots + s^{n-3} &\equiv 0 \end{aligned} \quad (\text{mod}. n),$$

et c'est ce qui permet d'établir la formule (24).

ou

$$\mathfrak{F}(\rho) = \frac{2c_0 - c_1 - c_2}{2} + \frac{c_1 - c_2}{2}(\rho - \rho^s + \rho^{s^2} - \rho^{s^3} + \ldots + \rho^{s^{n-3}} - \rho^{s^{n-2}});$$

et, comme on aura

$$s^{\frac{n-1}{2}} \equiv -1 \quad (\text{mod.}\, n),$$

$$\rho + \rho^s + \rho^{s^2} + \ldots + \rho^{s^{n-3}} + \rho^{s^{n-2}} = -1,$$

$$(\rho - \rho^s + \rho^{s^2} - \rho^{s^3} + \ldots + \rho^{s^{n-3}} - \rho^{s^{n-2}})^2 = (-1)^{\frac{n-1}{2}} n,$$

on trouvera

$$\mathfrak{F}(\rho)\mathfrak{F}(\rho^s) = \left(\frac{2c_0 - c_1 - c_2}{2}\right)^2 - (-1)^{\frac{n-1}{2}} n \left(\frac{c_1 - c_2}{2}\right)^2,$$

ou, ce qui revient au même,

$$(27) \qquad 4\mathfrak{F}(\rho)\mathfrak{F}(\rho^s) = (2c_0 - c_1 - c_2)^2 - (-1)^{\frac{n-1}{2}} n (c_1 - c_2)^2,$$

ou bien encore

$$(28) \quad \mathfrak{F}(\rho)\mathfrak{F}(\rho^s) = (c_0 - c_1)^2 + (c_0 - c_2)(c_1 - c_2) + \frac{1 - (-1)^{\frac{n-1}{2}} n}{4} (c_1 - c_2)^2.$$

Lorsque n est de la forme $4x + 3$, l'équation (27) ou (28) se réduit à

$$(29) \qquad 4\mathfrak{F}(\rho)\mathfrak{F}(\rho^s) = (2c_0 - c_1 - c_2)^2 + n(c_1 - c_2)^2$$

ou bien à

$$(30) \quad \mathfrak{F}(\rho)\mathfrak{F}(\rho^s) = (c_0 - c_1)^2 + (c_0 - c_1)(c_1 - c_2) + \frac{n+1}{4}(c_1 - c_2)^2.$$

Au contraire, lorsque n est de la forme $4x + 1$, alors, $\frac{n-1}{2}$ étant pair, la formule (24) donne simplement

$$\mathfrak{F}(\rho) = p^{\frac{n-1}{4}}$$

et ρ disparaît de l'équation (26), qui se trouve réduite à la forme

$$\mathfrak{F}(\rho) = c_0.$$

Revenons au cas où n est de la forme $4x + 3$. Comme on aura

$$\mathfrak{F}(\rho)\mathfrak{F}(\rho^s) = p^{\frac{n-1}{2}},$$

l'équation (29) donnera

$$4p^{\frac{n-1}{2}} = (2c_0 - c_1 - c_2)^2 + n(c_1 - c_2)^2.$$

Donc on résoudra l'équation

$$(31) \qquad 4p^{\frac{n-1}{2}} = X^2 + nY^2$$

en prénant

$$X = 2c_0 - c_1 - c_2, \qquad Y = c_1 - c_2.$$

Mais ces valeurs de X et de Y seront généralement divisibles par p. Il reste à trouver la plus haute puissance de p qui les divise simultanément.

Soit υ un nombre tel qu'on ait simultanément

$$\upsilon^{\frac{n-1}{2}} \equiv 1 \quad \text{et} \quad (1+\upsilon)^{\frac{n-1}{2}} \equiv 1 \quad (\text{mod.} n).$$

On trouvera

$$\Theta_1 \Theta_{s^2} \Theta_{s^4} \ldots \Theta_{s^{n-3}} = \Theta_\upsilon \Theta_{\upsilon s^2} \ldots \Theta_{\upsilon s^{n-3}} = \Theta_{1+\upsilon} \Theta_{(1+\upsilon)s^2} \ldots \Theta_{(1+\upsilon)s^{n-3}} = \mathfrak{F}(\rho)$$

et, par suite,

$$(32) \qquad \mathfrak{F}(\rho) = \frac{\Theta_1 \Theta_\upsilon}{\Theta_{1+\upsilon}} \frac{\Theta_{s^2} \Theta_{\upsilon s^2}}{\Theta_{(1+\upsilon)s^2}} \cdots \frac{\Theta_{s^{n-3}} \Theta_{\upsilon s^{n-3}}}{\Theta_{(1+\upsilon)s^{n-3}}} = R_{1,\upsilon} R_{s^2, \upsilon s^2} \ldots R_{s^{n-3}, \upsilon s^{n-3}},$$

$$(33) \qquad \mathfrak{F}(\rho^s) = R_{s,\upsilon s} R_{s^3, \upsilon s^3} \ldots R_{s^{n-2}, \upsilon s^{n-2}}.$$

Si n est de la forme $8x + 7$, on pourra prendre $\upsilon = 1$, puisqu'on aura $2^{\frac{n-1}{2}} \equiv 1$, et les formules (32), (33) donneront

$$(34) \qquad \begin{cases} \mathfrak{F}(\rho) = R_{1,1} R_{s^2, s^2} \ldots R_{s^{n-3}, s^{n-3}}, \\ \mathfrak{F}(\rho^s) = R_{s,s} R_{s^3, s^3} \ldots R_{s^{n-2}, s^{n-2}}. \end{cases}$$

D'autre part, comme on aura

$$\mathfrak{F}(\rho) = c_0 + c_1(\rho + \rho^{s^2} + \ldots + \rho^{s^{n-3}}) + c_2(\rho^s + \rho^{s^3} + \ldots + \rho^{s^{n-2}}),$$
$$\mathfrak{F}(\rho^s) = c_0 + c_1(\rho^s + \rho^{s^3} + \ldots + \rho^{s^{n-2}}) + c_2(\rho + \rho^{s^2} + \ldots + \rho^{s^{n-3}}),$$

on en conclura

$$(35)\quad \left\{\begin{aligned} X &= 2c_0 - c_1 - c_2 = \mathcal{F}(\rho) + \mathcal{F}(\rho^s),\\ Y &= c_1 - c_2 = \frac{\mathcal{F}(\rho) - \mathcal{F}(\rho^s)}{\rho - \rho^s + \ldots + \rho^{s^{n-3}} - \rho^{s^{n-2}}}\\ &= (-1)^{\frac{n-1}{2}} n(\rho - \rho^s + \ldots - \rho^{s^{n-2}})[\mathcal{F}(\rho) - \mathcal{F}(\rho^s)]. \end{aligned}\right.$$

Soit maintenant

$$(36)\qquad \Pi_{h,k} = \frac{1.2.3\ldots[(h+k)\varpi]}{(1.2.3\ldots h\varpi)(1.2.3\ldots k\varpi)},$$

et supposons chacun des nombres h, k renfermé entre les limites o, n. On aura

$$(37)\qquad \Pi_{h,k} \equiv 0 \qquad (\text{mod.}\, p)$$

si la somme $h+k$ est renfermée entre les limites n et $2n$; et, au contraire, $\Pi_{h,k}$ ne sera point divisible par p, lorsque $h+k$ sera compris entre les limites o, n. D'un autre côté, en supposant

$$h+k < n \qquad \text{et} \qquad n-h-k = l,$$

en sorte que la condition (21) soit vérifiée, on aura

$$\begin{aligned} 1.2.3\ldots(n-1) &\equiv [1.2.3\ldots(h+k)\varpi][(-1)(-2)\ldots(-l\varpi)]\\ &\equiv [1.2.3\ldots(h+k)\varpi](-1)^{l\varpi}(1.2.3\ldots l\varpi) \equiv -1, \end{aligned}$$

$$1.2.3\ldots(h+k)\varpi = (-1)^{l\varpi+1}\frac{1}{1.2.3\ldots l\varpi}$$

et, par conséquent,

$$(38)\qquad \Pi_{h,k} = \frac{(-1)^{l\varpi+1}}{(1.2\ldots h\varpi)(1.2\ldots k\varpi)(1.2\ldots l\varpi)}.$$

Enfin, si l'on pose comme ci-dessus

$$R_{h,k} = F(\rho),$$

on trouvera

$$(39)\qquad F(r) = -\Pi_{n-h,n-k}.$$

Cela posé, soit p^λ la plus haute puissance de p qui puisse diviser simultanément X et Y. On aura, en vertu des formules (35),

$$(40)\quad \begin{cases} \dfrac{X}{p^\lambda} = \dfrac{\mathcal{F}(\rho)}{p^\lambda} + \dfrac{\mathcal{F}(\rho^s)}{p^\lambda}, \\ \dfrac{Y}{p^\lambda} = (-1)^{\frac{n-1}{2}} n(\rho - \rho^s + \rho^{s^2} - \ldots + \rho^{s^{n-3}} - \rho^{s^{n-2}}) \left[\dfrac{\mathcal{F}(\rho)}{p^\lambda} - \dfrac{\mathcal{F}(\rho^s)}{p^\lambda}\right]; \end{cases}$$

et, comme les seconds membres des formules (40) seront des fonctions symétriques de ρ, ρ^2, ..., ρ^{n-1}, ils devront rester équivalents, suivant le module p, à $\frac{X}{p^\lambda}$ et à $\frac{Y}{p^\lambda}$, quand on y remplacera ρ par r. Donc, alors, l'un et l'autre seront entiers, et l'un d'eux au moins sera non divisible par p. D'ailleurs, si, dans les seconds membres des formules (34), on remplace $R_{h,h}$ par $\frac{p}{R_{-h,-h}}$, toutes les fois que l'indice h est équivalent suivant le module n à l'un des nombres 1, 2, 3, ..., $\frac{n-1}{2}$, on en conclura

$$(41)\quad \begin{cases} \mathcal{F}(\rho) = p^{\nu'}\varphi(\rho), \\ \mathcal{F}(\rho^s) = p^{\frac{n-1}{2}-\nu'}\chi(\rho) = p^{\nu''}\chi(\rho), \end{cases}$$

ν' étant le nombre de ceux des indices

$$1, \quad s^2, \quad s^4, \quad \ldots, \quad s^{n-3}$$

qui sont équivalents suivant le module n à l'un des suivants

$$(42)\qquad 1, \quad 2, \quad 3, \quad \ldots, \quad \frac{n-1}{2},$$

et ν'' étant déterminé par la formule

$$\nu' + \nu'' = \frac{n-1}{2},$$

tandis que $\varphi(r)$, $\chi(r)$ ne seront équivalents ni à zéro ni à $\frac{1}{0}$ suivant le module p. Donc, si l'on prend pour λ le plus petit des nombres ν' et ν'', les seconds membres des formules (40), quand on y remplacera ρ par r, ne deviendront point équivalents à l'infini suivant le module p, et l'un d'eux au plus sera équivalent à zéro. Donc λ sera l'exposant de la plus haute puissance de p qui divise simultanément X et Y. D'ailleurs, si l'on fait

$$X = p^\lambda x, \qquad Y = p^\lambda y,$$

la formule (31) donnera

$$(43) \qquad 4p^{\frac{n-1}{2}-2\lambda} = x^2 + ny^2,$$

et comme on trouvera, en posant $\lambda = \nu'$,

$$\frac{n-1}{2} - 2\lambda = \frac{n-1-4\nu'}{2}$$

et, en posant $\lambda = \frac{n-1}{2} - \nu'$,

$$\frac{n-1}{2} - 2\lambda = \frac{4\nu' - (n-1)}{2},$$

il est clair que la formule (43) pourra être réduite à

$$(44) \qquad 4p^\mu = x^2 + ny^2,$$

la valeur de μ étant

$$(45) \qquad \mu = \pm\left(\frac{4\nu' - n + 1}{2}\right).$$

Si n était de la forme $8x + 3$, on aurait

$$2^{\frac{n-1}{2}} \equiv -1 \quad (\text{mod.}\, p),$$

$$\Theta_2 \Theta_{2s^2} \ldots \Theta_{2s^{n-3}} = \Theta_s \Theta_{s^3} \ldots \Theta_{s^{n-2}} = \mathfrak{F}(\rho^s),$$

$$R_{1,1} R_{s^2,s^2} \ldots R_{s^{n-3},s^{n-3}} = \frac{\Theta_1^2}{\Theta_2} \frac{\Theta_{s^2}^2}{\Theta_{2s^2}} \cdots \frac{\Theta_{s^{n-3}}^2}{\Theta_{2s^{n-3}}} = \frac{[\mathfrak{F}(\rho)]^2}{\mathfrak{F}(\rho^s)},$$

$$R_{s,s} R_{s^3,s^3} \ldots R_{s^{n-2},s^{n-2}} = \frac{[\mathfrak{F}(\rho^s)]^2}{\mathfrak{F}(\rho)}.$$

Donc alors, à la place des formules (41), on trouverait

$$\frac{[\mathfrak{F}(\rho)]^2}{\mathfrak{F}(\rho^s)} = p^{\nu'} \varphi(\rho),$$

$$\frac{[\mathfrak{F}(\rho^s)]^2}{\mathfrak{F}(\rho)} = p^{\nu''} \chi(\rho) = p^{\frac{n-1}{2}-\nu'} \chi(\rho);$$

puis on en conclurait

$$(46)\quad \begin{cases} [\mathcal{F}(\rho)]^3 = p^{\frac{n-1}{2}+\nu'}[\varphi(\rho)]^2\chi(\rho), \\ [\mathcal{F}(\rho^s)]^3 = p^{n-1-\nu'}\varphi(\rho)[\chi(\rho)]^2. \end{cases}$$

Donc alors on devra prendre pour λ le plus petit des deux nombres

$$\frac{1}{3}\left(\frac{n-1}{2}+\nu'\right), \quad \frac{1}{3}(n-1-\nu'),$$

en sorte qu'on aura

$$\frac{n-1}{2} - 2\lambda = \pm\frac{n-1-4\nu'}{6}.$$

Donc alors on vérifiera l'équation

$$(47)\quad 4p^{\mu} = x^2 + ny^2$$

en nombres entiers si l'on pose

$$(48)\quad \mu = \pm\frac{4\nu'-(n-1)}{6}.$$

Dans les formules (45) et (48), μ est toujours inférieur à $\frac{1}{2}n$, et ν' représente le nombre de ceux des indices (42) qui sont racines de l'équivalence

$$x^{\frac{n-1}{2}} \equiv 1 \quad (\text{mod}.\, n).$$

Les autres étant nécessairement racines de l'équivalence

$$x^{\frac{n-1}{2}} \equiv -1 \quad (\text{mod}.\, n),$$

on en conclut

$$(49)\quad \begin{cases} 1^{\frac{n-1}{2}} + 2^{\frac{n-1}{2}} + 3^{\frac{n-1}{2}} + \ldots + \left(\frac{n-1}{2}\right)^{\frac{n-1}{2}} \\ \qquad \equiv \nu' - \left(\frac{n-1}{2} - \nu'\right) \equiv \frac{4\nu'-(n-1)}{2} \end{cases} \quad (\text{mod}.\, n).$$

On a d'ailleurs

$$1 + e^{z\sqrt{-1}} + e^{2z\sqrt{-1}} + \ldots + e^{\frac{n-1}{2}z\sqrt{-1}} = \frac{1 - e^{\frac{n+1}{2}z\sqrt{-1}}}{1 - e^{z\sqrt{-1}}} = \frac{e^{-\frac{1}{2}z\sqrt{-1}} - e^{\frac{n}{2}z\sqrt{-1}}}{e^{-\frac{1}{2}z\sqrt{-1}} - e^{\frac{1}{2}z\sqrt{-1}}}$$

et, par suite,

$$(50)\quad \left\{\begin{aligned} &1+\cos z+\cos 2z+\ldots+\cos\frac{n-1}{2}z=\frac{1}{2}\left(1-\frac{\sin\frac{n}{2}z}{\sin\frac{1}{2}z}\right),\\ &\sin z+\sin 2z+\ldots+\sin\frac{n-1}{2}z=\frac{1}{2}\left(\cot\frac{z}{2}-\frac{\cos\frac{n}{2}z}{\sin\frac{z}{2}}\right)=\frac{1}{2}\,\frac{\cos\frac{z}{2}-\cos\frac{n}{2}z}{\sin\frac{z}{2}}.\end{aligned}\right.$$

Si, $n-1$ étant impair, on différentie $\frac{n-1}{2}$ fois par rapport à z la première des équations (50), on en tirera

$$(-1)^{\frac{n+1}{4}}\left[\sin z+2^{\frac{n-1}{2}}\sin 2z+3^{\frac{n-1}{2}}\sin 3z+\ldots+\left(\frac{n-1}{2}\right)^{\frac{n-1}{2}}\sin\frac{n-1}{2}z\right]$$
$$=-\frac{1}{2}\,\frac{d^{\frac{n-1}{2}}}{dz^{\frac{n-1}{2}}}\,\frac{\sin\frac{n}{2}z}{\sin\frac{1}{2}z},$$

tandis que la seconde donnera

$$(-1)^{\frac{n-3}{4}}\left[\cos z+2^{\frac{n-1}{2}}\cos 2z+\ldots+\left(\frac{n-1}{2}\right)^{\frac{n-1}{2}}\cos\frac{n-1}{2}z\right]$$
$$=\frac{1}{2}\,\frac{d^{\frac{n-1}{2}}\left(\cot\frac{z}{2}-\frac{\cos\frac{n}{2}z}{\sin\frac{z}{2}}\right)}{dz^{\frac{n-1}{2}}}.$$

On conclura de cette dernière, en posant $z=0$, après les différentiations,

$$(51)\quad (-1)^{\frac{n-3}{4}}\left[1+2^{\frac{n-1}{2}}+\ldots+\left(\frac{n-1}{2}\right)^{\frac{n-1}{2}}\right]\equiv\frac{d^{\frac{n-1}{2}}\left(\cot\frac{z}{2}-\text{coséc}\,\frac{z}{2}\right)}{dz^{\frac{n-1}{2}}}\quad(\text{mod.}\,n).$$

D'autre part, si l'on désigne par $\mathcal{A}_n$ le nombre de Bernoulli qui correspond à l'indice n, en sorte qu'on ait

$$\mathcal{A}_1 = \frac{1}{6}, \qquad \mathcal{A}_2 = \frac{1}{30}, \qquad \mathcal{A}_3 = \frac{1}{42}, \qquad \ldots,$$

on trouvera

$$\operatorname{tang}\frac{z}{2} = 2\left[\frac{1}{6}(2^2-1)\frac{z}{1.2} + \frac{1}{30}(2^4-1)\frac{z^3}{1.2.3.4} + \frac{1}{42}(2^6-1)\frac{z^5}{1.2.3.4.5.6} + \ldots\right]$$

et l'équation (51) pourra être réduite à

$$1 + 2^{\frac{n-1}{2}} + 3^{\frac{n-1}{2}} + \ldots + \left(\frac{n-1}{2}\right)^{\frac{n-1}{2}} = (-1)^{\frac{n+1}{4}} \frac{1}{2} \frac{d^{\frac{n-1}{2}} \operatorname{tang}\frac{z}{4}}{dz^{\frac{n-1}{2}}}.$$

On aura donc par suite, en supposant $\frac{n-1}{2}$ impair, ou n de la forme $4x+3$,

$$(52)\quad \left\{\begin{aligned} 1 + 2^{\frac{n-1}{2}} + 3^{\frac{n-1}{2}} + \ldots + \left(\frac{n-1}{2}\right)^{\frac{n-1}{2}} &= (-1)^{\frac{n+1}{4}}\, 2\, \frac{2^{\frac{n+1}{2}} - 1}{2^{\frac{n-1}{2}}(n+1)} \mathcal{A}_{\frac{n+1}{4}} \\ &= (-1)^{\frac{n+1}{4}} \frac{2\left(2^{\frac{n+1}{2}} - 1\right)}{2^{\frac{n-1}{2}}} \mathcal{A}_{\frac{n+1}{4}}. \end{aligned}\right.$$

Enfin, comme on trouvera : 1° en supposant n de la forme $8x+7$,

$$2^{\frac{n-1}{2}} \equiv 1 \qquad (\text{mod}.\, n);$$

2° en supposant n de la forme $8x+3$,

$$2^{\frac{n-1}{2}} \equiv -1 \qquad (\text{mod}.\, n),$$

l'équation (52) donnera, dans le premier cas,

$$1 + 2^{\frac{n-1}{2}} + 3^{\frac{n-1}{2}} + \ldots + \left(\frac{n-1}{2}\right)^{\frac{n-1}{2}} \equiv (-1)^{\frac{n+1}{4}}\, 2\, \mathcal{A}_{\frac{n+1}{4}}$$

et, dans le second cas,

$$1 + 2^{\frac{n-1}{2}} + 3^{\frac{n-1}{2}} + \ldots + \left(\frac{n-1}{2}\right)^{\frac{n-1}{2}} \equiv -(-1)^{\frac{n+1}{4}}\, 6\, \mathcal{A}_{\frac{n+1}{4}}.$$

On aura donc : 1° en supposant n de la forme $8x + 7$,

$$\pm \mu \equiv \frac{4\nu' - (n-1)}{2} \equiv (-1)^{\frac{n+1}{4}} 2\mathcal{A}_{\frac{n+1}{4}} \qquad (\text{mod}. n);$$

2° en supposant n de la forme $8x + 3$,

$$\pm \mu = \frac{4\nu' - (n-1)}{6} = -(-1)^{\frac{n+1}{4}} 2\mathcal{A}_{\frac{n+1}{4}}.$$

Par conséquent on aura, dans tous les cas,

$$(53) \qquad \mu = \pm 2\mathcal{A}_{\frac{n+1}{4}}.$$

On pourra donc vérifier l'équation (47) en prenant pour μ le plus petit nombre entier équivalent à

$$\pm 2\mathcal{A}_{\frac{n+1}{4}}.$$

Exemples. — Soit $n = 7$. On trouvera

$$2\mathcal{A}_{\frac{n+1}{4}} \equiv 2\mathcal{A}_2 \equiv \frac{2}{30} \equiv \frac{1}{15} \equiv 1 \qquad (\text{mod}. 7),$$

$$\mu = 1.$$

On vérifiera donc alors en nombres entiers l'équation

$$4p = x^2 + 7y^2$$

et, par conséquent, l'équation

$$p = x^2 + 7y^2.$$

Soit encore $n = 11$. On trouvera

$$2\mathcal{A}_{\frac{n+1}{4}} \equiv 2\mathcal{A}_3 \equiv \frac{2}{42} \equiv \frac{1}{21} \equiv -1 \qquad (\text{mod}. 11),$$

$$\mu = 1$$

et, par conséquent, on pourra vérifier en nombres entiers l'équation

$$4p^2 = x^2 + 11y^2.$$

Soit $n = 163$; 2 sera une racine primitive de l'équation

$$x^{81} \equiv 1,$$

en sorte qu'on pourra supposer

$$s^2 = 2.$$

D'ailleurs, les puissances successives de 2, divisées par 163, donneront pour restes :

1,	2,	4,	8,	16,	32,	64,	−35,	−70,	23,	46,
	92,	21,	42,	−79,	5,	10,	20,	40,	80,	−3,
	−6,	−12,	−24,	−48,	67,	−29,	−58,	−47,	−69,	25,
	50,	−63,	37,	74,	−15,	−30,	−60,	43,	86,	9,
	18,	36,	72,	−19,	−38,	−76,	11,	22,	44,	88,
	13,	26,	52,	−59,	45,	73,	−17,	−34,	−68,	−27,
	−54,	55,	−53,	57,	−49,	65,	−33,	−66,	31,	62,
	−39,	−78,	7,	14,	28,	56,	−51,	61,	−41,	81.

Les restes positifs et inférieurs à $\frac{163}{2} = 81{,}5$ étant au nombre de 48, on aura

$$\nu = 48, \qquad \frac{n-1}{2} = 81,$$

$$\mu = \pm \frac{4\nu - (n-1)}{6} = \pm \frac{1}{3}\left(2\nu - \frac{n-1}{2}\right) = \pm \frac{1}{3}(96 - 81) = \pm 5, \qquad \mu = 5.$$

On pourra donc satisfaire, par des valeurs entières de x, y, à l'équation

$$p^5 = x^2 + 163y^2.$$

Revenons aux formules (10) et (16) desquelles on tire

$$(54) \quad \mathrm{R}_{h,k} = \mathrm{F}(\rho) = (-1)^{\varpi(h+k)} \sum \left(\frac{u}{p}\right)^h \left(\frac{v}{p}\right)^k = (-1)^{\varpi h} \sum \left(\frac{t^m}{p}\right)^h \left(\frac{1+t^m}{p}\right)^k.$$

Si l'on y remplace ρ par r, on trouvera

$$(55) \quad \left\{ \begin{aligned} \mathrm{F}(r) &\equiv (-1)^{\varpi h} \sum t^{m\varpi h}(1+t^m)^{\varpi k} \\ &\equiv (-1)^{\varpi h} \frac{1.2.3\ldots k\varpi}{[1.2.3\ldots(n-h)\varpi][1.2\ldots(h+k-n)\varpi]} n\varpi \end{aligned} \right. \pmod{p};$$

et, comme on a

$$n\varpi \equiv -1, \qquad 1.2.3\ldots k\varpi \equiv \frac{(-1)^{k\varpi+1}}{1.2.3\ldots(n-k)\varpi},$$

$$\frac{1}{1.2.3\ldots(h+k-n)\varpi} \equiv (-1)^{(h+k)\varpi+1}\, 1.2.3\ldots(2n-h-k)\varpi,$$

on conclura de la formule (55)

$$(56)\qquad F(r) \equiv -\frac{1.2.3\ldots(2n-h-k)\varpi}{[1.2.3\ldots(n-h)\varpi][1.2.3\ldots(n-k)\varpi]} = -\Pi_{n-h,n-k};$$

ce qui s'accorde avec la formule (39).

Si, dans l'équation (39) ou (56), on remet pour $\Pi_{n-h,n-k}$ sa valeur tirée de l'équation (38), savoir

$$\Pi_{n-h,n-k} \equiv -\frac{(-1)^{l\varpi}}{[1.2.3\ldots(n-h)\varpi][1.2.3\ldots(n-k)\varpi][1.2.3\ldots(n-l)\varpi]}$$
$$\equiv (1.2.3\ldots h\varpi)(1.2.3\ldots k\varpi)(1.2.3\ldots l\varpi)(-1)^{l\varpi+1},$$

on trouvera

$$(57)\quad \begin{cases} F(r) \equiv (-1)^{l\varpi}(1.2.3\ldots h\varpi)(1.2.3\ldots k\varpi)(1.2.3\ldots l\varpi) \\ \quad\equiv (-1)^{(h+k)\varpi}(1.2.3\ldots h\varpi)(1.2.3\ldots k\varpi)[1.2.3\ldots(n-h-k)\varpi] \end{cases} \pmod{p}.$$

Il est facile de trouver des nombres équivalents, suivant le module p, aux valeurs de x, y qui vérifient la formule (44) ou (47). En effet, soit toujours p^λ la plus haute puissance de p qui divise simultanément X et Y; on aura

$$(58)\qquad x = \frac{X}{p^\lambda} = \frac{\mathfrak{F}(\rho)}{p^\lambda} + \frac{\mathfrak{F}(\rho^s)}{p^\lambda} \equiv \frac{\mathfrak{F}(r)}{p^\lambda} + \frac{\mathfrak{F}(r^s)}{p^\lambda} \pmod{p},$$

$$(59)\quad \begin{cases} y = \dfrac{Y}{p^\lambda} = (-1)^{\frac{n-1}{2}} n(\rho - \rho^s + \ldots - \rho^{s^{n-2}})\left[\dfrac{\mathfrak{F}(\rho)}{p^\lambda} - \dfrac{\mathfrak{F}(\rho^s)}{p^\lambda}\right] \\ \quad\equiv (-1)^{\frac{n-1}{2}} n(r - r^s + \ldots - r^{s^{n-1}})\left[\dfrac{\mathfrak{F}(r)}{p^\lambda} - \dfrac{\mathfrak{F}(r^s)}{p^\lambda}\right] \end{cases} \pmod{p}.$$

D'ailleurs, on déduira sans peine des formules (32) et (33) les valeurs des rapports

$$\frac{\mathfrak{F}(r)}{p^\lambda}, \quad \frac{\mathfrak{F}(r^s)}{p^\lambda},$$

ou plutôt la valeur de celui qui n'est pas divisible par p. En effet, on y parviendra facilement en remplaçant chaque facteur de la forme

$$R_{h,k}$$

par $\frac{p}{R_{n-h,n-k}}$, toutes les fois que $h+k$ sera renfermé entre les limites o, n, et remplaçant ensuite ρ par r.

§ II. — *Applications nouvelles des formules établies dans le premier paragraphe.*

Supposons maintenant que n soit un nombre composé et prenons

$$n = \omega\nu,$$

ν désignant un facteur premier de n. Soit encore

$$\omega\varpi = \psi.$$

On aura

$$p - 1 = n\varpi = \nu\psi.$$

De plus, si l'on désigne par ς une racine primitive de

$$x^\nu = 1$$

et par α une racine primitive de

$$x^\omega = 1,$$

on pourra prendre

$$\rho = \alpha\varsigma.$$

Cela posé, soient s une racine primitive de l'équivalence

$$x^\nu \equiv 1 \quad (\text{mod.} p)$$

et u une racine primitive de l'équivalence

$$x^{\nu-1} \equiv 1 \quad (\text{mod.} \nu).$$

Les nombres entiers

$$1,\quad 2,\quad 3,\quad \ldots,\quad n-2,\quad n-1$$

seront équivalents, suivant le module n, aux divers termes de la suite

$$1,\ u,\ \ldots,\ u^{\nu-2},\ \nu+1,\ \nu+u,\ \ldots,\ \nu+u^{\nu-2},\ \ldots,$$
$$(\omega-1)\nu+1,\ (\omega-1)\nu+u,\ \ldots,\ (\omega-1)\nu+u^{\nu-2};$$

et l'on aura

$$\begin{aligned}\Theta_h &= \theta+\rho^h\theta^t+\rho^{2h}\theta^{t^2}+\ldots+\rho^{(p-2)h}\theta^{t^{p-2}}\\ &= \theta+\alpha^h\varsigma^h\theta^t+\alpha^{2h}\varsigma^{2h}\theta^{t^2}+\ldots+\alpha^{(p-2)h}\varsigma^{(p-2)h}\theta^{t^{p-2}}\end{aligned}$$

Supposons d'ailleurs les nombres ν, ω premiers entre eux, et faisons

$$\upsilon\equiv\frac{1}{\nu}\qquad(\text{mod.}\,\omega);$$

on trouvera

$$\alpha^{u^m+\upsilon\nu(1-u^m)}=\alpha,\qquad \varsigma^{u^m+\upsilon\nu(1-u^m)}=\varsigma^{u^m},$$

$$\Theta_{u^m+\upsilon\nu(1-u^m)}=\theta+\alpha\varsigma^{u^m}\theta^t+\alpha^2\varsigma^{2u^m}\theta^{t^2}+\ldots+\alpha^{p-2}\varsigma^{(p-2)u^m}\theta^{t^{p-2}}$$

et, si l'on pose

$$(1)\qquad \Theta_1\,\Theta_{u^2+\upsilon\nu(1-u^2)}\ldots\Theta_{u^{\nu-3}+\upsilon\nu(1-u^{\nu-3})}=\mathfrak{F}(\alpha,\varsigma)\,\Theta_{\upsilon\nu\frac{\nu-1}{2}},$$

on aura encore

$$(2)\qquad \Theta_{u^m+\upsilon\nu(h-u^m)}=\Theta_{u^m+\upsilon\nu(h+\omega k-u^m)}=\theta+\alpha^h\varsigma^{u^m}\theta^t+\ldots+\alpha^{(p-2)h}\varsigma^{(p-2)u^m}\theta^{t^{p-2}},$$

$$(3)\qquad \mathfrak{F}(\alpha,\varsigma)=\mathfrak{F}(\alpha,\varsigma^{u^2})=\mathfrak{F}(\alpha,\varsigma^{u^4})=\ldots=\mathfrak{F}(\alpha,\varsigma^{u^{\nu-3}}),$$

et, en supposant h impair,

$$(4)\qquad \Theta_{1+\upsilon\nu(h-1)}\,\Theta_{u^2+\upsilon\nu(h-u^2)}\ldots\Theta_{u^{\nu-3}+\upsilon\nu(h-u^{\nu-3})}=\mathfrak{F}(\alpha^h,\varsigma)\,\Theta_{\upsilon\nu\frac{\nu-1}{2}h},$$

$$(5)\qquad \mathfrak{F}(\alpha^h,\varsigma)=\mathfrak{F}(\alpha^h,\varsigma^{u^2})=\mathfrak{F}(\alpha^h,\varsigma^{u^4})=\ldots=\mathfrak{F}(\alpha^h,\varsigma^{u^{\nu-3}}),$$

$$(6)\qquad \Theta_{-1-\upsilon\nu(h-1)}\,\Theta_{-u^2-\upsilon\nu(h-u^2)}\ldots\Theta_{-u^{\nu-3}-\upsilon\nu(h-u^{\nu-3})}=\mathfrak{F}(\alpha^{-h},\varsigma^{-1})\,\Theta_{-\upsilon\nu\frac{\nu-1}{2}h},$$

$$(7)\qquad \left\{\begin{aligned}&\mathfrak{F}(\alpha^{-h},\varsigma^{-1})=\mathfrak{F}(\alpha^{-h},\varsigma^{-u^2})\\ &\qquad=\mathfrak{F}(\alpha^{-h},\varsigma^{-u^4})=\ldots=\mathfrak{F}(\alpha^{-h},\varsigma^{-u^{\nu-3}})=\mathfrak{F}\left(\alpha^{-h},\varsigma^{u^{\frac{\nu-1}{2}}}\right),\end{aligned}\right.$$

$$(8)\qquad \left\{\begin{aligned}&\mathfrak{F}(\alpha^h,\varsigma)\,\mathfrak{F}(\alpha^{-h},\varsigma^{-1})\\ &\qquad=\frac{\Theta_{1+\upsilon\nu(h-1)}\,\Theta_{-1-\upsilon\nu(h-1)}\ldots\Theta_{u^{\nu-3}+\upsilon\nu(h-u^{\nu-3})}\,\Theta_{-u^{\nu-3}-\upsilon\nu(h-u^{\nu-3})}}{\Theta_{\upsilon\nu\frac{\nu-1}{2}h}\,\Theta_{-\upsilon\nu\frac{\nu-1}{2}h}}.\end{aligned}\right.$$

Le second membre de la formule (8) se réduit toujours, soit à

$$\pm p^{\frac{n-1}{2}},$$

soit à

$$\pm p^{\frac{n-3}{2}}.$$

Exemple. — Supposons, pour fixer les idées, $\omega = 4$. Si ν est impair et de la forme $4x+1$, on pourra prendre

$$\rho = 1.$$

Par suite, la formule (8) donnera

$$(9)\quad \mathcal{F}(\alpha^h, \varsigma)\,\mathcal{F}(\alpha^{-h}, \varsigma^{-1}) = \frac{\Theta_{1+\nu(h-1)}\,\Theta_{-1-\nu(h-1)}\cdots\Theta_{u^{\nu-3}+\nu(h-u^{\nu-3})}\,\Theta_{-u^{\nu-3}-\nu(h-u^{\nu-3})}}{\Theta_{\nu\frac{\nu-1}{2}h}\,\Theta_{-\nu\frac{\nu-1}{2}h}}.$$

D'ailleurs, si l'on suppose h impair, ainsi que $\frac{\nu-1}{4}$, on trouvera

$$(10)\quad \left\{\begin{array}{l} \Theta_{1+\nu(h-1)}\,\Theta_{-1-\nu(h-1)} \quad = (-1)^{\varpi\nu h}p = (-1)^{\varpi}p, \\ \Theta_{u^2+\nu(h-u^2)}\,\Theta_{-u^2-\nu(h-u^2)} = (-1)^{\varpi\nu h}p = (-1)^{\varpi}p, \\ \dots\dots\dots\dots\dots\dots\dots\dots\dots\dots\dots, \\ \Theta_{\nu\frac{\nu-1}{2}h}\,\Theta_{-\nu\frac{\nu-1}{2}h} = (-1)^{\varpi\frac{\nu-1}{2}} = 1. \end{array}\right.$$

Donc la formule (9) donnera, pour des valeurs impaires de h,

$$(11)\quad \mathcal{F}(\alpha^h, \varsigma)\,\mathcal{F}(\alpha^{-h}, \varsigma^{-1}) = p^{\frac{\nu-3}{2}}.$$

On trouvera, en particulier,

$$(12)\quad \mathcal{F}(\alpha, \varsigma)\,\mathcal{F}(\alpha^{-1}, \varsigma^{-1}) = p^{\frac{\nu-3}{2}}.$$

D'autre part, α devant être une racine primitive de

$$x^4 = 1,$$

on pourra prendre

$$\alpha = \sqrt{-1}.$$

Ajoutons que l'on tirera de l'équation (4)

$$(13)\qquad \mathfrak{F}(\alpha,\varsigma)=\frac{\Theta_1\,\Theta_{u^2+\nu(1-u^2)}.\Theta_{u^4+\nu(1-u^4)}\ldots\Theta_{u^{\nu-3}+\nu(1-u^{\nu-3})}}{\Theta_{\frac{\nu(\nu-1)}{2}}}.$$

Supposons maintenant

$$\nu=5 \qquad \text{ou} \qquad n=4.5=20.$$

Les formules (12) et (13) donneront

$$(14)\qquad \mathfrak{F}(\alpha,\varsigma)\,\mathfrak{F}(\alpha^{-1},\varsigma^{-1})=p,$$

$$(15)\qquad \mathfrak{F}(\alpha,\varsigma)=\frac{\Theta_1\,\Theta_{u^2+5(1-u^2)}}{\Theta_{10}},$$

u étant une racine primitive de

$$x^4\equiv 1 \qquad (\text{mod.}\,5);$$

et, par conséquent [à cause de $u^2\equiv 1$ (mod. 5)],

$$(16)\qquad \mathfrak{F}(\alpha,\varsigma)=\frac{\Theta_1\,\Theta_{-11}}{\Theta_{10}}=\frac{\Theta_1\,\Theta_9}{\Theta_{10}}=\mathrm{R}_{1,9},$$

$$(17)\qquad \mathfrak{F}(\alpha^{-1},\varsigma^{-1})=\mathrm{R}_{-1,-9}=\mathrm{R}_{19,11}.$$

Donc

$$\mathrm{R}_{1,9}\mathrm{R}_{19,11}=p.$$

De plus, l'équation (4) donnera

$$(18)\qquad \mathfrak{F}(\alpha^3,\varsigma)=\mathfrak{F}(\alpha^{-1},\varsigma)=\frac{\Theta_{11}\,\Theta_{19}}{\Theta_{30}}=\mathrm{R}_{11,19}=\mathfrak{F}(\alpha^{-1},\varsigma^{-1}).$$

Donc la formule (14) pourra être réduite à

$$p=\mathfrak{F}(\alpha,\varsigma)\,\mathfrak{F}(\alpha^{-1},\varsigma)=\mathfrak{F}(\sqrt{-1},\varsigma)\,\mathfrak{F}(-\sqrt{-1},\varsigma).$$

On trouvera de même, en remplaçant ς par ς^3 et α par $\alpha^3=\alpha^{-1}$,

$$p=\mathfrak{F}(\alpha,\varsigma^3)\,\mathfrak{F}(\alpha^{-1},\varsigma^3),$$

et l'on tirera des formules (16), (17), (18)

$$\mathfrak{F}(\alpha^3,\varsigma^3)=\mathfrak{F}(\alpha^{-1},\varsigma^3)=\mathrm{R}_{3,27}=\mathrm{R}_{3,7},$$

$$\mathfrak{F}(\alpha^{-3},\varsigma^3)=\mathfrak{F}(\alpha^{-3},\varsigma^{-3})=\mathrm{R}_{57,33}=\mathrm{R}_{17,13}=\mathfrak{F}(\alpha,\varsigma^3),$$

en sorte qu'on aura encore

$$R_{3,7}R_{17,13}=p.$$

On trouvera donc, en définitive,

$$p^2=R_{1,9}R_{17,13}\times R_{19,11}R_{3,7}=\mathfrak{F}(\alpha,\varsigma)\,\mathfrak{F}(\alpha,\varsigma^3)\times\mathfrak{F}(\alpha^{-1},\varsigma)\,\mathfrak{F}(\alpha^{-1},\varsigma^3);$$

et comme, en posant

$$2\mathfrak{F}(\alpha,\varsigma)=\lambda'+\mu'\sqrt{-1}+(\lambda''+\mu''\sqrt{-1})(\varsigma-\varsigma^2+\varsigma^3-\varsigma^4),$$

on en conclura

$$\begin{aligned}
2\mathfrak{F}(\alpha,\varsigma^3)&=\lambda'+\mu'\sqrt{-1}-(\lambda''+\mu''\sqrt{-1})(\varsigma-\varsigma^2-\varsigma^3+\varsigma^4),\\
2\mathfrak{F}(\alpha^{-1},\varsigma)&=\lambda'-\mu'\sqrt{-1}+(\lambda''-\mu''\sqrt{-1})(\varsigma-\varsigma^2-\varsigma^3+\varsigma^4),\\
2\mathfrak{F}(\alpha^{-1},\varsigma^3)&=\lambda'-\mu'\sqrt{-1}-(\lambda''-\mu''\sqrt{-1})(\varsigma-\varsigma^2-\varsigma^3+\varsigma^4),
\end{aligned}$$

on trouvera encore

$$\begin{aligned}
4p=4\mathfrak{F}(\alpha,\varsigma)\,\mathfrak{F}(\alpha^{-1},\varsigma)&=4\mathfrak{F}(\alpha,\varsigma^3)\,\mathfrak{F}(\alpha^{-1},\varsigma^3)\\
&=[\lambda'+\lambda''(\varsigma-\varsigma^2-\varsigma^3+\varsigma^4)]^2+[\mu'+\mu''(\varsigma-\varsigma^2-\varsigma^3+\varsigma^4)]^2\\
&=[\lambda'-\lambda''(\varsigma-\varsigma^2-\varsigma^3+\varsigma^4)]^2+[\mu'-\mu''(\varsigma-\varsigma^2-\varsigma^3+\varsigma^4)]^2
\end{aligned}$$

et, par conséquent,

$$(19)\qquad 4p=\lambda'^2+\mu'^2+5(\lambda''^2+\mu''^2),\qquad \lambda'\lambda''=-\mu'\mu''.$$

D'autre part, si l'on nomme s et a les racines primitives des équivalences

$$(20)\qquad x^5\equiv 1,\qquad x^4\equiv 1\qquad (\text{mod.}\,p),$$

on aura, pour déterminer λ, μ, λ', μ', les formules

$$\left.\begin{aligned}
\lambda'+\mu'a+(\lambda''+\mu''a)(s-s^2-s^3+s^4)&\equiv 2\mathfrak{F}(a,s)&&\equiv-2\Pi_{19,11}\equiv 0\\
\lambda'+\mu'a-(\lambda''+\mu''a)(s-s^2-s^3+s^4)&\equiv 2\mathfrak{F}(a,s^3)&&\equiv-2\Pi_{3,7}\\
\lambda'-\mu'a+(\lambda''+\mu''a)(s-s^2-s^3+s^4)&\equiv 2\mathfrak{F}(a^{-1},s)&&\equiv-2\Pi_{1,9}\\
\lambda'-\mu'a-(\lambda''+\mu''a)(s-s^2-s^3+s^4)&\equiv 2\mathfrak{F}(a^{-1},s^3)&&\equiv-2\Pi_{17,13}\equiv 0
\end{aligned}\right\}(\text{mod.}\,p)$$

et, par suite,

$$(21)\quad \left\{\begin{aligned} &\lambda' + \mu' a \equiv -\Pi_{3,7}, && \lambda'' + \mu'' a = \frac{\Pi_{3,7}}{s - s^2 - s^3 + s^4} \\ &\lambda' - \mu' a \equiv -\Pi_{1,9}, && \lambda'' - \mu'' a = \frac{\Pi_{1,0}}{s - s^2 - s^3 + s^4} \end{aligned}\right. \quad (\text{mod.} p),$$

les valeurs de $\Pi_{3,7}$, $\Pi_{1,9}$ étant

$$(22)\quad \left\{\begin{aligned} \Pi_{3,7} &\equiv \frac{10\varpi(10\varpi - 1)\ldots(7\varpi + 1)}{1.2.3\ldots 3\varpi}, \\ \Pi_{1,9} &\equiv \frac{10\varpi(10\varpi - 1)\ldots(9\varpi + 1)}{1.2.3\ldots\varpi}. \end{aligned}\right.$$

Appliquons maintenant à un cas particulier les formules que nous venons de trouver et supposons

$$p = 41, \qquad n = \frac{p-1}{2} = 20, \qquad \nu = 5, \qquad \omega = 4, \qquad \varpi = 2.$$

On vérifiera les formules (20) en prenant

$$s = -4, \qquad a = 9,$$

et l'on trouvera

$$\Pi_{1,9} = \frac{20.19}{2} = 10.19 \equiv -5.3 \equiv -15,$$

$$\Pi_{3,7} = \frac{20.19.18.17.16.15}{1.2.3.4.5.6} \equiv 8.15.17.19 \equiv 15,$$

$$\lambda' + \mu' a \equiv -15, \qquad \lambda' - \mu' a \equiv 15, \qquad \lambda' \equiv 0, \qquad \mu' \equiv -\frac{15}{9} \equiv 12,$$

$$\frac{1}{s - s^2 - s^3 + s^4} = \frac{1}{28} \equiv -\frac{40}{28} \equiv -\frac{10}{7} \equiv 2\frac{77}{7} \equiv 22,$$

$$\lambda'' + \mu'' a \equiv 22.15 \equiv 2, \qquad \lambda'' - \mu'' a \equiv 22.15 \equiv 2,$$

$$\lambda'' = 2, \qquad \mu'' = 0.$$

Donc l'équation (19) donnera

$$4p = \mu'^2 + 5\lambda''^2$$

ou

$$p = \left(\frac{\mu'}{2}\right)^2 + 5\left(\frac{\lambda''}{2}\right)^2.$$

Effectivement

$$41 = 6^2 + 5.1^2 = 36 + 5.$$

Soit encore

$$p = 101.$$

On trouvera

$$\varpi = 5,$$

$$\Pi_{1,9} = \frac{50.49.48.47.46}{1.2.3.4.5} = 10.49.2.47.46 \equiv -18,$$

$$\Pi_{3,7} \equiv (-18)\frac{45.44.43.42.41.40.39.38.37.36}{6.7.8.9.10.11.12.13.14.15} \equiv (-18)\frac{3.37.38.41.43}{7} \equiv -18.$$

Par suite, on trouvera

$$\lambda'' = 0, \qquad \mu' = 0,$$

$$4p = \lambda'^2 + 5\mu''^2, \qquad p = \left(\frac{\lambda'}{2}\right)^2 + 5\left(\frac{\mu''}{2}\right)^2.$$

On aura d'ailleurs

$$a = 10$$

et

$$\lambda' \equiv \frac{\Pi_{1,9} + \Pi_{3,7}}{2} \equiv \Pi_{1,9} \equiv -18, \qquad \frac{\lambda'}{2} = -9.$$

Effectivement

$$101 = 81 + 5.4 = 9^2 + 5.2^2.$$

En général, lorsque, ν étant impair et de la forme $4x+1$, on suppose

$$\omega = 4,$$

on peut prendre

$$\nu = 1, \qquad \alpha = \sqrt{-1},$$

et l'on tire de l'équation (4) : 1° en supposant $h = 1$,

$$(23) \qquad \Theta_1 \Theta_{u^2+\nu(1-u^2)} \Theta_{u^4+\nu(1-u^4)} \cdots \Theta_{u^{\nu-3}+\nu(1-u^{\nu-3})} = \mathfrak{F}(\sqrt{-1}, \varsigma)\Theta_{\frac{\nu(\nu-1)}{2}};$$

2° en supposant $h = -1$,

$$(24) \qquad \Theta_{1-2\nu} \Theta_{u^2-\nu(1+u^2)} \Theta_{u^4-\nu(1+u^4)} \cdots \Theta_{u^{\nu-3}-\nu(1+u^{\nu-3})} = \mathfrak{F}(-\sqrt{-1}, \varsigma)\Theta_{-\frac{\nu(\nu-1)}{2}}.$$

On a d'ailleurs, dans cette hypothèse,

$$(25) \qquad \left\{ \begin{aligned} \mathfrak{F}(\sqrt{-1}, \varsigma) &= \mathfrak{F}(\sqrt{-1}, \varsigma^{u^2}) \\ &= \mathfrak{F}(\sqrt{-1}, \varsigma^{u^4}) = \ldots = \mathfrak{F}(\sqrt{-1}, \varsigma^{u^{\nu-3}}), \\ \mathfrak{F}(-\sqrt{-1}, \varsigma) &= \mathfrak{F}(-\sqrt{-1}, \varsigma^{u^2}) \\ &= \mathfrak{F}(-\sqrt{-1}, \varsigma^{u^4}) = \ldots = \mathfrak{F}(-\sqrt{-1}, \varsigma^{u^{\nu-3}}). \end{aligned} \right.$$

On trouvera de même

$$(26)\quad \begin{cases} \Theta_{u+\nu(1-u)}\,\Theta_{u^3+\nu(1-u^3)}\ldots\Theta_{u^{\nu-2}+\nu(1-u^{\nu-2})}=\mathcal{F}(\sqrt{-1},\varsigma^u)\,\Theta_{\frac{\nu(\nu-1)}{2}},\\ \Theta_{u-\nu(1+u)}\,\Theta_{u^3-\nu(1+u^3)}\ldots\Theta_{u^{\nu-2}-\nu(1+u^{\nu-2})}=\mathcal{F}(-\sqrt{-1},\varsigma^u)\,\Theta_{-\frac{\nu(\nu-1)}{2}} \end{cases}$$

et

$$(27)\quad \begin{cases} \mathcal{F}(\sqrt{-1},\varsigma^u)\ =\mathcal{F}(\sqrt{-1},\varsigma^{u^3})\\ \qquad =\mathcal{F}(\sqrt{-1},\varsigma^{u^5})\ =\ldots=\mathcal{F}(\sqrt{-1},\varsigma^{u^{\nu-2}}),\\ \mathcal{F}(-\sqrt{-1},\varsigma^u)=\mathcal{F}(-\sqrt{-1},\varsigma^{u^3})\\ \qquad =\mathcal{F}(-\sqrt{-1},\varsigma^{u^5})=\ldots=\mathcal{F}(-\sqrt{-1},\varsigma^{u^{\nu-2}}). \end{cases}$$

Dans ces diverses équations, u désigne une racine primitive de l'équivalence

$$x^{\nu-1}\equiv 1 \qquad (\text{mod.}\,\nu),$$

en sorte qu'on aura

$$u^{\frac{\nu-1}{2}}\equiv -1 \qquad \text{ou} \qquad 1+u^{\frac{\nu-1}{2}}\equiv 0 \qquad (\text{mod.}\,\nu).$$

Cela posé, on trouvera

$$\Theta_{u^{m+\frac{\nu-1}{2}}-\nu\left(1+u^{m+\frac{\nu-1}{2}}\right)}=\Theta_{(1-\nu)u^m u^{\frac{\nu-1}{2}}-\nu}=\Theta_{-(1-\nu)u^m-\nu}=\Theta_{-u^m-\nu(1-u^m)},$$

$$\begin{aligned}\Theta_{u^m+\nu(1-u^m)}\,\Theta_{u^{m+\frac{\nu-1}{2}}-\nu\left(1+u^{m+\frac{\nu-1}{2}}\right)}&=\Theta_{u^m+\nu(1-u^m)}\,\Theta_{-u^m-\nu(1-u^m)}\\ &=(-1)^{\varpi u^m+\varpi\nu(1-u^m)}p=(-1)^{\varpi\nu}p,\end{aligned}$$

et l'on tirera : 1° des équations (23), (24),

$$(28)\quad \mathcal{F}(\sqrt{-1},\varsigma)\,\mathcal{F}(-\sqrt{-1},\varsigma)=\frac{(-1)^{\frac{\varpi\nu(\nu-1)}{2}}p^{\frac{\nu-1}{2}}}{\Theta_{\frac{\nu(\nu-1)}{2}}\Theta_{-\frac{\nu(\nu-1)}{2}}}=\frac{p^{\frac{\nu-1}{2}}}{\Theta_{\frac{\nu(\nu-1)}{2}}\Theta_{-\frac{\nu(\nu-1)}{2}}};$$

2° des équations (26) et (27),

$$(29)\quad \mathcal{F}(\sqrt{-1},\varsigma^u)\,\mathcal{F}(-\sqrt{-1},\varsigma^u)=\frac{p^{\frac{\nu-1}{2}}}{\Theta_{\frac{\nu(\nu-1)}{2}}\Theta_{-\frac{\nu(\nu-1)}{2}}}.$$

On aura donc, par suite : 1° en supposant ν de la forme $8x+5$,

$$(30)\quad \begin{cases} \mathcal{F}(\sqrt{-1},\varsigma)\ \mathcal{F}(-\sqrt{-1},\varsigma)\ =\dfrac{p^{\frac{\nu-1}{2}}}{p}=p^{\frac{\nu-3}{2}},\\ \mathcal{F}(\sqrt{-1},\varsigma^u)\,\mathcal{F}(-\sqrt{-1},\varsigma^u)=p^{\frac{\nu-3}{2}}; \end{cases}$$

2° en supposant p de la forme $8x+1$ et, par conséquent,

$$\Theta_{\frac{\nu(\nu-1)}{2}} = \Theta_0 = -1,$$

$$(31)\quad \begin{cases} \mathfrak{F}(\sqrt{-1}, \varsigma)\ \mathfrak{F}(-\sqrt{-1}, \varsigma) = p^{\frac{n-1}{2}}, \\ \mathfrak{F}(\sqrt{-1}, \varsigma^u)\ \mathfrak{F}(-\sqrt{-1}, \varsigma^u) = p^{\frac{n-1}{2}}. \end{cases}$$

D'autre part, en posant $h=2$, $\omega=4$, $k=-1$ dans la formule (2), on trouvera

$$(32)\quad \begin{cases} \Theta_{1+\nu}\ \Theta_{u^2+\nu(2-u^2)}\ \Theta_{u^4+\nu(2-u^4)} \ldots \Theta_{u^{\nu-3}+\nu(2-u^{\nu-3})} = \Theta_0\, \Phi(\varsigma) \\ = \Theta_{1-3\nu}\ \Theta_{u^2-\nu(2+u^2)}\ \Theta_{u^4-\nu(2+u^4)} \ldots \Theta_{u^{\nu-3}-\nu(2+u^{\nu-3})}, \end{cases}$$

$\Phi(\varsigma)$ désignant une fonction de ς et de $\sqrt{-1}$ à coefficients entiers; et, comme on aura

$$\Theta_{u^{m+\frac{\nu-1}{2}}+\nu\left(2-u^{m+\frac{\nu-1}{2}}\right)} = \Theta_{-u^m+\nu(2+u^m)},$$

on tirera de la formule (32)

$$p^{\frac{\nu-1}{4}} = \Theta_0\, \Phi(\varsigma)$$

ou

$$\Phi(\varsigma) = -p^{\frac{\nu-1}{4}}.$$

On trouvera de la même manière

$$\Phi(\varsigma^u) = -p^{\frac{\nu-1}{4}}.$$

On aura donc

$$(33)\quad \begin{cases} \Theta_{1+\nu}\ \Theta_{u^2+\nu(2-u^2)}\ \Theta_{u^4+\nu(2-u^4)} \ldots \Theta_{u^{\nu-3}+\nu(2-u^{\nu-3})} = p^{\frac{\nu-1}{4}} \\ = \Theta_{u+\nu(2-u)}\ \Theta_{u^3+\nu(2-u^3)}\ \Theta_{u^5+\nu(2-u^5)} \ldots \Theta_{u^{\nu-2}+\nu(2-u^{\nu-2})}; \end{cases}$$

et, comme 2 sera nécessairement de l'une des formes

$$u^{2m}, \quad u^{2m+1},$$

on aura encore

$$(34)\quad \begin{cases} \Theta_2\ \Theta_{2u^2+2\nu(1-u^2)}\ \Theta_{2u^4+2\nu(1-u^4)} \ldots \Theta_{2u^{\nu-3}+2\nu(1-u^{\nu-3})} = p^{\frac{\nu-1}{4}}, \\ \Theta_{2u+2\nu(1-u)}\ \Theta_{2u^3+2\nu(1-u^3)}\ \Theta_{2u^5+2\nu(1-u^5)} \ldots \Theta_{2u^{\nu-2}+2\nu(1-u^{\nu-2})} = p^{\frac{\nu-1}{4}}. \end{cases}$$

Si maintenant on combine l'équation (23) avec la première des formules (34), puis la première des équations (26) avec la seconde des formules (34), on trouvera

$$(35)\quad [\mathcal{F}(\sqrt{-1}, \varsigma)]^2 = R_{1,1} R_{u^2+\nu(1-u^2), u^2+\nu(1-u^2)} \ldots R_{u^{\nu-3}+\nu(1-u^{\nu-3}), u^{\nu-3}+\nu(1-u^{\nu-3})} \frac{p^{\frac{\nu-1}{4}}}{\Theta^2_{\frac{\nu(\nu-1)}{2}}}$$

et

$$(36)\quad [\mathcal{F}(\sqrt{-1}, \varsigma^u)]^2 = R_{u+\nu(1-u), u+\nu(1-u)} \ldots R_{u^{\nu-2}+\nu(1-u^{\nu-2}), u^{\nu-2}+\nu(1-u^{\nu-2})} \frac{p^{\frac{\nu-1}{4}}}{\Theta^2_{\frac{\nu(\nu-1)}{2}}}.$$

On aura, au contraire,

$$(37)\quad [\mathcal{F}(-\sqrt{-1}, \varsigma)]^2 = R_{1-2\nu, 1-2\nu} R_{u^2-\nu(1+u^2), u^2-\nu(1+u^2)} \ldots R_{u^{\nu-3}-\nu(1+u^{\nu-3}), u^{\nu-3}-\nu(1+u^{\nu-3})} \frac{p^{\frac{\nu-1}{4}}}{\Theta^2_{-\frac{\nu(\nu-1)}{2}}}$$

et

$$(38)\quad [\mathcal{F}(-\sqrt{-1}, \varsigma^u)]^2 = R_{u-\nu(1+u), u-\nu(1+u)} \ldots R_{u^{\nu-2}-\nu(1+u^{\nu-2}), u^{\nu-2}-\nu(1+u^{\nu-2})} \frac{p^{\frac{\nu-1}{4}}}{\Theta^2_{-\frac{\nu(\nu-1)}{2}}}.$$

D'autre part, on aura : 1° en supposant ν de la forme $8x+1$,

$$\Theta_{\frac{\nu(\nu-1)}{2}} = \Theta_{-\frac{\nu(\nu-1)}{2}} = \Theta_0 = -1$$

et, en supposant ν de la forme $8x+5$,

$$\Theta^2_{\frac{\nu(\nu-1)}{2}} = \Theta^2_{-\frac{\nu(\nu-1)}{2}} = (-1)^{\frac{\varpi\nu(\nu-1)}{2}} p = p.$$

Donc les formules (35), (36), (37), (38) donneront, si ν est de la forme $8x+1$,

$$(39)\quad \begin{cases} [\mathcal{F}(\sqrt{-1}, \varsigma)]^2 = p^{\frac{\nu-1}{4}} R_{1,1} R_{u^2+\nu(1-u^2), u^2+\nu(1-u^2)} \ldots R_{u^{\nu-3}+\nu(1-u^{\nu-3}), u^{\nu-3}+\nu(1-u^{\nu-3})}, \\ [\mathcal{F}(\sqrt{-1}, \varsigma^u)]^2 = p^{\frac{\nu-1}{4}} R_{u+\nu(1-u), u+\nu(1-u)} \ldots R_{u^{\nu-2}+\nu(1-u^{\nu-2}), u^{\nu-2}+\nu(1-u^{\nu-2})}, \\ [\mathcal{F}(-\sqrt{-1}, \varsigma)]^2 = p^{\frac{\nu-1}{4}} R_{1-2\nu, 1-2\nu} R_{u^2-\nu(1+u^2), u^2-\nu(1+u^2)} \ldots R_{u^{\nu-3}-\nu(1+u^{\nu-3}), u^{\nu-3}-\nu(1+u^{\nu-3})}, \\ [\mathcal{F}(-\sqrt{-1}, \varsigma^u)]^2 = p^{\frac{\nu-1}{4}} R_{u-\nu(1+u), u-\nu(1+u)} \ldots R_{u^{\nu-2}-\nu(1+u^{\nu-2}), u^{\nu-2}-\nu(1+u^{\nu-2})} \end{cases}$$

et, si ν est de la forme $8x+5$,

$$(40)\quad \left\{\begin{aligned}
&[\mathfrak{F}(\sqrt{-1},\varsigma)]^2 = p^{\frac{\nu-5}{4}} R_{1,1} R_{u^2+\nu(1-u^2),\,u^2+\nu(1-u^2)}\cdots R_{u^{\nu-3}+\nu(1-u^{\nu-3}),\,u^{\nu-3}+\nu(1-u^{\nu-3})},\\
&[\mathfrak{F}(\sqrt{-1},\varsigma^u)]^2 = p^{\frac{\nu-5}{4}} R_{u+\nu(1-u),\,u+\nu(1-u)}\cdots R_{u^{\nu-2}+\nu(1-u^{\nu-2}),\,u^{\nu-2}+\nu(1-u^{\nu-2})},\\
&[\mathfrak{F}(-\sqrt{-1},\varsigma)]^2 = p^{\frac{\nu-5}{4}} R_{1-2\nu,\,1-2\nu} R_{u^2-\nu(1+u^2),\,u^2-\nu(1+u^2)}\cdots R_{u^{\nu-3}-\nu(1+u^{\nu-3}),\,u^{\nu-3}-\nu(1+u^{\nu-3})},\\
&[\mathfrak{F}(-\sqrt{-1},\varsigma^u)]^2 = p^{\frac{\nu-5}{4}} R_{u-\nu(1+u),\,u-\nu(1+u)}\cdots R_{u^{\nu-2}-\nu(1+u^{\nu-2}),\,u^{\nu-2}-\nu(1+u^{\nu-2})}.
\end{aligned}\right.$$

Observons encore qu'en vertu des formules (25) on aura

$$(41)\quad \left\{\begin{aligned}
\mathfrak{F}(\sqrt{-1},\varsigma) &= b_0 + c_0\sqrt{-1} + (b_1 + c_1\sqrt{-1})(\varsigma + \varsigma^{u^2} + \ldots + \varsigma^{u^{\nu-3}}) + (b_2 + c_2\sqrt{-1})(\varsigma^u + \ldots + \varsigma^{u^{\nu-2}})\\
&= \frac{2b_0 - b_1 - b_2 + (2c_0 - c_1 - c_2)\sqrt{-1}}{2} + \frac{b_1 - b_2 + (c_1 - c_2)\sqrt{-1}}{2}(\varsigma - \varsigma^u + \varsigma^{u^2} - \ldots - \varsigma^{u^{\nu-2}})
\end{aligned}\right.$$

et, par conséquent,

$$(42)\quad \left\{\begin{aligned}
2\mathfrak{F}(\sqrt{-1},\varsigma) &= f_0 + g_0\sqrt{-1} + (f_1 + g_1\sqrt{-1})(\varsigma - \varsigma^u + \varsigma^{u^2} - \ldots + \varsigma^{u^{\nu-3}} - \varsigma^{u^{\nu-2}}),\\
2\mathfrak{F}(\sqrt{-1},\varsigma^u) &= f_0 + g_0\sqrt{-1} - (f_1 + g_1\sqrt{-1})(\varsigma - \varsigma^u + \varsigma^{u^2} - \ldots + \varsigma^{u^{\nu-3}} - \varsigma^{u^{\nu-2}}),\\
2\mathfrak{F}(-\sqrt{-1},\varsigma) &= f_0 - g_0\sqrt{-1} + (f_1 - g_1\sqrt{-1})(\varsigma - \varsigma^u + \varsigma^{u^2} - \ldots + \varsigma^{u^{\nu-3}} - \varsigma^{u^{\nu-2}}),\\
2\mathfrak{F}(-\sqrt{-1},\varsigma^u) &= f_0 - g_0\sqrt{-1} - (f_1 - g_1\sqrt{-1})(\varsigma - \varsigma^u + \varsigma^{u^2} - \ldots + \varsigma^{u^{\nu-3}} - \varsigma^{u^{\nu-2}}),
\end{aligned}\right.$$

f_0, g_0, f_1, g_1 désignant des nombres entiers. De plus, on aura

$$(43)\quad \left\{\begin{aligned}
&\varsigma + \varsigma^u + \varsigma^{u^2} + \ldots + \varsigma^{u^{\nu-3}} + \varsigma^{u^{\nu-2}} = -1,\\
&(\varsigma - \varsigma^u + \varsigma^{u^2} - \ldots + \varsigma^{u^{\nu-3}} - \varsigma^{u^{\nu-2}})^2 = (-1)^{\frac{\nu-1}{2}}\nu = \nu.
\end{aligned}\right.$$

En combinant les formules (42) avec les équations (30) ou (31), on trouvera : 1° en supposant ν de la forme $8x+1$,

$$(44)\qquad 4p^{\frac{\nu-1}{2}} = f_0^2 + \nu f_1^2 + g_0^2 + \nu g_1^2, \qquad f_0 f_1 + g_0 g_1 = 0;$$

2° en supposant ν de la forme $8x+5$,

$$(45)\qquad 4p^{\frac{\nu-3}{2}} = f_0^2 + \nu f_1^2 + g_0^2 + \nu g_1^2, \qquad f_0 f_1 + g_0 g_1 = 0.$$

D'ailleurs on vérifie la seconde des formules (44) ou (45) en supposant

$$(46)\qquad f_0 = \beta\delta, \qquad g_0 = \beta\varepsilon, \qquad f_1 = -\gamma\varepsilon, \qquad g_1 = \gamma\delta.$$

On aura donc, si ν est de la forme $8x+1$,

$$4p^{\frac{\nu-1}{2}} = (6^2 + \nu\gamma^2)(\delta^2 + \varepsilon^2) \tag{47}$$

et, si ν est de la forme $8x+5$,

$$4p^{\frac{\nu-3}{2}} = (6^2 + \nu\gamma^2)(\delta^2 + \varepsilon^2). \tag{48}$$

Enfin les formules (42) donneront

$$\left\{\begin{aligned} 2\mathfrak{F}(\sqrt{-1}, \varsigma) &= (\delta + \varepsilon\sqrt{-1})[6 + \gamma(\varsigma - \varsigma^u + \ldots - \varsigma^{u^{\nu-2}})\sqrt{-1}],\\ 2\mathfrak{F}(\sqrt{-1}, \varsigma^u) &= (\delta + \varepsilon\sqrt{-1})[6 - \gamma(\varsigma - \varsigma^u + \ldots - \varsigma^{u^{\nu-2}})\sqrt{-1}],\\ 2\mathfrak{F}(-\sqrt{-1}, \varsigma) &= (\delta - \varepsilon\sqrt{-1})[6 - \gamma(\varsigma - \varsigma^u + \ldots - \varsigma^{u^{\nu-2}})\sqrt{-1}];\\ 2\mathfrak{F}(-\sqrt{-1}, \varsigma^u) &= (\delta - \varepsilon\sqrt{-1})[6 + \gamma(\varsigma - \varsigma^u + \ldots - \varsigma^{u^{\nu-2}})\sqrt{-1}]. \end{aligned}\right. \tag{49}$$

Il est bon de remarquer encore que, les valeurs de f_0, g_0, f_1, g_1 étant

$$f_0 = 2b_0 - b_1 - b_2, \qquad f_1 = b_1 - b_2,$$
$$g_0 = 2c_0 - c_1 - c_2, \qquad g_1 = c_1 - c_2,$$

f_1 sera toujours pair ou impair, en même temps que f_0, et g_1 pair ou impair en même temps que g_0. Cela posé, si des deux nombres 6, γ l'un était pair, l'autre impair, il faudrait, en vertu des formules (46), que δ, ε fussent tous deux pairs. On aurait donc alors, en supposant ν de la forme $8x+1$,

$$p^{\frac{\nu-1}{2}} = (6^2 + \nu\gamma^2)\left[\left(\frac{\delta}{2}\right)^2 + \left(\frac{\varepsilon}{2}\right)^2\right] \tag{50}$$

et, en supposant ν de la forme $8x+5$,

$$p^{\frac{\nu-3}{2}} = (6^2 + \nu\gamma^2)\left[\left(\frac{\delta}{2}\right)^2 + \left(\frac{\varepsilon}{2}\right)^2\right], \tag{51}$$

$\frac{\delta}{2}$, $\frac{\varepsilon}{2}$ étant deux nombres entiers, l'un pair, l'autre impair. De même, si des deux nombres δ, ε l'un était pair, l'autre impair, 6 et γ seraient nécessairement pairs, et l'on trouverait : 1° en supposant ν de la forme

$8x+1$,

$$(52)\qquad p^{\frac{\nu-1}{2}} = \left[\left(\frac{6}{2}\right)^2 + \nu\left(\frac{\gamma}{2}\right)^2\right](\delta^2+\varepsilon^2);$$

2° en supposant ν de la forme $8x+5$,

$$(53)\qquad p^{\frac{\nu-3}{2}} = \left[\left(\frac{6}{2}\right)^2 + \nu\left(\frac{\gamma}{2}\right)^2\right](\delta^2+\varepsilon^2),$$

$\frac{6}{2}$, $\frac{\gamma}{2}$ étant deux nombres entiers, l'un pair, l'autre impair. D'ailleurs on ne peut supposer les nombres 6, γ, δ, ε pairs tous les quatre, puisque le second membre de la formule (47) serait alors divisible par 16, tandis que le premier est seulement divisible par 4.

Si 6, γ, δ, ε étaient supposés impairs, l'équation (47) se décomposerait en deux autres de la forme

$$(54)\qquad 2p^{k'} = 6^2+\nu\gamma^2, \qquad 2p^{k''} = \delta^2+\varepsilon^2.$$

Or, p étant de la forme $4x+1$ et 6^2, γ^2 de la forme $8x+1$, la première des équations (54) aurait un premier membre de la forme $8x+2$ et un second membre de la forme $8x+6$, si ν était de la forme $8x+5$, ce qui serait absurde.

Donc, lorsque ν est de la forme $8x+5$, les deux nombres 6 et γ, ou les deux nombres δ, ε, sont pairs et l'équation (47) se réduit à l'une des équations (51), (53).

Au reste, lorsque ν est de la forme $8x+5$, alors, en écrivant 26 et 2γ au lieu de 6 et γ, ou 2δ et 2ε au lieu de δ et de ε, on réduit la formule (51) ou (53) à

$$(55)\qquad p^{\frac{\nu-3}{2}} = (6^2+\nu\gamma^2)(\delta^2+\varepsilon^2),$$

tandis que les formules (49) deviennent

$$(56)\qquad \begin{cases} \mathcal{F}(\sqrt{-1}, \varsigma) = (\delta+\varepsilon\sqrt{-1})[6+\gamma(\varsigma-\varsigma^{u}+\ldots-\varsigma^{u^{\nu-2}})\sqrt{-1}], \\ \mathcal{F}(\sqrt{-1}, \varsigma^u) = (\delta+\varepsilon\sqrt{-1})[6-\gamma(\varsigma-\varsigma^{u}+\ldots-\varsigma^{u^{\nu-2}})\sqrt{-1}], \\ \mathcal{F}(-\sqrt{-1}, \varsigma) = (\delta-\varepsilon\sqrt{-1})[6-\gamma(\varsigma-\varsigma^{u}+\ldots-\varsigma^{u^{\nu-2}})\sqrt{-1}], \\ \mathcal{F}(-\sqrt{-1}, \varsigma^u) = (\delta-\varepsilon\sqrt{-1})[6+\gamma(\varsigma-\varsigma^{u}+\ldots-\varsigma^{u^{\nu-2}})\sqrt{-1}]. \end{cases}$$

Ajoutons que, dans ces dernières formules, on peut toujours supposer δ, ε premiers entre eux, attendu que, si δ, ε avaient pour facteur commun une certaine puissance de p, on pourrait évidemment faire passer ce facteur dans les quantités 6, γ. Cela posé, si l'on nomme a et s les racines primitives des deux équivalences

$$x^4 \equiv 1 \quad (\text{mod.} p), \tag{57}$$

$$x^\nu \equiv 1 \quad (\text{mod.} p) \tag{58}$$

et p^λ la plus haute puissance de p, qui divise à la fois 6 et γ, λ devra être tel que des quatre rapports

$$\frac{\mathfrak{F}(a, s)}{p^\lambda}, \quad \frac{\mathfrak{F}(a, s^u)}{p^\lambda}, \quad \frac{\mathfrak{F}(-a, s)}{p^\lambda}, \quad \frac{\mathfrak{F}(-a, s^u)}{p^\lambda} \tag{59}$$

l'un au moins soit équivalent, suivant le module p, à un nombre fini différent de zéro, aucun d'eux n'étant équivalent à $\frac{1}{0}$. De plus, en posant

$$\mu = \frac{\nu - 3}{2} - 2\lambda, \qquad 6 = p^\lambda x, \qquad \gamma = p^\lambda y, \tag{60}$$

on tirera de l'équation (55)

$$p^\mu = (\delta^2 + \varepsilon^2)(x^2 + \nu y^2). \tag{61}$$

Si μ se réduit à l'unité, alors $x^2 + \nu y^2$ étant > 1 [1], il faudra que l'on ait

$$\delta^2 + \varepsilon^2 = 1, \qquad x^2 + \nu y^2 = p^\mu \tag{62}$$

et, par suite,

$$\delta = 0, \quad \varepsilon = \pm 1 \quad \text{ou} \quad \delta = \pm 1, \quad \varepsilon = 0.$$

Quant à la valeur de λ, on la déduira sans peine des formules (40). Soit, en effet, ν' le nombre de ceux des indices

$$1, \quad u^2 + \nu(1 - u^2), \quad u^4 + \nu(1 - u^4), \quad \ldots, \quad u^{\nu-3} + \nu(1 - u^{\nu-3}) \tag{63}$$

[1] *Voir* la Note II à la fin du Mémoire.

qui sont équivalents, suivant le module n, à l'un des suivants :

$$1, \quad 2, \quad 3, \quad \ldots, \quad \frac{n-1}{2},$$

et ν'' le nombre de ceux des indices

$$(64) \qquad u+\nu(1-u), \quad u^3+\nu(1-u^3), \quad \ldots, \quad u^{\nu-3}+\nu(1-u^{\nu-3})$$

qui remplissent la même condition,

$$\lambda - \frac{1}{2}\,\frac{\nu-5}{4}$$

sera évidemment le plus petit des quatre nombres

$$(65) \qquad \frac{1}{2}\nu', \quad \frac{1}{2}\left(\frac{\nu-1}{2}-\nu'\right), \quad \frac{1}{2}\nu'', \quad \frac{1}{2}\left(\frac{\nu-1}{2}-\nu''\right).$$

Application. — Soit

$$\nu = 5.$$

On pourra prendre

$$u=2, \qquad u^2=4, \qquad u^3\equiv 3$$

et les formules (23), (24), (26) donneront

$$(66) \quad \begin{cases} \mathcal{F}(\sqrt{-1},\varsigma) = \dfrac{\Theta_1\Theta_9}{\Theta_{10}} = R_{1,9}, & \mathcal{F}(\sqrt{-1},\varsigma^2) = \dfrac{\Theta_{17}\Theta_{13}}{\Theta_{30}} = R_{13,17}, \\ \mathcal{F}(-\sqrt{-1},\varsigma) = \dfrac{\Theta_{11}\Theta_{19}}{\Theta_{30}} = R_{11,19}, & \mathcal{F}(-\sqrt{-1},\varsigma^2) = \dfrac{\Theta_7\Theta_3}{\Theta_{10}} = R_{7,3}. \end{cases}$$

De plus, si l'on pose

$$R_{1,9} = a_0 + a_1\rho + a_2\rho^2 + \ldots + a_{19}\rho^{19} = a_0 + a_1\varsigma\sqrt{-1} - a_2\varsigma^2 - a_3\varsigma^3\sqrt{-1} + \ldots,$$

alors, en ayant égard aux formules

$$\begin{aligned} \mathcal{F}(\sqrt{-1},\varsigma) &= \mathcal{F}(\sqrt{-1},\varsigma^4), & \mathcal{F}(\sqrt{-1},\varsigma^2) &= \mathcal{F}(\sqrt{-1},\varsigma^3), \\ \mathcal{F}(-\sqrt{-1},\varsigma) &= \mathcal{F}(-\sqrt{-1},\varsigma^4), & \mathcal{F}(-\sqrt{-1},\varsigma^2) &= \mathcal{F}(-\sqrt{-1},\varsigma^3), \end{aligned}$$

on trouvera

$$\begin{aligned} a_2 - a_{12} &= -(a_8 - a_{18}), & a_4 - a_{14} &= -(a_6 - a_{16}), \\ a_1 - a_{11} &= a_9 - a_{19}, & a_3 - a_{13} &= a_7 - a_{17} \end{aligned}$$

et, par suite,

$$R_{1,9} = a_0 - a_{10} - (a_2 - a_{12})(\varsigma^2 + \varsigma^3) + (a_4 - a_{14})(\varsigma + \varsigma^4)$$
$$+ [a_5 - a_{15} - (a_3 - a_{13})(\varsigma^2 + \varsigma^3) + (a_1 - a_{11})(\varsigma + \varsigma^4)]\sqrt{-1}.$$

On tirera d'ailleurs, de la formule (19) du paragraphe I,

$$\mathcal{F}(-1, \varsigma) = -1, \qquad \mathcal{F}(1, \varsigma) = -1, \qquad \ldots$$

et, par suite,

$$\begin{array}{ll} a_0 - a_5 + a_{10} - a_{15} = -1, & a_0 + a_5 + a_{10} + a_{15} = -1, \\ a_1 - a_6 + a_{11} - a_{16} = 0, & a_1 + a_6 + a_{11} + a_{16} = 0, \\ a_2 - a_7 + a_{12} - a_{17} = 0, & a_2 + a_7 + a_{12} + a_{17} = 0, \\ a_3 - a_8 + a_{13} - a_{18} = 0, & a_3 + a_8 + a_{13} + a_{18} = 0, \\ a_4 - a_9 + a_{14} - a_{19} = 0, & a_4 + a_9 + a_{14} + a_{19} = 0; \end{array}$$

puis on en conclura

$$\begin{array}{lllll} a_{10} = -1 - a_0, & a_{11} = -a_1, & a_{12} = -a_2, & a_{13} = -a_3, & a_{14} = -a_4, \\ a_{15} = -a_5, & a_{16} = -a_6, & a_{17} = -a_7, & a_{18} = -a_8, & a_{19} = -a_9; \end{array}$$

$$R_{1,9} = 1 + 2a_0 + a_2 - a_4 - (a_2 + a_4)(\varsigma - \varsigma^2 - \varsigma^3 + \varsigma^4)$$
$$+ [2a_5 + a_3 - a_1 + (a_1 - a_3)(\varsigma - \varsigma^2 - \varsigma^3 + \varsigma^4)]\sqrt{-1}.$$

Enfin la formule (55) donnera

$$p = (6^2 + 5\gamma^2)(\delta^2 + \varepsilon^2) \tag{67}$$

et, comme $6^2 + 5\gamma^2$ surpassera l'unité [1], on en tirera nécessairement

$$\delta^2 + \varepsilon^2 = 1, \qquad p = 6^2 + 5\gamma^2.$$

[1] $6^2 + 5\gamma^2$ pourrait se réduire à l'unité si l'on supposait

$$6^2 = 1, \qquad \gamma^2 = 0.$$

Mais alors la formule (67) deviendrait

$$\delta^2 + \varepsilon^2 = p$$

et l'on tirerait des équations (69)

$$4p = 4(\delta^2 + \varepsilon^2) = \Pi_{1,9}\Pi_{3,7},$$

ce qui est absurde, puisque ni $\Pi_{1,9}$ ni $\Pi_{3,7}$ ne sont divisibles par p. Donc la supposition que $6^2 + 5\gamma^2$ se réduit à l'unité doit être rejetée.

Donc, tout nombre premier de la forme $20x+1$ est en même temps de la forme $6^2+5\gamma^2$, en sorte qu'on peut satisfaire, par des valeurs entières de x, y, à l'équation

$$p=x^2+5y^2. \tag{68}$$

Quant aux valeurs de $x=6$, $y=\gamma$, elles pourront être déterminées à l'aide des formules

$$\begin{aligned}
R_{11,19} &= \mathcal{F}(-\sqrt{-1},\varsigma) = (\delta-\varepsilon\sqrt{-1})[6-\gamma(\varsigma-\varsigma^2-\varsigma^3+\varsigma^4)\sqrt{-1}],\\
R_{13,17} &= \mathcal{F}(\sqrt{-1},\varsigma^2) = (\delta+\varepsilon\sqrt{-1})[6-\gamma(\varsigma-\varsigma^2-\varsigma^3+\varsigma^4)\sqrt{-1}],\\
R_{1,9} &= \mathcal{F}(\sqrt{-1},\varsigma) = (\delta+\varepsilon\sqrt{-1})[6+\gamma(\varsigma-\varsigma^2-\varsigma^3+\varsigma^4)\sqrt{-1}],\\
R_{3,7} &= \mathcal{F}(-\sqrt{-1},\varsigma^2) = (\delta-\varepsilon\sqrt{-1})[6+\gamma(\varsigma-\varsigma^2-\varsigma^3+\varsigma^4)\sqrt{-1}],
\end{aligned}$$

desquelles on tire

$$\left\{\begin{aligned} R_{1,9}+R_{13,17} &= 2(\delta+\varepsilon\sqrt{-1})6,\\ R_{3,7}+R_{11,19} &= 2(\delta-\varepsilon\sqrt{-1})6\end{aligned}\right. \tag{69}$$

et, par suite,

$$(R_{1,9}+R_{13,17})(R_{3,7}+R_{11,19}) = 4(\delta^2+\varepsilon^2)6^2 = 4\,6^2,$$

puis, en remplaçant ρ par r,

$$4\,6^2 \equiv \Pi_{1,9}\Pi_{3,7} = 4x^2,$$

$$x^2 \equiv \frac{1}{4}\Pi_{1,9}\Pi_{3,7}. \tag{70}$$

Comme on aura d'ailleurs

$$\delta=0, \quad \varepsilon=\pm 1 \quad \text{ou} \quad \delta=\pm 1, \quad \varepsilon=0,$$

on tirera des formules (69), en y remplaçant ρ par r,

$$\pm\Pi_{1,9} \equiv \Pi_{3,7}. \tag{71}$$

Exemples. — Si l'on prend $p=41$, on trouvera

$$\Pi_{3,7} \equiv -\Pi_{1,9} \equiv 15 \pmod{41},$$

$$x^2 \equiv -\frac{225}{4} \equiv -\frac{20}{4} \equiv -5 \equiv 36.$$

Effectivement

$$41 = 36 + 5 = 6^2 + 5.1^2.$$

Si l'on prend $p = 101$, on aura

$$\Pi_{1,9} \equiv \Pi_{3,7} \equiv -18,$$

$$x^2 \equiv \left(\frac{18}{2}\right)^2 \equiv 9^2 \equiv 81.$$

Effectivement

$$101 = 81 + 20 = 9^2 + 5.2^2.$$

Si l'on prend $p = 61$, on aura

$$\varpi = 3,$$

$$\Pi_{1,9} = \frac{30.29.28}{1.2.3} \equiv -27 \equiv 34,$$

$$\Pi_{3,7} = (-27)\frac{27.26.25.24.23.22}{4.5.6.7.8.9} \equiv -34,$$

$$x^2 \equiv -17^2 \equiv -289 \equiv 16 \equiv -45.$$

Effectivement

$$61 = 16 + 45 = 4^2 + 5.3^2.$$

Soit encore $p = 181$. On trouvera

$$\varpi = 9,$$

$$\Pi_{1,9} = \frac{90.89.88.87.86.85.84.83.82}{1.2.3.4.5.6.7.8.9} \equiv -\frac{1}{2}\,\frac{1.3.5.7.9.11.13.15.17}{1.2.3.4.5.6.7.8.9} \equiv -2,$$

$$x^2 \equiv -5y^2 \equiv \pm\left(\frac{2}{2}\right)^2 \equiv \pm 1 = \mp 180.$$

Effectivement

$$181 = 1 + 180 = 1^2 + 5.6^2.$$

Seconde application. — Supposons

$$\nu = 13.$$

u sera racine de

$$u^{12} \equiv 1 \quad (\text{mod. } 13),$$

et l'on pourra prendre

$$u = 2,$$

$$u^0 \equiv 1, \quad u \equiv 2, \quad u^2 \equiv 4, \quad u^3 \equiv -5, \quad u^4 \equiv 3, \quad u^5 \equiv 6,$$
$$u^6 \equiv -1, \quad u^7 \equiv -2, \quad u^8 \equiv -4, \quad u^9 \equiv 5, \quad u^{10} \equiv -3, \quad u^{11} \equiv -6.$$

Cela posé, les termes de la série (63) seront équivalents, suivant le module $4.13 = 52$, aux quantités

$$1,\quad 4-39 \equiv 17,\quad 3-26\equiv 29,\quad -1+26\equiv 25,$$
$$-4+65\equiv 9,\quad -3+52\equiv 49,$$

dont quatre sont renfermées entre les limites 0 et 26, tandis que les termes de la série (64) seront équivalents, suivant le même module, aux quantités

$$2-13\equiv 41,\quad -5+78\equiv 21,\quad 6-65\equiv 45,\quad -2+39\equiv 37,$$
$$5-52\equiv 5,\quad -6+39\equiv 33,$$

dont deux sont renfermées entre les limites 0 et 26. On aura donc

$$\nu' = 4,\quad \nu'' = 2,$$
$$\frac{1}{2}\nu' = 2,\quad \frac{1}{2}\left(\frac{\nu-1}{2}-\nu'\right) = 1,\quad \frac{1}{2}\nu'' = 1,\quad \frac{1}{2}\left(\frac{\nu-1}{2}-\nu''\right) = 2$$

et, par suite,

$$\lambda - \frac{1}{2}\,\frac{\nu-5}{4} = 1,$$
$$\lambda = 1 + \frac{1}{2}\,\frac{\nu-5}{4} = 1+1 = 2,\quad \mu = \frac{\nu-3}{2} - 2\lambda = 5-4 = 1.$$

Donc on pourra résoudre en nombres entiers l'équation

$$(72)\qquad p = (\delta^2+\varepsilon^2)(x^2+13y^2),$$

et comme x^2+13y^2 surpassera l'unité (1), attendu qu'on ne peut supposer $\gamma = 0$, $y = 0$ (1), on aura nécessairement

$$(73)\qquad x^2+13y^2 = p,$$
$$\delta^2+\varepsilon^2 = 1,$$
$$\delta = 0,\quad 2 = \pm 1 \quad \text{ou} \quad \delta = \pm 1,\quad \varepsilon = 0.$$

(1) Si γ s'évanouissait, les formules (56) donneraient

$$\mathfrak{F}(\sqrt{-1}, \varsigma) = \mathfrak{F}(\sqrt{-1}, \varsigma^u)$$

On tirera d'ailleurs des formules (23) et (26)

$$(74)\quad \begin{cases} \mathfrak{F}(\sqrt{-1}, \varsigma) = \dfrac{\Theta_1 \Theta_{17} \Theta_{29} \Theta_{25} \Theta_9 \Theta_{49}}{\Theta_{26}} = p R_{1,25} R_{9,17} R_{29,49}, \\ \mathfrak{F}(\sqrt{-1}, \varsigma^u) = \dfrac{\Theta_{41} \Theta_{21} \Theta_{45} \Theta_{27} \Theta_5 \Theta_{38}}{\Theta_{26}} = p R_{37,41} R_{21,5} R_{33,45}, \end{cases}$$

et, par suite,

$$\frac{\mathfrak{F}(a, s)}{\mathfrak{F}(a, s^u)} \equiv 1 \pmod{p} \text{ (a)},$$

ce qu'on ne saurait admettre, eu égard aux équations (74), en vertu desquelles on a

$$\frac{\mathfrak{F}(a, s)}{\mathfrak{F}(a, s^u)} \equiv 0 \pmod{p}.$$

(a) Il est bon d'observer qu'on doit entendre ici par

$$\frac{\mathfrak{F}(a, s)}{\mathfrak{F}(a, s^u)}$$

ce que devient le rapport

$$\frac{\mathfrak{F}(\sqrt{-1}, \varsigma)}{\mathfrak{F}(\sqrt{-1}, \varsigma^u)}$$

quand on y substitue a au lieu de $\sqrt{-1}$ et ς au lieu de s, après l'avoir transformé à l'aide de la formule (12) du paragraphe I, de manière que ces substitutions ne rendent pas le numérateur et le dénominateur simultanément divisibles par p. Sous cette condition, la remarque qu'on vient de faire est exacte et pourrait être exprimée dans les termes suivants :

L'équation

$$\mathfrak{F}(\sqrt{-1}, \varsigma) = \mathfrak{F}(\sqrt{-1}, \varsigma^u),$$

jointe aux formules (68), donnerait

$$R_{1,25} R_{9,17} R_{29,49} = R_{37,41} R_{21,5} R_{33,45};$$

puis, en ayant égard à la condition

$$R_{h,k} = \frac{p}{R_{-h,-k}} = \frac{p}{R_{n-h,n-k}}$$

qui subsiste quand aucun des nombres h, k, $h+k$ n'est divisible par $n = 4\nu = 4.13 = 52$, on en conclurait

$$p R_{31,47} R_{29,49} = R_{51,27} R_{43,25} R_{37,41} R_{33,45}.$$

Enfin, en remplaçant dans la dernière formule $\sqrt{-1}$ par a, ς par s, et généralement $R_{h,k}$ par $-\Pi_{n-h,n-k}$, on trouverait

$$p \Pi_{21,5} \Pi_{23,3} \equiv \Pi_{1,25} \Pi_{9,17} \Pi_{15,11} \Pi_{19,7} \pmod{p},$$

ce qui est absurde, puisque aucun des nombres

$$\Pi_{1,25}, \quad \Pi_{9,17}, \quad \Pi_{15,11}, \quad \Pi_{19,7}$$

ne sera divisible par p. Le rapport entre le premier et le deuxième nombre de la dernière formule est précisément ce qu'on doit entendre par l'expression $\dfrac{\mathfrak{F}(a, s)}{\mathfrak{F}(a, s^u)}$.

puis, des équations (24) et (26),

$$(75)\quad \begin{cases} \mathfrak{F}(-\sqrt{-1}, \varsigma) = p R_{51,27} R_{43,35} R_{23,3}, \\ \mathfrak{F}(-\sqrt{-1}, \varsigma^u) = p R_{15,11} R_{31,47} R_{19,7}. \end{cases}$$

D'autre part, $\delta^2 + \varepsilon^2$ étant réduit à l'unité, les formules (55), (56) donneront

$$p^5 = 6^2 + 13\gamma^2,$$

$$46^2 = [\mathfrak{F}(\sqrt{-1}, \varsigma) + \mathfrak{F}(\sqrt{-1}, \varsigma^u)][\mathfrak{F}(-\sqrt{-1}, \varsigma) + \mathfrak{F}(-\sqrt{-1}, \varsigma^u)],$$

ou, parce que $6 = px^2$, on trouvera

$$\begin{aligned} 4p^4x^2 &= [\mathfrak{F}(\sqrt{-1}, \varsigma) + \mathfrak{F}(\sqrt{-1}, \varsigma^u)][\mathfrak{F}(-\sqrt{-1}, \varsigma) + \mathfrak{F}(-\sqrt{-1}, \varsigma^u)] \\ &= p^2(R_{1,25}R_{9,17}R_{29,49} + R_{37,41}R_{21,5}R_{33,45})(R_{51,27}R_{43,35}R_{3,23} + R_{15,11}R_{31,47}R_{19,7}) \end{aligned}$$

ou, ce qui revient au même,

$$x^2 = \frac{1}{4}\left(\frac{R_{1,25}R_{9,17}}{R_{3,23}} + p\frac{R_{21,5}}{R_{11,15}R_{19,7}}\right)\left(p\frac{R_{3,23}}{R_{1,25}R_{9,17}} + \frac{R_{11,15}R_{9,17}}{R_{5,21}}\right),$$

ou bien encore

$$x^2 = \frac{1}{4}\left(p\frac{R_{29,49}}{R_{27,51}R_{35,45}} + \frac{R_{37,41}R_{33,45}}{R_{31,47}}\right)\left(\frac{R_{27,51}R_{25,43}}{R_{29,49}} + p\frac{R_{31,47}}{R_{37,41}R_{33,45}}\right).$$

Si, dans cette dernière formule, on remplace ρ par r, on tirera

$$(76)\qquad x^2 \equiv \frac{1}{4}\,\frac{\Pi_{11,15}\Pi_{7,19}}{\Pi_{5,21}}\,\frac{\Pi_{1,25}\Pi_{9,17}}{\Pi_{3,23}} \qquad (\text{mod. } p).$$

Comme on aura, d'ailleurs,

$$\mathfrak{F}(\sqrt{-1}, \varsigma) = \pm\,\mathfrak{F}(-\sqrt{-1}, \varsigma^u), \qquad \mathfrak{F}(-\sqrt{-1}, \varsigma) = \pm\,\mathfrak{F}(\sqrt{-1}, \varsigma^u),$$

on en conclura

$$\frac{\Pi_{11,15}\Pi_{7,19}}{\Pi_{5,21}} = \pm\frac{\Pi_{1,25}\Pi_{9,17}}{\Pi_{3,23}}$$

et, par suite,

$$(77)\qquad x^2 \equiv \pm\left(\frac{1}{2}\,\frac{\Pi_{1,25}\Pi_{9,17}}{\Pi_{3,23}}\right)^2.$$

On aura de plus

$$(78)\quad \begin{cases} \Pi_{1,25} = \dfrac{26\varpi(26\varpi-1)\ldots(25\varpi+1)}{1.2.3\ldots\varpi}, \\ \Pi_{3,23} = \dfrac{26\varpi(26\varpi-1)\ldots(23\varpi+1)}{1.2.3\ldots3\varpi}, \\ \Pi_{9,17} = \dfrac{26\varpi(26\varpi-1)\ldots(17\varpi+1)}{1.2.3\ldots9\varpi}. \end{cases}$$

Exemples. — Supposons

$$p = 53.$$

On aura

$$\varpi = 1,$$

$$\Pi_{1,25} = 26 \equiv -\frac{1}{2},$$

$$\Pi_{3,23} = \frac{26.25.24}{1.2.3} \equiv -\frac{1}{8}\,\frac{1.3.5}{1.2.3} \equiv 3,$$

$$\Pi_{9,17} = \frac{26.25.24.23.22.21.20.19.18}{1.2.3.4.5.6.7.8.9} \equiv \frac{3}{14}\,\frac{7.9.11.13.15.17}{4.5.6.7.8.9} \equiv \frac{5}{4} \equiv -12,$$

$$\frac{1}{2}\,\frac{\Pi_{1,25}\Pi_{9,17}}{\Pi_{3,23}} \equiv \frac{3}{3} \equiv 1,$$

$$x^2 \equiv 1.$$

Effectivement

$$53 = 1 + 52 = 1 + 13.2^2.$$

Supposons encore

$$p = 157.$$

On trouvera

$$\varpi = 3,$$

$$\Pi_{1,23} = \frac{78.77.76}{1.2.3} \equiv -\frac{1}{8}\,\frac{1.3.5}{1.2.3} \equiv -\frac{5}{16},$$

$$\frac{\Pi_{9,17}}{\Pi_{3,23}} = \frac{1}{2^{18}}\,\frac{19.21.23.25.27.29.31.33.35.37.39.41.43.45.47.49.51.53}{10.11.12.13.14.15.16.17.18.19.20.21.22.23.24.25.26.27}$$

$$= \frac{1}{2^{18}}\,\frac{29.31.33.35.37.39.41.43.45.47.49.51.53}{10.11.12.13.14.15.16.17.18.20.22.24.26} \equiv -\frac{1}{2},$$

$$\frac{1}{2}\,\frac{\Pi_{1,23}\Pi_{9,17}}{\Pi_{3,23}} \equiv \frac{5}{64} \equiv -22,$$

$$x^2 \equiv \pm(22)^2 \equiv \pm 13 \equiv \mp 144.$$

Effectivement

$$157 = 144 + 13 = 12^2 + 13.1^2.$$

§ III. — *Suite du même sujet.*

Reprenons les formules (4) et (5) du paragraphe II. On en tire

$$(1)\quad \left\{\begin{aligned} &\mathfrak{F}(\alpha^h, \varsigma) = \mathfrak{F}(\alpha^h, \varsigma^{u^2}) = \mathfrak{F}(\alpha^h, \varsigma^{u^4}) = \ldots = \mathfrak{F}(\alpha^h, \varsigma^{u^{\nu-3}}) \\ &\qquad = \frac{\Theta_{1+\upsilon\nu(h-1)}\,\Theta_{u^2+\upsilon\nu(h-u^2)}\,\Theta_{u^4+\upsilon\nu(h-u^4)}\ldots\Theta_{u^{\nu-3}+\upsilon\nu(h-u^{\nu-3})}}{\Theta_{\upsilon\frac{\nu(\nu-1)}{2}h}}; \end{aligned}\right.$$

et l'on trouve de la même manière

$$(2)\quad \left\{\begin{aligned} &\mathfrak{F}(\alpha^h, \varsigma) = \mathfrak{F}(\alpha^h, \varsigma^{u^3}) = \mathfrak{F}(\alpha^h, \varsigma^{u^5}) = \ldots = \mathfrak{F}(\alpha^h, \varsigma^{u^{\nu-2}}) \\ &\qquad = \frac{\Theta_{u+\upsilon\nu(h-u)}\,\Theta_{u^3+\upsilon\nu(h-u^3)}\,\Theta_{u^5+\upsilon\nu(h-u^5)}\ldots\Theta_{u^{\nu-2}+\upsilon\nu(h-u^{\nu-2})}}{\Theta_{\upsilon\frac{\nu(\nu-1)}{2}h}}. \end{aligned}\right.$$

On aura d'ailleurs, en vertu de la formule (2) du paragraphe II,

$$\Theta_{u^m+\upsilon\nu(h-u^m)} = \Theta_{u^m+\upsilon\nu(h+k\omega-u^m)}.$$

Enfin, comme, en supposant ν premier, on aura

$$u^{\frac{\nu-1}{2}} \equiv -1 \qquad (\text{mod.}\,\nu),$$

on trouvera, si ν est de la forme $4x+1$,

$$(3)\qquad \mathfrak{F}(\alpha^h, \varsigma^{-1}) = \mathfrak{F}\left(\alpha^h, \varsigma^{u^{\frac{\nu-1}{2}}}\right) = \mathfrak{F}(\alpha^h, \varsigma)$$

et, si ν est de la forme $4x+3$,

$$(4)\qquad \mathfrak{F}(\alpha^h, \varsigma^{-1}) = \mathfrak{F}\left(\alpha^h, \varsigma^{u^{\frac{\nu-1}{2}}}\right) = \mathfrak{F}(\alpha^h, \varsigma^u).$$

Supposons maintenant que ω soit un nombre premier et nommons a une racine primitive de

$$(5)\qquad x^{\omega-1} \equiv 0 \qquad (\text{mod.}\,\omega).$$

Si l'on prend

$$(6)\qquad \mathfrak{F}(\alpha, \varsigma)\,\mathfrak{F}(\alpha^{a^2}, \varsigma)\ldots\mathfrak{F}(\alpha^{a^{\omega-3}}, \varsigma) = \varphi(\alpha, \varsigma),$$

on aura

$$(7)\qquad \varphi(\alpha, \varsigma) = \varphi(\alpha^{a^2}, \varsigma) = \ldots = \varphi(\alpha^{a^{\omega-3}}, \varsigma),$$

$$(8)\qquad \mathfrak{F}(\alpha^a, \varsigma)\,\mathfrak{F}(\alpha^{a^3}, \varsigma)\ldots\mathfrak{F}(\alpha^{a^{\omega-2}}, \varsigma) = \varphi(\alpha^a, \varsigma),$$

$$(9)\qquad \varphi(\alpha^a, \varsigma) = \varphi(\alpha^{a^3}, \varsigma) = \ldots = \varphi(\alpha^{a^{\omega-2}}, \varsigma).$$

On trouvera de plus

$$a^{\frac{\omega-1}{2}} \equiv -1 \qquad (\text{mod.}\,\omega).$$

Cela posé, si ω et ν ne sont pas tous deux de la forme $4x+1$, on aura

$$\begin{aligned}\varphi(\alpha, \varsigma) = {} & a + b\,(\alpha + \alpha^{a^2} + \ldots + \alpha^{a^{\omega-3}}) + c\,(\alpha^a + \alpha^{a^3} + \ldots + \alpha^{a^{\omega-2}}) \\ & + [a' + b'\,(\alpha + \alpha^{a^2} + \ldots + \alpha^{a^{\omega-3}}) + c'\,(\alpha^a + \alpha^{a^3} + \ldots + \alpha^{a^{\omega-2}})](\varsigma + \varsigma^{u^2} + \ldots + \varsigma^{u^{\nu-3}}) \\ & + [a'' + b''(\alpha + \alpha^{a^2} + \ldots + \alpha^{a^{\omega-3}}) + c''(\alpha^a + \alpha^{a^3} + \ldots + \alpha^{a^{\omega-2}})](\varsigma^u + \varsigma^{u^3} + \ldots + \varsigma^{u^{\nu-2}}),\end{aligned}$$

ou, ce qui revient au même,

$$\begin{aligned}2\varphi(\alpha, \varsigma) = {} & 2a - b - c + (b - c)(\alpha - \alpha^a + \alpha^{a^2} - \ldots + \alpha^{a^{\omega-3}} - \alpha^{a^{\omega-2}}) \\ & + [2a' - b' - c' + (b' - c')(\alpha - \alpha^a + \alpha^{a^2} - \ldots + \alpha^{a^{\omega-3}} - \alpha^{a^{\omega-2}})](\varsigma + \varsigma^u + \ldots + \varsigma^{u^{\nu-3}}) \\ & + [2a'' - b'' - c'' + (b'' - c'')(\alpha - \alpha^a + \alpha^{a^2} - \ldots + \alpha^{a^{\omega-3}} - \alpha^{a^{\omega-2}})](\varsigma^u + \varsigma^u + \ldots + \varsigma^{u^{\nu-3}}),\end{aligned}$$

ou enfin

$$\begin{aligned}4\varphi(\alpha, \varsigma) = {} & 2(2a - b - c) - (2a' - b' - c') - (2a'' - b'' - c'') \\ & + [(2a' - b' - c') - (2a'' - b'' - c'')](\varsigma - \varsigma^u + \varsigma^{u^2} - \ldots + \varsigma^{u^{\nu-3}} - \varsigma^{u^{\nu-2}}) \\ & + [2(b - c) - (b' - c') - (b'' - c'')](\alpha - \alpha^a + \alpha^{a^2} - \ldots + \alpha^{a^{\omega-3}} - \alpha^{a^{\omega-2}}) \\ & + [(b' - c') - (b'' - c'')](\varsigma - \varsigma^u + \ldots - \varsigma^{u^{\nu-2}})(\alpha - \alpha^a + \ldots - \alpha^{a^{\omega-2}}).\end{aligned}$$

Si l'on fait, pour abréger,

$$\begin{aligned}\mathrm{A} &= 2(2a - b - c) - (2a' - b' - c') - (2a'' - b'' - c''), \\ \mathrm{B} &= 2(b - c) - (b' - c') - (b'' - c''), \\ \mathrm{C} &= 2a' - b' - c' - (2a'' - b'' - c''), \\ \mathrm{D} &= (b' - c') - (b'' - c''),\end{aligned}$$

les quatre nombres A, B, C, D seront tous pairs, ou tous impairs, et l'on aura

$$(10)\quad \left\{\begin{aligned}4\varphi(\alpha, \varsigma) = {} & \mathrm{A} + \mathrm{B}(\alpha - \alpha^a + \ldots - \alpha^{a^{\omega-2}}) + \mathrm{C}(\varsigma - \varsigma^u + \ldots - \varsigma^{u^{\nu-2}}) \\ & + \mathrm{D}(\alpha - \alpha^a + \ldots - \alpha^{a^{\omega-2}})(\varsigma - \varsigma^u + \ldots - \varsigma^{u^{\nu-2}}).\end{aligned}\right.$$

Si ν et ω étaient tous deux de la forme $4x+1$, alors l'expression

$$\varphi(\alpha, \varsigma) = \varphi(\alpha^{-1}, \varsigma^{-1})$$

se réduirait à une puissance entière de p, et l'équation (10) prendrait la forme

$$4\varphi(\alpha, \varsigma) = \mathrm{A}, \tag{11}$$

en sorte qu'on aurait

$$\mathrm{B} = 0, \qquad \mathrm{C} = 0, \qquad \mathrm{D} = 0.$$

Lorsque ω et ν ne sont pas tous deux de la forme $4x+1$, le produit

$$\varphi(\alpha, \varsigma)\,\varphi(\alpha^{-1}, \varsigma^{-1})$$

se réduit à une puissance entière de p. On a d'ailleurs généralement

$$\left\{\begin{aligned} &(\alpha - \alpha^a + \ldots - \alpha^{a^{\omega-2}})^2 = (-1)^{\frac{\omega-1}{2}}\,\omega, \\ &(\varsigma - \varsigma^u + \ldots - \varsigma^{u^{\nu-2}})^2 = (-1)^{\frac{\nu-1}{2}}\,\nu. \end{aligned}\right. \tag{12}$$

De plus, on tirera de l'équation (10), en y remplaçant successivement α par α^a et ς par ς^u,

$$\left\{\begin{aligned} 4\varphi(\alpha, \varsigma^u) &= \mathrm{A} + \mathrm{B}(\alpha - \alpha^a + \ldots - \alpha^{a^{\omega-2}}) - \mathrm{C}(\varsigma - \varsigma^u + \ldots - \varsigma^{u^{\nu-2}}) \\ &\quad - \mathrm{D}(\alpha - \alpha^a + \ldots - \alpha^{a^{\omega-2}})(\varsigma - \varsigma^u + \ldots - \varsigma^{u^{\nu-2}}), \\ 4\varphi(\alpha^a, \varsigma) &= \mathrm{A} - \mathrm{B}(\alpha - \alpha^a + \ldots - \alpha^{a^{\omega-2}}) + \mathrm{C}(\varsigma - \varsigma^u + \ldots - \varsigma^{u^{\nu-2}}) \\ &\quad - \mathrm{D}(\alpha - \alpha^a + \ldots - \alpha^{a^{\omega-2}})(\varsigma - \varsigma^u + \ldots - \varsigma^{u^{\nu-2}}), \\ 4\varphi(\alpha^a, \varsigma^u) &= \mathrm{A} - \mathrm{B}(\alpha - \alpha^a + \ldots - \alpha^{a^{\omega-2}}) - \mathrm{C}(\varsigma - \varsigma^u + \ldots - \varsigma^{u^{\nu-2}}) \\ &\quad + \mathrm{D}(\alpha - \alpha^a + \ldots - \alpha^{a^{\omega-2}})(\varsigma - \varsigma^u + \ldots - \varsigma^{u^{\nu-2}}); \end{aligned}\right. \tag{13}$$

et l'on trouvera : 1° en supposant ω et ν de la forme $4x+1$,

$$\varphi(\alpha, \varsigma) = \varphi(\alpha^{-1}, \varsigma) = \varphi(\alpha, \varsigma^{-1}) = \varphi(\alpha^{-1}, \varsigma^{-1});$$

2° en supposant ν de la forme $4x+1$ et ω de la forme $4x+3$,

$$\varphi(\alpha, \varsigma) = \varphi(\alpha, \varsigma^{-1}), \qquad \varphi(\alpha^a, \varsigma) = \varphi(\alpha^{-1}, \varsigma^{-1});$$

3° en supposant ν de la forme $4x+3$ et ω de la forme $4x+1$,

$$\varphi(\alpha, \varsigma) = \varphi(\alpha^{-1}, \varsigma), \qquad \varphi(\alpha, \varsigma^u) = \varphi(\alpha^{-1}, \varsigma^{-1});$$

4° en supposant ν et ω de la forme $4x+3$,

$$\varphi(\alpha^a, \varsigma^u) = \varphi(\alpha^{-1}, \varsigma^{-1}).$$

Donc, si l'on fait généralement

$$\varphi(\alpha, \varsigma)\,\varphi(\alpha^{-1}, \varsigma^{-1}) = p^k, \tag{14}$$

on aura : 1° en supposant ν de la forme $4x+1$ et ω de la forme $4x+3$,

$$p^k = \varphi(\alpha, \varsigma)\,\varphi(\alpha^a, \varsigma) = \varphi(\alpha, \varsigma^u)\,\varphi(\alpha^a, \varsigma^u); \tag{15}$$

2° en supposant ν de la forme $4x+3$ et ω de la forme $4x+1$,

$$p^k = \varphi(\alpha, \varsigma)\,\varphi(\alpha, \varsigma^u) = \varphi(\alpha^a, \varsigma)\,\varphi(\alpha^a, \varsigma^u); \tag{16}$$

3° en supposant ν et ω de la forme $4x+3$,

$$p^k = \varphi(\alpha, \varsigma)\,\varphi(\alpha^a, \varsigma^u) = \varphi(\alpha, \varsigma^u)\,\varphi(\alpha^a, \varsigma). \tag{17}$$

Si maintenant on substitue dans les formules (15), (16), (17) les valeurs de

$$Q(\alpha, \varsigma), \quad Q(\alpha^a, \varsigma), \quad Q(\alpha, \varsigma^u), \quad Q(\alpha^a, \varsigma^u)$$

tirées des équations (10), (13), on trouvera, en ayant égard aux formules (12) : 1° en supposant ν de la forme $4x+1$ et ω de la forme $4x+3$,

$$16p^k = A^2 + \omega B^2 + \nu C^2 + \omega\nu D^2, \qquad AC + \omega BD = 0; \tag{18}$$

2° en supposant ν de la forme $4x+3$ et ω de la forme $4x+1$,

$$16p^k = A^2 + \omega B^2 + \nu C^2 + \omega\nu D^2, \qquad AB + \nu CD = 0; \tag{19}$$

3° en supposant ω et ν de la forme $4x+3$,

$$16p^k = A^2 + \omega B^2 + \nu C^2 + \omega\nu D^2, \qquad AD - BC = 0. \tag{20}$$

On vérifie les équations (18) en prenant

$$A = 6\delta, \qquad B = 6\varepsilon, \qquad C = -\omega\gamma\varepsilon, \qquad D = \gamma\delta$$

et, par suite,

$$16p^k = (\delta^2 + \omega\varepsilon^2)(6^2 + \nu\omega\gamma^2), \tag{21}$$

où bien

$$A = \omega\beta\delta, \qquad B = \beta\varepsilon, \qquad C = -\gamma\varepsilon, \qquad D = \gamma\delta$$

et, par suite,

$$(22) \qquad 16p^k = (\omega\delta^2 + \varepsilon^2)(\omega\beta^2 + \nu\gamma^2).$$

On vérifie les équations (19) en prenant

$$A = \beta\delta, \qquad B = \nu\gamma\varepsilon, \qquad C = -\beta\varepsilon, \qquad D = \gamma\delta$$

et, par suite,

$$(23) \qquad 16p^k = (\delta^2 + \nu\varepsilon^2)(\beta^2 + \omega\nu\gamma^2),$$

ou bien

$$A = \nu\beta\delta, \qquad B = \gamma\varepsilon, \qquad C = -\beta\varepsilon, \qquad D = \gamma\delta$$

et, par suite,

$$(24) \qquad 16p^k = (\nu\delta^2 + \varepsilon^2)(\nu\beta^2 + \omega\gamma^2).$$

Enfin, on vérifie les équations (20) en prenant

$$A = \beta\delta, \qquad B = \beta\varepsilon, \qquad C = \gamma\delta, \qquad D = \gamma\varepsilon$$

et, par suite,

$$(25) \qquad 16p^k = (\delta^2 + \omega\varepsilon^2)(\beta^2 + \nu\gamma^2).$$

Applications. — Supposons, pour fixer les idées,

$$\nu = 5, \qquad \omega = 3, \qquad \omega\nu = 15;$$

on aura

$$\varrho \equiv \frac{1}{\nu} \equiv \frac{1}{5} \equiv -1 \qquad (\text{mod.} 3);$$

$$u = 2, \qquad a = 2; \qquad u^0 = 1, \qquad u = 2, \qquad u^2 \equiv 4, \qquad u^3 \equiv 3 \qquad (\text{mod.} 5);$$

$$u^m + \varrho\nu(h - u^m) = u^m - 5(h - u^m) = 6u^m - 5h,$$

$$\mathfrak{F}(\alpha^h, \varsigma) = \mathfrak{F}(\alpha^h, \varsigma^h) = \frac{\Theta_{6-5h}\Theta_{24-5h}}{\Theta_{30-10h}} = \frac{\Theta_{6-5h}\Theta_{9-5h}}{\Theta_{-10h}},$$

$$\mathfrak{F}(\alpha^h, \varsigma^2) = \mathfrak{F}(\alpha^h, \varsigma^3) = \frac{\Theta_{12-5h}\Theta_{18-5h}}{\Theta_{30-10h}} = \frac{\Theta_{12-5h}\Theta_{3-5h}}{\Theta_{-10h}};$$

on trouvera par suite

$$
(26)\quad \begin{cases}
\varphi(\alpha, \varsigma) = \mathcal{F}(\alpha, \varsigma) = \dfrac{\Theta_1\Theta_4}{\Theta_{-10}} = \dfrac{\Theta_1\Theta_4}{\Theta_5} = R_{1,4}, \\
\varphi(\alpha^2, \varsigma) = \mathcal{F}(\alpha^2, \varsigma) = \dfrac{\Theta_{-4}\Theta_{-1}}{\Theta_{-5}} = R_{-1,-4} = R_{14,11}, \\
\varphi(\alpha, \varsigma^2) = \mathcal{F}(\alpha, \varsigma^2) = \dfrac{\Theta_7\Theta_{-2}}{\Theta_5} = R_{7,-2} = R_{7,13}, \\
\varphi(\alpha^2, \varsigma^2) = \mathcal{F}(\alpha^2, \varsigma^2) = \dfrac{\Theta_2\Theta_{-7}}{\Theta_{-5}} = R_{2,-7} = R_{2,8}.
\end{cases}
$$

Cela posé, on aura

$$
p^k = \varphi(\alpha, \varsigma)\varphi(\alpha^2, \varsigma) = \varphi(\alpha, \varsigma^2)\varphi(\alpha^2, \varsigma^2) = R_{1,4}R_{14,11} = R_{7,13}R_{2,8} = p,
$$
$$
k = 1
$$

et la formule (21) ou (22) donnera

$$
(27)\qquad 16p = (\delta^2 + 3\varepsilon^2)(6^2 + 15\gamma^2)
$$

ou

$$
(28)\qquad 16p = (\varepsilon^2 + 3\delta^2)(36^2 + 5\gamma^2).
$$

Revenons aux formules (10) et (13) et supposons ν de la forme $4x + 1$ et ω de la forme $4x + 3$. On trouvera : 1° en prenant

$$
A = 6\delta, \qquad B = 6\varepsilon, \qquad C = -\omega\gamma\varepsilon, \qquad D = \gamma\delta,
$$

$$
(29)\quad \begin{cases}
4\varphi(\alpha, \varsigma) = [\delta + \varepsilon(\alpha - \alpha^a + \ldots - \alpha^{a^{\omega-2}})][6 + \gamma(\varsigma - \varsigma^u + \ldots - \varsigma^{u^{\nu-2}})(\alpha - \alpha^a + \ldots - \alpha^{a^{\omega-2}})], \\
4\varphi(\alpha, \varsigma^u) = [\delta + \varepsilon(\alpha - \alpha^a + \ldots - \alpha^{a^{\omega-2}})][6 - \gamma(\varsigma - \varsigma^u + \ldots - \varsigma^{u^{\nu-2}})(\alpha - \alpha^a + \ldots - \alpha^{a^{\omega-2}})], \\
4\varphi(\alpha^a, \varsigma) = [\delta - \varepsilon(\alpha - \alpha^a + \ldots - \alpha^{a^{\omega-2}})][6 - \gamma(\varsigma - \varsigma^u + \ldots - \varsigma^{u^{\nu-2}})(\alpha - \alpha^a + \ldots - \alpha^{a^{\omega-2}})], \\
4\varphi(\alpha^a, \varsigma^u) = [\delta - \varepsilon(\alpha - \alpha^a + \ldots - \alpha^{a^{\omega-2}})][6 + \gamma(\varsigma - \varsigma^u + \ldots - \varsigma^{u^{\nu-2}})(\alpha - \alpha^a + \ldots - \alpha^{a^{\omega-2}})].
\end{cases}
$$

Si l'on prend, au contraire,

$$
A = \omega 6\delta, \qquad B = 6\varepsilon, \qquad C = -\gamma\varepsilon, \qquad D = \gamma\delta,
$$

on aura

$$
(30)\quad \begin{cases}
4\varphi(\alpha, \varsigma) = [\varepsilon - \delta(\alpha - \alpha^a + \ldots - \alpha^{a^{\omega-2}})][\ \ 6(\alpha - \alpha^a + \ldots - \alpha^{a^{\omega-2}}) - \gamma(\varsigma - \varsigma^u + \ldots - \varsigma^{u^{\nu-2}})], \\
4\varphi(\alpha, \varsigma^u) = [\varepsilon - \delta(\alpha - \alpha^a + \ldots - \alpha^{a^{\omega-2}})][\ \ 6(\alpha - \alpha^a + \ldots - \alpha^{a^{\omega-2}}) + \gamma(\varsigma - \varsigma^u + \ldots - \varsigma^{u^{\nu-2}})], \\
4\varphi(\alpha^a, \varsigma) = [\varepsilon + \delta(\alpha - \alpha^a + \ldots - \alpha^{a^{\omega-2}})][-6(\alpha - \alpha^a + \ldots - \alpha^{a^{\omega-2}}) - \gamma(\varsigma - \varsigma^u + \ldots - \varsigma^{u^{\nu-2}})], \\
4\varphi(\alpha^a, \varsigma^u) = [\varepsilon + \delta(\alpha - \alpha^a + \ldots - \alpha^{a^{\omega-2}})][-6(\alpha - \alpha^a + \ldots - \alpha^{a^{\omega-2}}) + \gamma(\tau - \varsigma^u + \ldots - \varsigma^{u^{\nu-2}})].
\end{cases}
$$

Dans les équations (29), (30) on peut toujours supposer ε, δ premiers entre eux et faire passer les facteurs communs qu'ils pourraient avoir dans 6 et γ. De plus, si les quatre nombres A, B, C, D sont impairs, 6, γ, δ, ε devront l'être aussi, et l'équation (21) se partagera en deux autres de la forme

$$(31) \qquad 4p^{k'} = \delta^2 + \omega\varepsilon^2, \qquad 4p^{k''} = 6^2 + \nu\omega\gamma^2,$$

ou l'équation (22) en deux autres de la forme

$$(32) \qquad 4p^{k'} = \varepsilon^2 + \omega\delta^2, \qquad 4p^{k''} = \omega 6^2 + \nu\gamma^2.$$

Si, au contraire, A, B, C, D sont pairs, 6, γ seront impairs et les équations (21), (22) se partageront, ou comme on vient de le dire lorsque δ, ε seront impairs, ou dans le cas contraire, ainsi qu'il suit :

$$(33) \qquad p^{k'} = \delta^2 + \omega\varepsilon^2, \qquad 4p^{k''} = \left(\frac{6}{2}\right)^2 + \nu\omega\left(\frac{\gamma}{2}\right)^2,$$

$$(34) \qquad p^{k'} = \varepsilon^2 + \omega\delta^2, \qquad 4p^{k''} = \omega\left(\frac{6}{2}\right)^2 + \nu\left(\frac{\gamma}{2}\right)^2.$$

Ajoutons que l'on déterminera facilement $p^{k''}$ en cherchant la plus haute puissance de p qui divise simultanément les deux produits

$$\varphi(\alpha, \varsigma)\,\varphi(\alpha, \varsigma^u), \quad \varphi(\alpha^a, \varsigma)\,\varphi(\alpha^a, \varsigma^u),$$

qui se réduiront, si l'on admet les formules (29), à

$$\frac{1}{16}[\delta + \varepsilon(\alpha - \alpha^a + \ldots - \alpha^{a^{\omega-2}})]\;(6^2 + \nu\omega\gamma^2),$$

$$\frac{1}{16}[\delta - \varepsilon(\alpha - \alpha^a + \ldots - \alpha^{a^{\omega-2}})]^2(6^2 + \nu\omega\gamma^2),$$

et, dans le cas contraire, à

$$-\frac{1}{16}[\varepsilon - \delta(\alpha - \alpha^a + \ldots - \alpha^{a^{\omega-2}})]\;(\omega 6^2 + \nu\gamma^2),$$

$$-\frac{1}{16}[\varepsilon - \delta(\alpha - \alpha^a + \ldots - \alpha^{a^{\omega-2}})]^2(\omega 6^2 + \nu\gamma^2).$$

Supposons, comme ci-dessus,

$$\omega = 3, \qquad \nu = 5, \qquad \omega\nu = 15;$$

on aura

$$\varphi(\alpha, \varsigma)\,\varphi(\alpha, \varsigma^u) = R_{1,4}\ R_{7,13} = p\frac{R_{7,13}}{R_{14,11}},$$

$$\varphi(\alpha^a, \varsigma)\,\varphi(\alpha^a, \varsigma^u) = R_{14,11}R_{2,8} = p\frac{R_{14,11}}{R_{13,7}}.$$

Donc alors $k'' = 1$, et comme on a trouvé $k = 1$, on aura nécessairement $k' = 0$. Par suite, la somme

$$\delta^2 + \omega\varepsilon^2 \quad \text{ou} \quad \varepsilon^2 + \omega\delta^2$$

se réduira nécessairement ou à l'unité, ou à

$$4 = 1 + \omega = 1 + 3$$

et les nombres 6, γ vérifieront l'une des formules

$$4p = 6^2 + 15\gamma^2, \qquad 4p = 36^2 + 5\gamma^2,$$

$$4p = \left(\frac{6}{2}\right)^2 + 15\left(\frac{\gamma}{2}\right)^2, \qquad 4p = 3\left(\frac{6}{2}\right)^2 + 5\left(\frac{\gamma}{2}\right)^2.$$

D'ailleurs, les seconds membres de ces dernières formules seraient divisibles par 8 si 6 et γ ou $\frac{6}{2}$ et $\frac{\gamma}{2}$ étaient impairs, tandis que les premiers membres sont divisibles seulement par 4. Donc 6 et γ ou $\frac{6}{2}$ et $\frac{\gamma}{2}$ doivent être pairs et l'on peut résoudre en nombres entiers l'une des équations

$$p = x^2 + 15y^2, \qquad p = 3x^2 + 5y^2.$$

Or, comme on a généralement

$$x^2 \equiv \pm 1 \quad (\text{mod. } 5),$$

on en conclut

$$3x^2 + 5y^2 \equiv \pm 2 \quad (\text{mod. } 5).$$

Donc p étant de la forme $15x + 1$ ne pourra être en même temps de la forme $3x^2 + 5y^2$, et tout nombre premier de la forme $15x + 1$ vérifiera la formule

$$p = x^2 + 15y^2. \tag{35}$$

Il reste à trouver la valeur de x.

Or, d'après ce qui vient d'être dit, on aura : 1° si l'on suppose $\delta^2 + \omega\varepsilon^2 = 1$,

$$16p = \beta^2 + 15\gamma^3 = 16(x^2 + 15y^2),$$

$$x^2 = \frac{\beta^2}{16} = \frac{\beta^2}{16}(\delta^2 + \omega\varepsilon^2), \qquad y^2 = \frac{\gamma^2}{16}(\delta^2 + \omega\varepsilon^2);$$

2° si l'on suppose $\delta^2 + \omega\varepsilon^2 = 4$,

$$4p = \beta^2 + 15\gamma^2 = 4(x^2 + 15y^2),$$

$$x^2 = \frac{\beta^2}{16} = \frac{\beta^2}{16}(\delta^2 + \omega\varepsilon^2), \qquad y^2 = \frac{\gamma^2}{16}(\delta^2 + \omega\varepsilon^2).$$

On aura donc, dans tous les cas,

$$x^2 = \frac{\beta^2}{16}(\delta^2 + \omega\varepsilon^2), \qquad y^2 = \frac{\gamma^2}{16}(\delta^2 + \omega\varepsilon^2).$$

D'ailleurs, on tire des formules (29) et (26)

$$\varphi(\alpha, \varsigma)\,\varphi(\alpha^a, \varsigma^u) = \frac{1}{16}(\delta^2 + \omega\varepsilon^2)[\beta + \gamma(\varsigma - \varsigma^u + \ldots - \varsigma^{u^{\nu-2}})(\alpha - \alpha^a + \ldots - \alpha^{a^{\omega-2}})]^2 = R_{1,4}\,R_{2,8},$$

$$\varphi(\alpha^a, \varsigma)\,\varphi(\alpha, \varsigma^u) = \frac{1}{16}(\delta^2 + \omega\varepsilon^2)[\beta - \gamma(\varsigma - \varsigma^u + \ldots - \varsigma^{u^{\nu-2}})(\alpha - \alpha^a + \ldots - \alpha^{a^{\omega-2}})]^2 = R_{14,11}\,R_{7,13}.$$

On aura donc, par suite,

$$\frac{1}{2}(R_{14,11}R_{7,13} + R_{1,4}R_{2,8}) = x^2 - \omega\nu y^2 = x^2 - 15y^2,$$

puis on conclura, en remplaçant ρ par r,

$$x^2 - 15y^2 \equiv \frac{1}{2}\Pi_{1,4}\Pi_{2,8} \qquad (\text{mod.}\,p)$$

et, comme on aura de plus

$$x^2 + 15y^2 \equiv 0 \qquad (\text{mod.}\,p),$$

on trouvera définitivement

$$x^2 \equiv -15y^2 \equiv \frac{1}{4}\Pi_{1,4}\Pi_{2,8}.$$

Exemples. — Supposons $p = 31$. On aura

$$\varpi = 2,$$

$$\Pi_{1,4} = \frac{5\varpi(5\varpi-1)\ldots(4\varpi+1)}{1.2.3\ldots\varpi} = \frac{10.9}{1.2} = 45 \equiv 14,$$

$$\Pi_{2,8} = \frac{10\varpi(10\varpi-1)\ldots(8\varpi+1)}{1.2.3\ldots2\varpi} = \frac{20.19.18.17}{1.2.3.4} = 5.19.3.17 \equiv 9,$$

$$x^2 \equiv \frac{1}{4}9.14 \equiv \frac{1}{2}9.7 \equiv \frac{1}{2} \equiv 16 \equiv -15 \equiv -15y^2.$$

Donc

$$p = x^2 + 15y^2 = 16 + 15 = 4^2 + 15.1^2.$$

Supposons encore $p = 61$. On trouvera

$$\varpi = 4,$$

$$\Pi_{1,4} = \frac{20.19.18.17}{1.2.3.4} = 5.19.3.17 \equiv -5.7 \equiv -35 \equiv -\frac{9}{2},$$

$$\Pi_{2,8} = \frac{40.39.38.37.36.35.34.33}{1.2.3.4.5.6.7.8} = 5.17.19.33.37.39 = \frac{5}{2},$$

$$x^2 \equiv \frac{1}{4}\Pi_{1,4}\Pi_{2,8} \equiv -\frac{5}{2}\,\frac{1}{4}\,\frac{9}{2} \equiv -\frac{45}{16} \equiv 1 \equiv -60.$$

Effectivement

$$61 = p = 1 + 60 = 1^2 + 15.2^2.$$

En général, ν étant de la forme $4x+1$, ω de la forme $4x+3$, et δ, ε étant supposés premiers entre eux, on conclura des formules (31), (32) ou (33), (34) qu'on peut satisfaire en nombres entiers à l'une des deux équations

$$(36) \qquad 4p^{k''} = X^2 + \nu\omega Y^2, \qquad 4p^{k''} = \nu X^2 + \omega Y^2,$$

et comme les seconds membres de ces dernières seraient divisibles par 8, si

$$\nu + \omega \qquad \text{ou} \qquad 1 + \nu\omega$$

étant eux-mêmes divisibles par 8, les deux quantités X, Y étaient impaires, tandis que les premiers membres sont seulement divisibles par 4; on aura nécessairement, dans cette hypothèse,

$$X = 2X', \qquad Y = 2Y',$$

$$(37) \qquad p^{k''} = X'^2 + \nu\omega Y'^2 \qquad \text{ou} \qquad p^{k''} = \nu X'^2 + \omega Y'^2.$$

Dans ces diverses formules $p^{k''}$ est la plus haute puissance de p qui divise simultanément les deux produits

$$(38)\qquad \varphi(\alpha, \varsigma)\,\varphi(\alpha, \varsigma^u), \quad \varphi(\alpha^a, \varsigma)\,\varphi(\alpha^a, \varsigma^u).$$

Soit d'ailleurs p^λ la plus haute puissance de p qui divise simultanément les quatre expressions

$$(39)\qquad \varphi(\alpha, \varsigma), \quad \varphi(\alpha, \varsigma^u), \quad \varphi(\alpha^a, \varsigma), \quad \varphi(\alpha^a, \varsigma^u).$$

X, Y seront divisibles par p^λ; et, en posant

$$X = p^\lambda x, \qquad Y = p^\lambda y,$$
$$\mu = k'' - 2\lambda,$$

on tirera des formules (36)

$$(40)\qquad 4p^\mu = x^2 + \nu\omega y^2 \quad \text{ou} \quad 4p^\mu = \nu x^2 + \omega y^2.$$

D'ailleurs, p étant de la forme $\nu\omega x + 1$, la seconde des équations (40) ne pourra être vérifiée qu'autant que l'on aura

$$\nu x^2 \equiv 4 \quad (\text{mod.}\,\omega),$$
$$\omega y^2 \equiv 4 \quad (\text{mod.}\,\nu)$$

et, par suite,

$$\nu^{\frac{\omega - 1}{2}} \equiv 1 \quad (\text{mod.}\,\omega),$$
$$\omega^{\frac{\nu - 1}{2}} \equiv 1 \quad (\text{mod.}\,1)$$

ou, ce qui revient au même,

$$\left[\frac{\nu}{\omega}\right] = \left[\frac{\omega}{\nu}\right] = 1.$$

Donc, si l'on a

$$(41)\qquad \left[\frac{\nu}{\omega}\right] = \left[\frac{\omega}{\nu}\right] = -1,$$

on ne pourra satisfaire à la seconde des formules (40) et l'on aura nécessairement

$$(42)\qquad 4p^\mu = x^2 + \nu\omega y^2.$$

Application. — Soit $\omega = 3$. Alors, si ν est de la forme $12x + 5$, on aura

$$\left[\frac{\nu}{3}\right]=\left[\frac{5}{3}\right]=-1$$

et, par conséquent, on pourra vérifier, en nombres entiers, l'équation (42). Mais, si ν est de la forme $12x+1$, on aura

$$\left[\frac{\nu}{3}\right]=\left[\frac{1}{3}\right]=1$$

et l'on pourra seulement assurer que l'une des équations (40) est résoluble en nombres entiers.

Exemple. — Soient

$$\omega=3, \qquad \nu=17, \qquad \omega\nu=51.$$

On trouvera

$$u=3, \qquad a=2,$$

$$u^0=1, \quad u=3, \quad u^2\equiv-8, \quad u^3\equiv-7, \quad u^4\equiv-4, \quad u^5\equiv5, \quad u^6\equiv-2 \quad u^7\equiv-6,$$

$$u^8\equiv-1, \quad u^9\equiv-3, \quad u^{10}\equiv8, \quad u^{11}\equiv7, \quad u^{12}\equiv4, \quad u^{13}\equiv-5, \quad u^{14}\equiv2, \quad u^{15}\equiv6,$$

$$v\equiv\frac{1}{\nu}\equiv\frac{1}{17}\equiv-1 \quad (\text{mod.}\,3),$$

$$u^m+v\nu(h-u^m)\equiv u^m-17(h-u^m)\equiv18u^m-17h;$$

$$\mathcal{F}(\alpha^h,\varsigma)=\frac{\Theta_{18-17h}\Theta_{9-17h}\Theta_{30-17h}\Theta_{15-17h}\Theta_{33-17h}\Theta_{42-17h}\Theta_{21-17h}\Theta_{36-17h}}{\Theta_{17h}},$$

$$\mathcal{F}(\alpha^h,\varsigma^u)=\frac{\Theta_{3-17h}\Theta_{27-17h}\Theta_{39-17h}\Theta_{45-17h}\Theta_{48-17h}\Theta_{24-17h}\Theta_{12-17h}\Theta_{6-17h}}{\Theta_{17h}},$$

puis on en conclura

$$\varphi(\alpha,\varsigma)=\frac{\Theta_1\Theta_{43}\Theta_{13}\Theta_{49}\Theta_{16}\Theta_{25}\Theta_4\Theta_{19}}{\Theta_{17}}=R_{1,16}R_{43,25}R_{13,4}R_{49,19}\frac{\Theta_{17}^2\Theta_{68}^2}{\Theta_{17}}$$

$$=R_{1,16}R_{43,25}R_{13,4}R_{49,19}\Theta_{17}^3=R_{1,16}R_{43,25}R_{13,4}R_{49,19}\,p\,R_{17,17},$$

$$\varphi(\alpha,\varsigma^u)=\frac{\Theta_{37}\Theta_{10}\Theta_{22}\Theta_{28}\Theta_{31}\Theta_7\Theta_{46}\Theta_{40}}{\Theta_{17}}=R_{37,31}R_{10,7}R_{22,46}R_{28,40}\Theta_{17}^3$$

$$=R_{37,31}R_{10,7}R_{22,46}R_{28,40}\,p\,R_{17,17},$$

$$\varphi(\alpha^2,\varsigma)=R_{50,35}R_{8,26}R_{38,47}R_{2,32}\,p\,R_{34,34},$$

$$\varphi(\alpha^2,\varsigma^u)=R_{14,20}R_{41,44}R_{29,5}R_{23,11}\,p\,R_{34,34}.$$

En d'autres termes, on aura

$$(43)\qquad \begin{cases} \varphi(\alpha, \varsigma) = p^4 \dfrac{R_{43,25} R_{49,19}}{R_{50,35} R_{38,47} R_{34,34}}, \\ \varphi(\alpha, \varsigma'') = p^3 \dfrac{R_{37,31} R_{22,46} R_{28,40}}{R_{41,44} R_{34,34}}, \\ \varphi(\alpha^2, \varsigma) = p^3 \dfrac{R_{50,35} R_{38,47} R_{34,34}}{R_{43,25} R_{49,19}}, \\ \varphi(\alpha^2, \varsigma'') = p^4 \dfrac{R_{41,44} R_{34,34}}{R_{37,31} R_{22,46} R_{28,40}}. \end{cases}$$

Or, la plus haute puissance de p, qui divise simultanément les expressions (43), sera p^3. On aura donc

$$\lambda = 3.$$

De plus, les produits

$$\varphi(\alpha, \varsigma)\,\varphi(\alpha, \varsigma''), \quad \varphi(\alpha^2, \varsigma)\,\varphi(\alpha^2, \varsigma'')$$

seront l'un et l'autre divisibles par p^7. On aura donc

$$k'' = 7,$$
$$\mu = k'' - 2\lambda = 7 - 6 = 1$$

et l'on pourra résoudre en nombres entiers l'équation

$$(44)\qquad 4p = x^2 + 51 y^2.$$

On trouvera d'ailleurs, en raisonnant comme plus haut,

$$\frac{1}{4}(x^2 - 51 y^2) \equiv \frac{1}{2} \frac{\Pi_{14,20} \Pi_{29,5} \Pi_{23,11}}{\Pi_{10,7} \Pi_{17,17}} \frac{\Pi_{1,16} \Pi_{13,4} \Pi_{17,17}}{\Pi_{8,26} \Pi_{2,32}}$$
$$\equiv \frac{1}{2} \frac{\Pi_{14,20} \Pi_{29,5} \Pi_{23,11} \Pi_{1,16} \Pi_{13,4}}{\Pi_{10,7} \Pi_{8,26} \Pi_{2,32}}$$

et, par suite,

$$(45)\qquad x^2 \equiv -51 y^2 \equiv \frac{\Pi_{1,16} \Pi_{4,13} \Pi_{5,29} \Pi_{11,23} \Pi_{14,20}}{\Pi_{2,32} \Pi_{7,10} \Pi_{8,36}}.$$

En général, lorsque ω est de la forme $4x + 3$ et ν de la forme $4x + 1$, on peut décomposer l'équation (21) en deux autres de la forme

$$(46) \qquad 4p^{k'} = \delta^2 + \omega\varepsilon^2, \qquad 4p^{k''} = 6^2 + \nu\omega\gamma^2,$$

ou l'équation (22) en deux autres de la forme

$$(47) \qquad 4p^{k'} = \omega\delta^2 + \varepsilon^2, \qquad 4p^{k''} = \omega 6^2 + \nu\gamma^2.$$

Car, chacun des binomes

$$\delta^2 + \omega\varepsilon^2, \quad \omega\delta^2 + \varepsilon^2, \quad 6^2 + \nu\omega\gamma^2, \quad \omega 6^2 + \nu\gamma^2$$

sera nécessairement impair ou divisible par 4 et, si l'un d'eux était impair, les deux termes de l'autre binome dans la formule (21) ou (22) seraient pairs et divisibles par le facteur 4, qu'on pourrait évidemment faire passer dans le binome impair. Ajoutons que l'on pourra toujours supposer δ et ε premiers entre eux ou n'ayant d'autre commun diviseur que le nombre 2.

Cela posé, soit toujours p^λ la plus haute puissance de p qui divise simultanément les expressions (39). $p^{k''}$ sera la plus haute puissance de p qui divise simultanément les produits (38). On aura d'ailleurs

$$k' = k - k'',$$

et l'on pourra résoudre l'équation

$$(48) \qquad 4p^{k''-2\lambda} = x^2 + \nu\omega y^2,$$

ou

$$(49) \qquad 4p^{k''-2\lambda} = \omega x^2 + \nu y^2.$$

De plus, on tirera des équations (29)

$$\begin{aligned} 16[\varphi(\alpha, \varsigma)\varphi(\alpha^a, \varsigma^u) + \varphi(\alpha, \varsigma^u)\varphi(\alpha^a, \varsigma)] &= 2(\delta^2 + \omega\varepsilon^2)(6^2 - \omega\nu\gamma^2) \\ &= 8p^{k'+2\lambda}(x^2 - \omega\nu y^2), \\ 16[\varphi(\alpha, \varsigma)\varphi(\alpha, \varsigma^u) + \varphi(\alpha^a, \varsigma)\varphi(\alpha^a, \varsigma^u)] &= 2(\delta^2 - \omega\varepsilon^2)(6^2 + \omega\nu\gamma^2) \\ &= 8p^{k''}(\delta^2 - \omega\varepsilon^2); \end{aligned}$$

ou, ce qui revient au même,

$$(50)\quad \begin{cases} x^2 - \nu\omega y^2 = 2\,\dfrac{\varphi(\alpha,\varsigma)\,\varphi(\alpha^a,\varsigma^u)+\varphi(\alpha,\varsigma^u)\,\varphi(\alpha^a,\varsigma)}{p^{k'+2\lambda}}, \\ \delta^2 - \omega\varepsilon^2 = 2\,\dfrac{\varphi(\alpha,\varsigma)\,\varphi(\alpha,\varsigma^u)+\varphi(\alpha^a,\varsigma)\,\varphi(\alpha^a,\varsigma^u)}{p^{k''}}. \end{cases}$$

En opérant de la même manière, on tirera des formules (30)

$$(51)\quad \begin{cases} \omega x^2 - \nu y^2 = 2\,\dfrac{\varphi(\alpha,\varsigma)\,\varphi(\alpha^a,\varsigma^u)+\varphi(\alpha,\varsigma^u)\,\varphi(\alpha^a,\varsigma)}{p^{k'+2\lambda}}, \\ \varepsilon^2 - \omega\delta^2 = 2\,\dfrac{\varphi(\alpha,\varsigma)\,\varphi(\alpha,\varsigma^u)+\varphi(\alpha^a,\varsigma)\,\varphi(\alpha^a,\varsigma^u)}{p^{k''}}. \end{cases}$$

Si, dans les équations (50), (51), on remplace ρ par r, on déduira facilement des formules ainsi obtenues et des équations (46), (47), (48), (49) les valeurs de x, y, δ, ε.

Exemple. — Soient toujours

$$\omega = 3, \qquad \nu = 5.$$

On aura

$$\varphi(\alpha,\varsigma) = R_{1,4}, \qquad \varphi(\alpha^a,\varsigma) = R_{14,11}, \qquad \varphi(\alpha,\varsigma^u) = R_{7,13}, \qquad \varphi(\alpha^a,\varsigma^u) = R_{2,8},$$
$$k = 1, \qquad k' = 0, \qquad k'' = 1, \qquad \lambda = 0,$$

et les formules (50) donneront

$$(52)\quad \begin{cases} x^2 - 15y^2 = 2(R_{1,4}R_{2,8} + R_{7,13}R_{14,11}), \\ \delta^2 - 3\varepsilon^2 = 2\,\dfrac{R_{1,4}R_{7,3} + R_{2,8}R_{14,11}}{p}. \end{cases}$$

De plus, les formules (46) et (48) donneront

$$(53)\qquad \delta^2 + 3\varepsilon^2 = 4, \qquad x^2 + 15y^2 = 4p.$$

Enfin, on aura

$$R_{1,4}R_{14,11} = p, \qquad R_{2,8}R_{13,7} = p,$$

et, par suite, les formules (52) se réduiront à

$$x^2 - 15y^2 = 2\left(R_{7,13}R_{14,11} + \frac{p^2}{R_{7,13}R_{14,11}}\right),$$

$$\delta^2 - 3\varepsilon^2 = 2\left(\frac{R_{7,13}}{R_{14,11}} + \frac{R_{14,11}}{R_{7,13}}\right).$$

Si, dans ces dernières, on remplace ρ par r, on trouvera

$$(54)\qquad \begin{cases} x^2 - 15y^2 \equiv 2\Pi_{1,4}\Pi_{2,8} \\ \delta^2 - 3\varepsilon^2 \equiv 2\left(\dfrac{\Pi_{1,4}}{\Pi_{2,8}} + \dfrac{\Pi_{2,8}}{\Pi_{1,4}}\right) \end{cases} \pmod{p};$$

puis, en combinant les formules (54) avec les suivantes,

$$\delta^2 + 3\varepsilon^2 = 4, \quad x^2 + 15y^2 \equiv 0 \pmod{p},$$

on trouvera

$$x^2 \equiv -15y^2 \equiv \Pi_{1,4}\Pi_{2,8} \pmod{p}.$$

Ajoutons que la première des équations (53) entraîne l'une des suppositions

$$\delta^2 = 4, \quad \varepsilon^2 = 0,$$

$$\delta^2 = 1, \quad \varepsilon^2 = 1,$$

en vertu desquelles

$$\delta^2 - 3\varepsilon^2$$

se réduit à 4 ou à -2. Donc

$$(55)\qquad \frac{\Pi_{1,4}}{\Pi_{2,8}} + \frac{\Pi_{2,8}}{\Pi_{1,4}} \equiv 2 \quad \text{ou} \quad -1 \pmod{p}.$$

Quant aux valeurs de x, y, elles doivent être paires pour que la seconde des équations (53) puisse être vérifiée.

Prenons, pour fixer les idées, $p = 31$. On aura

$$\Pi_{1,4} = 14, \quad \Pi_{2,8} = 9 \pmod{31},$$

$$\frac{\Pi_{1,4}}{\Pi_{2,8}} + \frac{\Pi_{2,8}}{\Pi_{1,4}} \equiv 5 + \frac{1}{5} \equiv 5 - 6 \equiv -1 \pmod{31},$$

$$\delta^2 = 1, \quad \varepsilon^2 = 1,$$

$$\frac{x^2}{4} \equiv -15\frac{y^2}{4} \equiv 16 \equiv -15 \pmod{31},$$

$$31 = 16 + 15 = 4^2 + 15.1^2.$$

Prenons encore $p = 61$. On trouvera

$$\Pi_{1,4} \equiv -\frac{9}{2}, \qquad \Pi_{2,8} \equiv \frac{5}{2} \qquad (\text{mod. } 61),$$

$$\frac{\Pi_{1,4}}{\Pi_{2,8}} + \frac{\Pi_{2,8}}{\Pi_{1,4}} \equiv -\frac{9}{5} - \frac{5}{9} \equiv -1,$$

$$\frac{x^2}{4} \equiv -15\frac{y^2}{4} \equiv 1 \equiv -60,$$

$$61 = 1 + 60 = 1^2 + 15.2^2.$$

Supposons maintenant que ω soit de la forme $4x+1$ et ν de la forme $4x+3$. L'équation (23) sera divisible en deux autres de la forme

$$(56) \qquad 4p^{k'} = \delta^2 + \nu\varepsilon^2, \qquad 4p^{k''} = 6^2 + \omega\nu\gamma^2,$$

ou l'équation (24) en deux autres de la forme

$$(57) \qquad 4p^{k'} = \nu\delta^2 + \varepsilon^2, \qquad 4p^{k''} = \nu 6^2 + \omega\gamma^2,$$

δ, ε étant des nombres non divisibles par p. Si d'ailleurs p^λ désigne la plus haute puissance de p qui divise simultanément 6 et γ, alors, en posant

$$6 = p^\lambda x, \qquad \gamma = p^\lambda y,$$

on réduira la seconde des équations (56) ou (57) à

$$(58) \qquad 4p^{k''-2\lambda} = x^2 + \nu\omega y^2$$

ou bien à

$$(59) \qquad 4p^{k''-2\lambda} = \nu x^2 + \omega y^2.$$

Enfin, au lieu des formules (29) ou (30), on trouvera

$$(60) \left\{\begin{aligned}
4\varphi(\alpha, \varsigma) &= [\delta - \varepsilon(\varsigma - \varsigma^u + \ldots - \varsigma^{u^{\nu-2}})][6 + \gamma(\alpha - \alpha^a + \ldots - \alpha^{a^{\omega-2}})(\varsigma - \varsigma^u + \ldots - \varsigma^{u^{\nu-2}})],\\
4\varphi(\alpha, \varsigma^u) &= [\delta + \varepsilon(\varsigma - \varsigma^u + \ldots - \varsigma^{u^{\nu-2}})][6 - \gamma(\alpha - \alpha^a + \ldots - \alpha^{a^{\omega-2}})(\varsigma - \varsigma^u + \ldots - \varsigma^{u^{\nu-2}})],\\
4\varphi(\alpha^a, \varsigma) &= [\delta - \varepsilon(\varsigma - \varsigma^u + \ldots - \varsigma^{u^{\nu-2}})][6 - \gamma(\alpha - \alpha^a + \ldots - \alpha^{a^{\omega-2}})(\varsigma - \varsigma^u + \ldots - \varsigma^{u^{\nu-2}})],\\
4\varphi(\alpha^a, \varsigma^u) &= [\delta + \varepsilon(\varsigma - \varsigma^u + \ldots - \varsigma^{u^{\nu-2}})][6 + \gamma(\alpha - \alpha^a + \ldots - \alpha^{a^{\omega-2}})(\varsigma - \varsigma^u + \ldots - \varsigma^{u^{\nu-2}})]
\end{aligned}\right.$$

ou bien

$$(61)\quad\begin{cases} 4\varphi(\alpha,\varsigma) = [\varepsilon+\delta(\varsigma-\varsigma^u+\ldots-\varsigma^{u^{\nu-2}})][-6(\varsigma-\varsigma^u+\ldots-\varsigma^{u^{\nu-2}})+\gamma(\alpha-\alpha^a+\ldots-\alpha^{a^{\omega-2}})],\\ 4\varphi(\alpha,\varsigma^u) = [\varepsilon-\delta(\varsigma-\varsigma^u+\ldots-\varsigma^{u^{\nu-2}})][\ 6(\varsigma-\varsigma^u+\ldots-\varsigma^{u^{\nu-2}})+\gamma(\alpha-\alpha^a+\ldots-\alpha^{a^{\omega-2}})],\\ 4\varphi(\alpha^a,\varsigma) = [\varepsilon+\delta(\varsigma-\varsigma^u+\ldots-\varsigma^{u^{\nu-2}})][-6(\varsigma-\varsigma^u+\ldots-\varsigma^{u^{\nu-2}})-\gamma(\alpha-\alpha^a+\ldots-\alpha^{a^{\omega-2}})],\\ 4\varphi(\alpha^a,\varsigma^u) = [\varepsilon-\delta(\varsigma-\varsigma^u+\ldots-\varsigma^{u^{\nu-2}})][\ 6(\varsigma-\varsigma^u+\ldots-\varsigma^{u^{\nu-2}})-\gamma(\alpha-\alpha^a+\ldots-\alpha^{a^{\omega-2}})]; \end{cases}$$

puis on en conclura, dans le premier cas,

$$(62)\quad\begin{cases} x^2-\omega\nu y^2 = 2\,\dfrac{\varphi(\alpha,\varsigma)\varphi(\alpha^a,\varsigma^u)+\varphi(\alpha^a,\varsigma)\varphi(\alpha,\varsigma^u)}{p^{k'+2\lambda}},\\ \delta^2-\nu\varepsilon^2 = 2\,\dfrac{\varphi(\alpha,\varsigma)\varphi(\alpha^a,\varsigma)+\varphi(\alpha,\varsigma^u)\varphi(\alpha^a,\varsigma^u)}{p^{k''}} \end{cases}$$

et, dans le second cas,

$$(63)\quad\begin{cases} \omega y^2-\nu x^2 = 2\,\dfrac{\varphi(\alpha,\varsigma)\varphi(\alpha^a,\varsigma^u)+\varphi(\alpha^a,\varsigma)\varphi(\alpha,\varsigma^u)}{p^{k'+2\lambda}},\\ \varepsilon^2-\nu\delta^2 = 2\,\dfrac{\varphi(\alpha,\varsigma)\varphi(\alpha^a,\varsigma)+\varphi(\alpha,\varsigma^u)\varphi(\alpha^a,\varsigma^u)}{p^{k''}}. \end{cases}$$

Exemple. — Supposons

$$\omega = 5,\qquad \nu = 7.$$

On trouvera

$$u = 3,\qquad a = 2,$$

$$v \equiv \frac{1}{7} \equiv -2 \qquad (\text{mod.}\,5),$$

$$u^m + v\nu(h-u^m) = u^m - 14(h-u^m) = 15u^m - 14h,$$

$$\mathcal{F}(\alpha^h,\varsigma) = \frac{\Theta_{15-14h}\,\Theta_{-5-14h}\,\Theta_{-10-14h}}{\Theta_{-42h}},$$

$$\mathcal{F}(\alpha^h,\varsigma^u) = \frac{\Theta_{-15-14h}\,\Theta_{5-14h}\,\Theta_{10-14h}}{\Theta_{-42h}},$$

$$\varphi(\alpha,\varsigma) = R_{1,16}\,R_{11,17}\,R_{4,9}\,R_{13,29} = p^3\,\frac{R_{13,29}}{R_{34,19}\,R_{24,18}\,R_{31,26}},$$

$$\varphi(\alpha,\varsigma^u) = R_{34,19}\,R_{24,18}\,R_{26,31}\,R_{22,6} = p\,\frac{R_{34,19}\,R_{24,18}\,R_{31,26}}{R_{13,29}},$$

$$\varphi(\alpha^a,\varsigma) = R_{2,22}\,R_{24,32}\,R_{8,18}\,R_{26,23} = p^2\,\frac{R_{24,32}\,R_{26,23}}{R_{33,13}\,R_{27,17}},$$

$$\varphi(\alpha^a,\varsigma^u) = R_{33,3}\,R_{1,13}\,R_{27,17}\,R_{9,12} = p^2\,\frac{R_{33,3}\,R_{27,17}}{R_{34,22}\,R_{26,23}}$$

et

$$k=4, \qquad k''=3, \qquad k'=1, \qquad \lambda=1.$$

On aura, par suite,

$$x^2-\omega\nu y^2 \quad \text{ou} \quad \omega y^2-\nu x^2 = 2\left(\frac{R_{34,19}R_{24,18}R_{31,26}R_{24,32}R_{26,23}}{R_{13,29}R_{33,13}R_{27,17}}+p^2\times\ldots\right),$$

$$\delta^2-\nu\varepsilon^2 \quad \text{ou} \quad \varepsilon^2-\nu\delta^2 = 2\left(\frac{R_{34,19}R_{24,18}R_{31,26}R_{33,3}R_{27,17}}{R_{13,29}R_{34,22}R_{26,23}}+p^2\times\ldots\right);$$

puis on en conclura

$$\left.\begin{aligned} x^2-35y^2 \quad &\text{ou} \quad 5y^2-7x^2 \equiv 2\,\frac{\Pi_{1,16}\Pi_{11,17}\Pi_{4,9}}{\Pi_{22,6}}\,\frac{\Pi_{11,3}\Pi_{9,12}}{\Pi_{2,22}\Pi_{8,18}} \\ \delta^2-\;7\varepsilon^2 \quad &\text{ou} \quad \varepsilon^2-7\delta^2 \equiv 2\,\frac{\Pi_{1,16}\Pi_{11,17}\Pi_{4,9}}{\Pi_{22,6}}\,\frac{\Pi_{2,32}\Pi_{8,18}}{\Pi_{1,13}\Pi_{9,12}} \end{aligned}\right\} \pmod{p}.$$

On aura d'ailleurs, en vertu des formules (56),

$$\delta^2+\;7\varepsilon^2 \quad \text{ou} \quad \varepsilon^2+7\delta^2=4p,$$
$$x^2+35y^2 \quad \text{ou} \quad 5y^2+7x^2=4p.$$

D'autre part, p étant de la forme $15x+1$, on ne peut supposer

$$5y^2+7x^2=4p,$$

puisqu'on en tirerait

$$7x^2\equiv 4, \qquad 7\equiv\left(\frac{2}{x}\right)^2, \qquad 7^2\equiv 1 \pmod{5},$$

tandis que

$$7^2=49\equiv -1 \pmod{5}.$$

Donc, on aura simplement

$$\delta^2+7\varepsilon^2=4p, \qquad x^2+35y^2=4p, \tag{64}$$

les valeurs de

$$x^2, \quad y^2, \quad \delta^2, \quad \varepsilon^2$$

pouvant être déterminées par les formules

$$\left\{\begin{aligned} x^2 &\equiv 35y^2 \equiv \frac{\Pi_{1,16}\Pi_{11,17}\Pi_{4,9}}{\Pi_{22,6}}\,\frac{\Pi_{11,3}\Pi_{9,12}}{\Pi_{2,22}\Pi_{8,18}}, \\ \delta^2 &\equiv \;7\varepsilon^2 \;\equiv \frac{\Pi_{1,16}\Pi_{11,17}\Pi_{4,9}}{\Pi_{22,6}}\,\frac{\Pi_{2,32}\Pi_{8,18}}{\Pi_{1,13}\Pi_{9,12}}. \end{aligned}\right. \tag{65}$$

Si l'on eût pris, au contraire,

$$\omega = 7, \qquad \nu = 5,$$

on aurait trouvé

$$u = 2, \qquad a = 3,$$

$$\rho \equiv \frac{1}{5} \equiv 3 \qquad (\text{mod.}\, 7),$$

$$u''' + \rho\nu(h - u''') = 15h - 14u''',$$

$$\mathfrak{F}(\alpha^h, \varsigma) = \frac{\Theta_{15h-14}\,\Theta_{15h+14}}{\Theta_{30h}},$$

$$\mathfrak{F}(\alpha^h, \varsigma^u) = \frac{\Theta_{15h+7}\,\Theta_{15h-7}}{\Theta_{30h}},$$

$$\varphi(\alpha, \varsigma) = \frac{\Theta_1\,\Theta_{-6}\,\Theta_{16}\,\Theta_9\,\Theta_{11}\,\Theta_4}{\Theta_{30}\,\Theta_{25}\,\Theta_{15}} = \mathrm{R}_{1,29}\,\mathrm{R}_{16,9}\,\mathrm{R}_{11,4} = p^3\,\frac{1}{\mathrm{R}_{34,6}\,\mathrm{R}_{19,26}\,\mathrm{R}_{24,31}},$$

$$\varphi(\alpha, \varsigma^u) = \frac{\Theta_{22}\,\Theta_8\,\Theta_2\,\Theta_{23}\,\Theta_{32}\,\Theta_{18}}{\Theta_{30}\,\Theta_{25}\,\Theta_{15}} = \mathrm{R}_{22,8}\,\mathrm{R}_{2,23}\,\mathrm{R}_{32,18} = p^2\,\frac{\mathrm{R}_{32,18}}{\mathrm{R}_{13,27}\,\mathrm{R}_{33,12}},$$

$$\varphi(\alpha^a, \varsigma) = \mathrm{R}_{34,6}\,\mathrm{R}_{19,26}\,\mathrm{R}_{24,31},$$

$$\varphi(\alpha^a, \varsigma^u) = p\,\frac{\mathrm{R}_{13,27}\,\mathrm{R}_{33,12}}{\mathrm{R}_{32,18}},$$

$$k = 3, \qquad k'' = 1, \qquad k' = 2, \qquad \lambda = 0,$$

$$4p = x^2 + 35y^2, \qquad 4p = \delta^2 + 7\varepsilon^2, \tag{66}$$

$$\left\{\begin{aligned} x^2 &\equiv 35y^2 \equiv \frac{\Pi_{3,17}}{\Pi_{22,8}\,\Pi_{2,23}}\,\Pi_{1,29}\,\Pi_{16,9}\,\Pi_{11,4},\\ \delta^2 &\equiv 7\varepsilon^2 \equiv \frac{\Pi_{22,8}\,\Pi_{2,23}}{\Pi_{3,17}}\,\Pi_{1,29}\,\Pi_{16,9}\,\Pi_{11,4}. \end{aligned}\right. \tag{67}$$

Il est important d'observer que les équations (65) peuvent être présentées sous les formes

$$\left\{\begin{aligned} x^2 &\equiv 35y^2 \equiv \frac{1}{p^3}\left[\varphi(\alpha, \varsigma^u)\,\varphi(\alpha^a, \varsigma) + \varphi(\alpha, \varsigma)\,\varphi(\alpha^a, \varsigma^u)\right]\\ &\equiv \frac{1}{p^3}\left(\frac{\Theta_6\,\Theta_{26}\,\Theta_{31}\,\Theta_{34}\,\Theta_{19}\,\Theta_{24}}{\Theta_{28}\,\Theta_7}\;\frac{\Theta_{22}\,\Theta_2\,\Theta_{32}\,\Theta_8\,\Theta_{18}\,\Theta_{23}}{\Theta_{21}\,\Theta_{14}} + \ldots\right),\\ \delta^2 &\equiv 7\varepsilon^2 \equiv \frac{1}{p^3}\left(\frac{\Theta_6\,\Theta_{26}\,\Theta_{31}\,\Theta_{34}\,\Theta_{19}\,\Theta_{24}}{\Theta_{28}\,\Theta_7}\;\frac{\Theta_{27}\,\Theta_{17}\,\Theta_{12}\,\Theta_{13}\,\Theta_{33}\,\Theta_3}{\Theta_{21}\,\Theta_{14}} + \ldots\right). \end{aligned}\right. \tag{68}$$

On tirera, au contraire, des formules (67)

$$(69)\quad \begin{cases} x^2 \equiv 35y^2 \equiv \frac{1}{p^2}[\varphi(\alpha, \varsigma^u)\varphi(\alpha^a, \varsigma) + \varphi(\alpha, \varsigma)\varphi(\alpha^a, \varsigma^u)] \\ \quad \equiv \frac{1}{p^2}\left(\frac{\Theta_{34}\Theta_{19}\Theta_{24}\Theta_6\Theta_{26}\Theta_{31}}{\Theta_5\Theta_{10}\Theta_{20}}\frac{\Theta_{22}\Theta_2\Theta_{32}\Theta_8\Theta_{18}\Theta_{23}}{\Theta_{30}\Theta_{25}\Theta_{15}} + \ldots\right), \\ \delta^2 \equiv 7\varepsilon^2 \equiv \frac{1}{p}[\varphi(\alpha^a, \varsigma)\varphi(\alpha^a, \varsigma^u) + \varphi(\alpha, \varsigma)\varphi(\alpha, \varsigma^u)] \\ \quad \equiv \frac{1}{p}\left(\frac{\Theta_{34}\Theta_{19}\Theta_{24}\Theta_6\Theta_{26}\Theta_{31}}{\Theta_5\Theta_{10}\Theta_{20}}\frac{\Theta_{13}\Theta_{33}\Theta_3\Theta_{27}\Theta_{17}\Theta_{12}}{\Theta_5\Theta_{10}\Theta_{20}} + \ldots\right). \end{cases}$$

Or, la première des formules (68) coïncide évidemment avec la première des formules (69), attendu qu'on a

$$p^3\Theta_{28}\Theta_7\Theta_{21}\Theta_{14} = p^5 = p^2\Theta_5\Theta_{10}\Theta_{20}\Theta_{30}\Theta_{25}\Theta_{15}.$$

Quant à la seconde des formules (68), elle fournit des valeurs de δ, ε distinctes de celles que fournit la seconde des équations (69), et si, pour plus de commodité, on désigne ces dernières par

$$\delta', \quad \varepsilon',$$

on aura

$$\frac{\delta'^2}{\delta^2} \equiv \frac{\varepsilon'^2}{\varepsilon^2} \equiv p^2\frac{\Theta_{28}\Theta_7\Theta_{14}\Theta_{21}}{(\Theta_5\Theta_{10}\Theta_{20})^4} \equiv \frac{p^4}{(\Theta_5\Theta_{10}\Theta_{20})^2} \equiv \frac{p^4}{p^2 R^2_{5,10}} \equiv R^2_{30,20} \equiv \Pi^2_{5,10}.$$

Ainsi les équations

$$(70)\qquad \delta^2 + 7\varepsilon^2 = 4p, \qquad \delta'^2 + 7\varepsilon'^2 = 4p^2$$

seront vérifiées simultanément de manière qu'on ait

$$(71)\qquad \frac{\delta'^2}{\delta^2} \equiv \frac{\varepsilon'^2}{\varepsilon^2} \equiv \Pi^2_{5,10} \qquad (\text{mod.}\,p).$$

Exemple. — Supposons $p = 71$. On aura

$$71 = 64 + 7 = 8^2 + 7.1^2 = \left(8 + 7^{\frac{1}{2}}\sqrt{-1}\right)\left(8 - 7^{\frac{1}{2}}\sqrt{-1}\right),$$
$$71^2 = \left(8 + 7^{\frac{1}{2}}\sqrt{-1}\right)^2\left(8 - 7^{\frac{1}{2}}\sqrt{-1}\right)^2$$
$$= \left(57 + 16.7^{\frac{1}{2}}\sqrt{-1}\right)\left(57 - 16.7^{\frac{1}{2}}\sqrt{-1}\right) = 57^2 + 7.16^2,$$
$$\frac{\delta}{2} = 8, \quad \frac{\varepsilon}{2} = 1, \quad \frac{\delta'}{2} = 57, \quad \frac{\varepsilon'}{2} = 16$$

et l'équation (71) donnera

$$\left(\frac{57}{8}\right)^2 \equiv 16^2 \equiv \Pi_{5,10}^2 \quad (\text{mod.} 71).$$

Effectivement

$$57 \equiv 8.16 \quad (\text{mod.} 71)$$

et, de plus,

$$\Pi_{5,10} \equiv \frac{15\varpi(15\varpi-1)\ldots(10\varpi+1)}{1.2\ldots5\varpi} \equiv \frac{30.29.28.27.26.25.24.23.22.21}{1.2.3.4.5.6.7.8.9.10} \equiv 16.$$

Supposons enfin que ω et ν soient tous deux de la forme $4x+3$. Alors, en posant

$$\text{A} = 6\delta, \qquad \text{B} = 6\varepsilon, \qquad \text{C} = \gamma\delta, \qquad \text{D} = \gamma\varepsilon,$$

on tirera des formules (10), (13)

$$(72)\quad \begin{cases} 4\varphi(\alpha, \varsigma) = [\delta + \varepsilon(\alpha - \alpha^a + \ldots - \alpha^{a^{\omega-2}})][6 + \gamma(\varsigma - \varsigma^u + \ldots - \varsigma^{u^{\nu-2}})], \\ 4\varphi(\alpha, \varsigma^u) = [\delta + \varepsilon(\alpha - \alpha^a + \ldots - \alpha^{a^{\omega-2}})][6 - \gamma(\varsigma - \varsigma^u + \ldots - \varsigma^{u^{\nu-2}})], \\ 4\varphi(\alpha^a, \varsigma) = [\delta - \varepsilon(\alpha - \alpha^a + \ldots - \alpha^{a^{\omega-2}})][6 + \gamma(\varsigma - \varsigma^u + \ldots - \varsigma^{u^{\nu-2}})], \\ 4\varphi(\alpha^a, \varsigma^u) = [\delta - \varepsilon(\alpha - \alpha^a + \ldots - \alpha^{a^{\omega-2}})][6 - \gamma(\varsigma - \varsigma^u + \ldots - \varsigma^{u^{\nu-2}})]. \end{cases}$$

De plus, comme, dans la formule (25), $\delta^2 + \omega\varepsilon^2$ ne peut être impair sans que 6, γ deviennent pairs l'un et l'autre, et qu'alors on peut faire passer dans δ^2 et ε^2 le facteur 4 commun à 6^2 et γ^2, on pourra toujours partager la formule (25) en deux autres de la forme

$$(73)\qquad 4p^{k'} = \delta^2 + \omega\varepsilon^2, \qquad 4p^{k''} = 6^2 + \nu\gamma^2.$$

On pourra d'ailleurs supposer δ, ε non divisibles par p; et, si l'on nomme p^λ la plus haute puissance de p qui divise 6 et γ, alors, en faisant

$$6 = p^\lambda x, \qquad \gamma = p^\lambda y,$$

on trouvera

$$(74)\qquad 4p^{k''-2\lambda} = x^2 + \nu y^2.$$

D'autre part, il est clair que $p^{k''}$ sera la plus haute puissance de p qui divise les deux produits

$$\varphi(\alpha, \varsigma)\,\varphi(\alpha, \varsigma^u), \quad \varphi(\alpha^a, \varsigma)\,\varphi(\alpha^a, \varsigma^u),$$

et p^λ la plus haute puissance de μ, qui divise simultanément les expressions

$$\varphi(\alpha, \varsigma),\quad \varphi(\alpha, \varsigma^u),\quad \varphi(\alpha^a, \varsigma),\quad \varphi(\alpha^a, \varsigma^u),$$

et l'on tirera des équations (72)

$$(75)\qquad \left\{\begin{aligned} x^2 - \nu y^2 &= 2\,\frac{\varphi(\alpha,\varsigma)\,\varphi(\alpha^a,\varsigma) + \varphi(\alpha,\varsigma^u)\,\varphi(\alpha^a,\varsigma^u)}{p^{k'+2\lambda}},\\ \delta^2 - \omega\varepsilon^2 &= 2\,\frac{\varphi(\alpha,\varsigma)\,\varphi(\alpha,\varsigma^u) + \varphi(\alpha^a,\varsigma)\,\varphi(\alpha^a,\varsigma^u)}{p^{k''}}.\end{aligned}\right.$$

Exemple. — Prenons

$$\omega = 3,\qquad \nu = 7.$$

On trouvera

$$a = 2,\qquad u = 3,$$

$$v \equiv \frac{1}{\nu} \equiv 1 \quad (\text{mod.}\,\omega),$$

$$u^m + v\nu(h - u^m) = u^m + 7(h - u^m) = 7h - 6u^m,$$

$$\mathfrak{F}(\alpha^h, \varsigma) = \frac{\Theta_{7h-6}\,\Theta_{7h-12}\,\Theta_{7h+18}}{\Theta_{21h}},$$

$$\mathfrak{F}(\alpha^h, \varsigma^u) = \frac{\Theta_{7h+6}\,\Theta_{7h+12}\,\Theta_{7h-18}}{\Theta_{21h}},$$

$$\varphi(\alpha, \varsigma) = \frac{\Theta_1\,\Theta_{16}\,\Theta_4}{\Theta_{21}} = p\mathrm{R}_{1,4} = p\mathrm{R}_{4,16} = p\mathrm{R}_{1,16},$$

$$\varphi(\alpha, \varsigma^u) = \frac{\Theta_{13}\,\Theta_{19}\,\Theta_{10}}{\Theta_{21}} = p\mathrm{R}_{10,13} = p\mathrm{R}_{13,19} = p\mathrm{R}_{10,19},$$

$$\varphi(\alpha^2, \varsigma) = \frac{\Theta_8\,\Theta_2\,\Theta_{11}}{\Theta_{42}} = p\mathrm{R}_{2,8} = p\mathrm{R}_{8,11} = p\mathrm{R}_{2,11},$$

$$\varphi(\alpha^2, \varsigma^u) = \frac{\Theta_{20}\,\Theta_5\,\Theta_{17}}{\Theta_{42}} = p\mathrm{R}_{20,5} = p\mathrm{R}_{5,17} = p\mathrm{R}_{20,17}.$$

Ainsi l'on aura

$$\varphi(\alpha, \varsigma) = \frac{p^2}{\mathrm{R}_{20,17}},\qquad \varphi(\alpha, \varsigma^u) = p\mathrm{R}_{13,19},$$

$$\varphi(\alpha^2, \varsigma) = \frac{p^2}{\mathrm{R}_{13,19}},\qquad \varphi(\alpha^2, \varsigma^u) = p\mathrm{R}_{20,17};$$

$$k = 3,\qquad k'' = 3,\qquad k' = 0,\qquad \lambda = 1.$$

et, par suite,

$$(76)\qquad 4 = \delta^2 + 3\varepsilon^2, \qquad 4p = x^2 + 7y^2,$$

$$(77)\qquad \begin{cases} x^2 \equiv -7y^2 \equiv R_{13,19} R_{20,17} \equiv \Pi_{2,8} \Pi_{1,4}, \\ \frac{1}{2}(\delta^2 - 3\varepsilon^2) \equiv \frac{R_{13,19}}{R_{20,17}} + \frac{R_{20,17}}{R_{13,19}} \equiv \frac{\Pi_{2,8}}{\Pi_{1,4}} + \frac{\Pi_{1,4}}{\Pi_{2,8}}. \end{cases}$$

Supposons, pour fixer les idées, $p = 43$. On aura

$$\varpi = 2,$$

$$\Pi_{1,4} = \frac{5\varpi \ldots (4\varpi + 1)}{1.2\ldots\varpi} = \frac{10.9}{1.2} = 45 \equiv 2,$$

$$\Pi_{2,8} = \frac{10\varpi \ldots (8\varpi + 1)}{1.2\ldots 2\varpi} = \frac{20.19.18.17}{1.2.3.4} = 3.17.19.5 \equiv -14,$$

$$\frac{x^2}{4} \equiv -7\frac{y^2}{4} \equiv -\frac{28}{4} \equiv -7 \equiv 36,$$

$$\frac{1}{2}(\delta^2 - 3\varepsilon^2) \equiv -7 - \frac{1}{7} \equiv -1,$$

$$\delta^2 - 3\varepsilon^2 \equiv -2, \qquad \delta^2 + 3\varepsilon^2 = 4$$

et, par suite,

$$\delta^2 = 1, \qquad \varepsilon^2 = 1, \qquad \frac{1}{4}x^2 = 36, \qquad \frac{1}{2}y^2 = 1.$$

Effectivement

$$43 = 36 + 7 = 6^2 + 7.1^2.$$

Il est bon d'observer qu'on aura encore, en vertu des principes établis dans le paragraphe I,

$$(78)\qquad x^2 \equiv \Pi_{3,6}^2.$$

Donc

$$(79)\qquad \Pi_{3,6}^2 \equiv \Pi_{1,4} \Pi_{2,8}.$$

Effectivement, si l'on prend $p = 43$, on trouvera

$$\Pi_{3,6} = \frac{18.17.16.15.14.13}{1.2.3.4\,5.6} = 6.13.14.17 \equiv -12,$$

$$\Pi_{3,6}^2 \equiv 144 \equiv 15 \equiv -28 \equiv \Pi_{1,4} \Pi_{2,8}.$$

On aura d'ailleurs, en vertu de la première des formules (75),

$$x^2 - 7y^2 = \frac{p^2}{2}\left(\frac{\Theta_1\,\Theta_4\,\Theta_{16}}{\Theta_{21}}\,\frac{\Theta_2\,\Theta_8\,\Theta_{11}}{\Theta_{21}} + \frac{\Theta_5\,\Theta_{20}\,\Theta_{17}}{\Theta_{21}}\,\frac{\Theta_{10}\,\Theta_{19}\,\Theta_{13}}{\Theta_{21}}\right),$$

$$x^2 - 7y^2 = \frac{p^2}{2}\left(\Theta_1\,\Theta_4\,\Theta_{16}\times\Theta_2\,\Theta_8\,\Theta_{11} + \frac{p^2}{\Theta_1\,\Theta_4\,\Theta_{16}\times\Theta_2\,\Theta_8\,\Theta_{11}}\right),$$

tandis que les principes ci-dessus rappelés donneront

$$x^2 - 7y^2 = \frac{2}{p^2}\left(\Theta_1^2\,\Theta_2^2\,\Theta_4^2 + \frac{p^2}{\Theta_1^2\,\Theta_2^2\,\Theta_4^2}\right).$$

En général, on vérifie l'équivalence

$$v \equiv \frac{1}{\nu} \qquad (\text{mod.}\,\omega),$$

lorsque ω est premier, en prenant

$$v = \nu^{\omega-2}.$$

Donc la formule (1) peut être réduite à

$$(80) \qquad \mathfrak{F}(\alpha^h, \varsigma) = \frac{\Theta_{1+\nu^{\omega-1}(h-1)}\,\Theta_{u^2+\nu^{\omega-1}(h-u^2)}\cdots\Theta_{u^{\nu-3}+\nu^{\omega-1}(h-u^{\nu-3})}}{\Theta_{\nu^{\omega-1}\frac{\nu-1}{2}h}},$$

et la formule (2) à

$$(81) \qquad \mathfrak{F}(\alpha^h, \varsigma^u) = \frac{\Theta_{u+\nu^{\omega-1}(h-u)}\,\Theta_{u^3+\nu^{\omega-1}(h-u^3)}\cdots\Theta_{u^{\nu-2}+\nu^{\omega-1}(h-u^{\nu-2})}}{\Theta_{\nu^{\omega-1}\frac{\nu-1}{2}h}}.$$

Par suite, les divers facteurs que renfermera le numérateur de la fraction équivalente à $\varphi(\alpha, \varsigma)$ seront de la forme

$$\Theta_{u^{2n}+\nu^{\omega-1}(a^{2m'}-u^{2m})}.$$

De même, les numérateurs des fractions équivalentes à $\varphi(\alpha, \varsigma^u)$, $\varphi(\alpha^a, \varsigma)$, $\varphi(\alpha^a, \varsigma^u)$ auront pour facteurs des expressions de la forme

$$\Theta_{u^{2m+1}+\nu^{\omega-1}(a^{2m'}-u^{2m+1})},$$

$$\Theta_{u^{2m}+\nu^{\omega-1}(a^{2m'+1}-u^{2m})},$$

$$\Theta_{u^{2m+1}-\nu^{\omega-1}(a^{2m'+1}-u^{2m'+1})}.$$

Cela posé, il sera facile de déterminer les nombres ci-dessus désignés par

$$k, \quad k', \quad k'', \quad \lambda$$

si l'on parvient à trouver combien il y a de nombres entiers de chacune des formes

$$u^{2m} + \nu^{\omega-1}(a^{2m'} - u^{2m}), \quad u^{2m+1} + \nu^{\omega-1}(a^{2m'} - u^{2m+1}),$$
$$u^{2m} + \nu^{\omega-1}(a^{2m'+1} - u^{2m}), \quad u^{2m+1} + \nu^{\omega-1}(a^{2m'+1} - u^{2m+1})$$

entre les limites $0, \frac{n}{2}\cdot$

§ IV. — *Suite du même sujet.*

Supposons, comme dans le paragraphe II,

$$n = \omega\nu \qquad (\nu \text{ étant un nombre premier}),$$
$$p - 1 = n\varpi = \nu\psi, \qquad \psi = \omega\varpi,$$

et soient

$$\varphi, \quad \alpha, \quad \varsigma$$

des racines primitives des équations

$$x^n = 1, \qquad x^\omega = 1, \qquad x^\nu = 1.$$

Soient encore θ, τ des racines primitives de

$$x^p = 1, \qquad x^{p-1} = 1$$

et t, s, u des racines primitives des équivalences

$$x^{p-1} \equiv 1 \quad (\text{mod.} p), \qquad x^\nu \equiv 1 \quad (\text{mod.} p), \qquad x^{\nu-1} \equiv 1 \quad (\text{mod.} \nu).$$

Soit enfin

$$\rho \equiv \frac{1}{\nu} \qquad (\text{mod.} \omega).$$

On aura

$$\mathfrak{F}(\alpha^h, \varsigma) = \mathfrak{F}(\alpha^h, \varsigma^{u^2}) = \mathfrak{F}(\alpha^h, \varsigma^{u^4}) = \ldots = \mathfrak{F}(\alpha^h, \varsigma^{u^{\nu-3}})$$
$$= \frac{\Theta_{1+\upsilon\nu(h-1)}\,\Theta_{u^2+\upsilon\nu(h-u^2)}\,\Theta_{u^4+\upsilon\nu(h-u^4)}\ldots\Theta_{u^{\nu-3}+\upsilon\nu(h-u^{\nu-3})}}{\Theta_{\upsilon\frac{\nu(\nu-1)}{2}h}},$$

$$\mathfrak{F}(\alpha^h, \varsigma^u) = \mathfrak{F}(\alpha^h, \varsigma^{u^3}) = \mathfrak{F}(\alpha^h, \varsigma^{u^5}) = \ldots = \mathfrak{F}(\alpha^h, \varsigma^{u^{\nu-2}})$$
$$= \frac{\Theta_{u+\upsilon\nu(h-u)}\,\Theta_{u^3+\upsilon\nu(h-u^3)}\,\Theta_{u^5+\upsilon\nu(h-u^5)}\ldots\Theta_{u^{\nu-2}+\upsilon\nu(h-u^{\nu-2})}}{\Theta_{\upsilon\frac{\nu(\nu-1)}{2}h}}.$$

Si ω est un nombre premier, on pourra prendre

$$\upsilon = \nu^{\omega-2}.$$

Soit d'ailleurs a une racine de l'équivalence

$$x^{\omega-1} \equiv 1 \quad (\text{mod.}\,\omega)$$

et faisons

$$\varphi(\alpha, \varsigma) = \mathfrak{F}(\alpha, \varsigma)\,\mathfrak{F}(\alpha^{a^2}, \varsigma)\,\mathfrak{F}(\alpha^{a^4}, \varsigma)\ldots\mathfrak{F}(\alpha^{a^{\omega-3}}, \varsigma),$$
$$\chi(\alpha, \varsigma) = \varphi(\alpha, \varsigma)\,\varphi(\alpha^a, \varsigma^u).$$

On aura

$$\chi(\alpha, \varsigma) = \varphi(\alpha, \varsigma)\;\varphi(\alpha^a, \varsigma^u) = \chi(\alpha^a, \varsigma^u),$$
$$\chi(\alpha^a, \varsigma) = \varphi(\alpha^a, \varsigma)\,\varphi(\alpha, \varsigma^u) = \chi(\alpha, \varsigma^u).$$

Observons maintenant : 1° que a et u vérifient les formules

$$a^{\frac{\omega-1}{2}} \equiv -1 \quad (\text{mod.}\,\omega), \qquad u^{\frac{\nu-1}{2}} \equiv -1 \quad (\text{mod.}\,\nu)$$

et que $\frac{\omega-1}{2}$, $\frac{\nu-1}{2}$ seront pairs ou impairs, suivant que ω, ν seront de la forme $4x+1$ ou $4x+3$; 2° que, dans une expression de la forme

$$\Theta_{u^m+\nu^{\omega-1}(a^{m'}-u^m)} = \Theta_{(1-\nu^{\omega-1})u^m+\nu^{\omega-1}a^{m'}},$$

on peut remplacer u^m par un nombre équivalent à u^m, suivant le module ν, et $a^{m'}$ par un nombre équivalent à $a^{m'}$ suivant le module ω. On en conclura sans peine : 1° que chacune des expressions

$$\mathfrak{F}(\alpha, \varsigma), \quad \mathfrak{F}(\alpha^a, \varsigma), \quad \ldots, \quad \mathfrak{F}(\alpha, \varsigma^u), \quad \ldots,$$
$$\varphi(\alpha, \varsigma), \quad \varphi(\alpha^a, \varsigma), \quad \varphi(\alpha, \varsigma^u), \quad \varphi(\alpha^a, \varsigma^u)$$

se réduit à une puissance de p lorsque ν et ω sont tous deux de la forme $4x+1$; 2° que les expressions

$$\varphi(\alpha, \varsigma)\ \varphi(\alpha^a, \varsigma^u) = \chi(\alpha, \varsigma) = \chi(\alpha^a, \varsigma^u),$$
$$\varphi(\alpha^a, \varsigma)\, \varphi(\alpha, \varsigma^u) = \chi(\alpha^a, \varsigma) = \chi(\alpha, \varsigma^u)$$

se réduisent à des puissances de p lorsque ν et ω sont tous deux de la forme $4x+3$. Mais si des deux nombres ω, ν l'un est de la forme $4x+1$, l'autre de la forme $4x+3$, ce sera seulement le produit

$$\chi(\alpha, \varsigma)\, \chi(\alpha^a, \varsigma)$$

qui se réduira à une puissance entière de p. Alors, si l'on fait, pour abréger,

$$\varsigma - \varsigma^u + \varsigma^{u^2} - \ldots + \varsigma^{u^{\nu-3}} - \varsigma^{u^{\nu-2}} = \Delta,$$
$$\alpha - \alpha^a + \alpha^{a^2} - \ldots + \alpha^{a^{\omega-3}} - \alpha^{a^{\omega-2}} = \Delta',$$

on aura

$$\varsigma + \varsigma^{u^2} + \ldots + \varsigma^{u^{\nu-3}} = \frac{\Delta - 1}{2}, \qquad \varsigma^u + \varsigma^{u^3} + \ldots + \varsigma^{u^{\nu-2}} = -\frac{\Delta + 1}{2},$$
$$\alpha + \alpha^{a^2} + \ldots + \alpha^{a^{\omega-3}} = \frac{\Delta' - 1}{2}, \qquad \alpha^a + \alpha^{a^3} + \ldots + \alpha^{a^{\omega-2}} = -\frac{\Delta' + 1}{2},$$

et $\chi(\alpha, \varsigma)$ sera une fonction entière et linéaire des polynomes

$$\varsigma + \varsigma^{u^2} + \ldots + \varsigma^{u^{\nu-3}}, \quad \varsigma^u + \varsigma^{u^3} + \ldots + \varsigma^{u^{\nu-2}},$$
$$\alpha + \alpha^{a^2} + \ldots + \alpha^{a^{\omega-3}}, \quad \alpha^a + \alpha^{a^3} + \ldots + \alpha^{a^{\omega-2}}$$

qui restera invariable, tandis que l'on remplacera simultanément ς par ς^u et α par α^a (1). Donc $2\chi(\alpha, \varsigma)$ sera une fonction entière et

(1) Il faudra que l'on ait

$$\begin{aligned}\chi(\alpha, \varsigma) = f + g[\ &(\alpha + \alpha^{a^2} + \ldots + \alpha^{a^{\omega-3}})(\varsigma + \varsigma^2 + \ldots + \varsigma^{u^{\nu-3}})\\ &+ (\alpha^a + \alpha^{a^3} + \ldots + \alpha^{a^{\omega-2}})(\varsigma^u + \varsigma^{u^3} + \ldots + \varsigma^{u^{\nu-2}})]\\ + h[\ &(\alpha + \alpha^{a^2} + \ldots + \alpha^{a^{\omega-3}})(\varsigma^u + \varsigma^{u^3} + \ldots + \varsigma^{u^{\nu-2}})\\ &+ (\alpha^a + \alpha^{a^3} + \ldots + \alpha^{a^{\omega-2}})(\varsigma + \varsigma^{u^2} + \ldots + \varsigma^{u^{\nu-3}})]\\ = f + \frac{g}{2}&(\Delta\Delta' + 1) + \frac{h}{2}(1 - \Delta\Delta'),\end{aligned}$$

f, g, h étant entiers.

$$2\chi(\alpha, \varsigma) = 2f + g + h + (g - h)\Delta\Delta'$$

ou

$$(\alpha, \varsigma) = A + B\Delta\Delta',$$

A, B étant de même espèce.

linéaire de Δ et Δ', qui ne changera pas quand on remplacera simultanément Δ par $-\Delta$, Δ' par $-\Delta'$. On aura donc

$$2\chi(\alpha, \varsigma) = A + B\Delta\Delta'; \tag{1}$$

A, B désignent deux quantités entières. On trouvera, au contraire,

$$2\chi(\alpha^a, \varsigma) = A - B\Delta\Delta' \tag{2}$$

et, par suite,

$$4\chi(\alpha, \varsigma)\chi(\alpha^a, \varsigma) = A^2 - B^2\Delta^2\Delta'^2 = A^2 + \nu\omega B^2$$

ou, ce qui revient au même,

$$4p^{2k} = A^2 + \nu\omega B^2 \quad (^1), \tag{3}$$

A, B étant deux nombres de même espèce, c'est-à-dire tous deux pairs ou tous deux impairs.

Exemple. — Soient

$$\omega = 3, \qquad \nu = 5.$$

On trouvera

$$k = 2,$$

$$4p^2 = A^2 + 15B^2.$$

Cette dernière équation ne peut subsister, quand A et B sont impairs, puisque alors $A^2 + 15B^2$ est divisible par 8. Donc

$$A = 2X, \qquad B = 2Y,$$

$$p^2 = X^2 + 15Y^2. \tag{4}$$

D'ailleurs p^2, divisé par 8, donne 1 pour reste. Donc X doit être impair et y impair. Donc

$$Y^2 = 4x^2y^2,$$

$$p^2 - X^2 = 60x^2y^2. \tag{5}$$

Enfin $p - X$, $p + X$ devant être pairs et $\frac{p - X}{2}$, $\frac{p + X}{2}$ devant être

[1] $\chi(\alpha, \varsigma)$ et $\chi(\alpha^a, \varsigma)$ sont des produits de plusieurs facteurs de la forme $R_{h,h'}$ dont le nombre est nécessairement pair ou de la forme $2k$.

premiers entre eux, puisque leur somme p est un nombre premier, l'équation (5) ou

$$\frac{p-X}{2}\,\frac{p+X}{2}=15x^2y^2$$

se décomposera en deux autres de la forme

$$\frac{p+X}{2}=x^2,\qquad \frac{p-X}{2}=15y^2$$

ou

$$\frac{p+X}{2}=3x^2,\qquad \frac{p-X}{2}=5y^2.$$

Mais, dans le dernier cas, on trouverait

$$p=3x^2+5y^2,\qquad 3x^2\equiv 1\qquad (\text{mod.}\,5),$$

$$x^2\equiv\frac{1}{3}\equiv 2\qquad (\text{mod.}\,5),$$

ce qui est impossible. Donc, le premier cas est seul admissible et l'on aura

$$(6)\qquad p=x^2+15y^2,\qquad X=x^2-15y^2.$$

En général, l'équation (3) peut s'écrire comme il suit :

$$(7)\qquad (2p^k-A)(2p^k+A)=\nu\omega B^2.$$

Soit p^λ la plus haute puissance de p qui divise simultanément A et B; on pourra faire

$$(8)\qquad A=p^\lambda X,\qquad B=p^\lambda Y,\qquad 2k-2\lambda=2\mu$$

et l'équation (7) deviendra

$$4p^{2k-2\lambda}=4p^{2\mu}=X^2+\nu\omega Y^2$$

ou

$$(9)\qquad (2p^\mu+X)(2p^\mu-X)=\omega\nu Y^2.$$

Alors X et Y seront premiers à p et, comme tout diviseur commun des facteurs

$$(10)\qquad 2p^\mu+X,\qquad 2p^\mu-X$$

divisera nécessairement leur somme $4p^\mu$, ces facteurs ne pourront avoir d'autre commun diviseur que 2 ou 4. Cela posé, si les facteurs (10) sont premiers entre eux, on vérifiera la formule (9) en prenant

$$2p^\mu + X = \nu x^2, \qquad 2p^\mu - X = \omega y^2 \tag{11}$$

et, par suite,

$$4p^\mu = \nu x^2 + \omega y^2, \tag{12}$$

ou bien en prenant

$$2p^\mu + X = x^2, \qquad 2p^\mu - X = \nu\omega y^2 \tag{13}$$

et, par suite,

$$4p^\mu = x^2 + \nu\omega y^2. \tag{14}$$

Si les facteurs (10) sont pairs l'un et l'autre, X sera pair ainsi que Y et, en posant

$$X = 2X', \qquad Y = 2Y',$$

on tirera de la formule (9)

$$(p^\mu + X')(p^\mu - X') = \omega\nu Y'^2 \tag{15}$$

ou

$$p^{2\mu} = X'^2 + \nu\omega Y'^2.$$

Dans cette dernière formule, le premier membre, divisé par 4, donne 1 pour reste. Il doit en être de même du second membre, ce qui exige que X' soit impair et Y' pair, puisque $\nu\omega$, divisé par 4, donne 3 pour reste. Donc, on ne peut vérifier l'équation (15) qu'en supposant

$$p^\mu + X' = \nu x^2, \qquad p^\mu - X' = \omega y^2$$

et, par suite,

$$2p^\mu = \nu x^2 + \omega y^2,$$

ce qui est inadmissible, puisque $2p^\mu$, divisé par 4, donne 2 pour reste, tandis que $\nu x^2 + \omega y^2$ ne peut être pair sans être divisible par 4; ou bien en supposant

$$p^\mu + X' = x^2, \qquad p^\mu - X' = \omega\nu y^2,$$
$$2p^\mu = x^2 + \omega\nu y^2,$$

ce qui est encore inadmissible pour la même raison, attendu que $x^2 + \omega\nu y^2$, en devenant pair, sera toujours divisible par 4; ou en adoptant l'une des hypothèses suivantes :

$$p^\mu + X' = 2\nu x^2, \qquad p^\mu - X' = 2\omega y^2,$$
$$(16) \qquad p^\mu = \nu x^2 + \omega y^2;$$
$$p^\mu + X' = 2x^2, \qquad p^\mu - X' = 2\omega\nu y^2,$$
$$(17) \qquad p^\mu = x^2 + \omega\nu y^2.$$

Donc, en définitive, on pourra toujours satisfaire par des valeurs entières de x, y à l'une des équations (12), (14), (16), (17).

Comme p est de la forme $\nu\omega x + 1$, les équations (12), (16) ne peuvent subsister qu'autant que l'on a

$$\nu x^2 \equiv 1 \text{ ou } 4 \quad (\text{mod.}\, \omega),$$
$$\omega x^2 \equiv 1 \text{ ou } 4 \quad (\text{mod.}\, \nu)$$

et, par suite,

$$\nu^{\frac{\omega-1}{2}} \equiv 1 \quad (\text{mod.}\, \omega) \qquad \omega^{\frac{\nu-1}{2}} \equiv 1 \quad (\text{mod.}\, \nu)$$

ou, ce qui revient au même,

$$\left[\frac{\nu}{\omega}\right] = 1, \qquad \left[\frac{\omega}{\nu}\right] = 1.$$

On a d'ailleurs, dans tous les cas,

$$\left[\frac{\nu}{\omega}\right] = \left[\frac{\omega}{\nu}\right].$$

Si

$$\left[\frac{\nu}{\omega}\right] = \left[\frac{\omega}{\nu}\right] = -1,$$

on ne peut admettre que la formule (14) ou (17). Si, de plus, $1 + \nu\omega$ est divisible par 8, on ne peut admettre que la formule (17).

Observons encore que l'on tire des équations (1), (2) et (8)

$$A = p^\lambda X = \chi(\alpha, \varsigma) + \chi(\alpha^a, \varsigma).$$

Donc

$$X = \frac{\chi(\alpha, \varsigma) + \chi(\alpha^a, \varsigma)}{p^\lambda} = \frac{\varphi(\alpha, \varsigma)\,\varphi(\alpha^a, \varsigma) + \varphi(\alpha, \varsigma^u)\,\varphi(\alpha^a, \varsigma^u)}{p^\lambda}.$$

D'ailleurs, on tire des formules (11)

$$2X = \nu x^2 - \omega y^2$$

et des formules (13)

$$2X = x^2 - \nu\omega y^2.$$

Donc

$$\nu x^2 - \omega y^2 \quad \text{ou} \quad x^2 - \nu\omega y^2 = 2\,\frac{\varphi(\alpha, \varsigma)\,\varphi(\alpha^a, \varsigma) + \varphi(\alpha, \varsigma^u)\,\varphi(\alpha^a, \varsigma^u)}{p^\lambda}.$$

A l'aide de cette dernière équation et de la formule

$$4p^\mu = \nu x^2 + \omega y^2 \quad \text{ou} \quad x^2 + \nu\omega y^2,$$

on pourra déterminer x et y. On aura, en effet,

$$(18)\quad \left\{\begin{array}{l} \nu x^2 \equiv -\ \omega y^2 = \dfrac{\varphi(\alpha, \varsigma)\,\varphi(\alpha^a, \varsigma) + \varphi(\alpha, \varsigma^u)\,\varphi(\alpha^a, \varsigma^u)}{p^\lambda} \\ \text{ou} \\ x^2 \equiv -\nu\omega y^2 = \dfrac{\varphi(\alpha, \varsigma)\,\varphi(\alpha^a, \varsigma) + \varphi(\alpha, \varsigma^u)\,\varphi(\alpha^a, \varsigma^u)}{p^\lambda} \end{array}\right. \quad (\text{mod.}\, p^\mu).$$

Ces dernières formules offriront le moyen de déterminer x et y lorsqu'on aura $\mu = 1$. Alors, en effet, il suffira de remplacer dans ces formules α et ς par les racines primitives des équivalences

$$x^\omega \equiv 1 \quad (\text{mod.}\, p), \qquad x^\nu \equiv 1 \quad (\text{mod.}\, p).$$

En vertu de cette substitution, l'expression

$$\begin{aligned} R_{h,k} = \frac{\Theta_h \Theta_k}{\Theta_{h+k}} &= \left[\frac{1+1}{p}\right]^{-h-k} + \rho^h \left[\frac{1+t}{p}\right]^{-h-k} + \ldots + \rho^{(p-2)h} \left[\frac{1+t^{p-2}}{p}\right]^{-h-k} \\ &= \left[\frac{1+1}{p}\right]^{l} + \rho^h \left[\frac{1+t}{p}\right]^{l} + \ldots + \rho^{(p-2)h} \left[\frac{1+t^{p-2}}{p}\right]^{l}, \end{aligned}$$

dans laquelle on suppose

$$k + h + l \equiv 0 \qquad (\text{mod. } n),$$

deviendra

$$\begin{aligned}&(1+1)^{l\varpi} + r^h(1+t)^{l\varpi} + \ldots + r^{(p-2)h}(1+t^{p-2})^{l\varpi}\\ &= (1+1)^{l\varpi} + t^{h\varpi}(1+t)^{l\varpi} + \ldots + t^{(p-2)h\varpi}(1+t^{p-2})^{l\varpi}\\ &\equiv (p-1)\Pi_{n-h,n-k} \qquad (\text{mod. } p),\end{aligned}$$

la valeur de $\Pi_{h,k}$ étant

$$\Pi_{h,k} = \frac{1.2.3\ldots\ldots(h+k)\varpi}{(1.2\ldots\ldots h\varpi)(1.2\ldots\ldots k\varpi)}.$$

Soit maintenant

$$\text{(19)} \qquad R_{h,k} = a_0 + a_1\rho + a_2\rho^2 + \ldots + a_{n-1}\rho^{n-1}.$$

On aura identiquement

$$\begin{aligned}&a_0 + a_1\rho + a_2\rho^2 + \ldots + a_{n-1}\rho^{n-1}\\ &= \left[\frac{1+1}{p}\right]^l + \rho^h\left[\frac{1+t}{p}\right]^l + \ldots + \rho^{(p-2)h}\left[\frac{1+t^{p-2}}{p}\right]^l\end{aligned}$$

ou

$$\begin{aligned}&a_0 + a_1\tau^{\varpi} + a_2\tau^{2\varpi} + \ldots + a_{n-1}\tau^{(n-1)\varpi}\\ &= \tau^{l\varpi \mathrm{I}(2)} + \tau^{h\varpi}\tau^{l\varpi \mathrm{I}(1+t)} + \ldots + t^{(p-2)h\varpi}\tau^{l\varpi \mathrm{I}(1+t^{p-2})}.\end{aligned}$$

Si, dans cette dernière formule, on remplace τ par t, on aura

$$\text{(20)} \quad \left\{\begin{aligned}&a_0 + a_1 t^{\varpi} + a_2 t^{2\varpi} + \ldots + a_{n-1}\tau^{(n-1)\varpi}\\ &\equiv (1+1)^{l\varpi} + t^{h\varpi}(1+t)^{l\varpi} + \ldots + t^{(p-2)h\varpi}(1+t^{p-2})^{l\varpi} \qquad (\text{mod. } p).\end{aligned}\right.$$

Soit maintenant T une racine primitive de l'équivalence

$$x^{p-1} \equiv 1 \qquad (\text{mod. } p^{\mu}).$$

Je dis qu'on aura

$$\text{(21)} \quad \left\{\begin{aligned}&a_0 + a_1 T^{\varpi p^{\mu-1}} + a_2 T^{2\varpi p^{\mu-1}} + \ldots + a_{n-1} t^{(n-1)\varpi p^{\mu-1}}\\ &\equiv (1+1)^{l\varpi p^{\mu-1}} + T^{h\varpi p^{\mu-1}}(1+T)^{l\varpi p^{\mu-1}} + \ldots + T^{(p-2)h\varpi p^{\mu-1}}(1+T^{p-2})^{l\varpi p^{\mu-1}} \qquad (\text{mod. } p^{\mu}).\end{aligned}\right.$$

En effet, t étant une racine primitive de l'équivalence

$$x^{p-1} \equiv 1 \qquad (\text{mod. } p),$$

on pourra supposer

$$T \equiv t \quad (\text{mod.}\, p)$$

ou

$$T = t + py,$$

et l'on en conclura

$$T^{p^{\mu-1}} = (t + py)^{p^{\mu-1}} = t^{p^{\mu-1}} + p^{\mu} Y$$

ou

$$T^{p^{\mu-1}} \equiv t^{p^{\mu-1}} \quad (\text{mod.}\, p^{\mu})\ (^1).$$

De même, si l'on a

$$(1 + t^i)^l \equiv t^j \quad (\text{mod.}\, p)$$

on en conclura

$$(1 + T^i)^l \equiv (1 + t^i)^l \equiv t^j = T^j \quad (\text{mod.}\, p)$$

ou

$$(1 + T^i)^l = T^j + pz,$$

et, par suite,

$$(1 + T^i)^{lp^{\mu-1}} = (T^j + pz)^{p^{\mu-1}} = T^{jp^{\mu-1}} + p^{\mu} Z$$

ou

$$(1 + T^i)^{lp^{\mu-1}} = T^{jp^{\mu-1}} \quad (\text{mod.}\, p^{\mu})\ (^2).$$

(1) En effet, une équivalence de la forme

$$x \equiv y \quad (\text{mod.}\, p^i),$$

pouvant s'écrire comme il suit,

$$x \equiv y + p^i z,$$

entraîne la formule

$$x^p = y^p + p^{i+1} z + \ldots$$

ou

$$x^p \equiv y^p \quad (\text{mod.}\, p^{i+1}).$$

Donc l'équivalence

$$T \equiv t \quad (\text{mod.}\, p)$$

entraînera les suivantes :

$$T^p \equiv t^p \ (\text{mod.}\, p^2), \qquad T^{p^2} \equiv t^{p^2} \ (\text{mod.}\, p^3), \qquad \ldots \qquad \text{et} \qquad T^{p^{\mu-1}} \equiv t^{p^{\mu-1}} \ (\text{mod.}\, p^{\mu}).$$

(2) De ce que l'équivalence

$$(1 + t^i)^l \equiv t^j \quad (\text{mod.}\, p)$$

entraîne les suivantes,

$$(1 + t^i)^{lp^{\mu-1}} \equiv t^{jp^{\mu-1}} \ (\text{mod.}\, p^{\mu}) \quad \text{et} \quad (1 + T^i)^{lp^{\mu-1}} \equiv T^{jp^{\mu-1}} \ (\text{mod.}\, p^{\mu}),$$

résulte immédiatement que l'équivalence

$$t^{ih\varpi}(1 + t^i)^{l\varpi} = t^{k\varpi} \quad (\text{mod.}\, p)$$

Au reste, l'équation (20) entraîne encore la suivante :

$$(22)\quad \left\{\begin{array}{l} a_0 + a_1 t^{\varpi p^{\mu-1}} + \ldots + a_{n-1} t^{(n-1)\varpi p^{\mu-1}} \\ \equiv (1+1)^{l\varpi p^{\mu-1}} + t^{h\varpi p^{\mu-1}}(1+t)^{l\varpi p^{\mu-1}} + \ldots + t^{(p-2)h\varpi p^{\mu-1}}(1+t^{p-2})^{l\varpi p^{\mu-1}} \end{array}\right. \pmod{p^\mu}.$$

Il est bon d'observer que, pour obtenir le premier membre de la formule (21), il suffit de remplacer, dans $R_{h,k}$,

$$\rho \quad \text{par} \quad T^{\varpi p^{\mu-1}},$$

qui est, ainsi que T^ϖ, une racine primitive de l'équivalence

$$x^n \equiv 1 \pmod{p^\mu}.$$

D'autre part, comme on aura

$$T^{p-1} \equiv 1 \pmod{p^\mu}$$

et, par suite,

$$T^{p^\mu} \equiv T^{p^{\mu-1}} \equiv \ldots \equiv T^p \equiv T \pmod{p^\mu},$$

la formule (21) pourra être réduite à

$$(23)\quad \left\{\begin{array}{l} a_0 + a_1 T^{\varpi p^{\mu-1}} + \ldots + a_{n-1} T^{(n-1)\varpi p^{\mu-1}} \\ \equiv (1+1)^{l\varpi p^{\mu-1}} + T^{h\varpi}(1+T)^{l\varpi p^{\mu-1}} + \ldots + T^{(p-2)h\varpi}(1+T^{p-2})^{l\varpi p^{\mu-1}} \end{array}\right. \pmod{p^\mu}.$$

Il est facile de trouver un nombre équivalent suivant le module p^μ au second membre de la formule (23). En effet, on a

$$(1+T^i)^{l\varpi p^{\mu-1}} = 1 + \frac{l\varpi p^{\mu-1}}{1} T^i + \frac{l\varpi p^{\mu-1}(l\varpi p^{\mu-1}-1)}{1.2} T^{2i} + \ldots$$

et, par suite,

$$\Sigma(1+T^i)^{l\varpi p^{\mu-1}} = p - 1 + \frac{l\varpi p^{\mu-1}}{1} \Sigma T^i + \frac{l\varpi p^{\mu-1}(l\varpi p^{\mu-1}-1)}{1.2} \Sigma T^{2i} + \ldots,$$

$$\Sigma T^{ih\varpi}(1+T^i)^{l\varpi p^{\mu-1}} = \Sigma T^{ih\varpi} + \frac{l\varpi p^{\mu-1}}{1} \Sigma T^{i(h\varpi+1)} + \ldots,$$

entraîne les suivantes :

$$t^{ih\varpi p^{\mu-1}}(1+t^i)^{l\varpi p^{\mu-1}} \equiv t^{k\varpi p^{\mu-1}} \pmod{p^\mu},$$

$$T^{ih\varpi p^{\mu-1}}(1+T^i)^{l\varpi p^{\mu-1}} \equiv T^{k\varpi p^{\mu-1}} \pmod{p^\mu}.$$

Or, en vertu de ces dernières formules, l'équivalenco (20) entraîne à son tour les équivalences (22) et (21).

le signe Σ s'étendant à toutes les valeurs de i, renfermées entre les limites $0, p-2$. D'ailleurs, on aura

$$\Sigma T^k \equiv 0 \qquad (\text{mod}.\, p^\mu)$$

lorsque k ne sera pas divisible par $p-1 = n\varpi$, et

$$\Sigma T^k = p - 1 \equiv n\varpi \qquad (\text{mod}.\, p^\mu)$$

dans le cas contraire. Donc

$$(24) \qquad \Sigma T^{ih\varpi}(1+T^i)^{l\varpi p^{\mu-1}} \equiv (p-1)(\Pi_{n-h,\, lp^{\mu-1}+h-n} + \Pi_{2n-h,\, lp^{\mu-1}+h-2n} + \ldots),$$

la valeur de $\Pi_{h,k}$ étant

$$(25) \qquad \Pi_{h,k} = \frac{1.2.3\ldots\ldots(h+k)\varpi}{(1.2\ldots\ldots h\varpi)(1.2\ldots\ldots k\varpi)}.$$

Cela posé, on aura

$$\begin{aligned} \Pi_{n-h,\, lp^{\mu-1}+h-n} &\equiv \frac{1.2.3\ldots\ldots(lp^{\mu-1}\varpi)}{[1.2\ldots\ldots(n-h)\varpi][1.2\ldots\ldots(lp^{\mu-1}+h-n)\varpi]} \\ &\equiv \frac{(lp^{\mu-1}\varpi)(lp^{\mu-1}\varpi-1)\ldots[(lp^{\mu-1}+h-n)\varpi+1]}{1.2.3\ldots\ldots(n-h)\varpi} \qquad (\text{mod}.\, p^\mu), \\ &\equiv -\frac{lp^{\mu-1}}{n-h} \end{aligned}$$

$$\begin{aligned} \Pi_{2n-h,\, lp^{\mu-1}+h-2n} &\equiv \frac{(lp^{\mu-1}\varpi)(lp^{\mu-1}\varpi-1)\ldots[(lp^{\mu-1}+h-2n)\varpi+1]}{1.2.3\ldots\ldots(2n-h)\varpi} \\ &\equiv \frac{(lp^{\mu-1}\varpi)(lp^{\mu-1}\varpi-p)}{(2n-h)\varpi p} \qquad (\text{mod}.\, p^\mu), \\ &\equiv \frac{(lp^{\mu-2}\varpi)(lp^{\mu-2}\varpi-1)}{1.(2n-h)\varpi}\, p \end{aligned}$$

$$\begin{aligned} \Pi_{3n-h,\, lp^{\mu-1}+h-3n} &\equiv \frac{(lp^{\mu-1}\varpi)(lp^{\mu-1}\varpi-1)\ldots[(lp^{\mu-1}+h-3n)\varpi+1]}{1.2.3\ldots\ldots(3n-h)\varpi} \\ &\equiv -\frac{(lp^{\mu-1}\varpi)(lp^{\mu-1}\varpi-p)(lp^{\mu-1}\varpi-2p)}{p.2p.(3n-h)\varpi} \qquad (\text{mod}.\, p^\mu), \\ &\equiv -\frac{(lp^{\mu-2}\varpi)(lp^{\mu-2}\varpi-1)(lp^{\mu-2}\varpi-2)}{1.2.(3n-h)\varpi}\, p \end{aligned}$$

....

Généralement, on aura

$$(26)\quad \left\{\begin{aligned} \Pi_{in-h,\,lp^{\mu-1}+h-in} &\equiv (-1)^i \frac{(lp^{\mu-2}\varpi)(lp^{\mu-2}\varpi-1)\ldots(lp^{\mu-2}\varpi-i+1)}{1.2.3\ldots\ldots(i-1)(in-h)\varpi}\,p \\ &\equiv (-1)^i p^{\mu-1}\frac{l}{in-h}\,\frac{(lp^{\mu-2}\varpi-1)\ldots(lp^{\mu-2}\varpi-i+1)}{1.2.3\ldots\ldots(i-1)} \end{aligned}\right. \quad (\text{mod. } p^\mu).$$

Lorsque μ surpasse 2, la formule (26) donne

$$\Pi_{in-h,\,lp^{\mu-1}+h-in} \equiv -p^{\mu-1}\frac{l}{in-h}.$$

Lorsque $\mu = 2$, elle donne

$$\Pi_{in-h,\,lp+h-in} \equiv (-1)^i p \frac{l}{in-h}\,\frac{(l\varpi-1)(l\varpi-2)\ldots(l\varpi-i+1)}{1.2.3\ldots\ldots(i-1)}.$$

Pour montrer une application des formules qui précèdent, supposons $n = 3$. On trouvera, en prenant $h = 1$, $k = 1$, $l = 1$,

$$R_{1,1} = a_0 + a_1\rho + a_2\rho^2 = \left[\frac{1+1}{p}\right] + \rho\left[\frac{1+t}{p}\right] + \rho^2\left[\frac{1+t^2}{p}\right] + \ldots,$$

$$R_{2,2} = a_0 + a_1\rho^2 + a_2\rho^4 = \left[\frac{1+1}{p}\right]^2 + \rho^2\left[\frac{1+t}{p}\right]^2 + \rho^4\left[\frac{1+t^2}{p}\right]^2 + \ldots,$$

$$(27)\qquad 4p = (2a_0 - a_1 - a_2)^2 + 3(a_1 - a_2)^2 = x^2 + 3y^2,$$

$$(28)\quad \left\{\begin{aligned} x = R_{1,1} + R_{2,2} &\equiv (1+1)^\varpi + t^\varpi(1+t)^\varpi + t^{2\varpi}(1+t^2)^\varpi + \ldots \\ &\quad + (1+1)^{2\varpi} + t^{2\varpi}(1+t)^{2\varpi} + t^{4\varpi}(1+t^2)^{2\varpi} + \ldots \\ &\equiv (p-1)\Pi_{1,1}. \end{aligned}\right.$$

D'autre part, en ayant égard aux formules (21), (24), et prenant $\mu = 2$, on trouvera encore

$$(29)\quad \left\{\begin{aligned} x &\equiv \Sigma T^{i\varpi p}(1+T^i)^{\varpi p} + \Sigma T^{2i\varpi p}(1+T^i)^{2\varpi p} \\ &\equiv (p-1)(\Pi_{2,p-2} + \Pi_{5,p-5} + \Pi_{8,p-8} + \ldots + \Pi_{1,2p-1} + \Pi_{4,2p-4} + \ldots). \end{aligned}\right.$$

Enfin, la formule (26) donnera

$$\left.\begin{aligned} \Pi_{3i-1,\,p+1-3i} &\equiv (-1)^i \frac{p}{3i-1}\,\frac{(\varpi-1)(\varpi-2)\ldots(\varpi-i+1)}{1.2.3\ldots(i-1)} \\ \Pi_{3i-2,\,2p+2-3i} &\equiv (-1)^i \frac{2p}{3i-2}\,\frac{(2\varpi-1)(2\varpi-2)\ldots(2\varpi-i+1)}{1.2.3\ldots(i-1)} \end{aligned}\right\} \quad (\text{mod. } p^2).$$

Donc, on tirera de la formule (29)

$$(30)\quad \left\{\begin{aligned} x \equiv (p-1)&\left[-\frac{p}{2}+\frac{p}{5}\frac{\varpi-1}{1}-\frac{p}{8}\frac{(\varpi-1)(\varpi-2)}{1.2}+\ldots\right]\\ +(p-1)&\left[-\frac{2p}{1}+\frac{2p}{4}\frac{2\varpi-1}{1}-\frac{2p}{7}\frac{(2\varpi-1)(2\varpi-2)}{1.2}+\ldots\right].\end{aligned}\right.$$

Il est important d'observer qu'en prenant

$$h = n-1 \quad \text{et} \quad i = \frac{p+n-1}{n} = \varpi+1,$$

on obtiendra une valeur de

$$\Pi_{in-h,\, lp^{\mu-1}+h-in} = \Pi_{p,\, lp^{\mu-1}-p}$$

déterminée, non plus par la formule (26), mais par la suivante :

$$\Pi_{p,(lp^{\mu-2}-1)p} \equiv \frac{(lp^{\mu-1}\varpi)(lp^{\mu-1}\varpi-1)\ldots(lp^{\mu-1}\varpi-p\varpi+1)}{1.2.3\ldots.p\varpi},$$

de laquelle on tirera, en supposant $n=3$, $\mu=2$, $l=2$;

$$(31)\qquad \Pi_{p,p} = \frac{2p\varpi(2p\varpi-1)\ldots(p\varpi+1)}{1.2.3\ldots.p\varpi} \quad (\text{mod.}\, p^2).$$

Comme on a d'ailleurs

$$\begin{aligned}&(1+px)(2+px)\ldots(p-1+px)\\ &\equiv 1.2.3\ldots.(p-1)(1+px)\left(1+\frac{px}{2}\right)\left(1+\frac{px}{3}\right)\cdots\left(1+\frac{px}{p-1}\right)\\ &\equiv 1.2.3\ldots.(p-1)\left[1+px\left(1+\frac{1}{2}+\frac{1}{3}+\ldots+\frac{1}{p-1}\right)\right]\\ &\equiv 1.2.3\ldots.(p-1)\end{aligned}\qquad (\text{mod.}\, p^2)\ (^1),$$

(1) En effet, les divers termes de la progression arithmétique

$$1,\ 2,\ 3,\ \ldots,\ p-1$$

seront équivalents, suivant le module p, si l'on fait abstraction de l'ordre dans lequel on les range, aux divers termes de la progression géométrique

$$1,\ t,\ t^2,\ \ldots,\ t^{p-2};$$

d'où il résulte que les divers termes de la suite

$$1,\ \frac{1}{2},\ \frac{1}{3},\ \ldots,\ \frac{1}{p-1}$$

on en conclut

$$\frac{(1+px)(2+px)\ldots(p-1+px)}{1.2.3.\ldots.(p-1)} \equiv 1 \qquad (\text{mod.}\, p^2),$$

et la formule (31) peut être réduite à

$$(32) \qquad \left\{ \begin{aligned} \Pi_{p,p} &\equiv \frac{2p\varpi(2p\varpi - p)\ldots(p\varpi + p)}{p.2p\ldots p\varpi} \\ &\equiv \frac{2\varpi(2\varpi - 1)\ldots(\varpi + 1)}{1.2.3.\ldots.\varpi} \equiv \Pi_{1,1} \end{aligned} \right. \qquad (\text{mod.}\, p^2).$$

D'ailleurs, dans la formule (29), les quantités désignées à l'aide de la lettre Π étant égales deux à deux, à l'exception de

$$\Pi_{p,p} \equiv \Pi_{1,1} \qquad (\text{mod.}\, p^2),$$

on trouvera

$$\begin{aligned} x \equiv (p-1)\Big[\Pi_{p,p} &+ 2\left(\Pi_{2,p-2} + \Pi_{3,p-3} + \ldots + \Pi_{\frac{p-3}{2},\frac{p+3}{2}}\right) \\ &+ 2(\Pi_{1,2p-1} + \Pi_{4,2p-4} + \ldots + \Pi_{p-3,p+3})\Big], \end{aligned}$$

seront équivalents, abstraction faite de l'ordre suivant lequel ils sont rangés, aux divers termes de la progression géométrique

$$1, \quad \frac{1}{t}, \quad \frac{1}{t^2}, \quad \ldots, \quad \frac{1}{t^{p-2}},$$

ou, ce qui revient au même, aux divers termes de la suivante :

$$t^{p-1}, \quad t^{p-2}, \quad t^{p-3}, \quad \ldots, \quad t.$$

D'ailleurs, la somme de ces derniers termes, savoir

$$t + t^2 + t^3 + \ldots + t^{p-1} = \frac{t^p - t}{t-1}$$

sera, ainsi que la différence $t^p - t$, équivalente à zéro, suivant le module p. On aura donc aussi

$$1 + \frac{1}{2} + \frac{1}{3} + \ldots + \frac{1}{p-1} \equiv 0 \qquad (\text{mod.}\, p);$$

puis on en conclura

$$p\left(1 + \frac{1}{2} + \frac{1}{3} + \ldots + \frac{1}{p-1}\right) \equiv 0 \qquad (\text{mod.}\, p^2)$$

et

$$\begin{aligned} &1.2.3.\ldots.(p-1)\left[1 + px\left(1 + \frac{1}{2} + \frac{1}{3} + \ldots + \frac{1}{p-1}\right)\right] \\ &\equiv 1.2.3.\ldots.(p-1) \end{aligned} \qquad (\text{mod.}\, p^2).$$

ou, ce qui revient au même,

$$(33)\qquad x \equiv (p-1)\frac{2\varpi(2\varpi+1)\ldots(\varpi+1)}{1.2.3\ldots\ldots\varpi} \qquad (\text{mod. } p^2),$$

$$-2p(p-1)\left[\frac{1}{2}-\frac{1}{5}\,\frac{\varpi-1}{1}+\frac{1}{8}\,\frac{(\varpi-1)(\varpi-2)}{1.2}-\ldots\pm\frac{1}{\frac{1}{2}(p-3)}\,\frac{(\varpi-1)\ldots\left(\frac{\varpi+2}{2}\right)}{1.2\ldots\ldots\left(\frac{\varpi-2}{2}\right)}\right]$$

$$-2p(p-1)\left[2-\frac{2}{4}\,\frac{2\varpi-1}{1}+\frac{2}{7}\,\frac{(2\varpi-1)(2\varpi-2)}{1.2}-\ldots\mp\frac{2}{p-3}\,\frac{(2\varpi-1)\ldots(\varpi+1)}{1.2.3\ldots\ldots(\varpi-1)}\right].$$

Ainsi, par exemple, on trouvera, en prenant $p=7$, $\varpi=2$,

$$\left.\begin{aligned} x &\equiv 6[\Pi_{7,7}+2(\Pi_{2,5}+\Pi_{1,13}+\Pi_{4,10})]\\ &\equiv 6.6+14\left(\frac{1}{2}+2-\frac{3}{2}\right)\equiv 36+14\equiv 1\end{aligned}\right\} \quad (\text{mod. } 49);$$

en prenant $p=13$, $\varpi=4$,

$$\left.\begin{aligned} x &\equiv 12[\Pi_{13,13}+2(\Pi_{2,11}+\Pi_{5,8}+\Pi_{1,25}+\Pi_{4,22}+\Pi_{7,19}+\Pi_{10,16})]\\ &\equiv 12\left[70-26\left(\frac{1}{2}-\frac{3}{5}+2-\frac{7}{2}+6-7\right)\right]\\ &\equiv 12\left[70+26\left(2+\frac{3}{5}\right)\right]\equiv 12.70\equiv(13-1)(13+1)5\equiv -5\end{aligned}\right\} \quad (\text{mod. } 13^2).$$

NOTE I.

PROPRIÉTÉS FONDAMENTALES DES FONCTIONS Θ_h, Θ_k, ...

n étant un nombre entier quelconque et u, v deux quantités entières positives ou négatives, nous disons que u est *équivalent* à v, suivant le *module* n, lorsque la différence $u - v$ ou $v - u$ est divisible par n, et nous indiquons cette *équivalence*, nommée *congruence* par M. Gauss, à l'aide de la notation

$$u \equiv v \quad (\text{mod.}\, n)$$

employée par ce géomètre. De plus, p étant un nombre premier, nous disons, avec Euler d'une part et de l'autre avec M. Poinsot, que r est *racine primitive* de l'équivalence

$$x^n \equiv 1 \quad (\text{mod.}\, p)$$

et ρ *racine primitive* de l'équation

$$x^n = 1$$

lorsque r^n est la plus petite puissance de r qui soit équivalente à l'unité suivant le module p, et ρ^n la plus petite puissance de ρ qui se réduise à l'unité. Dans cette hypothèse, les diverses racines de l'équation

$$x^n = 1$$

sont les diverses puissances de ρ, et comme deux puissances, dont les exposants restent équivalents suivant le module n, sont égales entre elles, il est clair que ces diverses racines peuvent être réduites à

$$1, \quad \rho, \quad \rho^2, \quad \ldots, \quad \rho^{n-1}.$$

De plus, m étant une quantité entière, on peut affirmer que la somme

$$1 + \rho^m + \rho^{2m} + \ldots + \rho^{(n-1)m} = \frac{\rho^{nm} - 1}{\rho^m - 1}$$

se réduira au nombre n ou à zéro, suivant que m sera divisible ou non divisible par n. Enfin, si n est un nombre pair, on aura

$$\rho^{\frac{n}{2}} = -1.$$

Pareillement, si l'équivalence

$$x^n \equiv 1 \quad (\text{mod. } p)$$

offre n racines distinctes, ce qui arrivera si n est diviseur de $p-1$, ces diverses racines seront les diverses puissances de r, et comme deux puissances, dont les exposants seraient équivalents entre eux suivant le module n, resteraient équivalentes entre elles suivant le module p, il est clair que ces diverses racines pourront être réduites à

$$1, \quad r, \quad r^2, \quad \ldots, \quad r^{n-2}.$$

De plus, m étant une quantité entière, on peut affirmer que la somme

$$1 + r^m + r^{2m} + \ldots + r^{(n-1)m} = \frac{r^{nm} - 1}{r^m - 1}$$

sera équivalente, suivant le module p, au nombre n ou à zéro, selon que m sera divisible ou non divisible par n. Enfin, si n est un nombre pair, on aura

$$r^{\frac{n}{2}} \equiv -1 \quad (\text{mod. } p).$$

Ces principes étant admis, les propositions rappelées dans les premières pages de ce Mémoire et relatives aux propriétés fondamentales des fonctions

$$\Theta_h, \quad \Theta_k, \quad \ldots$$

pourront être facilement établies de la manière suivante.

Nommons :

p un nombre premier impair;
θ une racine primitive de l'équation

$$x^p = 1;$$

τ une racine primitive de l'équation

$$x^{p-1} = 1$$

et t une racine primitive de l'équivalence

$$x^{p-1} \equiv 1 \quad (\text{mod.}\, p).$$

Comme les diverses racines de cette équivalence peuvent être représentées par les divers termes de la progression arithmétique

$$1, \quad 2, \quad 3, \quad \ldots, \quad p-1$$

ou, si l'on ne tient pas compte de l'ordre dans lequel elles sont rangées, par les divers termes de la progression géométrique

$$1, \quad t, \quad t^2, \quad \ldots, \quad t^{p-2},$$

l'équation

$$1 + \theta + \theta^2 + \ldots + \theta^{p-1} = 0$$

pourra s'écrire comme il suit :

$$(1) \qquad 1 + \theta^t + \theta^{t^2} + \ldots + \theta^{t^{p-2}} = 0.$$

On aura, d'autre part,

$$\tau^{\frac{p-1}{2}} = -1$$

et

$$1 + \tau^m + \tau^{2m} + \ldots + \tau^{(p-2)m} = p - 1$$

ou bien

$$1 + \tau^m + \tau^{2m} + \ldots + \tau^{(p-2)m} = 0,$$

suivant que m sera divisible ou non divisible par $p-1$. Soient d'ailleurs h, k des quantités entières et posons

$$\Theta_h = \theta + \tau^h \theta^t + \tau^{2h} \theta^{t^2} + \ldots + \tau^{(p-2)h} \theta^{t^{p-2}};$$

il est clair que Θ_h, Θ_k seront égaux lorsque h et k seront équivalents entre eux suivant le module $p-1$. De plus, l'équation (1) pourra être présentée sous la forme

$$\Theta_0 = -1.$$

Enfin l'on aura évidemment, quels que soient h et k,

$$\Theta_h \Theta_k = S(\tau^{ih+jk} \theta^{t^i+t^j}), \tag{2}$$

le signe S s'étendant à toutes les valeurs de i et de j comprises dans la suite

$$0, \quad 1, \quad 2, \quad 3, \quad \ldots, \quad p-2.$$

Les valeurs de i et de j qui, dans l'équation (2), rendront, sous le signe S, l'exposant θ équivalent à zéro, suivant le module p, sont celles qui vérifieront la formule

$$t^i + t^j \equiv 0 \quad (\text{mod.} p),$$

de laquelle on tire

$$t^{j-i} \equiv -1 \equiv t^{\pm\frac{p-1}{2}} \quad (\text{mod.} p)$$

et, par suite,

$$j - i = \pm \frac{p-1}{2}$$

ou, ce qui revient au même,

$$j = i \pm \frac{p-1}{2};$$

le signe supérieur ou inférieur devant être adopté, suivant que i est inférieur ou supérieur à $\frac{p-1}{2}$. Donc, dans l'équation (2), l'exposant de θ, sous le signe S, deviendra équivalent à zéro, suivant le module p, pour $p-1$ systèmes de valeurs correspondantes de i et de j, la valeur de i pouvant être un quelconque des termes de la suite

$$0, \quad 1, \quad 2, \quad 3, \quad \ldots, \quad p-2;$$

et, dans la somme que représente le second membre de l'équation (2), la partie correspondante à ces valeurs de i et de j sera

$$S(\tau^{ih+jk}) = S\left(\tau^{i(h+k)} \tau^{\pm\frac{p-1}{2}k}\right)$$

ou, ce qui revient au même,

$$(-1)^k S(\tau^{i(h+k)}) = (-1)^k (1 + \tau^{h+k} + \tau^{2(h+k)} + \ldots + \tau^{(p-2)(h+k)}).$$

Donc, en vertu de ce qui a été dit plus haut, cette partie se réduira simplement à

$$(-1)^k(p-1)=(-1)^h(p-1)$$

ou bien à zéro, suivant que $h+k$ sera divisible ou non divisible par $p-1$.

Considérons à présent les systèmes de valeurs de i et de j qui, dans l'équation (2), rendent, sous le signe S, l'exposant de θ équivalent a l'unité suivant le module p. Ces systèmes seront ceux pour lesquels l'équivalence

$$t^i+t^j\equiv 1 \quad (\text{mod.} p)$$

se trouvera vérifiée. Or, cette équivalence, présentée sous la forme

$$t^j=1-t^i,$$

fournira une seule valeur de j, comprise dans la suite

$$0, \quad 1, \quad 2, \quad 3, \quad \ldots, \quad p-2,$$

pour toute valeur de i qui, étant comprise dans la même suite, ne rendra pas nulle la différence

$$1-t^i,$$

et, comme la seule valeur $i=0$ fera évanouir cette différence, il en résulte que l'équivalence dont il s'agit se vérifiera pour $p-2$ systèmes de valeurs correspondantes de i et de j, chacune des valeurs de j étant un terme de la suite

$$1, \quad 2, \quad 3, \quad \ldots, \quad p-2.$$

Cela posé, concevons d'abord que la somme $h+k$ ne soit pas divisible par $p-1$ et désignons alors par $R_{h,k}$ la somme des termes qui, dans le second membre de l'équation (2), seront proportionnels à la première puissance de θ. La valeur de $R_{h,k}$, qui sera déterminée par la formule

$$R_{h,k}=S(\tau^{ih+jk}), \tag{3}$$

jointe à la condition

$$(4)\qquad t^i + t^j \equiv 1 \qquad (\text{mod.}\, p),$$

se composera seulement de $p-2$ termes de la forme

$$\tau^{ih+jk},$$

et, comme chacun de ces termes sera nécessairement égal à l'un des termes de la progression géométrique

$$1, \quad \tau, \quad \tau^2, \quad \ldots, \quad \tau^{p-2},$$

il est clair qu'on aura

$$(5)\qquad R_{h,k} = a_0 + a_1\tau + a_2\tau^2 + \ldots + a_{p-2}\tau^{p-2},$$

a_0, a_1, ..., a_{p-2} désignant des nombres entiers dont plusieurs pourront s'évanouir et dont la somme vérifiera la condition

$$(6)\qquad a_0 + a_1 + a_2 + \ldots + a_{p-2} = p-2.$$

Soit maintenant m l'un quelconque des nombres entiers compris dans la suite

$$1, \quad 2, \quad 3, \quad \ldots, \quad p-2.$$

La somme des termes proportionnels à

$$\theta^{t^m},$$

dans le second membre de la formule (2), sera évidemment

$$\theta^{t^m}\, S(\tau^{ih+jk}),$$

pourvu que l'on étende le signe S à toutes les valeurs de i et de j qui, n'étant pas situées hors des limites 0, $p-2$, vérifient l'équivalence

$$t^i + t^j \equiv t^m \qquad (\text{mod.}\, p).$$

Or, cette équivalence pouvant être présentée sous la forme

$$t^{i-m} + t^{j-m} \equiv 1 \qquad (\text{mod.}\, p),$$

si l'on étend le signe S à toutes les valeurs de $i-m$ et de $j-m$ qui la vérifient, on trouvera, en faisant usage de la notation ci-dessus adoptée,

$$R_{h,k} = S(\tau^{(i-m)h+(j-m)k})$$

ou, ce qui revient au même,

$$R_{h,k} = \tau^{-m(h+k)} S(\tau^{ih+jk}),$$

et, par suite,

$$S(\tau^{ih+jk}) = R_{h,k}\tau^{m(h+k)}.$$

Donc, dans le second membre de l'équation (2), la somme des termes proportionnels à

$$\theta^{t^m}$$

sera généralement

$$R_{h,k}\tau^{m(h+k)}\theta^{t^m}.$$

Donc, la somme des termes qui renfermeront des puissances positives de θ sera

$$R_{h,k} S(\tau^{m(h+k)}\theta^{t^m}),$$

le signe S s'étendant à toutes les valeurs de m non situées hors des limites 0, $p-2$. D'ailleurs, on aura évidemment, sous cette condition,

$$\Theta_h = S(\tau^{mh}\theta^{t^m})$$

et, par suite,

$$\Theta_{h+k} = S(\tau^{m(h+k)}\theta^{t^m}).$$

Ainsi, dans l'hypothèse admise, c'est-à-dire lorsque $h+k$ n'est pas divisible par $p-1$, la somme des termes qui, dans le second membre de l'équation (2), renferment des puissances positives de θ se réduit simplement à

$$R_{h,k}\Theta_{h+k},$$

et comme alors, d'après ce qui a été dit ci-dessus, la somme des autres termes se réduit à zéro, il en résulte qu'on a

$$(7) \qquad \Theta_h\Theta_k = R_{h,k}\Theta_{h+k},$$

la valeur de $R_{h,k}$ étant déterminée par la formule (3) jointe à la formule (4), ou, ce qui revient au même

$$\Theta_h \Theta_k = \Theta_{h+k} S(\tau^{ih+jk}), \tag{8}$$

pourvu que l'on étende le signe S à toutes les valeurs de i et de j qui, étant comprises dans la suite

$$0, \quad 1, \quad 2, \quad 3, \quad \ldots, \quad p-2,$$

vérifient la condition (4).

Passons au cas où la somme $h+k$ est divisible par $p-1$. Alors, d'après ce qui a été dit ci-dessus, on devra remplacer l'équation (8) par la suivante :

$$\Theta_h \Theta_k = \Theta_{h+k} S(\tau^{ih+jk}) + (-1)^h (p-1),$$

que l'on pourra réduire à

$$\Theta_h \Theta_{-h} = -S(\tau^{(i-j)h}) + (-1)^h (p-1),$$

attendu que l'équivalence

$$h+k \equiv 0 \qquad \text{ou} \qquad k \equiv -h \qquad (\text{mod.} p-1)$$

entraînera les formules

$$\tau^k = \tau^{-h}, \qquad \Theta_k = \Theta_{-h}, \qquad \Theta_{h+k} = \Theta_0 = -1.$$

Donc, si l'on suppose la formule (7) étendue au cas où la somme $h+k$ est divisible par $p-1$, c'est-à-dire si, en choisissant $R_{h,k}$ de manière à vérifier dans tous les cas cette formule, on pose

$$\Theta_h \Theta_{-h} = R_{h,-h} \Theta_0, \tag{9}$$

on aura

$$R_{h,-h} = S(\tau^{(i-j)h}) - (-1)^h (p-1).$$

Dans le second membre de cette dernière formule, le signe S doit toujours être étendu aux valeurs de i et de j qui, étant comprises dans la suite

$$0, \quad 1, \quad 2, \quad 3, \quad \ldots, \quad p-2$$

vérifient la condition (4) ou, ce qui revient au même, à toutes les valeurs de $i-j$ qui, étant comprises dans la même suite, vérifient la formule

$$t^{i-j} \equiv t^{-j} - 1 \quad (\text{mod.}\, p-1)$$

et, par conséquent, à toutes les valeurs de $i-j$ distinctes de la valeur

$$\frac{p-1}{2}$$

qui donnerait

$$t^{j-i} \equiv -1 \quad (\text{mod.}\, p-1).$$

Or, comme en admettant cette dernière valeur de $i-j$ on aurait généralement

$$S(\tau^{(i-j)h}) = 0,$$

on trouvera au contraire, en l'excluant,

$$S(\tau^{(i-j)h}) = -\tau^{\frac{p-1}{2}h} = -(-1)^h,$$

et, par suite, la valeur trouvée de $R_{h,-h}$ deviendra

$$(10) \qquad R_{h,-h} = -(-1)^h p,$$

pourvu que h ne soit pas divisible par $p-1$. Alors aussi l'équation (9) donnera

$$(11) \qquad \Theta_h \Theta_{-h} = (-1)^h p.$$

Si h devenait lui-même divisible par $p-1$, il serait pair et, comme on aurait

$$(-1)^h \equiv 1, \qquad \tau^h \equiv 1,$$

la valeur trouvée de $R_{h,-h}$ se réduirait à

$$p-2-(p-1) = -1.$$

Au reste, on peut conclure immédiatement de la formule (7) : 1° que la valeur de $R_{h,k}$ ne varie pas lorsqu'on fait croître ou décroître h ou k d'un multiple de $p-1$; 2° que $R_{h,k}$ se réduit à -1 dès que l'une des quantités h, k est divisible par $p - 1$. Ainsi, par exemple, si l'on suppose k divisible par $p - 1$, l'on aura

$$\Theta_k = \Theta_0 = -1$$

et, par suite, la formule (7) donnera

$$(12) \qquad R_{h,0} = R_{0,h} = -1.$$

Si, dans la formule (7), on change les signes de h et de k, l'on trouvera

$$\Theta_{-h}\Theta_{-k} = R_{-h,-k}\Theta_{-h,-k},$$

puis, de cette équation combinée par voie de multiplication avec la formule (7), on tirera, en ayant égard à la formule (11),

$$(13) \qquad R_{h,k}R_{-h,-k} = p.$$

L'équation (13) suppose évidemment h, k et $h + k$ non divisibles par $p - 1$.

Les équations (7), (10), (11), (12), (13) coïncident avec les formules (9), (11), (13) et (12) du paragraphe I de ce Mémoire lorsque le diviseur de $p - 1$, représenté dans ce paragraphe par la lettre ϖ, se réduit à l'unité. Dans le cas contraire, pour passer des unes aux autres, il suffira de remplacer

$$h \text{ par } \varpi h, \qquad k \text{ par } \varpi k,$$

puis d'écrire, pour abréger,

$$\Theta_h \text{ au lieu de } \Theta_{\varpi h} \qquad \text{et} \qquad R_{h,k} \text{ au lieu de } R_{\varpi h,\varpi k}.$$

Lorsque dans la formule (11) on pose

$$h = \frac{p-1}{2},$$

elle fournit un théorème, très remarquable, de M. Gauss et se réduit à

$$(14) \qquad \Theta^2_{\frac{p-1}{2}} = (-1)^{\frac{p-1}{2}} p$$

ou, ce qui revient au même, à

$$(14)\qquad (\theta - \theta^{t} + \theta^{t^2} - \theta^{t^3} + \ldots + \theta^{t^{p-3}} - \theta^{t^{p-2}})^2 = (-1)^{\frac{p-1}{2}} p.$$

Cette dernière équation coïncide avec diverses formules du Mémoire, par exemple avec les formules (12) du paragraphe III.

NOTE II.

SUR DIVERSES FORMULES OBTENUES DANS LE DEUXIÈME PARAGRAPHE.

Il est facile de s'assurer que la formule (61) du paragraphe II entraîne les formules (62), non seulement, comme nous l'avons avancé, dans le cas particulier où μ se réduit à l'unité, mais généralement et quelle que soit la valeur de μ. C'est ce que nous allons démontrer.

Lorsque ν sera de la forme $4x+1$, les termes des suites (63), (64) étant eux-mêmes de cette forme, puisqu'on a généralement

$$u^m + \nu(1 - u^m) = 1 + (\nu - 1)(1 - u^m) \qquad \text{et} \qquad \nu - 1 \equiv 0 \qquad (\text{mod.} 4),$$

seront équivalents, suivant le module $n = 4\nu$, à certains termes de la suite

$$1,\ 5,\ 9,\ \ldots,\ 4\nu - 11,\ 4\nu - 7,\ 4\nu - 3.$$

D'ailleurs celle-ci renfermera : 1° un terme égal à ν; 2° $\nu - 1$ termes premiers, non seulement à ν, mais encore à

$$n = 4\nu,$$

et qui, étant en même nombre que les termes des deux suites (63), (64), devront être équivalents, les uns aux termes de la suite (63), les autres aux termes de la suite (64). Parmi ces $\nu - 1$ termes, ceux qui se réduiront à l'un des suivants :

$$1, \quad 2, \quad 3, \quad \ldots, \quad \frac{n}{2} = 2\nu,$$

étant précisément

$$1, \quad 5, \quad 9, \quad \ldots, \quad 2\nu - 9, \quad 2\nu - 5, \quad 2\nu - 1,$$

seront en nombre égal à

$$\frac{\nu - 1}{2};$$

les uns, dont le nombre sera ν', étant équivalents à certains termes de la suite (63) et les autres, dont le nombre sera ν'', étant équivalents à certains termes de la suite (64). On aura, en conséquence,

$$\nu' + \nu'' = \frac{\nu - 1}{2}.$$

Observons maintenant qu'en vertu des formules

$$u^{\frac{\nu-1}{2}} + 1 \equiv 0 \quad (\text{mod.}\,\nu), \qquad \nu - 1 \equiv 0 \quad (\text{mod.}\,4),$$

on trouvera, quel que soit le nombre entier m,

$$[u^m + \nu(1 - u^m)] + \left[u^{m+\frac{\nu-1}{2}} + \nu\left(1 - u^{m+\frac{\nu-1}{2}}\right)\right] \equiv 2\nu \qquad (\text{mod.}\, n = 4\nu).$$

Donc, chacune des suites (63), (64) se composera de termes qui, pris deux à deux, pourront être représentés par des nombres de la forme

$$h, \quad 2\nu - h,$$

auxquels ils seront équivalents, suivant le module $n = 4\nu$. D'ailleurs, si l'indice h se trouve compris dans la suite

$$1, \quad 5, \quad 9, \quad \ldots, \quad 2\nu - 9, \quad 2\nu - 5, \quad 2\nu - 1,$$

on pourra en dire autant de l'indice $2\nu - h$ qui sera distinct de h si h diffère de ν. Donc, chacun des nombres désignés par ν', ν'' sera pair et

$$\frac{1}{2}\nu', \quad \frac{1}{2}\nu''$$

seront entiers. Enfin, comme on aura

$$\frac{\nu' + \nu''}{2} = \frac{\nu - 1}{4},$$

on peut affirmer que, si ν est non seulement de la forme $4x + 1$, mais aussi de la forme $8x + 5$, les deux entiers

$$\frac{1}{2}\nu', \quad \frac{1}{2}\nu''$$

seront l'un pair, l'autre impair. Donc alors, la différence

$$\frac{1}{2}\nu' - \frac{1}{2}\nu''$$

sera impaire elle-même et ne pourra se réduire à zéro.

A l'aide des observations qui précèdent, on peut ramener à une forme très simple les valeurs de

$$\mathfrak{F}(\sqrt{-1}, \varsigma), \quad \mathfrak{F}(\sqrt{-1}, \varsigma^u)$$

fournies par les équations (23), (26); et d'abord, puisque les différents termes de chacune des séries (63), (64), pris deux à deux, peuvent être censés de la forme

$$h, \quad 2\nu - h,$$

les équations (23), (26), combinées avec la formule

$$\Theta_h \Theta_{2\nu-h} = \mathrm{R}_{h,2\nu-h}\,\Theta_{2\nu},$$

donneront

$$\mathfrak{F}(\sqrt{-1}, \varsigma) = \mathrm{R}_{1,2\nu-1}\mathrm{R}_{\nu-(\nu-1)u^2,\nu+(\nu-1)u^2}\cdots\mathrm{R}_{\nu-(\nu-1)u^{\frac{\nu-5}{2}},\nu+(\nu-1)u^{\frac{\nu-5}{2}}}\frac{\Theta_{2\nu}^{\frac{\nu-1}{4}}}{\Theta_{\frac{\nu(\nu-1)}{2}}},$$

$$\mathfrak{F}(\sqrt{-1}, \varsigma^u) = \mathrm{R}_{\nu-(\nu-1)u,\nu+(\nu-1)u}\cdots\mathrm{R}_{\nu-(\nu-1)u^{\frac{\nu-3}{2}},\nu+(\nu-1)u^{\frac{\nu-3}{2}}}\frac{\Theta_{2\nu}^{\frac{\nu-1}{4}}}{\Theta_{\frac{\nu(\nu-1)}{2}}}.$$

Si d'ailleurs ν est de la forme $8x + 5$, alors $\frac{\nu - 5}{4}$ sera un nombre pair et l'on aura, non seulement

$$\Theta_{2\nu} = \Theta_{-2\nu}, \qquad \Theta_{2\nu}\,\Theta_{-2\nu} = \Theta_{2\nu}^2 = (-1)^{2\nu\varpi} p = p,$$

mais encore

$$\Theta_{\frac{\nu(\nu-1)}{2}} = \Theta_{2\nu}, \qquad \frac{\Theta_{2\nu}^{\frac{\nu-1}{4}}}{\Theta_{\frac{\nu(\nu-1)}{2}}} = \Theta_{2\nu}^{\frac{\nu-5}{4}} = p^{\frac{\nu-5}{4}},$$

ce qui réduira les formules précédentes à

$$\begin{aligned}
\mathfrak{F}(\sqrt{-1}, \varsigma) &= p^{\frac{\nu-5}{8}} R_{1,2\nu-1} R_{\nu-(\nu-1)u^2, \nu+(\nu-1)u^2} \ldots R_{\nu-(\nu-1)u^{\frac{\nu-5}{2}}, \nu+(\nu-1)u^{\frac{\nu-5}{2}}},\\
\mathfrak{F}(\sqrt{-1}, \varsigma^u) &= p^{\frac{\nu-5}{8}} \qquad R_{\nu-(\nu-1)u, \nu+(\nu-1)u} \ldots R_{\nu-(\nu-1)u^{\frac{\nu-3}{2}}, \nu+(\nu-1)u^{\frac{\nu-3}{2}}}.
\end{aligned}$$

Ces dernières équations et les équations analogues, qui fourniraient les valeurs de

$$\mathfrak{F}(-\sqrt{-1}, \varsigma), \quad \mathfrak{F}(-\sqrt{-1}, \varsigma^u),$$

coïncident, comme on devait s'y attendre, avec les formules (66) lorsqu'on prend $\nu = 5$ et avec les formules (74), (75) lorsqu'on prend $\nu = 13$.

Si ν était de la forme $8x+1$, alors, $\frac{\nu-1}{4}$ étant un nombre pair, on aurait

$$\Theta_{\frac{\nu(\nu-1)}{2}} = \Theta_{4\nu} = \Theta_0 = -1, \qquad \Theta_{2\nu}^{\frac{\nu-1}{4}} = p^{\frac{\nu-1}{8}},$$

ce qui réduirait les formules précédemment obtenues à

$$\begin{aligned}
\mathfrak{F}(\sqrt{-1}, \varsigma) &= -p^{\frac{\nu-1}{8}} R_{1,2\nu-1} R_{\nu-(\nu-1)u^2, \nu+(\nu-1)u^2} \ldots R_{\nu-(\nu-1)u^{\frac{\nu-5}{2}}, \nu+(\nu-1)u^{\frac{\nu-5}{2}}},\\
\mathfrak{F}(\sqrt{-1}, \varsigma^u) &= -p^{\frac{\nu-1}{8}} \qquad R_{\nu-(\nu-1)u, \nu+(\nu-1)u} \ldots R_{\nu-(\nu-1)u^{\frac{\nu-3}{2}}, \nu+(\nu-1)u^{\frac{\nu-3}{2}}}.
\end{aligned}$$

Dans tous les cas, en divisant la valeur de $\mathfrak{F}(\sqrt{-1}, \varsigma)$ par celle de $\mathfrak{F}(\sqrt{-1}, \varsigma^u)$, on trouvera

$$\frac{\mathfrak{F}(\sqrt{-1}, \varsigma)}{\mathfrak{F}(\sqrt{-1}, \varsigma^u)} = \frac{R_{1,2\nu-1} R_{\nu-(\nu-1)u^2, \nu+(\nu-1)u^2} \ldots R_{\nu-(\nu-1)u^{\frac{\nu-5}{2}}, \nu+(\nu-1)u^{\frac{\nu-5}{2}}}}{R_{\nu-(\nu-1)u, \nu+(\nu-1)u} \ldots R_{\nu-(\nu-1)u^{\frac{\nu-3}{2}}, \nu+(\nu-1)u^{\frac{\nu-3}{2}}}}.$$

Si, dans cette dernière formule, on remplace

$$R_{h,k} \quad \text{par} \quad \frac{p}{R_{n-h,n-k}},$$

toutes les fois que h et k sont équivalents, suivant le module $n = 4\nu$, à des nombres compris entre les limites

$$0, \quad 2\nu,$$

on en tirera

$$\frac{\mathfrak{F}(\sqrt{-1}, \varsigma)}{\mathfrak{F}(\sqrt{-1}, \varsigma^{u})} = \frac{p^{\frac{\nu'}{2}} f(\rho)}{p^{\frac{\nu''}{2}} \mathrm{f}(\rho)},$$

$f(\rho)$ et $\mathrm{f}(\rho)$ désignant des produits de la forme

$$R_{h,2\nu-h} R_{k,2\nu-k} \ldots$$

composés de facteurs

$$R_{h,2\nu-h}, \quad R_{k,2\nu-k}, \quad \ldots$$

dont aucun ne deviendra divisible par p lorsqu'on y substituera r à ρ; puis, en ayant égard aux formules (49) ou (56) et représentant par $\frac{x}{y}$ la valeur du rapport $\frac{6}{\gamma}$ réduit à sa plus simple expression, l'on trouvera successivement

$$\frac{6 + \gamma(\varsigma - \varsigma^{u} + \ldots - \varsigma^{u^{\nu-2}})\sqrt{-1}}{6 - \gamma(\varsigma - \varsigma^{u} + \ldots - \varsigma^{u^{\nu-2}})\sqrt{-1}} = \frac{p^{\frac{\nu'}{2}} f(\rho)}{p^{\frac{\nu''}{2}} \mathrm{f}(\rho)}$$

et

$$\frac{x + y(\varsigma - \varsigma^{u} + \ldots - \varsigma^{u^{\nu-2}})\sqrt{-1}}{x - y(\varsigma - \varsigma^{u} + \ldots - \varsigma^{u^{\nu-2}})\sqrt{-1}} = \frac{p^{\frac{\nu'}{2}} f(\rho)}{p^{\frac{\nu''}{2}} \mathrm{f}(\rho)}.$$

On aura d'ailleurs, en vertu de la seconde des formules (43),

$$[x + y(\varsigma - \varsigma^{u} + \ldots - \varsigma^{u^{\nu-2}})\sqrt{-1}][x - y(\varsigma - \varsigma^{u} + \ldots - \varsigma^{u^{\nu-2}})\sqrt{-1}] = x^2 + \nu y^2]$$

et, par suite, on trouvera encore

$$[x + y(\varsigma - \varsigma^{u} + \ldots - \varsigma^{u^{\nu-2}})\sqrt{-1}]^2 \mathrm{f}(\rho) = p^{\frac{\nu' - \nu''}{2}} (x^2 + \nu y^2) f(\rho),$$

$$[x - y(\varsigma - \varsigma^{u} + \ldots - \varsigma^{u^{\nu-2}})\sqrt{-1}]^2 f(\rho) = p^{\frac{\nu'' - \nu'}{2}} (x^2 + \nu y^2) \mathrm{f}(\rho).$$

Si, dans ces dernières équations, on remplace ρ par r, on devra y remplacer en même temps ς par s, $\sqrt{-1}$ par a et le signe $=$ par $\equiv$, le module étant le nombre p. On trouvera ainsi

$$\left.\begin{array}{l}[x+(s-s^u+\ldots-s^{u^{\nu-2}})ay]^2\,\mathrm{f}(r)\equiv p^{\frac{\nu'-\nu''}{2}}(x^2+\nu y^2)f(r)\\ [x-(s-s^u+\ldots-s^{u^{\nu-2}})ay]^2 f(r)\equiv p^{\frac{\nu''-\nu'}{2}}(x^2+\nu y^2)\,\mathrm{f}(r)\end{array}\right\}\ (\mathrm{mod}.p).$$

Observons à présent que x et y, n'ayant pas de facteurs communs, ne peuvent être simultanément divisibles par p. Par suite, on pourra en dire autant des expressions

$$x+(s-s^u+\ldots-s^{u^{\nu-2}})ay,\quad x-(s-s^u+\ldots-s^{u^{\nu-2}})ay,$$

qui ne peuvent devenir simultanément divisibles par p qu'avec leur somme

$$2x$$

et leur différence

$$2(s-s^u+\ldots-s^{u^{\nu-2}})ay,$$

par conséquent avec x et y, attendu que les quantités

$$s-s^u+\ldots-s^{u^{\nu-2}}\quad \text{et}\quad a$$

sont racines des équivalences

$$x^2\equiv\nu\quad(\mathrm{mod}.p),\qquad x^4\equiv 1\quad(\mathrm{mod}.p).$$

Cela posé, comme $\mathrm{f}(r)$ et $f(r)$ ne seront pas non plus divisibles par p, il est clair que, des deux produits

$$[x+(s-s^u+\ldots-s^{u^{\nu-2}})ay]^2\,\mathrm{f}(r),\quad [x-(s-s^u+\ldots-s^{u^{\nu-2}})ay]^2 f(r),$$

l'un au moins sera équivalent, suivant le module p, à un terme de la suite

$$1,\ 2,\ 3,\ \ldots,\ p-1.$$

Donc, en vertu des formules obtenues, on pourra en dire autant de l'un des produits

$$p^{\frac{\nu'-\nu''}{2}}(x^2+\nu y^2),\quad p^{\frac{\nu''-\nu'}{2}}(x^2+\nu y^2).$$

D'ailleurs le binome

$$x^2 + \nu y^2,$$

étant diviseur de

$$6^2 + \nu \gamma^2,$$

devra, en vertu de la formule (47) ou (48), diviser l'un des produits

$$4p^{\frac{\nu-1}{2}}, \quad 4p^{\frac{\nu-3}{2}},$$

et par conséquent il sera, ou de la forme

$$p^{\mu}$$

si l'un des deux nombres x, y est pair, l'autre impair, ou de la forme

$$2p^{\mu}$$

si x, y sont tous deux impairs, attendu qu'alors $x^2 + \nu y^2$, divisé par 4, donnera 2 pour reste et ne pourra devenir égal à $4p^{\mu}$. Or, comme les produits

$$p^{\frac{\nu'-\nu''}{2}}(x^2 + \nu y^2), \quad p^{\frac{\nu''-\nu'}{2}}(x^2 + \nu y^2)$$

se réduiront, dans le premier cas, à

$$p^{\mu + \frac{\nu'-\nu''}{2}}, \quad p^{\mu + \frac{\nu''-\nu'}{2}},$$

et, dans le second cas, à

$$2p^{\mu + \frac{\nu'-\nu''}{2}}, \quad 2p^{\mu + \frac{\nu''-\nu'}{2}},$$

il est clair que l'un des exposants

$$\mu + \frac{\nu' - \nu''}{2}, \quad \mu + \frac{\nu'' - \nu'}{2}$$

devra être égal à zéro. Par conséquent, *si, en prenant pour* μ *la valeur numérique de la différence* $\frac{\nu'}{2} - \frac{\nu''}{2}$, *on pose*

$$\mu = \pm \frac{\nu' - \nu''}{2},$$

on pourra satisfaire, par des nombres x, y entiers et premiers entre eux, à l'une des formules

$$p^\mu = x^2 + \nu y^2,$$
$$2p^\mu = x^2 + \nu y^2,$$

savoir, à la première, par deux nombres entiers, l'un pair, l'autre impair, ou à la seconde par deux nombres entiers impairs. Mais la seconde formule ne peut subsister lorsque ν est de la forme $8x+5$, puisque alors, pour des valeurs impaires de x, y, $x^2+\nu y^2$ est de la forme $8x+6$, tandis que

$$2p^\mu = 2(4\nu\varpi + 1)^\mu$$

est de la forme $8x+2$. Donc, *si* ν *est de la forme* $8x+5$, *des nombres* x, y, *entiers et premiers entre eux, vérifieront la formule*

$$p^\mu = x^2 + \nu y^2,$$

pourvu que l'on y suppose μ *égal à la valeur numérique de la différence* $\frac{1}{2}\nu' - \frac{1}{2}\nu''$, *par conséquent*

$$\mu = \pm \frac{\nu' - \nu''}{2}.$$

D'ailleurs, la valeur précédente de μ est précisément celle que fournit la première des équations (60). En effet, les expressions (65) se réduisant, en vertu de la formule

$$\nu' + \nu'' = \frac{\nu - 1}{2},$$

aux deux suivantes,

$$\frac{1}{2}\nu', \quad \frac{1}{2}\nu'',$$

si l'on égale l'une ou l'autre à la différence $\lambda - \frac{1}{2}\frac{\nu-5}{4}$, on aura

$$2\lambda - \frac{\nu-5}{4} = \nu' \quad \text{ou} \quad \nu''$$

et la première des formules (60) donnera

$$\mu = \frac{\nu-3}{2} - 2\lambda = \frac{\nu-1}{4} + \left(\frac{\nu-5}{4} - 2\lambda\right) = \frac{\nu'+\nu''}{2} + \left(\frac{\nu-5}{4} - 2\lambda\right) = \pm\frac{\nu'-\nu''}{2}.$$

Pour établir les propositions ci-dessus énoncées, nous avons eu recours à la formule qui fournit la valeur du rapport des expressions imaginaires

$$\mathcal{F}(\sqrt{-1}, \varsigma), \quad \mathcal{F}(\sqrt{-1}, \varsigma^u)$$

et nous avons transformé la fraction qui représente cette valeur, de manière à mettre en évidence tous les facteurs égaux à p, soit dans le numérateur, soit dans le dénominateur. On pourrait faire subir une semblable transformation aux valeurs mêmes des deux expressions imaginaires

$$\mathcal{F}(\sqrt{-1}, \varsigma), \quad \mathcal{F}(\sqrt{-1}, \varsigma^u)$$

ou bien encore les deux suivantes :

$$\mathcal{F}(-\sqrt{-1}, \varsigma), \quad \mathcal{F}(-\sqrt{-1}, \varsigma^u).$$

Concevons en particulier que, dans les valeurs précédemment trouvées de $\mathcal{F}(\sqrt{-1}, \varsigma)$ et de $\mathcal{F}(\sqrt{-1}, \varsigma^u)$, l'on remplace

$$R_{h,k} \quad \text{par} \quad \frac{p}{R_{n-h,n-k}},$$

toutes les fois que h et k sont équivalents, suivant le module $n = 4\nu$, à des nombres compris entre les limites

$$0, \quad 2\nu.$$

On trouvera, si ν est de la forme $8x + 5$,

$$\mathcal{F}(\sqrt{-1}, \varsigma) = p^{\frac{\nu-5}{8}+\frac{\nu'}{2}}\varphi(\rho), \qquad \mathcal{F}(\sqrt{-1}, \varsigma^u) = p^{\frac{\nu-5}{8}+\frac{\nu''}{2}}\chi(\rho),$$

en désignant par

$$\varphi(\rho), \quad \chi(\rho)$$

deux fractions qui auront pour numérateurs et pour dénominateurs des produits de la forme

$$R_{h,n-h} R_{k,n-k} \ldots,$$

composés de facteurs dont aucun ne deviendra divisible par p lorsqu'on substituera r à ρ; puis, en ayant égard aux équations (30) du paragraphe II et à la formule

$$\frac{\nu-3}{2}=\frac{\nu-5}{4}+\frac{\nu-1}{4}=\frac{\nu-5}{4}+\frac{\nu'+\nu''}{2},$$

on trouvera encore

$$\mathfrak{F}(-\sqrt{-1},\varsigma)=p^{\frac{\nu-5}{8}+\frac{\nu''}{2}}\frac{1}{\varphi(\rho)},\qquad \mathfrak{F}(-\sqrt{-1},\varsigma^{u})=p^{\frac{\nu-5}{8}+\frac{\nu'}{2}}\frac{1}{\chi(\rho)}.$$

Si ν, au lieu d'être de la forme $8x+5$, était de la forme $8x+1$, les valeurs de

$$\mathfrak{F}(\sqrt{-1},\varsigma),\quad \mathfrak{F}(\sqrt{-1},\varsigma^{u}),\quad \mathfrak{F}(-\sqrt{-1},\varsigma),\quad \mathfrak{F}(-\sqrt{-1},\varsigma^{u})$$

seraient semblables à celles que nous venons de trouver, à cela près que, dans les exposants de p, la première partie

$$\frac{\nu-5}{8}$$

se trouverait remplacée par

$$\frac{\nu-1}{8}.$$

Dans l'un et l'autre cas, on aura

$$\frac{\mathfrak{F}(\sqrt{-1},\varsigma)}{p^{\frac{\nu'}{2}}\varphi(\rho)}=\frac{\mathfrak{F}(\sqrt{-1},\varsigma^{u})}{p^{\frac{\nu''}{2}}\chi(\rho)}=\frac{\mathfrak{F}(-\sqrt{-1},\varsigma)}{p^{\frac{\nu''}{2}}\frac{1}{\varphi(\rho)}}=\frac{\mathfrak{F}(-\sqrt{-1},\varsigma^{u})}{p^{\frac{\nu'}{2}}\frac{1}{\chi(\rho)}};$$

puis on tirera de cette dernière formule, combinée avec les équations (49),

$$\frac{\delta+\varepsilon\sqrt{-1}}{\delta-\varepsilon\sqrt{-1}}=\frac{\mathfrak{F}(\sqrt{-1},\varsigma)}{\mathfrak{F}(-\sqrt{-1},\varsigma^{u})}=\frac{\mathfrak{F}(\sqrt{-1},\varsigma^{u})}{\mathfrak{F}(-\sqrt{-1},\varsigma)}=\varphi(\rho)\chi(\rho)$$

et, par suite,

$$(\delta+\varepsilon\sqrt{-1})^2=(\delta^2+\varepsilon^2)\,\varphi(\rho)\chi(\rho),$$

$$(\delta-\varepsilon\sqrt{-1})^2=(\delta^2+\varepsilon^2)\,\frac{1}{\varphi(\rho)\chi(\rho)}.$$

Si, dans ces dernières formules, on remplace ρ par r, on devra remplacer en même temps $\sqrt{-1}$ par a et le signe $=$ par le signe $\equiv$, le module étant le nombre p. On trouvera ainsi

$$\left.\begin{aligned}(\delta+\varepsilon a)^2 &\equiv (\delta^2+\varepsilon^2)\,\varphi(r)\,\chi(r)\\ (\delta-\varepsilon a)^2 &\equiv (\delta^2+\varepsilon^2)\frac{1}{\varphi(r)\,\chi(r)}\end{aligned}\right\}\quad (\text{mod.}\,p).$$

Donc, puisque $\varphi(r)$, $\chi(r)$ ne sont équivalents ni à zéro ni à $\frac{1}{0}$, suivant le module p, la somme

$$\delta^2+\varepsilon^2$$

ne pourra devenir divisible par p qu'avec les deux binomes

$$\delta+\varepsilon a,\quad \delta-\varepsilon a,$$

par conséquent, avec les deux nombres

$$\delta,\quad \varepsilon.$$

D'ailleurs, il est permis de supposer que les nombres δ, ε sont premiers entre eux, attendu qu'on n'altère pas les équations (49) en transportant dans 6 et dans γ les facteurs qui seraient communs à δ et à ε. Donc, cette hypothèse étant admise, $\delta^2+\varepsilon^2$ sera premier à p; et, si l'on nomme comme ci-dessus $\frac{x}{y}$ la forme la plus simple de la fraction $\frac{6}{\gamma}$, l'équation (47) ou (48) entraînera, ou les deux suivantes :

$$\delta^2+\varepsilon^2=1,\qquad x^2+\nu y^2=p^\mu$$

si des nombres x, y l'un est pair et l'autre impair, ou les deux suivantes :

$$\delta^2+\varepsilon^2=2,\qquad x+\nu y^2=2p^\mu$$

si les nombres x, y sont tous deux impairs. Dans le premier cas, on aura

$$\delta=\pm 1,\qquad \varepsilon=0$$

ou

$$\delta=0,\qquad \varepsilon=\pm 1,$$

par conséquent

$$(\delta\pm\varepsilon a)^2\equiv\pm 1\qquad (\text{mod.}\,p)$$

et

$$\left.\begin{array}{l}\varphi(r)\chi(r) \equiv \pm 1\\ [\varphi(r)\chi(r)]^2 \equiv 1\end{array}\right\} \quad (\text{mod.} p).$$

Dans le second cas, qui ne se présente jamais lorsque ν est de la forme $8x+5$, on aurait

$$\delta = \pm 1, \qquad \varepsilon = \pm 1,$$

par conséquent

$$(\delta \pm \varepsilon a)^2 \equiv \pm 2a \qquad (\text{mod.} p)$$

et

$$\left.\begin{array}{l}\varphi(r)\chi(r) \equiv \pm a\\ [\varphi(r)\chi(r)]^2 \equiv -1\end{array}\right\} \quad (\text{mod.} p).$$

Pour déduire de ce qui a été dit plus haut la valeur du produit

$$\varphi(r)\chi(r),$$

il suffirait d'observer que les deux expressions

$$p^{\frac{\nu'}{2}}\varphi(\rho), \quad p^{\frac{\nu''}{2}}\chi(\rho)$$

renferment tous les facteurs de la forme

$$R_{h,2\nu-h} = R_{h,n+2\nu-h} = R_{h,6\nu-h},$$

h désignant un nombre distinct de ν et compris parmi les termes de la suite

$$1, \quad 5, \quad 9, \quad \ldots, \quad 4\nu-11, \quad 4\nu-7, \quad 4\nu-3.$$

Comme d'ailleurs, pour mettre en évidence les facteurs égaux à p, il suffit de remplacer

$$R_{h,2\nu-h} \qquad \text{par} \qquad \frac{p}{R_{n-h,n-2\nu+h}} = \frac{p}{R_{4\nu-h,2\nu+h}},$$

lorsque h est renfermé entre les limites 0, 2ν, on trouvera

$$\varphi(\rho)\chi(\rho) = \frac{R_{2\nu+3,4\nu-3}R_{2\nu+7,4\nu-7}\ldots R_{3\nu-2,3\nu+2}}{R_{2\nu+1,4\nu-1}R_{2\nu+5,4\nu-5}\ldots R_{3\nu-4,3\nu+4}}.$$

Il y a plus : comme on aura généralement, ainsi qu'il est facile de le prouver,

$$R_{h,2\nu-h}^2 = R_{h,h} R_{2\nu-h,2\nu-h},$$

on trouvera encore

$$[\varphi(\rho)\chi(\rho)]^2 = \frac{R_{2\nu+3,2\nu+3} R_{2\nu+7,2\nu+7} \ldots R_{4\nu-3,4\nu-3}}{R_{2\nu+1,2\nu+1} R_{2\nu+5,2\nu+5} \ldots R_{4\nu-1,4\nu-1}}.$$

Si maintenant on remplace ρ par r et le signe $=$ par le signe $\equiv$, on devra remplacer généralement

$$R_{h,k}$$

par

$$-\Pi_{n-h,n-k}$$

et l'on aura, par suite,

$$\left.\begin{aligned} \varphi(r)\chi(r) &\equiv \frac{\Pi_{3,2\nu-3} \Pi_{7,2\nu-7} \ldots \Pi_{\nu-2,\nu+2}}{\Pi_{1,2\nu-1} \Pi_{5,2\nu-5} \ldots \Pi_{\nu-4,\nu+4}} \\ [\varphi(r)\chi(r)]^2 &\equiv \frac{\Pi_{3,3} \Pi_{7,7} \ldots \Pi_{\nu-2,\nu-2} \Pi_{\nu+2,\nu+2} \ldots \Pi_{2\nu-3,2\nu-3}}{\Pi_{1,1} \Pi_{5,5} \ldots \Pi_{\nu-4,\nu-4} \Pi_{\nu+4,\nu+4} \ldots \Pi_{2\nu-1,2\nu-1}} \end{aligned}\right\} \pmod{p}.$$

En joignant cette dernière formule à celles que nous avons précédemment obtenues, on arrivera immédiatement aux conclusions renfermées dans le théorème suivant :

THÉORÈME. — *ν et p étant deux nombres premiers, l'un de la forme $4x+1$ et l'autre de la forme $4\nu x+1$, supposons que la suite des nombres*

$$1, \ 5, \ 9, \ \ldots, \ 2\nu-9, \ 2\nu-5, \ 2\nu-1$$

offre ν' racines de l'équivalence

$$x^{\frac{\nu-1}{2}} \equiv 1 \pmod{\nu}$$

et ν'' racines de l'équivalence

$$x^{\frac{\nu-1}{2}} \equiv -1 \pmod{\nu},$$

on aura

$$\nu' + \nu'' = \frac{\nu-1}{2};$$

et, si l'on nomme

$$\mu$$

la valeur numérique de

$$\frac{\nu'-\nu''}{2},$$

on pourra satisfaire, par des nombres x, y entiers et premiers entre eux, à l'équation

$$x^2 + \nu y^2 = p^\mu,$$

non seulement lorsque ν sera de la forme $8x+5$, mais aussi lorsque, ν étant de la forme $8x+1$, le rapport

$$\frac{\Pi_{1,2\nu-1}\Pi_{5,2\nu-5}\ldots\Pi_{\nu-4,\nu+4}}{\Pi_{3,2\nu-3}\Pi_{7,2\nu-7}\ldots\Pi_{\nu-2,\nu+2}}$$

sera une des racines de l'équivalence

$$x^2 \equiv 1 \qquad (\text{mod.} p).$$

Si le même rapport cessait d'être équivalent, suivant le module p, à $+1$ ou à -1, il suit de ce qu'on a dit qu'il deviendrait racine de l'équivalence

$$x^2 \equiv -1 \qquad (\text{mod.} p),$$

et alors on pourrait satisfaire, par des nombres x, y entiers et premiers entre eux, à l'équation

$$x^2 + \nu y^2 = 2p^\mu.$$

Au reste, nous n'avons pas encore trouvé d'exemple dans lequel le rapport dont il s'agit ne fût équivalent, suivant le module p, à ± 1; et, si l'on démontrait qu'il en est toujours ainsi, on en conclurait immédiatement qu'on peut satisfaire, par des nombres x, y entiers et premiers entre eux, à l'équation

$$x^2 + \nu y^2 = p^\mu,$$

non seulement lorsque ν est de la forme $8x+5$, mais encore lorsque ν est de la forme $8x+1$.

Il nous reste à montrer comment on peut déterminer directement la valeur du nombre

$$\mu = \pm \frac{\nu' - \nu''}{2}.$$

Parmi les termes de la suite

$$1, \quad 5, \quad 9, \quad \ldots, \quad 2\nu - 9, \quad 2\nu - 5, \quad 2\nu - 1,$$

plusieurs, en nombre égal à ν', vérifient l'équivalence

$$x^{\frac{\nu-1}{2}} \equiv 1 \qquad (\text{mod.}\,\nu);$$

d'autres, en nombre égal à ν'', vérifient l'équivalence

$$x^{\frac{\nu-1}{2}} \equiv -1 \qquad (\text{mod.}\,\nu),$$

et un seul, savoir le terme ν, satisfait à la condition

$$x^{\frac{\nu-1}{2}} \equiv 0 \qquad (\text{mod.}\,\nu).$$

Cela posé, il est clair qu'on aura non seulement

$$\nu' + \nu'' = \frac{\nu-1}{2},$$

mais encore

$$\left.\begin{aligned}\nu' - \nu'' \equiv 1^{\frac{\nu-1}{2}} + 5^{\frac{\nu-1}{2}} + 9^{\frac{\nu-1}{2}} + \ldots\\ + (2\nu-9)^{\frac{\nu-1}{2}} + (2\nu-5)^{\frac{\nu-1}{2}} + (2\nu-1)^{\frac{\nu-1}{2}}\end{aligned}\right\} \quad (\text{mod.}\,\nu);$$

par conséquent

$$\nu' - \nu'' \equiv \frac{d^{\frac{\nu-1}{2}}}{dz^{\frac{\nu-1}{2}}}\left(e^{z} + e^{5z} + e^{9z} + \ldots + e^{(2\nu-9)z} + e^{(2\nu-5)z} + e^{(2\nu-1)z}\right) \qquad (\text{mod.}\,\nu),$$

pourvu que l'on suppose $z = 0$ après les différentiations effectuées. On aura d'ailleurs

$$e^{z} + e^{5z} + e^{9z} + \ldots + e^{(2\nu-1)z} = \frac{e^{(2\nu+3)z} - e^{z}}{e^{4z} - 1} = (e^{2\nu z} - 1)\frac{e^{z}}{e^{2z} - e^{-2z}} + \frac{1}{e^{z} + e^{-z}},$$

et comme le facteur

$$e^{2\nu z} - 1,$$

ainsi que ses dérivées relatives à z, devient, pour une valeur nulle de z, équivalent à zéro suivant le module ν, on trouvera, en définitive,

$$\nu' - \nu'' \equiv \frac{d^{\frac{\nu-1}{2}}}{dz^{\frac{\nu-1}{2}}}\left(\frac{1}{e^{z} + e^{-z}}\right) \qquad (\text{mod.}\,\nu);$$

par conséquent

$$\nu' - \nu'' \equiv \frac{1}{2} \frac{d^{\frac{\nu-1}{2}}}{dz^{\frac{\nu-1}{2}}} \left(1 + \frac{z^2}{1.2} + \frac{z^4}{1.2.3.4} + \dots\right)^{-1} \quad (\text{mod.}\,\nu)$$

et

$$\mu \equiv \pm \frac{1}{4} \frac{d^{\frac{\nu-1}{2}}}{dz^{\frac{\nu-1}{2}}} \left(1 + \frac{z^2}{1.2} + \frac{z^4}{1.2.3.4} + \dots\right)^{-1} \quad (\text{mod.}\,\nu),$$

z devant être réduit à zéro après les différentiations; puis on en conclura

$$\mu \equiv \pm \frac{1.2.3\ldots\frac{\nu-1}{2}}{4} \, \mathrm{S}\left[(-1)^{f+g+h+\dots} \frac{1.2.3\ldots(f+g+\dots)}{(1.2\ldots f)(1.2\ldots g)\dots} \left(\frac{1}{1.2}\right)^f \left(\frac{1}{1.2.3.4}\right)^g \dots\right] \quad (\text{mod.}\,\nu),$$

le signe S devant s'étendre à toutes les valeurs entières, nulles ou positives, de f, g, ... qui vérifient la formule

$$f + 2g + 3h + \dots = \frac{\nu - 1}{4},$$

et chacun des produits $1.2\ldots f$, $1.2\ldots g$, ... devant être remplacé par l'unité lorsque le dernier facteur f, ou g, ... se réduit à zéro. La valeur de l'exposant μ se trouvera ainsi complètement déterminée, puisque d'ailleurs cet exposant doit être positif et inférieur à

$$\frac{\nu' + \nu''}{2} = \frac{\nu - 1}{4}.$$

Si l'on prend successivement pour ν les différents termes de la suite

$$5, \quad 13, \quad 17, \quad 29, \quad 37, \quad 41, \quad 53, \quad 61, \quad \dots,$$

on trouvera successivement, pour $\nu = 5$,

$$\mu \equiv \mp \frac{1.2}{4} \frac{1}{2} \equiv \mp \frac{1}{4} \equiv \pm 1, \qquad \mu = 1;$$

pour $\nu = 13$,

$$\mu \equiv \mp \frac{1.2.3.4.5.6}{4} \left(\frac{1}{2^3} - \frac{1}{1.2.3.4} + \frac{1}{1.2.3.4.5.6}\right) \equiv \pm 1, \qquad \mu = 1;$$

pour $\nu = 17$,

$$\mu = 2, \quad \ldots.$$

NOTE III.

SUR LA MULTIPLICATION DES FONCTIONS Θ_h, Θ_k, ...

Les principales formules auxquelles nous sommes parvenus dans le précédent Mémoire y sont déduites de la considération des produits de la forme

$$\Theta_h \Theta_k \Theta_l \ldots.$$

Lorsque, p étant un nombre premier impair, on désigne par

$$\theta, \quad \tau$$

des racines primitives des équations

$$x^p = 1, \qquad x^{p-1} = 1$$

et par t une racine primitive de l'équivalence

$$x^{p-1} \equiv 1 \qquad (\text{mod}. p),$$

alors la valeur de Θ_h, déterminée par la formule

$$\Theta_h = \theta + \tau^h \theta^t + \tau^{2h} \theta^{t^2} + \ldots + \tau^{(p-2)h} \theta^{t^{p-2}},$$

ne varie pas quand on fait croître ou diminuer h d'un multiple de $p-1$; et l'on a : 1° en supposant h divisible par $p-1$,

$$\Theta_h = \Theta_0 = -1;$$

2° en supposant h non divisible par $p-1$,

$$\Theta_h \Theta_{-h} = (-1)^h p.$$

Si, au contraire, en nommant h un diviseur de $p-1$, on pose

$$\varpi = \frac{p-1}{n}, \qquad \rho = \tau^{\varpi}$$

et, de plus,

$$(1) \qquad \Theta_h = \theta + \rho^h \theta^t + \rho^{2h} \theta^{t^2} + \ldots + \rho^{(p-2)h} \theta^{t^{p-2}},$$

alors Θ_h sera une fonction des racines primitives

$$\theta, \quad \rho$$

des deux équations

$$x^p = 1, \qquad x^n = 1,$$

qui ne variera pas quand on fera croître ou diminuer h d'un multiple de n; et l'on aura : 1° en supposant h divisible par n,

$$(2) \qquad \Theta_h = \Theta_0 = -1;$$

2° en supposant h non divisible par n,

$$(3) \qquad {}_h\Theta_{-h} = (-1)^{\varpi h} p = \Theta_h \Theta_{n-h}.$$

Ajoutons qu'en vertu des principes établis dans la première Note, si l'on multiplie Θ_h par Θ_k, on trouvera

$$(4) \qquad \Theta_h \Theta_k = R_{h,k} \Theta_{h+k},$$

$R_{h,k}$ désignant une fonction qui ne renfermera plus θ, mais seulement la racine primitive $\rho = \tau^{\varpi}$ et ses puissances entières. On aura d'ailleurs, lorsque $h + k$ ne sera pas divisible par n,

$$(5) \qquad R_{h,k} = S(\rho^{ih+jk}),$$

le signe S s'étendant à toutes les valeurs de i et de j qui, étant comprises dans la suite

$$0, \quad 1, \quad 2, \quad 3, \quad \ldots, \quad p-2,$$

vérifient la formule

$$(6) \qquad t^i + t^j \equiv 1 \qquad (\text{mod.}\, p).$$

Soient maintenant

$$h, \quad k, \quad l, \quad \ldots$$

des nombres entiers divers. On trouvera successivement

$$\Theta_h \Theta_k = R_{h,k} \Theta_{h+k},$$

$$\Theta_h \Theta_k \Theta_l = R_{h,k} \Theta_{h+k} \Theta_l = R_{h,k} R_{h+k,l} \Theta_{h+k+l}, \quad \ldots.$$

Donc, si l'on pose généralement

$$(7) \qquad \Theta_h \Theta_k \Theta_l \ldots = R_{h,k,l,\ldots} \Theta_{h+k+l+\ldots},$$

$R_{h,k,l,\ldots}$ sera encore une fonction de ρ déterminée par une équation de la forme

$$R_{h,k,l,\ldots} = R_{h,k} R_{h+k,l}, \quad \ldots.$$

Il est bon d'observer que, si

$$h + k + l + \ldots$$

n'est pas divisible par n, on aura

$$(8) \qquad R_{h,k,l,\ldots} = S(\rho^{ih+i'k+i''l+\ldots}),$$

le signe S s'étendant à toutes les valeurs de i, i', i'', ... qui, étant comprises dans la suite

$$0, \quad 1, \quad 2, \quad 3, \quad \ldots, \quad p-2,$$

vérifient la condition

$$(9) \qquad t^i + t^{i'} + t^{i''} + \ldots \equiv 1 \quad (\text{mod.} p).$$

Ajoutons qu'en vertu de la formule (7), l'expression

$$R_{h,k,l,\ldots} = \frac{\Theta_h \Theta_k \Theta_l \ldots}{\Theta_{h+k+l+\ldots}}$$

sera, comme le produit

$$\Theta_h \Theta_k \Theta_l \ldots$$

et comme l'expression

$$\Theta_{h+k+l+\ldots} = \theta + \rho^h \rho^k \rho^l \ldots \theta^t + \rho^{2h} \rho^{2k} \rho^{2l} \ldots \theta^{t^2} + \ldots + \rho^{(p-2)h} \rho^{(p-2)k} \rho^{(p-2)l} \ldots \theta^{t^{p-2}},$$

une fonction entière et symétrique de

$$\rho^h, \quad \rho^k, \quad \rho^l, \quad \ldots,$$

par conséquent une fonction linéaire des sommes

$$\begin{array}{llll} \rho^h & +\rho^k & +\rho^l & +\ldots, \\ \rho^{2h} & +\rho^{2k} & +\rho^{2l} & +\ldots, \\ \ldots\ldots & \ldots\ldots & \ldots\ldots & \ldots, \\ \rho^{(n-1)h} & +\rho^{(n-1)k} & +\rho^{(n-1)l} & +\ldots, \end{array}$$

dans lesquelles les coefficients seront des nombres entiers.

Les équations (2), (3) et (7) entraînent les diverses formules que nous avons données dans le Mémoire, et particulièrement celles qui changent le quadruple d'un nombre premier p, ou d'une puissance entière de p, et quelquefois ce nombre lui-même en expressions de la forme

$$x^2 + ny^2,$$

n étant un diviseur de $p-1$.

D'abord, si l'on suppose $n=2$, et par suite $\varpi = \frac{p-1}{2}$, la racine primitive ρ de l'équivalence

$$x^2 = 1$$

sera simplement

$$\rho = -1,$$

et, en posant $h=1$, on tirera de la formule (3)

$$\Theta_1^2 = (-1)^{\frac{p-1}{2}} p$$

ou, ce qui revient au même,

$$(10) \qquad (\theta - \theta^t + \theta^{t^2} - \ldots - \theta^{t^{p-2}})^2 = (-1)^{\frac{p-1}{2}} p.$$

On se trouvera ainsi ramené à la formule (14) de la première Note.

Concevons maintenant que n soit un nombre premier impair. Alors les diverses racines primitives de l'équation

$$(11) \qquad x^n = 1$$

seront

$$\rho, \quad \rho^2, \quad \rho^3, \quad \ldots, \quad \rho^{n-3}, \quad \rho^{n-2}, \quad \rho^{n-1};$$

et si l'on prend successivement pour h les divers exposants de ρ dans ces racines primitives, c'est-à-dire les divers termes de la progression arithmétique

$$1, \quad 2, \quad 3, \quad \ldots, \quad n-3, \quad n-2, \quad n-1,$$

on obtiendra pour valeurs correspondantes de Θ_h les expressions

$$\Theta_1, \quad \Theta_2, \quad \Theta_3, \quad \ldots, \quad \Theta_{n-3}, \quad \Theta_{n-2}, \quad \Theta_{n-1},$$

lesquelles, eu égard à l'équation (3), vérifieront la formule

$$\Theta_1 \Theta_{n-1} = \Theta_2 \Theta_{n-2} = \ldots = \Theta_{\frac{n-1}{2}} \Theta_{\frac{n+1}{2}} = p,$$

par conséquent la suivante :

$$p^{\frac{n-1}{2}} = \Theta_1 \Theta_2 \Theta_3 \ldots \Theta_{n-3} \Theta_{n-2} \Theta_{n-1}. \tag{12}$$

D'ailleurs, les divers termes de la progression arithmétique

$$1, \quad 2, \quad 3, \quad \ldots, \quad n-3, \quad n-2, \quad n-1$$

peuvent être censés représenter les diverses racines de l'équivalence

$$x^{n-1} \equiv 1 \qquad (\text{mod}. n). \tag{13}$$

Il y a plus : si l'on nomme s une racine primitive de cette équivalence, les termes dont il s'agit, abstraction faite de l'ordre dans lequel ils sont rangés, seront équivalents, suivant le module n, aux divers termes de la progression géométrique

$$1, \quad s, \quad s^2, \quad \ldots, \quad s^{n-2},$$

et, par suite, la formule (12) donnera

$$p^{\frac{n-1}{2}} = \Theta_1 \Theta_s \Theta_{s^2} \ldots \Theta_{s^{n-3}} \Theta_{s^{n-2}}. \tag{14}$$

Observons à présent que l'équivalence (13) se décompose en deux autres dont la première,

$$x^{\frac{n-1}{2}} \equiv 1 \qquad (\text{mod}. n),$$

a pour racines les puissances paires de s, savoir

$$1,\quad s^2,\quad s^4,\quad \ldots,\quad s^{n-3},$$

tandis que la seconde,

$$x^{\frac{n-1}{2}} \equiv -1 \quad (\text{mod.}\, n),$$

a pour racines les puissances impaires de s. Donc le produit qui constitue le second membre de l'équation (14) peut être décomposé en deux autres produits de la forme

$$\Theta_1\, \Theta_{s^2}\, \Theta_{s^4} \ldots \Theta_{s^{n-3}} = \mathrm{R}_{1, s^2, s^4, \ldots, s^{n-3}}\, \Theta_{1+s^2+s^4+\ldots+s^{n-3}},$$
$$\Theta_s\, \Theta_{s^3}\, \Theta_{s^5} \ldots \Theta_{s^{n-2}} = \mathrm{R}_{s, s^3, s^5, \ldots, s^{n-2}}\, \Theta_{s+s^3+s^5+\ldots+s^{n-2}};$$

et comme on aura

$$\left.\begin{aligned} 1 + s^2 + s^4 + \ldots + s^{n-3} &= \frac{s^{n-1} - 1}{s^2 - 1} \equiv 0 \\ s + s^3 + s^5 + \ldots + s^{n-2} &= s\,\frac{s^{n-1} - 1}{s^2 - 1} \equiv 0 \end{aligned}\right\} \quad (\text{mod.}\, n),$$

par conséquent

$$\Theta_{1+s^2+s^4+\ldots+s^{n-3}} = \Theta_0 = -1,$$
$$\Theta_{s+s^3+s^5+\ldots+s^{n-2}} = \Theta_0 = -1,$$

il est clair que les deux produits

$$\Theta_1\, \Theta_{s^2}\, \Theta_{s^4} \ldots \Theta_{s^{n-3}}, \quad \Theta_s\, \Theta_{s^3}\, \Theta_{s^5} \ldots \Theta_{s^{n-2}}$$

se réduiront, le premier, avec $\mathrm{R}_{1, s^2, s^4, \ldots, s^{n-3}}$, à une fonction entière et symétrique de

$$\rho,\quad \rho^{s^2},\quad \rho^{s^4},\quad \ldots,\quad \rho^{s^{n-3}},$$

le second, avec $\mathrm{R}_{s, s^3, s^5, \ldots, s^{n-2}}$, à une fonction semblable de

$$\rho^s,\quad \rho^{s^3},\quad \rho^{s^5},\quad \ldots,\quad \rho^{s^{n-2}},$$

les coefficients étant des nombres entiers. D'ailleurs, une fonction entière et symétrique de

$$\rho,\quad \rho^{s^2},\quad \rho^{s^4},\quad \ldots,\quad \rho^{s^{n-3}}$$

sera simplement une fonction linéaire des sommes de la forme

$$\rho^m + \rho^{ms^2} + \rho^{ms^4} + \ldots + \rho^{ms^{n-3}},$$

m désignant un entier inférieur à n; et une semblable somme se réduit toujours à

$$\rho + \rho^{s^2} + \rho^{s^4} + \ldots + \rho^{s^{n-3}}$$

ou bien à

$$\rho^s + \rho^{s^3} + \rho^{s^5} + \ldots + \rho^{s^{n-2}},$$

selon que m est équivalent, suivant le module n, à une puissance paire ou à une puissance impaire de s. On aura donc, en désignant par c_0, c_1, c_2 des quantités entières,

$$\Theta_1 \Theta_{s^2} \Theta_{s^4} \ldots \Theta_{s^{n-3}} = c_0 + c_1(\rho + \rho^{s^2} + \ldots + \rho^{s^{n-3}}) + c_2(\rho^s + \rho^{s^3} + \ldots + \rho^{s^{n-2}}),$$

puis on en conclura, en remplaçant ρ par ρ^s,

$$\Theta_s \Theta_{s^3} \Theta_{s^5} \ldots \Theta_{s^{n-2}} = c_0 + c_1(\rho^s + \rho^{s^3} + \ldots + \rho^{s^{n-2}}) + c_2(\rho + \rho^{s^2} + \ldots + \rho^{s^{n-3}}).$$

D'autre part, les expressions

$$1, \quad \rho, \quad \rho^s, \quad \ldots, \quad \rho^{s^{n-2}},$$

qui coïncident, à l'ordre près, avec les suivantes :

$$1, \quad \rho, \quad \rho^2, \quad \ldots, \quad \rho^{n-1},$$

représentent les diverses racines de l'équation

$$x^n = 1$$

et offrent une somme nulle; en sorte qu'on a

$$\rho + \rho^s + \rho^{s^2} + \ldots + \rho^{s^{n-2}} = -1.$$

Ce n'est pas tout; si l'on pose

$$\rho - \rho^s + \rho^{s^2} - \ldots - \rho^{s^{n-2}} = \Delta,$$

on tirera de l'équation (10), en y remplaçant p par n, θ par ρ et t par s,

$$\Delta^2 = (-1)^{\frac{n-1}{2}} n. \tag{15}$$

Cela posé, on trouvera

$$\rho + \rho^{s^2} + \ldots + \rho^{s^{n-3}} = -\frac{1-\Delta}{2},$$

$$\rho^{s} + \rho^{s^3} + \ldots + \rho^{s^{n-2}} = -\frac{1+\Delta}{2}$$

et, par suite,

$$\Theta_1 \Theta_{s^2} \Theta_{s^4} \ldots \Theta_{s^{n-3}} = \frac{1}{2}(A + B\Delta),$$

$$\Theta_s \Theta_{s^3} \Theta_{s^5} \ldots \Theta_{s^{n-2}} = \frac{1}{2}(A - B\Delta),$$

ou, ce qui revient au même,

$$(16) \qquad \left\{ \begin{array}{l} 2\Theta_1 \Theta_{s^2} \Theta_{s^4} \ldots \Theta_{s^{n-3}} = A + B\Delta, \\ 2\Theta_s \Theta_{s^3} \Theta_{s^5} \ldots \Theta_{s^{n-2}} = A - B\Delta, \end{array} \right.$$

les valeurs de A, B étant

$$(17) \qquad A = 2c_0 - c_1 - c_2, \qquad B = c_1 - c_2;$$

puis on tirera des équations (16), combinées avec les formules (14) et (15),

$$4p^{\frac{n-1}{2}} = A^2 - B^2\Delta^2$$

ou, ce qui revient au même,

$$(18) \qquad 4p^{\frac{n-1}{2}} = A^2 - (-1)^{\frac{n-1}{2}} n B^2,$$

les valeurs numériques de A, B étant deux entiers qui, en vertu des formules (17), seront de même espèce, c'est-à-dire tous deux pairs ou tous deux impairs.

Observons encore qu'en vertu de la formule

$$s^{\frac{n-1}{2}} \equiv -1 \qquad (\mathrm{mod.}\, n),$$

l'équation

$$\Theta_h \Theta_{-h} = p$$

pourra s'écrire comme il suit :

$$(19) \qquad \Theta_{s^m} \Theta_{s^{m \pm \frac{n-1}{2}}} = p \qquad (\mathrm{mod.}\, n).$$

D'ailleurs, si l'exposant m est un terme de la suite

$$0, \quad 1, \quad 2, \quad 3, \quad \ldots, \quad n-2,$$

pour que l'exposant $m \pm \frac{n-1}{2}$ soit lui-même un terme de cette suite, il suffira de réduire le double signe $\pm$ au signe $+$ ou au signe $-$, selon que m sera inférieur ou supérieur à $\frac{n-1}{2}\cdot$ Enfin, dans la formule (19), les exposants

$$m, \quad m \pm \frac{n-1}{2}$$

seront évidemment de même espèce, c'est-à-dire tous deux pairs ou tous deux impairs si n est de la forme $4x+1$; tandis qu'ils seront d'espèces différentes si n est de la forme $4x+3$. Donc, si n est de la forme $4x+1$, chacune des expressions

$$\Theta_1 \Theta_{s^2} \Theta_{s^4} \ldots \Theta_{s^{n-3}}, \quad \Theta_s \Theta_{s^3} \Theta_{s^5} \ldots \Theta_{s^{n-2}}$$

se composera de facteurs qui, multipliés deux à deux l'un par l'autre, fourniront des produits égaux à p. Donc alors, les formules (16) devront se réduire à

$$\Theta_1 \Theta_{s^2} \Theta_{s^4} \ldots \Theta_{s^{n-3}} = p^{\frac{n-1}{4}},$$

$$\Theta_s \Theta_{s^3} \Theta_{s^5} \ldots \Theta_{s^{n-2}} = p^{\frac{n-1}{4}}$$

et l'on aura, en conséquence,

$$A = 2p^{\frac{n-1}{4}}, \qquad B = 0.$$

Si, au contraire, n est de la forme $4x+3$, alors $\frac{n-1}{2}$ étant pair, l'équation (18) donnera

$$4p^{\frac{n-1}{2}} = A^2 + nB^2 \tag{20}$$

et si, en nommant p^λ la plus haute puissance de p qui divise simultanément A et B, on pose

$$A = p^\lambda x, \qquad B = p^\lambda y,$$
$$\mu = \frac{n-1}{2} - 2\lambda,$$

on verra la formule (20) se réduire à

$$4p^\mu = x^2 + ny^2. \tag{21}$$

Si, pour abréger, on désignait par la notation

$$[1]$$

le produit

$$\Theta_1 \Theta_{s^2} \Theta_{s^4} \ldots \Theta_{s^{n-3}}$$

composé des facteurs de la forme Θ_h qui correspondent aux valeurs de h propres à vérifier la formule

$$x^{\frac{n-1}{2}} \equiv 1 \qquad (\text{mod.}\, n)$$

et par la notation

$$[-1]$$

le produit

$$\Theta_s \Theta_{s^3} \Theta_{s^5} \ldots \Theta_{s^{n-2}}$$

composé des facteurs de la forme Θ_h qui correspondent aux valeurs de h propres à vérifier la formule

$$x^{\frac{n-1}{2}} \equiv -1 \qquad (\text{mod.}\, n),$$

les équations (14), (16) se présenteraient sous les formes

$$p^{\frac{n-1}{2}} = [1][-1],$$
$$2[1] = A + B\Delta, \qquad 2[-1] = A - B\Delta$$

et les deux dernières se réduiraient, lorsque n serait de la forme $4x+1$, aux deux équations

$$[1] = p^{\frac{n-}{4}}, \qquad [-1] = p^{\frac{n-1}{4}}.$$

Concevons maintenant que n soit un nombre composé, en sorte qu'on ait

$$n = \nu\omega$$

et supposons d'abord les facteurs

$$\nu, \quad \omega$$

premiers entre eux. L'un d'eux, ν par exemple, sera nécessairement impair. Si d'ailleurs on nomme ς une racine primitive de l'équation

$$x^\nu = 1$$

et α une racine primitive de l'équation

$$x^\omega = 1,$$

on pourra prendre

$$\rho = \varsigma\alpha;$$

puis, en supposant qu'un nombre entier donné h soit équivalent à i suivant le module ν, et j suivant le module ω, on trouvera

$$\rho^h = \varsigma^i \alpha^j.$$

Par suite, l'équation (1) donnera

$$\Theta_h = \theta + \varsigma^i \alpha^j \theta^t + \varsigma^{2i} \alpha^{2j} \theta^{t^2} + \ldots + \varsigma^{(p-2)i} \alpha^{(p-2)j} \theta^{t^{p-2}}. \tag{22}$$

Pour abréger, nous désignerons par

$$\Theta_{i,j}$$

la valeur de Θ_h que fournit l'équation (22). Cela posé, on reconnaîtra sans peine : 1° que la valeur de l'expression

$$\Theta_{i,j},$$

complètement déterminée pour chaque système de valeurs de i et de j, ne varie pas quand on fait croître i d'un multiple de ν ou j d'un multiple de ω; 2° que l'équation

$$\Theta_h = \Theta_{i,j}$$

entraîne la suivante :

$$\Theta_{-h} = \Theta_{-i,-j};$$

3° que les nombres h et i seront de même espèce, c'est-à-dire tous deux pairs ou tous deux impairs si

$$\varpi = \frac{p-1}{\nu\omega}$$

est un nombre impair, puisque, ν étant impair et $p-1$ pair, ϖ ne pourra devenir impair que pour des valeurs paires de ω. De plus, on tirera des formules (2) et (3) : 1° en supposant à la fois i divisible par ν et j par ω,

$$(23)\qquad \Theta_{i,j} = \Theta_{0,0} = -1;$$

2° dans la supposition contraire,

$$(24)\qquad \Theta_{i,j}\,\Theta_{-i,-j} = (-1)^{\varpi j} p = \Theta_{i,j}\,\Theta_{\nu-i,\omega-j}.$$

Si ω est impair ainsi que ν, alors ϖ étant nécessairement pair, la formule (24) donnera simplement

$$(25)\qquad \Theta_{i,j}\,\Theta_{-i,-j} = p.$$

Pour montrer une application de ces nouvelles formules, considérons d'abord le cas où

$$\omega \quad \text{et} \quad \nu$$

seraient deux nombres premiers impairs. Soient, dans ce cas, u une racine primitive de l'équivalence

$$(26)\qquad x^{\nu-1} \equiv 1 \pmod{\nu}$$

et a une racine primitive de l'équivalence

$$(27)\qquad x^{\omega-1} \equiv 1 \pmod{\omega}.$$

Les diverses racines de l'équivalence (26), en nombre égal à $\nu-1$, pourront être représentées indifféremment, soit par les divers termes de la progression arithmétique

$$1, \quad 2, \quad 3, \quad \ldots, \quad \nu-2, \quad \nu-1,$$

soit par les divers termes de la progression géométrique

$$1, \quad u, \quad u^2, \quad \ldots, \quad u^{\nu-3}, \quad u^{\nu-2},$$

et pareillement les diverses racines de l'équivalence (17), en nombre égal à $\omega-1$, pourront être représentées indifféremment, soit par les divers termes de la progression arithmétique

$$1, \quad 2, \quad 3, \quad \ldots, \quad \omega-2, \quad \omega-1,$$

soit par les divers termes de la progression géométrique

$$1, \quad a, \quad a^2, \quad \ldots, \quad a^{\omega-3}, \quad a^{\omega-2}.$$

Or, parmi les valeurs de

$$\Theta_h = \Theta_{i,j}$$

que fournira l'équation (22), celles qu'on obtiendra, en supposant h premier à n, ne différeront pas de celles qu'on peut obtenir en prenant pour i une racine quelconque de la formule (26) et pour j une racine quelconque de la formule (27). Donc elles coïncideront avec l'une quelconque de celles que présente le Tableau suivant :

$$(28)\qquad \left\{\begin{array}{lllll}
\Theta_{1,1}, & \Theta_{u,1}, & \Theta_{u^2,1}, & \ldots, & \Theta_{u^{\nu-2},1}, \\
\Theta_{1,a}, & \Theta_{u,a}, & \Theta_{u^2,a}, & \ldots, & \Theta_{u^{\nu-2},a}, \\
\Theta_{1,a^2}, & \Theta_{u,a^2}, & \Theta_{u^2,a^2}, & \ldots, & \Theta_{u^{\nu-2},a^2}, \\
\ldots, & \ldots, & \ldots, & \ldots, & \ldots, \\
\Theta_{1,a^{\omega-2}}, & \Theta_{u,a^{\omega-2}}, & \Theta_{u^2,a^{\omega-2}}, & \ldots, & \Theta_{u^{\nu-2},a^{\omega-2}},
\end{array}\right.$$

et leur nombre N, déterminé par la formule

$$N = (\nu-1)(\omega-1),$$

ne sera autre chose que le nombre des termes de la suite

$$1, \quad 2, \quad 3, \quad \ldots, \quad n-1$$

inférieurs à

$$n = \omega\nu,$$

mais premiers à n. D'ailleurs, l'équation (7), combinée avec la formule

$$\Theta_{h+k+l+\ldots} = -1$$

et réduite ainsi à la forme

$$\Theta_h \Theta_k \Theta_l \ldots = -R_{h,k,l,\ldots},$$

fournira pour valeur du produit

$$\Theta_h \Theta_k \Theta_l \ldots$$

une fonction entière et symétrique de

$$\rho^h, \quad \rho^k, \quad \rho^l, \quad \ldots,$$

par conséquent une fonction entière et symétrique, non seulement de

$$\varsigma^h, \quad \varsigma^k, \quad \varsigma^l, \quad \ldots,$$

mais encore de

$$\alpha^h, \quad \alpha^k, \quad \alpha^l, \quad \ldots.$$

si la somme

$$h + k + l + \ldots$$

est divisible par

$$n = \omega\nu,$$

c'est-à-dire, en d'autres termes, si cette somme est divisible à la fois par ν et par ω. Or cette condition sera évidemment remplie si l'on fait coïncider

$$\Theta_h, \quad \Theta_k, \quad \Theta_l, \quad \ldots$$

avec celles des expressions de la forme

$$\Theta_{i,j}$$

qui, dans le Tableau (28), offrent pour premier indice une puissance paire de u et pour second indice une puissance paire de a, puisqu'alors la somme

$$h + k + l + \ldots$$

sera équivalente, suivant le module ν, au produit

$$\frac{\omega - 1}{2}(1 + u^2 + \ldots + u^{\nu-3}) = \frac{\omega - 1}{2}\,\frac{u^{\nu-1} - 1}{u^2 - 1} \equiv 0$$

et, suivant le module ω, au produit

$$\frac{\nu - 1}{2}(1 + a^2 + \ldots + a^{\omega-3}) = \frac{\nu - 1}{2}\,\frac{a^{\omega-1} - 1}{a^2 - 1} \equiv 0.$$

D'autre part, en supposant

$$\Theta_h = \Theta_{i,j}$$

et, par conséquent,

$$i \equiv h \quad (\text{mod.}\,\nu), \qquad j \equiv h \quad (\text{mod.}\,\omega),$$

on en conclura

$$\varsigma^h = \varsigma^i, \qquad \alpha^h = \alpha^j.$$

Donc, en vertu des remarques précédentes, le produit

$$(\Theta_{1,1}\,\Theta_{u^2,1}\ldots\Theta_{u^{\nu-3},1})(\Theta_{1,a^2}\,\Theta_{u^2,a^2}\ldots\Theta_{u^{\nu-3},a^2})\ldots(\Theta_{1,a^{\omega-3}}\,\Theta_{u^2,a^{\omega-3}}\ldots\Theta_{u^{\nu-3},a^{\omega-3}})$$

sera en même temps fonction symétrique de

$$\varsigma, \quad \varsigma^{u^2}, \quad \varsigma^{u^4}, \quad \ldots, \quad \varsigma^{u^{\nu-3}}$$

et de

$$\alpha, \quad \alpha^{a^2}, \quad \alpha^{a^4}, \quad \ldots, \quad \alpha^{a^{\omega-3}}.$$

Concevons maintenant que, pour abréger, on désigne par la notation

$$[1, 1]$$

le produit dont nous venons de parler, c'est-à-dire, en d'autres termes, le produit des valeurs de Θ_h, correspondant aux valeurs de h, qui, étant premières à n, vérifient les deux équivalences

$$(29) \qquad x^{\frac{\nu-1}{2}} \equiv 1 \quad (\text{mod.}\,\nu), \qquad x^{\frac{\omega-1}{2}} \equiv 1 \quad (\text{mod.}\,\omega).$$

Désignons de même par

$$[1, -1]$$

le produit des valeurs de Θ_h, correspondant aux valeurs de h, qui vérifient les deux équivalences

$$(30) \qquad x^{\frac{\nu-1}{2}} \equiv 1 \quad (\text{mod.}\,\nu), \qquad x^{\frac{\omega-1}{2}} \equiv -1 \quad (\text{mod.}\,\omega);$$

par

$$[-1, 1]$$

le produit des valeurs de Θ_h, correspondant aux valeurs de h, qui vérifient les deux équivalences

$$(31) \qquad x^{\frac{\nu-1}{2}} \equiv -1 \quad (\text{mod.}\,\nu), \qquad x^{\frac{\omega-1}{2}} \equiv 1 \quad (\text{mod.}\,\omega);$$

enfin par

$$[-1, -1]$$

le produit des valeurs de Θ_h, correspondant aux valeurs de h, qui vérifient les équivalences

$$(32) \qquad x^{\frac{\nu-1}{2}} \equiv -1 \quad (\text{mod.}\,\nu), \qquad x^{\frac{\omega-1}{2}} \equiv -1 \quad (\text{mod.}\,\omega);$$

on aura

$$(33) \quad [1, 1] = (\Theta_{1,1}\,\Theta_{u^2,1}\ldots\Theta_{u^{\nu-3},1})(\Theta_{1,a^2}\,\Theta_{u^2,a^2}\ldots\Theta_{u^{\nu-3},a^2})\ldots(\Theta_{1,a^{\omega-3}}\,\Theta_{u^2,a^{\omega-3}}\ldots\Theta_{u^{\nu-3},a^{\omega-3}}),$$

$$(34) \quad [1, -1] = (\Theta_{1,a}\,\Theta_{u^2,a}\ldots\Theta_{u^{\nu-3},a})(\Theta_{1,a^3}\,\Theta_{u^2,a^3}\ldots\Theta_{u^{\nu-3},a^3})\ldots(\Theta_{1,a^{\nu-2}}\,\Theta_{u^2,a^{\nu-2}}\ldots\Theta_{u^{\nu-3},a^{\nu-2}}),$$

$$(35) \quad [-1, 1] = (\Theta_{u,1}\,\Theta_{u^3,1}\ldots\Theta_{u^{\nu-2},1})(\Theta_{u,a^2}\,\Theta_{u^3,a^2}\ldots\Theta_{u^{\nu-2},a^2})\ldots(\Theta_{u,a^{\omega-3}}\,\Theta_{u^3,a^{\omega-3}}\ldots\Theta_{u^{\nu-2},a^{\omega-3}}),$$

$$(36) \quad [-1, -1] = (\Theta_{u,a}\,\Theta_{u^3,a}\ldots\Theta_{u^{\nu-2},a})(\Theta_{u,a^3}\,\Theta_{u^3,a^3}\ldots\Theta_{u^{\nu-2},a^3})\ldots(\Theta_{u,a^{\omega-2}}\,\Theta_{u^3,a^{\omega-2}}\ldots\Theta_{u^{\nu-2},a^{\omega-2}}),$$

et, d'après ce qu'on a dit ci-dessus, le produit

$$[1, 1]$$

sera une fonction symétrique, non seulement de

$$\varsigma, \quad \varsigma^{u^2}, \quad \varsigma^{u^4}, \quad \ldots, \quad \varsigma^{u^{\nu-3}},$$

mais encore de

$$\alpha, \quad \alpha^{a^2}, \quad \alpha^{a^4}, \quad \ldots, \quad \alpha^{a^{\omega-3}}.$$

Pareillement, on reconnaîtra que le produit

$$[1, -1]$$

est fonction symétrique, non seulement de

$$\varsigma,\quad \varsigma^{u^2},\quad \varsigma^{u^4},\quad \ldots,\quad \varsigma^{u^{\nu-3}},$$

mais encore de

$$\alpha^a,\quad \alpha^{a^3},\quad \alpha^{a^5},\quad \alpha^{a^{\nu-2}};$$

que le produit

$$[-1, 1]$$

est fonction symétrique, non seulement de

$$\varsigma^u,\quad \varsigma^{u^3},\quad \varsigma^{u^5},\quad \ldots,\quad \varsigma^{u^{\nu-2}},$$

mais encore de

$$\alpha,\quad \alpha^{a^2},\quad \alpha^{a^4},\quad \ldots,\quad \alpha^{a^{\nu-3}};$$

enfin que le produit

$$[-1, -1]$$

est fonction symétrique, non seulement de

$$\varsigma^u,\quad \varsigma^{u^3},\quad \ldots,\quad \varsigma^{u^{\nu-2}},$$

mais encore de

$$\alpha^a,\quad \alpha^{a^3},\quad \ldots,\quad \alpha^{a^{\omega-2}}.$$

D'autre part, comme on aura

$$u^{\frac{\nu-1}{2}} \equiv -1 \quad (\text{mod.}\,\nu), \qquad \alpha^{\frac{\omega-1}{2}} \equiv -1 \quad (\text{mod.}\,\omega),$$

l'équation (25) pourra s'écrire comme il suit :

$$\Theta_{u^m, a^{m'}}\,\Theta_{u^{m\pm\frac{\nu-1}{2}},\, a^{m'\pm\frac{\omega-1}{2}}} = p, \tag{37}$$

et il est clair que, dans cette équation, les exposants

$$m,\quad m \pm \frac{\nu-1}{2}$$

seront de même espèce, c'est-à-dire tous deux pairs ou tous deux impairs, si ν est de la forme $4x+1$, mais d'espèces différentes si ν est de la forme $4x+3$. Pareillement, les exposants

$$m',\quad m' \pm \frac{\omega-1}{2}$$

seront de même espèce si ω est de la forme $4x+1$ et d'espèces différentes si ω est de la forme $4x+3$. Cela posé, si les nombres

$$\nu, \quad \omega$$

sont tous deux de la forme $4x+1$, chacun des produits

$$[1, 1], \quad [1, -1], \quad [-1, 1], \quad [-1, -1],$$

composé de facteurs de la forme $\Theta_{i,j}$, en nombre égal à $\frac{N}{4}$, se réduira évidemment, en vertu de l'équation (37), à

$$p^{\frac{N}{8}}.$$

On aura donc alors les formules

$$[1, 1] = p^{\frac{N}{8}}, \quad [1, -1] = p^{\frac{N}{8}}, \quad [-1, 1] = p^{\frac{N}{8}}, \quad [-1, -1] = p^{\frac{N}{8}}$$

qui entraîneront l'équation

$$p^{\frac{N}{2}} = [1, 1][1, -1][-1, 1][-1, -1], \tag{38}$$

analogue à la formule (14).

Si les nombres ν, ω sont tous deux de la forme $4x+3$, alors on tirera des formules (33) et (36) ou (34) et (35), jointes à la formule (37),

$$[1, 1][-1, -1] = p^{\frac{N}{4}}, \quad [1, -1][-1, 1] = p^{\frac{N}{4}}, \tag{39}$$

et l'on déduira encore de ces dernières l'équation (38).

Enfin, si des nombres ν, ω, un seul, ν par exemple, est de la forme $4x+1$, l'autre, ω, étant de la forme $4x+3$, alors on tirera des formules (33) et (34) ou (35) et (36), jointes à la formule (37),

$$[1, 1][1, -1] = p^{\frac{N}{4}}, \quad [-1, 1][-1, -1] = p^{\frac{N}{4}}, \tag{40}$$

et l'on déduira encore de ces dernières l'équation (38).

L'équation (38), analogue à (14), conduit aussi à des conclusions du même genre lorsque les nombres

$$\nu, \quad \omega$$

ne sont pas tous deux de la forme $4x+1$; et d'abord, supposons qu'ils soient tous deux de la forme $4x+3$. Alors, dans le second membre de l'équation (38), le produit

$$[1, 1][1, -1]$$

représentera une fonction symétrique, non seulement de

$$\varsigma, \quad \varsigma^{u^2}, \quad \ldots, \quad \varsigma^{u^{\nu-3}},$$

mais encore de

$$\alpha, \quad \alpha^a, \quad \alpha^{a^2}, \quad \ldots, \quad \alpha^{a^{\omega-3}}, \quad \alpha^{a^{\omega-2}};$$

par conséquent, une fonction linéaire, non seulement des sommes

$$\varsigma+\varsigma^{u^2}+\ldots+\varsigma^{u^{\nu-3}}, \quad \varsigma^u+\varsigma^{u^3}+\ldots+\varsigma^{u^{\nu-2}},$$

mais encore de la somme

$$\alpha+\alpha^a+\alpha^{a^2}+\alpha^{a^3}+\ldots+\alpha^{a^{\omega-3}}+\alpha^{a^{\omega-2}}.$$

Or, comme cette dernière somme, qui comprend toutes les racines de l'équation

$$x^\omega = 1,$$

à l'exception de la racine 1, se réduira simplement à -1, il est clair qu'en supposant ν et ω tous deux de la forme $4x+3$ et désignant par c_0, c_1, c_2 des quantités entières, on trouvera

$$[1, 1][1, -1] = c_0 + c_1(\varsigma+\varsigma^{u^2}+\ldots+\varsigma^{u^{\nu-3}}) + c_2(\varsigma^u+\varsigma^{u^3}+\ldots+\varsigma^{u^{\nu-2}}),$$

puis, en remplaçant ς par ς^u,

$$[-1, 1][-1, -1] = c_0 + c_1(\varsigma^u+\varsigma^{u^3}+\ldots+\varsigma^{u^{\nu-2}}) + c_2(\varsigma+\varsigma^{u^2}+\ldots+\varsigma^{u^{\nu-3}}).$$

On pourra d'ailleurs présenter les deux équations qui précèdent sous une forme analogue à celle des équations (16) et alors, en les multipliant l'une par l'autre, on obtiendra, au lieu de la formule (20), la suivante :

$$4p^{\frac{N}{2}} = A^2 + \nu B^2, \tag{41}$$

les valeurs entières de A, B étant toujours déterminées par les formules (17). Enfin si, en nommant p^λ la plus haute puissance de p qui divise simultanément A et B, on pose

$$A = p^\lambda x, \qquad B = p^\lambda y,$$
$$\mu = \frac{N}{2} - 2\lambda,$$

on verra la formule (41) se réduire à

$$4p^\mu = x^2 + \nu y^2. \tag{42}$$

On pourrait encore, dans l'hypothèse admise, c'est-à-dire lorsque ν, ω sont tous deux de la forme $4x+3$, décomposer le second membre de la formule (38) en deux facteurs égaux, non plus aux deux produits

$$[1, 1][1, -1], \quad [-1, 1][-1, -1],$$

mais aux deux produits

$$[1, 1][-1, 1], \quad [1, -1][-1, -1],$$

et alors on se trouverait conduit, non plus à la formule (42), mais à une équation de la forme

$$4p^\mu = x^2 + \omega y^2. \tag{43}$$

Considérons maintenant le cas où ν serait de la forme $4x+1$, ω étant de la forme $4x+3$. Alors la formule (41) se trouverait remplacée par les formules (40), en sorte qu'on aurait simplement

$$A = 2p^{\frac{N}{4}}, \qquad B = 0;$$

et, en conséquence, la formule (42) cesserait de fournir la transformation d'une puissance entière de p, multipliée par 4, en un binome de la forme

$$x^2 + \nu y^2.$$

Mais la formule (43) continuerait de subsister et l'on pourrait au reste déduire une nouvelle formule de la décomposition du second membre de l'équation (38) en deux facteurs de la forme

$$[1, 1][-1, -1], \quad [1, -1][-1, 1].$$

Alors, en effet, le produit

$$[1, 1][-1, -1]$$

serait une fonction entière et symétrique, non seulement de

$$\varsigma, \quad \varsigma^{u^2}, \quad \ldots, \quad \varsigma^{u^{\nu-3}}$$

et de

$$\varsigma^{u}, \quad \varsigma^{u^3}, \quad \ldots, \quad \varsigma^{u^{\nu-2}},$$

mais encore de

$$\alpha, \quad \alpha^{a^2}, \quad \ldots, \quad \alpha^{a^{\omega-3}}$$

et de

$$\alpha^{a}, \quad \alpha^{a^3}, \quad \ldots, \quad \alpha^{a^{\omega-2}},$$

qui ne serait point altérée quand on y remplacerait simultanément

$$\varsigma \text{ par } \varsigma^{u}, \qquad \alpha \text{ par } \alpha^{a},$$

les coefficients numériques des différents termes étant d'ailleurs des nombres entiers. Par suite, le produit

$$[1, 1][-1, -1]$$

se réduirait à une fonction linéaire, non seulement des sommes

$$(\varsigma + \varsigma^{u^2} + \ldots + \varsigma^{u^{\nu-3}}) + (\varsigma^{u} + \varsigma^{u^3} + \ldots + \varsigma^{u^{\nu-2}}),$$
$$(\alpha + \alpha^{a^2} + \ldots + \alpha^{a^{\omega-3}}) + (\alpha^{a} + \alpha^{a^3} + \ldots + \alpha^{a^{\omega-2}}),$$

mais encore des sommes

$$\begin{gathered}(\alpha + \alpha^{a^2} + \ldots + \alpha^{a^{\omega-3}})(\varsigma + \varsigma^{u^2} + \ldots + \varsigma^{u^{\nu-3}}) \\ + (\alpha^{a} + \alpha^{a^3} + \ldots + \alpha^{a^{\omega-2}})(\varsigma^{u} + \varsigma^{u^3} + \ldots + \varsigma^{u^{\nu-3}}),\end{gathered}$$
$$\begin{gathered}(\alpha^{a} + \alpha^{a^3} + \ldots + \alpha^{a^{\omega-2}})(\varsigma + \varsigma^{u^2} + \ldots + \varsigma^{u^{\nu-3}}) \\ + (\alpha + \alpha^{a^2} + \ldots + \alpha^{a^{\omega-3}})(\varsigma^{u} + \varsigma^{u^3} + \ldots + \varsigma^{u^{\nu-2}}).\end{gathered}$$

Or, des quatre sommes qui précèdent, les deux premières se réduiront à -1, puisqu'on aura généralement

$$\varsigma + \varsigma^u + \varsigma^{u^2} + \ldots + \varsigma^{u^{\nu-3}} + \varsigma^{u^{\nu-2}} = -1,$$
$$\alpha + \alpha^a + \alpha^{a^2} + \ldots + \alpha^{a^{\omega-3}} + \alpha^{a^{\omega-2}} = -1,$$

et, quant aux deux dernières, comme, en posant pour abréger

$$\varsigma - \varsigma^u + \varsigma^{u^2} - \ldots + \varsigma^{u^{\nu-3}} - \varsigma^{u^{\nu-2}} = \Delta,$$
$$\alpha - \alpha^a + \alpha^{a^2} - \ldots + \alpha^{a^{\omega-3}} - \alpha^{a^{\omega-2}} = \Delta',$$

on trouve

$$\varsigma + \varsigma^{u^2} + \ldots + \varsigma^{u^{\nu-3}} = -\frac{1-\Delta}{2}, \qquad \varsigma^u + \varsigma^{u^3} + \ldots + \varsigma^{u^{\nu-2}} = -\frac{1+\Delta}{2},$$
$$\alpha + \alpha^{a^2} + \ldots + \alpha^{a^{\omega-3}} = -\frac{1-\Delta'}{2}, \qquad \alpha^a + \alpha^{a^3} + \ldots + \alpha^{a^{\omega-2}} = -\frac{1+\Delta'}{2},$$

elles pourront être représentées par les expressions

$$\frac{1-\Delta'}{2}\,\frac{1+\Delta}{2} + \frac{1+\Delta'}{2}\,\frac{1-\Delta}{2} = \frac{1+\Delta\Delta'}{2},$$
$$\frac{1-\Delta'}{2}\,\frac{1-\Delta}{2} + \frac{1+\Delta'}{2}\,\frac{1+\Delta}{2} = \frac{1-\Delta\Delta'}{2}.$$

Donc, dans l'hypothèse admise, le produit

$$[1, 1][-1, -1]$$

se réduira simplement à une fonction entière et linéaire des rapports

$$\frac{1+\Delta\Delta'}{2}, \qquad \frac{1-\Delta\Delta'}{2},$$

les coefficients étant des nombres entiers; en sorte qu'on aura

$$[1, 1][-1, -1] = c_0 + c_1\frac{1+\Delta\Delta'}{2} + c_2\frac{1-\Delta\Delta'}{2},$$

c_0, c_1, c_2 désignant des quantités entières. Si l'on pose maintenant

$$A = 2c_0 + c_1 + c_2, \qquad B = c_1 - c_2,$$

la formule précédente donnera

$$(44) \qquad 2[1, 1][-1, -1] = A + B\Delta\Delta',$$

les valeurs numériques de A, B étant deux entiers de même espèce, c'est-à-dire tous deux pairs ou tous deux impairs. D'autre part, si, dans la formule (44), on remplace ς par ς^u, sans remplacer en même temps α par α^a, alors, au lieu de cette formule, on obtiendra la suivante :

$$(45) \qquad 2[1, -1][-1, 1] = A - B\Delta\Delta',$$

puis on tirera des formules (44), (45), combinées avec l'équation (38),

$$(46) \qquad 4p^{\frac{N}{2}} = A^2 - B^2\Delta^2\Delta'^2.$$

De plus on aura, en vertu de l'équation (10),

$$(\varsigma - \varsigma^u + \varsigma^{u^2} - \ldots + \varsigma^{u^{\nu-3}} - \varsigma^{u^{\nu-2}})^2 = (-1)^{\frac{\nu-2}{2}}\nu,$$

$$(\alpha - \alpha^a + \alpha^{a^2} - \ldots + \alpha^{a^{\omega-3}} - \alpha^{a^{\omega-2}})^2 = (-1)^{\frac{\omega-2}{2}}\omega$$

ou, ce qui revient au même,

$$\Delta^2 = (-1)^{\frac{\nu-1}{2}}\nu, \qquad \Delta'^2 = (-1)^{\frac{\omega-1}{2}}\omega.$$

Donc, lorsque ν sera, comme on le suppose, de la forme $4x + 1$, ω étant de la forme $4x + 3$, on trouvera

$$\Delta^2 = \nu, \qquad \Delta'^2 = -\omega$$

et la formule (46) donnera

$$(47) \qquad 4p^{\frac{N}{2}} = A^2 + \nu\omega B^2.$$

Enfin, si l'on nomme p^λ la plus haute puissance de p qui divise simultanément A et B, alors, en posant

$$A = p^\lambda x, \qquad B = p^\lambda y,$$

$$\mu = \frac{N}{2} - 2\lambda,$$

on verra la formule (47) se réduire à

$$(48)\qquad 4p^{\mu} = x^2 + \nu\omega y^2$$

ou, ce qui revient au même, à l'équation

$$(49)\qquad 4p^{\mu} = x^2 + ny^2,$$

la valeur de n étant

$$n = \nu\omega.$$

Il est bon d'observer que, le nombre ν étant supposé de la forme $4x+1$ et le nombre ω de la forme $4x+3$, le nombre n sera de la forme $4x+3$, dans l'équation (49) aussi bien que dans l'équation (21). On peut ajouter que n, étant le produit de deux facteurs premiers impairs, ν, ω, ne pourra être de la forme $4x+3$ que dans le cas où un seul des facteurs sera de cette forme. Effectivement, si ν et ω étaient tous deux de la forme $4x+3$, ou tous deux de la forme $4x+1$, leur produit

$$n = \nu\omega$$

serait évidemment de la forme $4x+1$.

Les diverses formules qui précèdent s'accordent avec celles que nous avons établies dans le premier et les deux derniers paragraphes du Mémoire. Elles peuvent d'ailleurs être facilement étendues au cas où n serait le produit de plusieurs nombres premiers impairs

$$\nu,\quad \nu',\quad \nu'',\quad \ldots.$$

Ainsi, en particulier, supposons

$$n = \nu\nu'\nu'',$$

ν, ν', ν'' désignant trois nombres premiers impairs, et représentons par

$$[1, 1, 1]$$

le produit des diverses valeurs de Θ_h correspondant aux valeurs de h

qui, étant premières à n, vérifient les équivalences

(50) $x^{\frac{\nu-1}{2}} \equiv 1 \pmod{\nu}$, $x^{\frac{\nu'-1}{2}} \equiv 1 \pmod{\nu'}$, $x^{\frac{\nu''-1}{2}} \equiv 1 \pmod{\nu''}$.

Soit encore

$$[-1, -1, -1]$$

le produit des diverses valeurs de Θ_h correspondant aux valeurs de h qui, étant premières à n, vérifient les équivalences

(51) $x^{\frac{\nu-1}{2}} \equiv -1 \pmod{\nu}$, $x^{\frac{\nu'-1}{2}} \equiv -1 \pmod{\nu'}$, $x^{\frac{\nu''-1}{2}} \equiv -1 \pmod{\nu''}$,

et concevons que l'on emploie, dans un sens analogue, chacune des huit expressions comprises dans la formule

$$[\pm 1, \pm 1, \pm 1],$$

de sorte qu'à un changement de signe opéré dans le dernier membre de la première, ou de la seconde, ou de la troisième des formules (50), doive toujours correspondre un changement du signe qui affecte la première, la seconde ou la troisième unité dans la notation

$$[1, 1, 1].$$

Soient d'ailleurs respectivement

$$u, \quad u', \quad u''$$

des racines primitives des trois équivalences

$$x^{\nu-1} \equiv 1 \pmod{\nu}, \qquad x^{\nu'-1} \equiv 1 \pmod{\nu'}, \qquad x^{\nu''-1} \equiv 1 \pmod{\nu''}$$

et

$$\varsigma, \quad \varsigma', \quad \varsigma''$$

des racines primitives des trois équations

$$x^{\nu} = 1, \qquad x^{\nu'} = 1, \qquad x^{\nu''} = 1.$$

Enfin posons

(52) $$\varsigma - \varsigma^{u} + \varsigma^{u^2} - \ldots + \varsigma^{u^{\nu-3}} - \varsigma^{u^{\nu-2}} = \Delta$$

et nommons Δ', Δ'' ce que devient Δ quand on remplace ν par ν' ou ν''. Chacune des huit expressions

$$(53)\quad \left\{\begin{array}{llll} [1,1,1], & [1,-1,-1], & [-1,1,-1], & [-1,-1,1], \\ [-1,-1,-1], & [-1,1,1], & [1,-1,1], & [1,1,-1] \end{array}\right.$$

sera une fonction entière et symétrique, non seulement de

$$\varsigma,\quad \varsigma^{u^2},\quad \ldots,\quad \varsigma^{u^{\nu-3}}$$

ou de

$$\varsigma^{u},\quad \varsigma^{u^3},\quad \ldots,\quad \varsigma^{u^{\nu-2}},$$

mais encore de

$$\varsigma',\quad \varsigma'^{u'^2},\quad \ldots,\quad \varsigma'^{u'^{\nu'-3}}$$

ou de

$$\varsigma'^{u'},\quad \varsigma'^{u'^3},\quad \ldots,\quad \varsigma'^{u'^{\nu'-2}}$$

et aussi de

$$\varsigma'',\quad \varsigma''^{u''^2},\quad \ldots,\quad \varsigma''^{u''^{\nu''-3}}$$

ou de

$$\varsigma''^{u''},\quad \varsigma''^{u''^3},\quad \ldots,\quad \varsigma''^{u''^{\nu''-2}},$$

les coefficients numériques étant des nombres entiers. Par suite, on pourra en dire autant des produits qu'on obtient en multipliant l'une par l'autre deux ou plusieurs des expressions (53), et chacun de ces produits, ainsi que chacune de ces expressions, sera non seulement une fonction linéaire des deux sommes

$$\varsigma + \varsigma^{u^2} + \ldots + \varsigma^{u^{\nu-3}} = -\frac{1-\Delta}{2}, \qquad \varsigma^{u} + \varsigma^{u^3} + \ldots + \varsigma^{u^{\nu-2}} = -\frac{1+\Delta}{2},$$

par conséquent des deux rapports

$$\frac{1-\Delta}{2},\quad \frac{1+\Delta}{2},$$

mais encore une fonction linéaire des deux rapports

$$\frac{1-\Delta'}{2},\quad \frac{1+\Delta'}{2}$$

et aussi une fonction linéaire des deux rapports

$$\frac{1-\Delta''}{2},\quad \frac{1+\Delta''}{2}.$$

Donc chacune des expressions (53), ou chacun de leurs produits, multiplié par $2^3 = 8$, deviendra non seulement une fonction linéaire de

$$1 - \Delta, \quad 1 + \Delta,$$

par conséquent de Δ, mais encore une fonction linéaire de

$$1 - \Delta', \quad 1 + \Delta',$$

par conséquent de Δ', et aussi une fonction linéaire de

$$1 - \Delta'', \quad 1 + \Delta'',$$

par conséquent de Δ'', de manière à offrir généralement huit termes dont l'un sera constant, les sept autres termes étant respectivement proportionnels à

$$\Delta, \quad \Delta', \quad \Delta'', \quad \Delta\Delta', \quad \Delta\Delta'', \quad \Delta'\Delta'', \quad \Delta\Delta'\Delta''$$

et les coefficients numériques étant toujours des nombres entiers. Ajoutons que de la première des expressions (53) on peut déduire successivement les sept autres en y remplaçant séparément ou simultanément

$$\Delta \text{ par } -\Delta, \qquad \Delta' \text{ par } -\Delta', \qquad \Delta'' \text{ par } -\Delta'',$$

c'est-à-dire en changeant le signe de Δ, ou de Δ', ou de Δ'', au moment où, dans la notation

$$[1, 1, 1],$$

on change le signe qui affecte la première, la deuxième ou la troisième unité. Cela posé, si l'on considère en particulier les deux produits

$$(54) \qquad \begin{cases} [1, 1, 1][1, -1, -1][-1, 1, -1][-1, -1, 1], \\ [-1, -1, -1][-1, 1, 1][1, -1, 1][1, 1, -1], \end{cases}$$

il est clair que chacun d'eux restera invariable, tandis que, des trois différences représentées par

$$\Delta, \quad \Delta', \quad \Delta'',$$

deux seulement changeront de signe et que, pour déduire le second produit du premier, il suffira de changer à la fois le signe de Δ, celui de Δ' et celui de Δ''. Il suit de cette remarque, et de ce qui a été dit plus haut, que les produits (54), multipliés par le nombre $2^3 = 8$, ne devront renfermer aucun terme proportionnel à une seule des différences

$$\Delta, \quad \Delta', \quad \Delta''$$

ou à l'un des produits partiels

$$\Delta\Delta', \quad \Delta\Delta'', \quad \Delta'\Delta''$$

et devront se réduire à deux binomes de la forme

$$a + b\Delta\Delta'\Delta'',$$
$$a - b\Delta\Delta'\Delta'',$$

a, b désignant deux quantités entières. On aura donc

$$(55)\quad \begin{cases} 8[1, 1, 1][1, -1, -1][-1, 1, -1][-1, -1, 1] = a + b\Delta\Delta'\Delta'', \\ 8[-1, -1, -1][-1, 1, 1][1, -1, 1][1, 1, -1] = a - b\Delta\Delta'\Delta''. \end{cases}$$

D'autre part, chacun des produits (54), pouvant être considéré comme une fonction entière des rapports

$$\frac{1-\Delta}{2}, \quad \frac{1+\Delta}{2}, \quad \frac{1-\Delta'}{2}, \quad \frac{1+\Delta'}{2}, \quad \frac{1-\Delta''}{2}, \quad \frac{1+\Delta''}{2},$$

dans laquelle les coefficients numériques sont entiers, se réduira, au signe près, à un nombre entier si l'on y remplace chacune des différences

$$\Delta, \quad \Delta', \quad \Delta''$$

par un nombre impair; par exemple, par l'unité. Donc un tel remplacement doit rendre le premier membre et, par suite, le second membre de chacune des équations (55), divisible par 8. Donc les deux binomes

$$a + b, \quad a - b$$

seront divisibles par 8; d'où il suit que leur demi-somme a et leur demi-différence b seront divisibles par 4 ou de la forme

$$a = 4A, \qquad b = 4B,$$

A, B étant des quantités entières. Donc les formules (55) donneront

$$(56)\quad \begin{cases} 2[1,1,1][1,-1,-1][-1,1,-1][-1,-1,1] = A + B\Delta\Delta'\Delta'', \\ 2[-1,-1,1][-1,1,1][1,-1,1][1,1,-1] \quad = A - B\Delta\Delta'\Delta'', \end{cases}$$

les valeurs numériques de A, B étant des nombres entiers.

Observons à présent que -1 sera une racine de l'équivalence

$$(57)\qquad x^{\frac{\nu-1}{2}} \equiv 1 \qquad (\text{mod.}\,\nu)$$

si, ν étant de la forme $4x+1$, le rapport $\frac{\nu-1}{2}$ est un nombre pair et sera, au contraire, une racine de l'équivalence

$$(58)\qquad x^{\frac{\nu-1}{2}} \equiv -1 \qquad (\text{mod.}\,\nu)$$

si, ν étant de la forme $4x+3$, le rapport $\frac{\nu-1}{2}$ est un nombre impair. Donc, par suite, des deux quantités

$$h, \quad -h,$$

l'une sera racine de l'équivalence (57) et l'autre racine de l'équivalence (58) si ν est de la forme $4x+1$; mais toutes deux seront racines d'une seule de ces équivalences si ν est de la forme $4x+3$. Pareillement, les deux quantités $+h$, $-h$ seront racines, l'une de l'équivalence

$$(59)\qquad x^{\frac{\nu'-1}{2}} \equiv 1 \qquad (\text{mod.}\,\nu'),$$

l'autre de l'équivalence

$$(60)\qquad x^{\frac{\nu'-1}{2}} \equiv -1 \qquad (\text{mod.}\,\nu')$$

si ν' est de la forme $4x+1$; et toutes deux, au contraire, seront racines d'une seule de ces équivalences si ν est de la forme $4x+3$. Enfin, les deux quantités $+h$, $-h$ seront racines, l'une de l'équivalence

$$x^{\frac{\nu''-1}{2}} \equiv 1 \quad (\text{mod.}\, \nu''), \tag{61}$$

l'autre de l'équivalence

$$x^{\frac{\nu''-1}{2}} \equiv 1 \quad (\text{mod.}\, \nu'') \tag{62}$$

si ν'' est de la forme $4x+1$; et toutes deux, au contraire, seront racines d'une seule de ces équivalences si ν'' est de la forme $4x+3$. Cela posé, il est clair que les deux monômes

$$\Theta_h, \quad \Theta_{-h}$$

appartiendront, comme facteurs, à une seule des expressions (53) si les nombres

$$\nu, \quad \nu', \quad \nu''$$

sont tous trois de la forme $4x+1$; et, comme le nombre des facteurs compris dans chacune de ces expressions est égal au huitième du produit

$$N = (\nu-1)(\nu'-1)(\nu''-1),$$

qui représente le nombre des termes premiers à $n = \nu\nu'\nu''$ dans la suite

$$1, \quad 2, \quad 3, \quad \ldots, \quad n-1,$$

on aura évidemment, dans le cas dont il s'agit, eu égard à la formule (3),

$$\left\{ \begin{array}{llll} [1,1,1] = p^{\frac{N}{16}}, & [1,-1,-1] = p^{\frac{N}{16}}, & [-1,1,-1] = p^{\frac{N}{16}}, & [-1,-1,1] = p^{\frac{N}{16}}, \\ [-1,-1,-1] = p^{\frac{N}{16}}, & [-1,1,1] = p^{\frac{N}{16}}, & [1,-1,1] = p^{\frac{N}{16}}, & [1,1,-1] = p^{\frac{N}{16}}. \end{array} \right. \tag{63}$$

Si des nombres

$$\nu, \quad \nu', \quad \nu''$$

deux seulement, par exemple ν, ν', sont de la forme $4x+1$, le troisième, ν'', étant de la forme $4x+3$, alors les monômes

$$\Theta_h, \quad \Theta_{-h}$$

appartiendront comme facteurs, non plus à une seule, mais à deux des expressions (53) qui ne diffèrent entre elles que par le signe de la troisième unité, et l'on trouvera, par suite,

$$(64)\quad \left\{\begin{array}{ll} [1,1,1][1,1,-1]=p^{\frac{N}{8}}, & [-1,-1,-1][-1,-1,1]=p^{\frac{N}{8}}, \\ [1,-1,1][1,-1,-1]=p^{\frac{N}{8}}, & [-1,1,1][1,-1,1]=p^{\frac{N}{8}}. \end{array}\right.$$

Pareillement, si des nombres

$$\nu,\quad \nu',\quad \nu''$$

un seul, ν par exemple, est de la forme $4x+1$, les deux autres, ν', ν'', étant de la forme $4x+3$, les monômes

$$\Theta_h,\quad \Theta_{-h}$$

appartiendront, comme facteurs, à deux des expressions (53) qui ne différeront entre elles que par les signes de la deuxième et de la troisième unité. On aura donc, par suite,

$$(65)\quad \left\{\begin{array}{ll} [1,1,1][1,-1,-1]=p^{\frac{N}{8}}, & [-1,1,-1][-1,-1,1]=p^{\frac{N}{8}}, \\ [1,-1,1][1,1,-1]=p^{\frac{N}{8}}, & [-1,1,1][-1,-1,-1]=p^{\frac{N}{8}}. \end{array}\right.$$

Enfin, si les trois nombres

$$\nu,\quad \nu',\quad \nu''$$

sont tous trois de la forme $4x+3$, les monômes

$$\Theta_h,\quad \Theta_{-h}$$

appartiendront, comme facteurs, à deux des expressions (53) qui différeront entre elles par les signes des trois unités, et l'on aura, par suite,

$$(66)\quad \left\{\begin{array}{ll} [1,1,1][-1,-1,-1]=p^{\frac{N}{8}}, & [1,-1,-1][-1,1,1]=p^{\frac{N}{8}}, \\ [-1,1,-1][1,-1,1]=p^{\frac{N}{8}}, & [-1,-1,1][1,1,-1]=p^{\frac{N}{8}}. \end{array}\right.$$

Il est d'ailleurs évident que, dans tous les cas, les formules (63), ou (64), ou (65), ou (66), entraînent la suivante :

$$(67)\quad p^{\frac{N}{2}} = [1,1,1][1,-1,-1][-1,1,-1][-1,-1,1][-1,-1,-1][-1,1,1][1,-1,1][1,1,-1].$$

Comme, dans le premier et le troisième cas, on tire des formules (63) ou (64)

$$(68)\quad \begin{cases} [1,1,1][1,-1,-1][-1,1,-1][-1,-1,1] = p^{\frac{N}{4}}, \\ [-1,-1,-1][-1,1,1][1,-1,1][1,1,-1] = p^{\frac{N}{4}}, \end{cases}$$

il est clair qu'alors on doit avoir, dans les formules (56),

$$A = 2p^{\frac{N}{4}}, \qquad B = 0.$$

Au contraire, dans le deuxième et le quatrième cas, on tire de l'équation (67), jointe aux formules (56),

$$(69)\quad 4p^{\frac{N}{2}} = A^2 - B^2\Delta^2\Delta'^2\Delta''^2.$$

On trouve d'ailleurs, dans le deuxième cas,

$$\Delta^2 = \nu, \qquad \Delta'^2 = \nu', \qquad \Delta''^2 = -\nu'',$$

et, dans le quatrième,

$$\Delta^2 = -\nu, \qquad \Delta'^2 = -\nu', \qquad \Delta''^2 = -\nu''.$$

On aura donc, dans l'un et l'autre cas,

$$\Delta^2\Delta'^2\Delta''^2 = -\nu\nu'\nu'' = -n;$$

et, en conséquence, la formule (69) donnera

$$(70)\quad 4p^{\frac{N}{2}} = A^2 + nB^2.$$

D'ailleurs, parmi les trois facteurs premiers de n, ceux qui sont de la forme $4x+3$ seront en nombre impair dans le deuxième et le quatrième cas, et en nombre pair dans le premier et le troisième cas. Donc le deuxième et le quatrième cas, auxquels se rapporte l'équation (70), seront précisément ceux où le nombre n est de la forme $4x+3$.

Au reste, des raisonnements, semblables à ceux qui précèdent, s'appliqueraient aux cas où le nombre entier n serait le produit de quatre, cinq, ... facteurs premiers impairs

$$\nu, \quad \nu', \quad \nu'', \quad \nu''', \quad \ldots;$$

et alors, en désignant par N le nombre des termes premiers à n qui seront compris dans la suite

$$1, \quad 2, \quad 3, \quad \ldots, \quad n-1,$$

c'est-à-dire en posant

$$N=(\nu-1)(\nu'-1)(\nu''-1)(\nu'''-1)\ldots,$$

on se trouvera de nouveau conduit à la formule (70), A, B étant deux quantités entières dont la seconde sera nulle, si n est de la forme $4x+1$, mais cessera de s'évanouir, si n est de la forme $4x+3$.

Si maintenant on désigne par p^λ la plus haute puissance de p qui divise simultanément A et B, alors, en posant

$$A=p^\lambda x, \qquad B=p^\lambda y,$$

$$\mu=\frac{N}{2}-2\lambda,$$

on tirera de la formule (70)

$$4p^\mu=x^2+ny^2. \tag{71}$$

Dans ce qui précède, nous avons supposé le nombre n composé de facteurs premiers impairs. Supposons maintenant le nombre n pair et composé de facteurs dont l'un soit 2 ou une puissance de 2, les autres étant des facteurs premiers impairs. Si l'on suppose d'abord ceux-ci réduits à un seul facteur premier ν, n sera de l'une des formes

$$2\nu, \quad 4\nu, \quad 8\nu, \quad \ldots.$$

Or, en supposant n divisible une seule fois par 2 ou de la forme 2, on retrouvera des formules analogues à celles qu'on obtient quand on pose simplement $n = \nu$. Mais, si l'on suppose

$$n = 4\nu,$$

ν étant un nombre premier impair, on obtiendra des résultats dignes de remarque. Soient, dans cette hypothèse,

$$\alpha, \quad \varsigma, \quad \rho$$

des racines primitives des trois équations

$$x^4 = 1, \qquad x^\nu = 1, \qquad x^n = 1;$$

on pourra prendre

$$\rho = \alpha\varsigma.$$

Si d'ailleurs l'indice h de Θ_h est équivalent à i, suivant le module ν, et à j suivant le module 4, on aura

$$\rho^h = \alpha^j \varsigma^i,$$

ce qui suffira pour réduire l'équation (1) à l'équation (22); et, si l'on désigne par

$$\Theta_{i,j}$$

la valeur générale de Θ_h que fournit l'équation (22), les valeurs particulières de Θ_h, qui correspondront à des valeurs de h premières à n, seront celles que présente le Tableau suivant :

$$(72) \qquad \begin{cases} \Theta_{1,1}, & \Theta_{u,1}, & \Theta_{u^2,1}, & \ldots, & \Theta_{u^{\nu-2},1}, \\ \Theta_{1,3}, & \Theta_{u,3}, & \Theta_{u^2,3}, & \ldots, & \Theta_{u^{\nu-2},3}, \end{cases}$$

u étant une racine primitive de l'équivalence

$$x^{\nu-1} \equiv 1 \qquad (\text{mod.}\, \nu).$$

Concevons maintenant que, dans la formule (7), on fasse coïncider

$$\Theta_h, \quad \Theta_k, \quad \Theta_l, \quad \ldots$$

avec celles des expressions de la forme $\Theta_{i,j}$ qui, dans le Tableau (72), offrent pour premier indice une puissance paire de u et, pour second indice, l'unité. Il est clair qu'alors la somme

$$h+k+l+\ldots$$

sera équivalente, suivant le module 4, à

$$\frac{\nu-1}{2},$$

et, suivant le module ν, au produit

$$1+u^2+\ldots+u^{\nu-3}=\frac{u^{\nu-1}-1}{u^2-1}\equiv 0.$$

Donc, cette somme sera divisible par

$$n=4\nu,$$

ou seulement par

$$\frac{1}{2}n=2\nu,$$

ou enfin par

$$\frac{1}{4}n=\nu,$$

suivant que $\nu-1$ sera divisible par 8 ou par 4, ou seulement par 2, c'est-à-dire suivant que ν sera de la forme

$$8x+1, \quad \text{ou} \quad 8x+5, \quad \text{ou} \quad 4x+3.$$

On aura donc, dans le premier cas,

$$(73) \qquad \begin{cases} \Theta_{h+k+l+\ldots}=\Theta_0=-1, \\ \Theta_h\Theta_k\Theta_l\ldots=-R_{h,k,l,\ldots}, \end{cases}$$

dans le deuxième cas,

$$(74) \qquad \begin{cases} \Theta_{h+k+l+\ldots}=\Theta_{\frac{1}{2}n}=\Theta_{2\nu}, \\ \Theta_h\Theta_k\Theta_l\ldots=R_{h,k,l,\ldots}\Theta_{2\nu} \end{cases}$$

et, dans le troisième cas,

$$(75) \qquad \begin{cases} \Theta_{h+k+l+\ldots}=\Theta_{\frac{1}{4}n}=\Theta_{\nu}, \\ \Theta_h\Theta_k\Theta_l\ldots=R_{h,k,l,\ldots}\Theta_{\nu}, \end{cases}$$

pourvu que

$$\Theta_h, \quad \Theta_k, \quad \Theta_l, \quad \ldots$$

remplissent les conditions ci-dessus énoncées, c'est-à-dire, en d'autres termes, pourvu qu'on fasse coïncider les indices

$$h, \quad k, \quad l, \quad \ldots$$

avec ceux qui vérifient simultanément les deux équivalences

$$(76) \qquad x^{\frac{\nu-1}{2}} \equiv 1 \quad (\text{mod.}\,\nu), \qquad x \equiv 1 \quad (\text{mod.}\,4).$$

On prouvera d'ailleurs facilement : 1° que, si n est de la forme $8x+1$ ou $8x+5$, l'équation (73) ou (74) s'étendra au cas même où l'on ferait coïncider les indices

$$h, \quad k, \quad l, \quad \ldots$$

avec ceux qui vérifient simultanément les deux équivalences

$$(77) \qquad x^{\frac{\nu-1}{2}} \equiv 1 \quad (\text{mod.}\,\nu), \qquad x \equiv 3 \equiv -1 \quad (\text{mod.}\,4),$$

ou les deux équivalences

$$(78) \qquad x^{\frac{\nu-1}{2}} \equiv -1 \quad (\text{mod.}\,\nu), \qquad x \equiv 1 \quad (\text{mod.}\,4),$$

ou bien encore les deux équivalences

$$(79) \qquad x^{\frac{\nu-1}{2}} \equiv -1 \quad (\text{mod.}\,\nu), \qquad x \equiv -1 \quad (\text{mod.}\,4);$$

2° que si ν est de la forme $4x+3$, l'équation (75) s'étendra au cas même où l'on ferait coïncider les indices

$$h, \quad k, \quad l, \quad \ldots$$

avec ceux qui vérifient simultanément les équivalences (76) ou (78), mais devra être remplacée par l'équation suivante :

$$(80) \qquad \Theta_h \Theta_k \Theta_l \ldots = R_{h,k,l,\ldots} \Theta_{-\nu},$$

si l'on fait coïncider les indices

$$h, \quad k, \quad l, \quad \ldots$$

avec ceux qui vérifient les équations (77) ou (79). Donc, si l'on désigne respectivement par les quatre notations

$$[1, 1], \quad [1, -1], \quad [-1, 1], \quad [-1, -1]$$

les quatre produits formés par la multiplication des valeurs de

$$\Theta_h, \quad \Theta_k, \quad \Theta_l, \quad \ldots$$

correspondantes aux valeurs de

$$h, \quad k, \quad l, \quad \ldots$$

qui vérifient les formules

$$(76), \quad \text{ou} \quad (77), \quad \text{ou} \quad (78), \quad \text{ou} \quad (79),$$

on pourra, dans l'équation (73), lorsque ν sera de la forme $8x+1$, et dans l'équation (74), lorsque ν sera de la forme $8x+5$, remplacer successivement le produit

$$\Theta_h \Theta_k \Theta_l \ldots$$

par chacune des quatre expressions

$$(81) \quad \left\{ \begin{aligned} [1, 1] \quad &= \Theta_{1,1}\, \Theta_{u^2,1}\, \Theta_{u^4,1} \ldots \Theta_{u^{\nu-3},1}, \\ [1, -1] \quad &= \Theta_{1,3}\, \Theta_{u^2,3}\, \Theta_{u^4,3} \ldots \Theta_{u^{\nu-3},3}, \\ [-1, 1] \quad &= \Theta_{u,1}\, \Theta_{u^3,1}\, \Theta_{u^5,1} \ldots \Theta_{u^{\nu-2},1}, \\ [-1, -1] &= \Theta_{u,3}\, \Theta_{u^3,3}\, \Theta_{u^5,3} \ldots \Theta_{u^{\nu-2},3}. \end{aligned} \right.$$

Mais, lorsque ν sera de la forme $4x+3$, alors on pourra remplacer le produit

$$\Theta_h \Theta_k \Theta_l \ldots,$$

dans l'équation (75), par chacune des expressions

$$[1, 1], \quad [1, -1]$$

ou, dans l'équation (80), par chacune des expressions

$$[1, -1], \quad [-1, -1].$$

Observons à présent que -1 sera une des racines de l'équivalence (57), si ν est de la forme $4x+1$, et de l'équivalence (58), si ν est de la forme $4x+3$. Donc, par suite, les deux quantités

$$h, \quad -h$$

satisferont, l'une aux formules (76), l'autre aux formules (77), ou l'une aux formules (78), l'autre aux formules (79), si ν est de la forme $4x+1$; et, au contraire, ces deux quantités satisferont, l'une aux formules (76), l'autre aux formules (79), ou l'une aux formules (77) et l'autre aux formules (78), si ν est de la forme $4x+3$. Donc, en vertu de la formule (3), on aura : 1° si ν est de la forme $8x+1$ ou $8x+5$,

$$(82) \qquad [1, 1][1, -1] = p^{\frac{\nu-1}{2}}, \qquad [-1, 1][-1, -1] = p^{\frac{\nu-1}{2}};$$

2° si ν est de la forme $4x+3$,

$$(83) \qquad [1, 1][-1, -1] = p^{\frac{\nu-1}{2}}, \qquad [1, -1][-1, 1] = p^{\frac{\nu-1}{2}}.$$

Dans l'un et l'autre cas, les formules (82) ou (83) donneront

$$(84) \qquad p^{\nu-1} = [1, 1][1, -1][-1, 1][-1, -1].$$

D'ailleurs, comme, dans chacune des formules (73), (74), (75), (80), l'expression

$$R_{h,k,l,\ldots}$$

représentera une fonction entière et symétrique de

$$\rho^h, \quad \rho^k, \quad \rho^l, \quad \ldots,$$

par conséquent une fonction entière et symétrique, non seulement de

$$\varsigma^h, \quad \varsigma^k, \quad \varsigma^l, \quad \ldots,$$

mais encore de

$$\alpha^h, \quad \alpha^k, \quad \alpha^l, \quad \ldots,$$

les coefficients numériques étant des nombres entiers, il est clair que, si ν est de la forme $8x+1$, le produit

$$[1, 1][1, -1]$$

sera, en vertu de la formule (73), une fonction entière et symétrique, non seulement de

$$\varsigma, \quad \varsigma^{u^2}, \quad \ldots, \quad \varsigma^{u^{\nu-3}},$$

mais encore de

$$\alpha, \quad \alpha^3,$$

par conséquent une fonction linéaire, non seulement des deux sommes

$$\varsigma + \varsigma^{u^2} + \ldots + \varsigma^{u^{\nu-3}}, \quad \varsigma^u + \varsigma^{u^3} + \ldots + \varsigma^{u^{\nu-2}},$$

mais encore de la somme

$$\alpha + \alpha^3.$$

Or, cette dernière somme étant nulle, en vertu de l'équation

$$\alpha^2 = -1,$$

à laquelle doit satisfaire la racine primitive $\alpha = \sqrt{-1}$ ou $\alpha = -\sqrt{-1}$ de l'équation

$$x^4 = 1,$$

il en résulte qu'en supposant ν de la forme $8x+1$, on aura

$$[1, 1][1, -1] = c_0 + c_1(\varsigma + \varsigma^{u^2} + \ldots + \varsigma^{u^{\nu-3}}) + c_2(\varsigma^u + \varsigma^{u^3} + \ldots + \varsigma^{u^{\nu-2}}),$$

c_0, c_1, c_2 désignant des quantités entières. Si, dans l'équation précédente, on remplace ς par ς^u, on trouvera

$$[-1, 1][-1, -1] = c_0 + c_1(\varsigma^u + \varsigma^{u^3} + \ldots + \varsigma^{u^{\nu-2}}) + c_2(\varsigma + \varsigma^{u^2} + \ldots + \varsigma^{u^{\nu-3}});$$

puis en posant, pour abréger,

$$\varsigma - \varsigma^u + \varsigma^{u^2} - \ldots + \varsigma^{u^{\nu-3}} - \varsigma^{u^{\nu-2}} = \Delta,$$
$$A = 2c_0 - c_1 - c_2, \qquad B = c_1 - c_2,$$

on réduira les deux équations que nous venons d'obtenir à la forme

$$(85) \quad \begin{cases} 2[1, 1][1, -1] = A + B\Delta, \\ 2[-1, 1][-1, -1] = A - B\Delta. \end{cases}$$

Si le nombre ν était de la forme $8x+5$, alors on devrait à l'équation (73) substituer l'équation (74) et, par suite, en ayant égard à la formule

$$\Theta_{2\nu}^2 = \Theta_{2\nu}\Theta_{-2\nu} = p,$$

on obtiendrait, au lieu des équations (85), les deux suivantes :

$$(86)\qquad \begin{cases} 2[1, 1][1, -1] = (A + B\Delta)p, \\ 2[-1, 1][-1, -1] = (A - B\Delta)p. \end{cases}$$

Enfin, si ν était de la forme $4x+3$, on devrait à l'équation (73) substituer l'équation (75) ou (80) et, par suite, en ayant égard à la formule

$$\Theta_\nu \Theta_{-\nu} = -p,$$

on se trouverait de nouveau conduit à deux équations de la même forme que les équations (86). Observons d'ailleurs que les équations (86) peuvent être censées comprises elles-mêmes dans les formules (85), desquelles on les déduit en remplaçant les deux quantités entières A, B par deux autres quantités entières pA, pB.

Les résultats que fournissent les équations (82), (84), (85), (86) sont analogues à ceux que nous avons obtenus en prenant $n=\nu$; et d'abord, si ν est de la forme $8x+1$, on tirera des formules (82) et (85)

$$A = 2p^{\frac{\nu-1}{2}}, \qquad B = 0.$$

Si, au contraire, ν est de la forme $8x+5$, on tirera des formules (82) et (86)

$$A = 2p^{\frac{\nu-3}{2}}, \qquad B = 0.$$

Enfin, si ν est de la forme $4x+3$, alors des formules (84) et (86), jointes à l'équation

$$\Delta^2 = -\nu,$$

on tirera

$$(87)\qquad 4p^{\nu-3} = A^2 + \nu B^2;$$

puis, en nommant p^λ la plus haute puissance de p, qui divise simultanément A, B, et posant

$$A = p^\lambda x, \qquad B = p^\lambda y,$$
$$\mu = \nu - 3 - 2\lambda,$$

on trouvera

$$(88) \qquad 4p^\mu = x^2 + \nu y^2.$$

Considérons maintenant les deux produits

$$[1, 1][-1, -1], \quad [1, -1][-1, 1]$$

que l'on déduit l'un de l'autre, en remplaçant ς par ς^u, ou α par $\alpha^3 = \alpha^{-1}$. Chacun de ces produits sera une fonction entière de α et, de plus, une fonction entière et symétrique, non seulement de

$$\varsigma, \quad \varsigma^{u^2}, \quad \ldots, \quad \varsigma^{u^{\nu-3}},$$

mais encore de

$$\varsigma^u, \quad \varsigma^{u^3}, \quad \ldots, \quad \varsigma^{u^{\nu-2}},$$

les coefficients étant des nombres entiers. Comme d'ailleurs chacun de ces produits ne sera point altéré, lorsqu'on y remplacera simultanément

$$\varsigma \text{ par } \varsigma^u \quad \text{et} \quad \alpha \text{ par } \alpha^3,$$

il devra se réduire, non seulement à une fonction linéaire de

$$\alpha, \quad \alpha^3$$

et, en même temps, à une fonction linéaire des deux sommes

$$\varsigma + \varsigma^{u^2} + \ldots + \varsigma^{u^{\nu-3}}, \quad \varsigma^u + \varsigma^{u^3} + \ldots + \varsigma^{u^{\nu-2}},$$

mais encore, évidemment, à une fonction linéaire des sommes

$$\alpha\,(\varsigma + \varsigma^{u^2} + \ldots + \varsigma^{u^{\nu-3}}) + \alpha^3(\varsigma^u + \varsigma^{u^3} + \ldots + \varsigma^{u^{\nu-2}}),$$
$$\alpha^3(\varsigma + \varsigma^{u^2} + \ldots + \varsigma^{u^{\nu-3}}) + \alpha\,(\varsigma^u + \varsigma^{u^3} + \ldots + \varsigma^{u^{\nu-2}}).$$

Or, en vertu de la formule

$$\alpha^2 = -1,$$

on a

$$\alpha^3 = -\alpha,$$

et, par suite, chacune des deux dernières sommes se réduit, au signe près, à

$$\alpha(\varsigma - \varsigma^{\mu} + \varsigma^{\mu^2} - \ldots + \varsigma^{\mu^{\nu-3}} - \varsigma^{\mu^{\nu-2}}) = \alpha\Delta.$$

Donc les deux produits

$$[1, 1][-1, -1], \quad [1, -1][-1, 1]$$

se réduiront à deux fonctions linéaires du monôme

$$\alpha\Delta$$

qu'on déduira l'une de l'autre, en remplaçant α par $\alpha^3 = -\alpha$ ou, ce qui revient au même, en remplaçant

$$\alpha\Delta \quad \text{par} \quad -\alpha\Delta.$$

D'ailleurs, chacun de ces produits aura pour facteur

$$\Theta_{2\nu}^2 = p$$

si ν est de la forme $8x + 1$, et

$$\Theta_\nu \Theta_{-\nu} = -p$$

si ν est de la forme $4x + 3$. On aura donc généralement

$$(89) \qquad \begin{cases} [1, 1][-1, -1] = A + B\alpha\Delta, \\ [1, -1][-1, 1] = A - B\alpha\Delta, \end{cases}$$

A, B désignant deux quantités entières qui seront divisibles par p si ν est de l'une des formes $8x + 5$, $4x + 3$. Ces principes étant admis, si l'on suppose ν de l'une des formes

$$8x + 1, \quad 8x + 5,$$

alors des équations (84), (89), jointes aux deux formules

$$\alpha^2 = -1, \qquad \Delta^2 = \nu,$$

on tirera

$$(90) \qquad p^{\nu-1} = A^2 + \nu B^2.$$

Si, au contraire, ν est de la forme $4x+3$, on tirera des équations (83) et (89)

$$A = p^{\frac{\nu-1}{2}}, \quad B = 0.$$

L'équation (90), dans laquelle A, B sont divisibles par p, lorsque ν est de la forme $8x+5$, mérite d'être remarquée. Si l'on désigne par p^λ la plus haute puissance de p qui, dans cette équation, divise simultanément A et B, alors, en posant

$$A = p^\lambda x, \quad B = p^\lambda y,$$

$$\mu = \nu - 1 - 2\lambda,$$

on trouvera

$$(91) \qquad p^\mu = x^2 + \nu y^2.$$

Il est bon d'observer que, dans le cas où l'on suppose

$$n = 4\nu,$$

le nombre N des termes premiers à n et compris dans la suite

$$1, \quad 2, \quad 3, \quad \ldots, \quad n-1$$

est précisément

$$2(\nu - 1).$$

Donc, alors, l'exposant de p se réduit à $\frac{N}{2}$ dans les formules (84) et (90), aussi bien que dans les formules (38) et (47), (67) et (70).

Dans le cas particulier où, ν se réduisant à l'unité, on a simplement

$$n = 4,$$

on a aussi

$$\rho = \alpha,$$

α désignant toujours une racine primitive $\sqrt{-1}$ ou $-\sqrt{-1}$ de l'équation

$$x^4 = 1.$$

Alors on tire de l'équation (3)

$$\Theta_2^2 = p, \quad \Theta_1 \Theta_3 = (-1)^{\frac{p-1}{4}} p,$$

et de l'équation (4)

$$\Theta_1^2 = R_{1,1} \Theta_2, \quad \Theta_3^2 = R_{3,3} \Theta_2,$$

puis de ces dernières combinées avec les deux précédentes

$$(92) \qquad p = R_{1,1} R_{3,3}.$$

Dans cette même hypothèse, $R_{1,1}$, se réduisant à une fonction entière de α, sera de la forme

$$R_{1,1} = A + B\alpha,$$

A, B étant des quantités entières, et l'on aura encore

$$R_{3,3} = A + B\alpha^3$$

ou, puisque $\alpha^2 = -1$,

$$R_{3,3} = A - B\alpha.$$

Par suite, la formule (92) donnera

$$p = (A + B\alpha)(A - B\alpha) = A^2 - B\alpha^2$$

ou, ce qui revient au même,

$$(93) \qquad p = A^2 + B^2.$$

Donc, alors, la multiplication de Θ_1^2 par Θ_3^2, ou plutôt de $R_{1,1}$ par $R_{3,3}$, fournira la décomposition du nombre p en deux carrés, c'est-à-dire, en d'autres termes, la résolution de l'équation indéterminée

$$(94) \qquad p = x^2 + y^2,$$

dans laquelle p désigne un nombre premier de la forme $4x + 1$.

Si, au lieu de supposer $n = 4\nu$, on supposait

$$n = 4\nu\nu' \ldots,$$

ν, ν', ... étant des nombres premiers impairs, on se trouverait conduit, en raisonnant toujours de la même manière, à une formule analogue à l'équation (90). Supposons, pour fixer les idées, que, le nombre des facteurs premiers impairs étant réduit à 2, l'on ait

$$n = 4\nu\nu'.$$

Alors, en nommant toujours N le nombre des termes qui, dans la suite

$$1, \quad 2, \quad 3, \quad \ldots, \quad n-1,$$

sont premiers à $n = 4\nu\nu'$, on trouvera

$$N = 2(\nu - 1)(\nu' - 1).$$

Cela posé, en étendant l'usage des notations (53) au cas où, dans le produit

$$n = \nu\nu'\nu'',$$

on remplace le facteur impair ν'' par le facteur 4, par conséquent, au cas où l'on remplace les équivalences

$$x^{\frac{\nu''-1}{2}} \equiv 1 \quad (\text{mod.}\,\nu''), \qquad x^{\frac{\nu''-1}{2}} \equiv -1 \quad (\text{mod.}\,\nu'')$$

par les équivalences

$$x \equiv 1 \quad (\text{mod.}\,4), \qquad x \equiv -1 \quad (\text{mod.}\,4)$$

et les sommes

$$\varsigma'' + {\varsigma''}^{u''^{2}} + \ldots + {\varsigma''}^{u''^{\nu''-3}} = -\frac{1-\Delta''}{2}, \qquad {\varsigma''}^{u''} + {\varsigma''}^{u''^{3}} + \ldots + {\varsigma''}^{u''^{\nu''-2}} = -\frac{1+\Delta''}{2}$$

par

$$\alpha \quad \text{et} \quad \alpha^3 = -\alpha,$$

on obtiendra, pour représenter les produits (54), non plus des fonctions linéaires de

$$\frac{1-\Delta''}{2}, \quad \frac{1+\Delta''}{2},$$

mais des fonctions linéaires de

$$\alpha, \quad -\alpha;$$

lesquelles, d'ailleurs, ne cesseront pas d'être en même temps fonctions linéaires de

$$\frac{1-\Delta}{2}, \quad \frac{1+\Delta}{2}$$

et fonctions linéaires de

$$\frac{1-\Delta'}{2}, \quad \frac{1+\Delta'}{2}.$$

Donc, alors, au lieu des équations (55), on en obtiendra d'autres de la forme

$$(95)\quad \begin{cases} 4[1,1,1][1,-1,-1][-1,1,-1][-1,-1,1] = a + b\alpha\Delta\Delta', \\ 4[-1,-1,-1][-1,1,1][1,-1,1][1,1,-1] = a - b\alpha\Delta', \end{cases}$$

a, b désignant des quantités entières qui, comme les produits (54), seront divisibles par p^2, c'est-à-dire par le carré de

$$\Theta^2_{\frac{1}{2}n} \quad \text{ou de} \quad \Theta_{\frac{1}{4}n}\Theta_{-\frac{1}{4}n},$$

si le nombre

$$\frac{N}{8} = \frac{\nu - 1}{2}\frac{\nu' - 1}{2}$$

n'est pas divisible par 4. Comme, d'ailleurs, dans chacune des équations (95), le premier membre, ou le quadruple de l'un des produits (54), devra se réduire au quadruple d'un nombre entier, si l'on remplace Δ, Δ' par des nombres impairs tels que l'unité et α par un nombre pair ou par un nombre impair, par exemple par 0 ou par 1, il est clair que

$$a \quad \text{et} \quad a + b$$

devront être des multiples de 4. Donc a, b seront divisibles par 4 ou de la forme

$$a = 4\mathrm{A}, \qquad b = 4\mathrm{B}$$

et les formules (95) donneront

$$(96)\quad \begin{cases} [1,1,1][1,-1,-1][-1,1,-1][-1,-1,1] = \mathrm{A} + \mathrm{B}\alpha\Delta\Delta', \\ [-1,-1,-1][-1,1,1][1,-1,-1][1,1,-1] = \mathrm{A} - \mathrm{B}\alpha\Delta\Delta', \end{cases}$$

les valeurs numériques de A, B étant des nombres entiers qui seront certainement divisibles par p^2 si le nombre

$$\frac{N}{8} = \frac{\nu - 1}{2}\frac{\nu' - 1}{2}$$

n'est pas divisible par 4. D'autre part, on reconnaîtra sans peine que les formules (64) sont applicables au cas où, dans le produit

$$n = 4\nu\nu',$$

les facteurs impairs ν, ν' sont tous deux de la forme $4x+1$; les formules (65), au cas où un seul de ces facteurs impairs, ν par exemple, est de la forme $4x+1$; enfin les formules (66), au cas où les facteurs ν, ν' sont de la forme $4x+3$. Dans les trois cas, les formules (64), (65) ou (66) entraîneront la formule (67) et, dans le second cas en particulier, les formules (65) ou (68), jointes aux équations (96), donneront

$$A = p^{\frac{N}{4}}, \qquad B = 0.$$

Mais, dans le premier et le troisième cas, on tirera de l'équation (67), jointe aux formules (96),

$$p^{\frac{N}{2}} = A^2 - B^2\alpha^2\Delta^2\Delta'^2 = A^2 + B^2\Delta^2\Delta'^2; \tag{97}$$

et, comme on aura, dans le premier cas,

$$\Delta^2 = \nu, \qquad \Delta'^2 = \nu'.$$

dans le troisième cas,

$$\Delta^2 = -\nu, \qquad \Delta'^2 = -\nu',$$

il en résulte que, dans le premier et le troisième cas, on trouvera

$$\Delta^2\Delta'^2 = \nu\nu',$$

par conséquent

$$p^{\frac{N}{2}} = A^2 + \nu\nu' B^2. \tag{98}$$

On peut remarquer, d'ailleurs, que les deux cas dont il s'agit sont précisément ceux où le produit

$$\nu\nu' = \frac{n}{4}$$

est de la forme $4x+1$. Ajoutons que les quantités entières A, B seront divisibles par p^2, si les deux nombres ν, ν' sont de la forme $4x+3$.

Généralement, si n est de la forme

$$n = 4\nu\nu'\nu''\ldots,$$

ν, ν', ν'', ... désignant des facteurs premiers impairs, alors, en nommant toujours N le nombre des termes premiers à n et compris dans la suite

$$1, \quad 2, \quad 3, \quad \ldots, \quad n-1,$$

c'est-à-dire en posant

$$N = 2(\nu - 1)(\nu' - 1)(\nu'' - 1)\ldots,$$

on trouvera

$$p^{\frac{N}{2}} = A^2 + \nu\nu'\nu''\ldots B^2,$$

ou, ce qui revient au même,

$$p^{\frac{N}{2}} = A^2 + \frac{n}{4} B^2, \tag{99}$$

A, B désignant des quantités entières, dont la seconde sera nulle lorsque le produit

$$\nu\nu'\nu''\ldots = \frac{n}{4}$$

sera de la forme $4x+3$ et cessera de s'évanouir lorsque le même produit sera de la forme $4x+1$. Ajoutons que les quantités A, B seront divisibles par la puissance de p, dont le degré est le nombre des facteurs impairs

$$\nu, \quad \nu', \quad \nu'', \quad \ldots$$

si le produit

$$\frac{\nu-1}{2}\,\frac{\nu'-1}{2}\,\frac{\nu''-1}{2}\ldots$$

n'est pas divisible par 4.

Si maintenant on désigne par p^λ la plus haute puissance de p qui divise simultanément A et B, alors, en posant

$$A = p^\lambda x, \qquad B = p^\lambda y,$$

$$\mu = \frac{N}{2} - 2\lambda,$$

on tirera de la formule (99)

$$p^\mu = x^2 + \frac{n}{4} y^2. \tag{100}$$

Supposons encore $n = 8$. Alors, si l'on nomme α une racine primitive de l'équation

$$x^8 = 1,$$

les quatre racines primitives de cette même équation seront

$$\alpha, \quad \alpha^3, \quad \alpha^5, \quad \alpha^7$$

et l'on aura

$$\alpha^4 = -1.$$

Alors aussi la formule (3) donnera

$$\Theta_4^2 = p, \qquad \Theta_1 \Theta_7 = \Theta_3 \Theta_5 = (-1)^{\frac{p-1}{8}} p,$$

et l'on tirera de la formule (4)

$$\Theta_1 \Theta_3 = R_{1,3} \Theta_4, \qquad \Theta_5 \Theta_7 = R_{5,7} \Theta_4,$$

puis, de ces dernières équations combinées avec les deux précédentes,

$$p = R_{1,3} R_{5,7}. \tag{101}$$

D'ailleurs

$$R_{1,3}$$

sera une fonction entière et symétrique de

$$\alpha, \quad \alpha^3,$$

par conséquent, une fonction linéaire des sommes de la forme

$$\alpha^m + \alpha^{3m},$$

le coefficient numérique de chaque somme étant un nombre entier; et, d'autre part, la somme

$$\alpha^m + \alpha^{3m}$$

se réduit, pour $m = 1$ ou 3, à

$$\alpha + \alpha^3 = \alpha^3 + \alpha^9,$$

pour $m = 2$ ou 6, à

$$\alpha^2 + \alpha^6 = \alpha^6 + \alpha^{18} = 0,$$

pour $m = 4$, à

$$\alpha^4 + \alpha^{12} = -2,$$

enfin, pour $m = 5$ ou 7, à

$$\alpha^5 + \alpha^{15} = \alpha^7 + \alpha^{21} = \alpha^5 + \alpha^7 = -(\alpha + \alpha^3).$$

Donc $R_{1,3}$ se réduira simplement à une fonction linéaire de la somme

$$\alpha + \alpha^3;$$

et, comme on déduira $R_{5,7}$ de $R_{1,3}$ en remplaçant

$$\alpha \quad \text{et} \quad \alpha^3$$

par

$$\alpha^5 = -\alpha \qquad \text{et} \qquad \alpha^7 = -\alpha^3,$$

on aura nécessairement

$$(102) \qquad \begin{cases} R_{1,3} = A + B(\alpha + \alpha^3), \\ R_{5,7} = A - B(\alpha + \alpha^3), \end{cases}$$

A, B désignant des quantités entières.

Si maintenant on combine les formules (101) avec les équations (102), on en conclura

$$p = A^2 - B^2(\alpha + \alpha^3)^2,$$

et, comme on aura

$$(\alpha + \alpha^3)^2 = \alpha^2 + \alpha^6 + 2\alpha^4 = 2\alpha^4 = -2,$$

on trouvera définitivement

$$(103) \qquad p = A^2 + 2B^2.$$

Donc, p étant un nombre premier de la forme $8x + 1$, on pourra toujours satisfaire, par des valeurs entières de x, y, à l'équation indéterminée

$$(104) \qquad p = x^2 + 2y^2.$$

On pourrait encore facilement étendre les principes que nous venons d'exposer au cas où le nombre n serait de la forme

$$n = 8\nu$$

ou même de la forme

$$n = 8\nu\nu'\nu''\ldots,$$

ν, ν', ν'', ... étant des facteurs premiers impairs. Alors les résultats seraient analogues à ceux que nous avons obtenus en supposant

$$n = 4\nu\nu'\nu''\ldots.$$

Seulement, en passant d'une hypothèse à l'autre, il faudrait substituer aux racines primitives

$$\alpha \quad \text{et} \quad \alpha^3 = -\alpha$$

de l'équation

$$x^4 = 1$$

les sommes

$$\alpha + \alpha^3 \quad \text{et} \quad \alpha^5 + \alpha^7 = -(\alpha + \alpha^3)$$

ou

$$\alpha + \alpha^7 \quad \text{et} \quad \alpha^3 + \alpha^5 = -(\alpha + \alpha^7),$$

formées par l'addition de deux des racines primitives

$$\alpha, \quad \alpha^3, \quad \alpha^5, \quad \alpha^7$$

de l'équation

$$x^8 = 1.$$

Cela posé, en nommant N le nombre de ceux des termes de la suite

$$1, \quad 2, \quad 3, \quad \ldots, \quad n-1$$

qui sont premiers à

$$n = 8\nu\nu'\nu''\ldots,$$

c'est-à-dire en posant

$$N = 4(\nu-1)(\nu'-1)(\nu''-1)\ldots,$$

et désignant par A, B deux quantités entières, on trouverait : 1° dans le cas où le quotient

$$\frac{n}{8} = \nu\nu'\nu''\ldots$$

serait de la forme $4x+1$,

$$p^{\frac{N}{2}} = A^2 - B^2(\alpha + \alpha^3)^2 \quad \Delta'^2\Delta''^2\ldots;$$

2° dans le cas où le même quotient serait de la forme $4x+3$,

$$p^{\frac{N}{2}} = A^2 - B^2(\alpha+\alpha^7)^2\Delta^2\Delta'^2\Delta''^2\ldots,$$

les valeurs de Δ^2, Δ'^2, Δ''^2, ... étant dans l'un et l'autre cas

$$\Delta^2 = (-1)^{\frac{\nu-1}{1}}\nu, \qquad \Delta'^2 = (-1)^{\frac{\nu'-1}{2}}\nu', \qquad \Delta''^2 = (-1)^{\frac{\nu''-1}{2}}\nu'', \qquad \ldots;$$

et, comme on aurait évidemment dans le premier cas

$$(\alpha+\alpha^3)^2 = \alpha^2+\alpha^6-2 = -2,$$

$$\frac{\nu-1}{2}+\frac{\nu'-1}{2}+\frac{\nu''-1}{2}+\ldots \equiv 0 \pmod{2},$$

$$\Delta^2\Delta'^2\Delta''^2\ldots = \nu\nu'\nu''\ldots,$$

puis, dans le second cas,

$$(\alpha+\alpha^7)^2 = \alpha^2+\alpha^6+2 = 2,$$

$$\frac{\nu-1}{2}+\frac{\nu'-1}{2}+\frac{\nu''-1}{2}+\ldots \equiv 1 \pmod{2},$$

$$\Delta^2\Delta'^2\Delta''^2\ldots = -1\,\nu\nu'\nu'',$$

il est clair que, dans l'une et l'autre hypothèse, on se trouvera conduit à la formule

$$p^{\frac{N}{2}} = A^2 + 2\nu\nu'\nu''\ldots B^2,$$

qu'on peut encore écrire comme il suit :

$$(105) \qquad p^{\frac{N}{2}} = A^2 + 2\left(\frac{n}{8}\right)B^2.$$

Ajoutons que, dans le premier cas, les quantités A, B seront divisibles par la puissance de p qui a pour degré le nombre des facteurs impairs

$$\nu, \quad \nu', \quad \nu'', \quad \ldots$$

si tous ces facteurs sont de la forme $4x+3$, attendu qu'alors le produit

$$(1+3)\frac{\nu-1}{2}\,\frac{\nu'-1}{2}\,\frac{\nu''-1}{2}\cdots$$

sera divisible, non par 8, mais seulement par 4, et qu'on aura d'ailleurs

$$\Theta^2_{4\nu\nu'\nu''} = \Theta^2_{1 \atop {\frac{1}{2}n}} = p.$$

Dans tous les cas, si l'on désigne par p^λ la plus haute puissance de p, qui divise simultanément A et B, alors, en posant

$$\mathrm{A} = p^\lambda x, \qquad \mathrm{B} = p^\lambda y,$$

$$\mu = \frac{\mathrm{N}}{2} - 2\lambda,$$

on tirera de la formule (105)

$$p^\mu = x^2 + 2\left(\frac{n}{8}\right)y^2. \tag{106}$$

Nous remarquerons en finissant que, si le nombre premier p, étant de la forme $4x + 3$, se réduit précisément au nombre 3, les formules (16) deviendront inexactes. Mais alors, pour retrouver l'équation (20), il suffira d'observer qu'on tire de la formule (3)

$$\Theta_1 \Theta_2 = p,$$

et de la formule (4)

$$\Theta_1^2 = \mathrm{R}_{1,1}\Theta_2, \qquad \Theta_2^2 = \mathrm{R}_{2,2}\Theta_1,$$

puis de ces dernières, combinées avec la précédente,

$$p = \mathrm{R}_{1,1}\mathrm{R}_{2,2}. \tag{107}$$

Dans cette même hypothèse, si, en nommant ρ une des deux racines primitives de l'équation

$$x^3 = 1,$$

l'on pose

$$\rho - \rho^2 = \Delta,$$

on aura, non seulement

$$\Delta^2 = -3, \tag{108}$$

mais encore, eu égard à la formule $\rho + \rho^2 = -1$,

$$\rho = -\frac{1-\Delta}{2}, \qquad \rho^2 = -\frac{1+\Delta}{2}.$$

Comme on aura, d'autre part,

$$R_{1,1} = c_0 + c_1\rho + c_2\rho^2, \qquad R_{2,2} = c_0 + c_1\rho^2 + c_2\rho,$$

c_0, c_1 désignant des quantités entières, on en conclura

$$(109) \qquad 2R_{1,1} = A + B\Delta, \qquad 2R_{2,2} = A - B\Delta,$$

les valeurs de A, B étant

$$A = 2c_0 - c_1 - c_2, \qquad B = c_1 - c_2,$$

puis on conclura des formules (107) et (109)

$$4p = A^2 - B^2\Delta^2,$$

ou, ce qui revient au même, eu égard à la formule (108),

$$(110) \qquad 4p = A^2 + 3B^2.$$

L'équation (110) est évidemment de la forme de celle qu'on obtiendrait en posant $n = 3$ dans la formule (20).

NOTE IV.

SUR LES RÉSIDUS QUADRATIQUES.

p étant un nombre entier quelconque, on a, comme on sait,

$$(1) \quad (x + y + z + \ldots)^p = \mathrm{S}\frac{1.2.3\ldots\ldots p}{(1.2\ldots\ldots f)(1.2\ldots\ldots g)(1.2\ldots\ldots h)\ldots}x^f y^g z^h\ldots,$$

le signe S s'étendant à toutes les valeurs entières, nulles ou positives, de

$$f, \quad g, \quad h, \quad \ldots$$

qui vérifient la condition

$$f + g + h + \ldots = p.$$

Si p est un nombre premier, le coefficient numérique

$$\frac{1.2.3.\ldots.p}{(1.2.\ldots.f)(1.2.\ldots.g)(1.2.\ldots.h)\ldots}$$

se réduira toujours évidemment à un multiple de p, à moins que l'on ne suppose un seul des exposants f, g, h, ... égal à p, tous les autres étant nuls. Donc alors la formule (1) donnera

$$(x+y+z+\ldots)^p = x^p + y^p + z^p + \ldots + p\mathrm{P}, \tag{2}$$

P désignant une fonction entière de x, y, z, ... dans laquelle les coefficients numériques seront des nombres entiers. Donc, si l'on attribue à x, y, z, ... des valeurs entières, on aura

$$(x+y+z+\ldots)^p \equiv x^p + y^p + z^p + \ldots \quad (\text{mod.}\, p). \tag{3}$$

Si maintenant on pose

$$x = y = z = \ldots = 1,$$

alors, en nommant k le nombre des quantités x, y, z, ..., on verra la formule (3) se réduire à

$$k^p \equiv k \quad (\text{mod.}\, p). \tag{4}$$

L'équivalence (4) comprend le théorème énoncé par Fermat et suivant lequel la différence

$$x^p - x$$

est, pour des valeurs entières de x, toujours divisible par p, lorsque p est un nombre premier. Comme d'autre part l'équivalence

$$x^p - x \equiv 0 \quad (\text{mod.}\, p)$$

ou

$$x(x^{p-1} - 1) \equiv 0 \quad (\text{mod.}\, p)$$

entraîne la suivante

$$x^{p-1} - 1 \equiv 0 \quad (\text{mod.}\, p) \tag{5}$$

lorsque x n'est pas divisible par p, il en résulte que tout nombre premier à p est racine de l'équivalence (5), qu'on peut encore écrire comme il suit :

$$(6) \qquad x^{p-1} \equiv 1 \qquad (\text{mod.} p).$$

Si d'ailleurs on nomme t une racine primitive de l'équivalence (6), les diverses racines de cette équivalence pourront être représentées également, ou par les divers termes de la progression arithmétique

$$1, \quad 2, \quad 3, \quad \ldots, \quad p-1,$$

ou par les divers termes de la progression géométrique

$$1, \quad t, \quad t^2, \quad \ldots, \quad t^{p-2};$$

et, par suite, tout nombre entier, premier à p, sera équivalent, suivant le module p, à une puissance entière de t. Ajoutons qu'en vertu de la formule

$$t^{p-1} \equiv 1 \qquad (\text{mod.} p)$$

on aura généralement

$$t^h \equiv t^k$$

si l'on suppose

$$h \equiv k \qquad (\text{mod.} p-1).$$

Donc une racine

$$t^h$$

de l'équivalence (6) ne devra point être censée altérée lorsqu'on y fera croître ou diminuer l'exposant h d'un multiple de $p-1$. Enfin, comme, en supposant p impair, on aura

$$x^{p-1} - 1 = \left(x^{\frac{p-1}{2}} - 1\right)\left(x^{\frac{p-1}{2}} + 1\right),$$

l'équivalence (5) ou (6) se décomposera, dans cette hypothèse, en deux autres dont la première

$$x^{\frac{p-1}{2}} - 1 \equiv 0$$

ou

$$(7) \qquad x^{\frac{p-1}{2}} \equiv 1 \qquad (\text{mod.} p)$$

aura évidemment pour racines les puissances paires de t, savoir

$$1, \quad t^2, \quad t^4, \quad \ldots, \quad t^{p-3},$$

tandis que la seconde

$$x^{\frac{p-1}{2}} - 1 \equiv 0$$

ou

$$(8) \qquad x^{\frac{p-1}{2}} \equiv -1 \qquad (\text{mod.} p)$$

aura nécessairement pour racines les puissances impaires de t, savoir

$$t, \quad t^3, \quad t^5, \quad \ldots, \quad t^{p-2}.$$

Ainsi, parmi les termes de la progression arithmétique

$$1, \quad 2, \quad 3, \quad \ldots, \quad p-1$$

représentant les restes ou résidus qui peuvent provenir de la division d'un entier par p, les uns, en nombre égal à $\frac{p-1}{2}$, seront équivalents, suivant le module p, à des puissances paires de t, par conséquent à des carrés parfaits. Ces termes, dont chacun est le reste ou résidu de la division d'un carré par p, se nomment, pour cette raison, *résidus quadratiques,* aussi bien que les nombres équivalents aux mêmes termes suivant le module p; et comme, dans le cas où l'on prend p pour module, tout nombre premier à p équivaut à une puissance entière de t, le carré d'un tel nombre équivaudra nécessairement à une puissance paire de t, c'est-à-dire à une racine de la formule (7); d'où il résulte que tout résidu quadratique, différent de zéro, sera une semblable racine. Donc, les racines de l'équivalence (8) qui sont distinctes des racines de l'équivalence (7), mais, comme elles, en nombre égal à $\frac{p-1}{2}$, ne pourront être des résidus quadratiques suivant le module p. C'est ce que l'on exprime en disant que chacune des racines de l'équivalence (8) est *non-résidu* quadratique suivant le même module.

Pour abréger, nous désignerons, avec M. Legendre, par la notation

$$\left[\frac{k}{p}\right]$$

le reste de la division de $k^{\frac{p-1}{2}}$ par le nombre premier p. Cela posé, on aura généralement

$$\left[\frac{k}{p}\right] = 0,$$

si k est divisible par p, et, dans le cas contraire,

$$\left[\frac{k}{p}\right] = 1 \quad \text{ou} \quad \left[\frac{k}{p}\right] = -1$$

suivant que k sera *résidu* ou *non-résidu quadratique*. Comme d'ailleurs t, étant une racine primitive de l'équation (6), ne pourra vérifier la formule (7), on aura nécessairement

$$(9) \qquad t^{\frac{p-1}{2}} \equiv -1 \quad (\text{mod.} p),$$

et comme $t^{\frac{p-1}{2}}$ sera évidemment une puissance paire ou impaire de t, suivant que p sera de la forme $4x+1$ ou $4x+3$, on peut affirmer que -1 sera résidu quadratique dans le premier cas et non-résidu quadratique dans le second. Enfin, comme, d'après ce qui a été dit plus haut, la progression arithmétique

$$1, \quad 2, \quad 3, \quad \ldots, \quad p-1$$

renferme autant de résidus que de non-résidus, on aura nécessairement

$$(10) \qquad \left[\frac{1}{p}\right] + \left[\frac{2}{p}\right] + \left[\frac{3}{p}\right] + \ldots + \left[\frac{p-1}{p}\right] = 0.$$

Généralement, si, une suite de nombres entiers

$$a, \quad b, \quad c, \quad \ldots, \quad l$$

étant composée de n termes différents premiers à p, on suppose que, dans cette suite, les résidus quadratiques sont en nombre égal à n' et les non-résidus en nombre égal à n'', on aura, non seulement

$$(11) \qquad n' + n'' = n,$$

mais encore

$$n' - n'' = \left[\frac{a}{p}\right] + \left[\frac{b}{p}\right] + \left[\frac{c}{p}\right] + \ldots + \left[\frac{l}{p}\right] \tag{12}$$

et, par conséquent,

$$n' - n'' \equiv a^{\frac{p-1}{2}} + b^{\frac{p-1}{2}} + c^{\frac{p-1}{2}} + \ldots + l^{\frac{p-1}{2}} \quad (\text{mod.} p). \tag{13}$$

On peut d'ailleurs écrire l'équivalence (13) comme il suit :

$$n' - n'' \equiv \frac{d^{\frac{p-1}{2}}(e^{az} + e^{bz} + e^{cz} + \ldots + e^{lz})}{dz^{\frac{p-1}{2}}} \quad (\text{mod.} p), \tag{14}$$

la variable z devant être réduite à zéro après les différentiations effectuées.

La formule (14) offre un moyen facile de déterminer la différence $n' - n''$, et par suite, eu égard à la formule (11), chacun des nombres n', n'' lorsque, le nombre n étant inférieur à p, la suite

$$a, \quad b, \quad c, \quad \ldots, \quad l$$

se réduit à une progression arithmétique

$$h, \quad h + k, \quad h + 2k, \quad \ldots, \quad h + (n-1)k.$$

Alors, en effet, la somme

$$e^{az} + e^{bz} + e^{cz} + \ldots + e^{lz}$$

devient

$$e^{hz}(1 + e^{kz} + e^{2kz} + \ldots + e^{(n-1)kz}) = e^{hz}\frac{e^{nkz} - 1}{e^{kz} - 1},$$

et, par suite, la formule (14) se réduit à

$$n' - n'' = \frac{d^{\frac{p-1}{2}}}{dz^{\frac{p-1}{2}}}\left[e^{hz}\frac{e^{nkz} - 1}{e^{kz} - 1}\right]. \tag{15}$$

Concevons, pour fixer les idées, qu'on demande le nombre n' des résidus quadratiques et le nombre n'' des non-résidus inférieurs à $\frac{p}{2}$, c'est-à-dire compris dans la progression arithmétique

$$1,\quad 2,\quad 3,\quad \ldots,\quad \frac{p-1}{2}.$$

Alors on aura

$$n=\frac{p-1}{2},\qquad h=1,\qquad k=1$$

et, par suite,

$$(16)\qquad n'-n''=\frac{d^{\frac{p-1}{2}}}{dz^{\frac{p-1}{2}}}\left(\frac{e^{\frac{p+1}{2}z}-e^z}{e^z-1}\right).$$

D'autre part, la différence entre le rapport

$$\frac{e^{\frac{p+1}{2}z}-e^z}{e^z-1}$$

et celui dans lequel il se transforme, quand on y remplace p par zéro, est

$$(17)\qquad \frac{e^{\frac{p+1}{2}z}-e^z}{e^z-1}-\frac{e^{\frac{1}{2}z}-e^z}{e^z-1}=\frac{e^{\frac{p+1}{2}z}-e^{\frac{1}{2}z}}{e^z-1}.$$

Elle est donc égale au produit

$$\left(e^{\frac{p+1}{2}z}-e^{\frac{1}{2}z}\right)(e^z-1)^{-1}$$

et sa dérivée de l'ordre $\frac{p-1}{2}$, relative à z, se composera d'une suite de termes dont chacun sera proportionnel au facteur

$$e^{\frac{p+1}{2}z}-e^{\frac{1}{2}z}$$

ou à l'une des dérivées de ce facteur. Or, comme ces dérivées s'évanouissent avec le facteur lui-même quand on y remplace z et p par zéro, comme d'ailleurs on trouvera

$$\frac{e^{\frac{1}{2}z}-e^z}{e^z-1}=-\frac{e^{\frac{1}{2}z}}{1+e^{\frac{1}{2}z}}=-\frac{1}{2}\left(1+\frac{e^{\frac{1}{4}z}-e^{-\frac{1}{4}z}}{e^{\frac{1}{4}z}+e^{-\frac{1}{4}z}}\right),$$

il suit de la formule (17) qu'on aura, pour une valeur nulle de z,

$$\frac{d^{\frac{p-1}{2}}}{dz^{\frac{p-1}{2}}}\left(\frac{e^{\frac{p+1}{2}z}-e^z}{e^z-1}-\frac{e^{\frac{1}{2}z}-e^z}{e^z-1}\right)\equiv 0 \quad (\text{mod}.p),$$

par conséquent

$$\frac{d^{\frac{p-1}{2}}}{dz^{\frac{p-1}{2}}}\left(\frac{e^{\frac{p+1}{2}z}-e^z}{e^z-1}\right)\equiv\frac{d^{\frac{p-1}{2}}}{dz^{\frac{p-1}{2}}}\left(\frac{e^{\frac{1}{2}z}-e^z}{e^z-1}\right)\equiv-\frac{1}{2}\frac{d^{\frac{p-1}{2}}}{dz^{\frac{p-1}{2}}}\left(\frac{e^{\frac{1}{4}z}-e^{-\frac{1}{4}z}}{e^{\frac{1}{4}z}+e^{-\frac{1}{4}z}}\right) \quad (\text{mod}.p).$$

Donc la formule (16) donnera, dans l'hypothèse admise,

$$(18) \qquad n'-n''\equiv-\frac{1}{2}\frac{d^{\frac{p-1}{2}}}{dz^{\frac{p-1}{2}}}\left(\frac{e^{\frac{1}{4}z}-e^{-\frac{1}{4}z}}{e^{\frac{1}{4}z}+e^{-\frac{1}{4}z}}\right) \quad (\text{mod}.p).$$

Enfin, z devant être réduit à zéro après les différentiations, on pourra, sans inconvénient, remplacer z par $z\sqrt{-1}$ dans la formule (18), qui se trouvera ainsi réduite à

$$(19) \qquad n'-n''\equiv(-1)^{1-\frac{p-1}{4}}\frac{1}{2}\frac{d^{\frac{p-1}{2}}\tan\frac{z}{4}}{dz^{\frac{p-1}{2}}} \quad (\text{mod}.p).$$

Ajoutons qu'en vertu de formules connues, la valeur de $\text{tang}\frac{z}{4}$ sera généralement fournie par l'équation

$$(20) \qquad \left\{\begin{aligned}\text{tang}\frac{z}{4}=2\Big(&\frac{1}{6}\,\frac{2^2-1}{2}\,\frac{z}{1.2}+\frac{1}{30}\,\frac{2^4-1}{2^3}\,\frac{z^3}{1.2.3.4}\\&+\frac{1}{42}\,\frac{2^6-1}{2^5}\,\frac{z^5}{1.2.3.4.5.6}+\ldots\Big),\end{aligned}\right.$$

dans laquelle les coefficients numériques

$$\frac{1}{6},\quad \frac{1}{30},\quad \frac{1}{42},\quad \ldots,$$

que nous désignerons généralement par

$$\mathcal{A}_1,\quad \mathcal{A}_2,\quad \mathcal{A}_3,\quad \ldots,$$

sont ce qu'on appelle les *nombres de Bernoulli*.

Pour appliquer la formule (19), il convient de distinguer deux cas suivant que $\frac{p-1}{2}$ est pair ou impair, c'est-à-dire, en d'autres termes, suivant que p est de la forme $4x+1$ ou $4x+3$. Dans le premier cas on a, pour une valeur nulle de z,

$$\frac{d^{\frac{p-1}{2}} \operatorname{tang} \frac{z}{4}}{dz^{\frac{p-1}{2}}} = 0,$$

et, par suite, la formule (19) étant réduite à

$$n' - n'' \equiv 0 \quad (\text{mod.} p),$$

on tire de cette formule, jointe à l'équation

$$n' + n'' = n = \frac{p-1}{2},$$

$$n' \equiv n'' \equiv \frac{p-1}{4} \quad (\text{mod.} p),$$

par conséquent,

$$n' = n'' = \frac{p-1}{4}. \tag{21}$$

Au contraire, lorsque $\frac{p-1}{2}$ est impair et p de la forme $4x+3$, alors, en ayant égard à l'équivalence

$$2^{p-1} \equiv 1 \quad (\text{mod.} p),$$

on tire de la formule (20), pour une valeur nulle de z,

$$\frac{d^{\frac{p-1}{2}} \operatorname{tang} \frac{z}{4}}{dz^{\frac{p-1}{2}}} = 4 \frac{2^{\frac{p+1}{2}} - 1}{2^{\frac{p-1}{2}}} \frac{1}{p+1} \mathcal{A}_{\frac{p+1}{4}} \equiv 4\left(2 - 2^{\frac{p-1}{2}}\right) \mathcal{A}_{\frac{p+1}{4}} \quad (\text{mod.} p),$$

et, par suite, la formule (19) donne

$$n' - n'' \equiv (-1)^{\frac{p+1}{4}} 2\left(2 - 2^{\frac{p-1}{2}}\right) \mathcal{A}_{\frac{p+1}{4}} \quad (\text{mod.} p). \tag{22}$$

D'ailleurs, lorsque p est de la forme $4x+3$, il est nécessairement de l'une des formes $8x+3$, $8x+7$ et, comme on le verra tout à l'heure, on a : 1° en supposant p de la forme $8x+3$,

$$2^{\frac{p-1}{2}} \equiv -1 \quad (\text{mod.}\, p);$$

2° en supposant p de la forme $8x+7$,

$$2^{\frac{p-1}{2}} \equiv 1.$$

Donc, la formule (22) donnera, lorsque p sera de la forme $8x+3$,

$$(23) \qquad n' - n'' \equiv -6\,\mathcal{A}_{\frac{p+1}{4}}, \qquad \frac{n'-n''}{2} \equiv -3\,\mathcal{A}_{\frac{p+1}{4}},$$

et, lorsque p sera de la forme $8x+7$,

$$(24) \qquad n' - n'' \equiv 2\,\mathcal{A}_{\frac{p+1}{4}}, \qquad \frac{n'-n''}{2} \equiv \mathcal{A}_{\frac{p+1}{4}}.$$

Ainsi, lorsque p est premier et de la forme $4x+3$, la demi-différence entre le nombre des résidus et le nombre des non-résidus inférieurs à $\frac{1}{2}p$ est équivalente, suivant le module p, à un nombre de Bernoulli ou au triple de ce nombre pris en signe contraire. Cette proposition remarquable a été, pour la première fois, énoncée et démontrée, en 1830, dans le précédent Mémoire dont un extrait a été publié dans le *Bulletin de M. de Férussac* sous la date de mars 1831.

En joignant aux équivalences (23) ou (24) la formule (11), ou

$$n' + n'' = \frac{p-1}{2},$$

on en tire : 1° lorsque p est de la forme $8x+3$,

$$(25) \qquad n' \equiv \frac{p-1}{4} - 3\,\mathcal{A}_{\frac{p+1}{4}}, \qquad n'' \equiv \frac{p-1}{4} + 3\,\mathcal{A}_{\frac{p+1}{4}} \quad (\text{mod.}\, p);$$

2° lorsque p est de la forme $8x+7$,

$$(26) \qquad n' \equiv \frac{p-1}{4} + \mathcal{A}_{\frac{p+1}{4}}, \qquad n'' \equiv \frac{p-1}{4} - \mathcal{A}_{\frac{p+1}{4}} \quad (\text{mod.}\, p).$$

Au reste, les formules (11) et (15) fourniraient, avec la même facilité, le nombre des résidus et le nombre des non-résidus quadratiques compris dans une progression arithmétique dont les termes seraient positifs et inférieurs à

$$\frac{p}{3}, \quad \text{ou à} \quad \frac{p}{4}, \quad \text{ou à} \quad \frac{p}{5}, \quad \cdots.$$

Concevons maintenant que, p étant un nombre premier impair, on demande la valeur de

$$\left[\frac{2}{p}\right]$$

ou, ce qui revient au même, le reste de la division de 2^{p-1} par p. Pour y parvenir, il suffira, comme on sait, d'élever à la puissance du degré p l'un quelconque des facteurs imaginaires dans lesquels peut se décomposer le nombre 2. Or on a évidemment

$$2 = (1+\sqrt{-1})(1-\sqrt{-1})$$

ou, ce qui revient au même,

$$2 = (1+\alpha)(1-\alpha),$$

α désignant une des deux racines primitives $\sqrt{-1}$, $-\sqrt{-1}$ de l'équation

$$x^4 = 1.$$

D'ailleurs, on tirera de la formule (2)

$$(1+\alpha)^p = 1 + \alpha^p + p\mathrm{P}, \tag{27}$$

P désignant une fonction entière de α dans laquelle les coefficients numériques seront des nombres entiers, et comme on aura, d'autre part,

$$\alpha^2 = -1, \qquad (1+\alpha)^2 = 2\alpha,$$

par conséquent,

$$(1+\alpha)^{p-1} = 2^{\frac{p-1}{2}} \alpha^{\frac{p-1}{2}}$$

et

$$(1+\alpha)^p = 2^{\frac{p-1}{2}} \alpha^{\frac{p-1}{2}} (1+\alpha).$$

la formule (27) donnera

$$2^{\frac{p-1}{2}}\alpha^{\frac{p-1}{2}}(1+\alpha) = 1+\alpha^p+p\mathrm{P}$$

ou, ce qui revient au même,

$$(28) \qquad 2^{\frac{p-1}{2}} = \frac{1+\alpha^p}{\alpha^{\frac{p-1}{2}}(1+\alpha)} + p\frac{\mathrm{P}}{\alpha^{\frac{p-1}{2}}(1+\alpha)}.$$

Enfin, comme on aura : 1° en supposant p de la forme $4x+1$,

$$1+\alpha^p = 1+\alpha,$$

$$\frac{1}{\alpha^{\frac{p-1}{2}}} = \alpha^{\frac{p-1}{2}} = (-1)^{\frac{p-1}{4}} = (-1)^{\frac{p+1}{2}\frac{p-1}{4}};$$

2° en supposant p de la forme $4x+3$,

$$1+\alpha = \alpha(1+\alpha^3) = \alpha(1+\alpha^p),$$

$$\frac{1}{\alpha^{\frac{p+1}{2}}} = \alpha^{\frac{p+1}{2}} = (-1)^{\frac{p+1}{4}} = (-1)^{\frac{p-1}{2}\frac{p+1}{4}};$$

on en conclura, dans tous les cas,

$$\frac{1+\alpha^p}{\alpha^{\frac{p-1}{2}}(1+\alpha)} = (-1)^{\frac{(p-1)(p+1)}{8}},$$

ce qui permettra de réduire l'équation (28) à la suivante :

$$(29) \qquad 2^{\frac{p-1}{2}} = (-1)^{\frac{1}{2}\frac{p-1}{2}\frac{p+1}{2}}\left(1+p\frac{\mathrm{P}}{1+\alpha^p}\right).$$

En vertu de cette dernière équation, le produit

$$p\frac{\mathrm{P}}{1+\alpha^p} = p\frac{\mathrm{P}(1-\alpha^p)}{2}$$

sera égal, au signe près, à l'un des nombres entiers

$$2^{\frac{p-1}{2}}-1, \quad 2^{\frac{p-1}{2}}+1;$$

et comme l'expression

$$P(1-\alpha^p)$$

sera nécessairement une fonction entière de α dans laquelle les coefficients seront entiers, cette expression, en devenant indépendante de α ne pourra se réduire qu'à une quantité entière. Donc le produit

$$p\,P(1-\alpha^p)$$

et sa moitié

$$p\frac{P(1-\alpha^p)}{2}$$

seront deux multiples du nombre premier p, et la formule (29) donnera

$$(30)\qquad 2^{\frac{p-1}{2}} \equiv (-1)^{\frac{1}{2}\frac{p-1}{2}\frac{p+1}{2}} \pmod{p}$$

ou, ce qui revient au même,

$$(31)\qquad \left[\frac{2}{p}\right] = (-1)^{\frac{1}{2}\frac{p-1}{2}\frac{p+1}{2}}.$$

On tirera, en particulier, de la formule (31) : 1° en supposant p de la forme $8x \pm 1$, c'est-à-dire de l'une des formes $8x+1$, $8x+7$,

$$\left[\frac{2}{p}\right] = (-1)^0 = 1;$$

2° en supposant p de la forme $8x \pm 3$, c'est-à-dire de l'une des formes $8x+3$, $8x+5$,

$$\left[\frac{2}{p}\right] = (-1)^1 = -1.$$

Ainsi le nombre 2 sera résidu quadratique pour les modules premiers de la forme $8x+1$, $8x+7$ et non-résidu pour les modules de la forme $8x+3$, $8x+5$.

Observons encore qu'on tirera de la formule (31) : 1° en supposant p de la forme $4x+1$,

$$\left[\frac{2}{p}\right] = (-1)^{\frac{p-1}{4}};$$

2° en supposant p de la forme $4x+3$,

$$\left[\frac{2}{p}\right]=(-1)^{\frac{p+1}{4}}.$$

Ces deux dernières formules sont précisément celles que, dans les deux cas dont il s'agit, on déduirait immédiatement de la formule (28). Il résulte de la seconde que, le nombre premier p étant de la forme $4x+3$, $2^{\frac{p-1}{2}}$ sera équivalent, suivant le module p, à $+1$ si ce module est, en outre, de la forme $8x+7$ et à -1 si le même module est de la forme $8x+3$.

Comme la démonstration de la formule (30) ou (31) repose entièrement sur le développement de la puissance p du binome

$$1+\alpha,$$

α étant une racine de l'équation $x^2=-1$, on arriverait encore à la même formule en développant immédiatement, à l'aide du théorème de Newton, l'expression

$$(1+\sqrt{-1})^p \quad \text{ou} \quad (1-\sqrt{-1})^p$$

et ayant égard à la formule

$$(1+\sqrt{-1})^2=2\sqrt{-1} \qquad \text{ou} \qquad (1-\sqrt{-1})^2=-2\sqrt{-1}.$$

Effectivement, on trouverait alors : 1° en supposant p de la forme $4x+1$,

$$(32)\quad 2^{\frac{p-1}{2}}=(-1)^{\frac{p-1}{2}}\left[1+p-\frac{p(p-1)}{1.2}-\frac{p(p-1)(p-2)}{1.2.3}+\ldots\pm\frac{p(p-1)\ldots\left(\frac{p+1}{2}\right)}{1.2.3\ldots\ldots\left(\frac{p-1}{2}\right)}\right];$$

2° en supposant p de la forme $4x+3$,

$$(33)\quad 2^{\frac{p-1}{2}}=(-1)^{\frac{p+1}{2}}\left[1-p-\frac{p(p-1)}{2}+\frac{p(p-1)(p-2)}{1.2.3}+\ldots\pm\frac{p(p-1)\ldots\left(\frac{p+1}{2}\right)}{1.2.3\ldots\ldots\left(\frac{p-1}{2}\right)}\right].$$

Ainsi, en particulier, en prenant

$$p=3, \quad p=5, \quad p=7, \quad p=11, \quad \ldots,$$

on trouvera successivement

$$\begin{aligned}
2 &= -(1-3), \\
2^2 &= -(1+5-10), \\
2^3 &= 1-7-21+35, \\
2^5 &= -(1-11-55+165+330-462), \\
&\ldots\ldots\ldots\ldots\ldots\ldots
\end{aligned}$$

Une méthode semblable à celle que nous venons de rappeler et par laquelle on obtient la valeur de

$$\left[\frac{2}{p}\right]$$

peut servir à trouver généralement la relation qui existe entre les deux expressions

$$\left[\frac{q}{p}\right] \quad \text{et} \quad \left[\frac{p}{q}\right]$$

ou, ce qui revient au même, entre les restes de la division de 2^{q-1} par p et de 2^{p-1} par q, p et q désignant deux nombres premiers impairs. Effectivement, pour obtenir une transformation de l'expression

$$\left[\frac{q}{p}\right] \equiv p^{q-1},$$

il suffit d'élever à la puissance p l'une des racines carrées imaginaires de $\pm p$. Or, d'après ce qui a été dit dans la Note I, si l'on désigne par θ une racine primitive de l'équation

$$(34) \qquad x^p = 1,$$

alors, en posant

$$(35) \qquad \theta - \theta^t + \theta^{t^2} - \ldots + \theta^{t^{p-3}} - \theta^{t^{p-2}} = \Delta,$$

on aura

$$(36) \qquad \Delta^2 = (-1)^{\frac{p-1}{2}} p.$$

D'autre part, q étant un nombre premier impair, il résulte de la formule (2) que l'équation (35) entraînera la suivante :

$$(37)\qquad \Delta^q = \theta^q - \theta^{qt} + \theta^{qt^2} - \ldots + \theta^{qt^{p-3}} - \theta^{qt^{p-2}} + q\,Q,$$

qQ étant une fonction entière de θ dans laquelle les coefficients numériques seront non seulement des entiers, mais encore des multiples de q ; et comme, t étant une racine primitive de l'équation (6), on aura évidemment

$$\theta^q - \theta^{qt} + \theta^{qt^2} - \ldots + \theta^{qt^{p-3}} - \theta^{qt^{p-2}} = \pm(\theta - \theta^t + \theta^{t^2} - \ldots + \theta^{t^{p-3}} - \theta^{t^{p-2}}) = \pm\Delta,$$

le double signe devant être réduit au signe + ou au signe − selon que le nombre q sera équivalent, suivant le module p, à une puissance paire ou impaire de t, c'est-à-dire suivant que l'on aura

$$\left[\frac{q}{p}\right] = 1 \qquad \text{ou} \qquad \left[\frac{q}{p}\right] = -1;$$

il est clair que l'équation (37) pourra être réduite à

$$(38)\qquad \Delta^q = \left[\frac{q}{p}\right]\Delta + qQ.$$

Enfin, comme

$$\Delta^q = (\theta - \theta^t + \theta^{t^2} - \ldots + \theta^{t^{p-3}} - \theta^{t^{p-2}})^q$$

sera évidemment une fonction entière et symétrique, non seulement de

$$\theta,\ \theta^{t^2},\ \theta^{t^4},\ \ldots,\ \theta^{t^{p-3}},$$

mais encore de

$$\theta^t,\ \theta^{t^3},\ \theta^{t^5},\ \ldots,\ \theta^{t^{p-2}},$$

par conséquent une fonction entière et linéaire des deux sommes

$$\theta + \theta^{t^2} + \theta^{t^4} + \ldots + \theta^{t^{p-3}},$$
$$\theta^t + \theta^{t^3} + \theta^{t^5} + \ldots + \theta^{t^{p-2}}$$

et même une fonction qui changera de signe lorsqu'on remplacera θ par θ^t, par conséquent lorsqu'on remplacera la première somme par la seconde, on peut affirmer que Δ^q sera proportionnel à la différence de ces deux sommes, c'est-à-dire à Δ, le coefficient numérique de Δ étant un nombre entier. Donc, puisque, dans le second membre de l'équation (38), le premier terme se réduit à $\pm\Delta$, le second terme

$$qQ$$

sera encore proportionnel à Δ, le coefficient numérique de Δ étant un nombre entier multiple de q. Cela posé, l'équation (38), divisée par Δ, donnera

$$(39) \qquad \Delta^{q-1} \equiv \left[\frac{q}{p}\right] \qquad (\text{mod.} q).$$

De cette dernière équation, combinée avec la formule (36), on tire

$$\left[\frac{q}{p}\right] \equiv (-1)^{\frac{p-1}{2}\frac{q-1}{2}} p^{\frac{q-1}{2}} \qquad (\text{mod.} q),$$

par conséquent

$$(40) \qquad \left[\frac{q}{p}\right] = (-1)^{\frac{p-1}{2}\frac{q-1}{2}} \left[\frac{p}{q}\right].$$

Telle est la loi de réciprocité qu'a trouvée M. Legendre et qui sert de base à la théorie des résidus quadratiques. La démonstration [1] que je viens d'en donner, et que j'avais déjà exposée dans le *Bulletin de M. de Férussac* de septembre 1829, est plus rigoureuse que celle qu'avait obtenue M. Legendre et plus courte que celles auxquelles M. Gauss était d'abord parvenu.

Si le nombre k est le produit de plusieurs facteurs $a, b, c, \ldots$, l'équation

$$k = abc\ldots$$

entraînera évidemment la suivante :

$$\left[\frac{k}{p}\right] = \left[\frac{a}{p}\right]\left[\frac{b}{p}\right]\left[\frac{c}{p}\right]\cdots$$

[1] Dans la troisième édition de la *Théorie des nombres*, qui a paru en 1830, M. Legendre présente cette démonstration comme étant la plus simple de toutes et l'attribue à M. Jacobi, sans indiquer aucun Ouvrage où ce géomètre l'ait publiée, et dont la date soit antérieure au mois de septembre 1829.

En d'autres termes, on aura généralement

$$\left[\frac{abc\ldots}{p}\right]=\left[\frac{a}{p}\right]\left[\frac{b}{p}\right]\left[\frac{c}{p}\right]\cdots.$$

On trouvera de même

$$\left[\frac{a^n}{p}\right]=\left[\frac{a}{p}\right]^n.$$

On peut voir, dans le *Bulletin de M. de Férussac* déjà cité, comment les mêmes principes peuvent être appliqués à la théorie des résidus cubiques, biquadratiques, etc.

NOTE V.

DÉTERMINATION DES FONCTIONS $R_{h,k}$, ... ET DES COEFFICIENTS QU'ELLES RENFERMENT.

Si, en désignant par p un nombre premier impair, par θ, τ des racines primitives des équations

$$x^p=1, \qquad x^{p-1}=1,$$

par t une racine primitive de l'équivalence

$$x^{p-1}\equiv 1 \qquad (\text{mod.}\, p),$$

enfin par h, k des quantités entières, on pose

$$(1) \qquad \Theta_h=\theta+\tau^h\theta^t+\tau^{2h}\theta^{t^2}+\ldots+\tau^{(p-2)h}\theta^{t^{p-2}},$$

il est clair que la condition

$$k\equiv h \qquad (\text{mod.}\, p-1)$$

entraînera les formules

$$\tau^k=\tau^h, \qquad \Theta_k=\Theta_h,$$

en vertu desquelles on pourra toujours, si l'on veut, réduire l'exposant h d'une puissance entière soit positive, soit négative de τ, ou l'indice h d'une expression de la forme Θ_h, à l'un des nombres

$$0, \quad 1, \quad 2, \quad 3, \quad \ldots, \quad p-2.$$

D'ailleurs, ainsi qu'on l'a prouvé, on trouvera : 1° en supposant h divisible par $p-1$,

$$\Theta_h = \Theta_0 = -1; \tag{2}$$

2° en supposant h non divisible par $p-1$,

$$\Theta_h \Theta_{-h} = (-1)^h p. \tag{3}$$

Donc, si l'on pose généralement

$$\Theta_h \Theta_k = R_{h+k} \Theta_{h+k}$$

ou, ce qui revient au même,

$$R_{h,k} = \frac{\Theta_h \Theta_k}{\Theta_{h+k}}, \tag{4}$$

on aura : 1° en supposant h ou k divisible par $p-1$,

$$R_{h,k} = -1; \tag{5}$$

2° en supposant h non divisible par $p-1$,

$$R_{h,-h} = -(-1)^h p; \tag{6}$$

et, comme on trouvera encore

$$R_{h,k} R_{-h,-k} = \frac{\Theta_h \Theta_k}{\Theta_{h+k}} \frac{\Theta_{-h} \Theta_{-k}}{\Theta_{-h-k}},$$

on en conclura, eu égard à la formule (3) et en supposant h, k, ainsi que $h+k$, non divisibles par $p-1$,

$$R_{h,k} R_{-h,-k} = p. \tag{7}$$

Ajoutons que, si $h+k$ n'est pas divisible par $p-1$, on aura [*voir* la formule (3) de la page 88]

$$R_{h,k} = S(\tau^{ih+jk}), \tag{8}$$

le signe S s'étendant à toutes les valeurs de i comprises dans la suite

$$1, \quad 2, \quad 3, \quad \ldots, \quad p-2$$

et les valeurs correspondantes de i, j étant choisies de manière à vérifier la condition

$$t^i + t^j \equiv 1 \quad (\text{mod.}\, p). \tag{9}$$

Concevons maintenant que, dans le second membre de la formule (8), on réduise l'exposant de chaque puissance de τ à l'un des nombres

$$0, \quad 1, \quad 2, \quad 3, \quad \ldots, \quad p-2.$$

Ce second membre deviendra une fonction entière de τ du degré $p-2$ et l'on aura identiquement

$$S(\tau^{ih+jk}) = a_0 + a_1\tau + a_2\tau^2 + \ldots + a_{p-2}\tau^{p-2}, \tag{10}$$

a_0, a_1, a_2, ..., a_{p-2} désignant des nombres entiers dont plusieurs pourront s'évanouir et dont la somme, égale au nombre des valeurs de i, vérifiera la formule

$$a_0 + a_1 + a_2 + \ldots + a_{p-2} = p-2. \tag{11}$$

Cela posé, l'équation (10) donnera

$$R_{h,k} = a_0 + a_1\tau + a_2\tau^2 + \ldots + a_{p-2}\tau^{p-2}. \tag{12}$$

D'ailleurs si, dans l'équation (10), on remplace τ par τ^m, on trouvera

$$S(\tau^{imh+jmk}) = a_0 + a_1\tau^m + a_2\tau^{2m} + \ldots + a_{p-2}\tau^{(p-2)m}. \tag{13}$$

Donc, si le produit

$$m(h+k) = mh + mk$$

n'est pas divisible par $p-1$, l'équation (12) entraînera la suivante :

$$R_{mh,mk} = a_0 + a_1\tau^m + a_2\tau^{2m} + \ldots + a_{p-2}\tau^{(p-2)m}. \tag{14}$$

Si $p - 1$ divisait le produit

$$m(h+k),$$

alors on trouverait : 1° en supposant mh, mk non divisibles par $p-1$,

$$S(\tau^{imh+jmk}) = -1, \tag{15}$$

par conséquent

$$\mathfrak{a}_0 + \mathfrak{a}_1\tau^m + \mathfrak{a}_2\tau^{2m} + \ldots + \mathfrak{a}_{p-2}\tau^{(p-2)m} = -1; \tag{16}$$

2° en supposant mh et mk séparément divisibles par $p-1$,

$$S(\tau^{imh+jmk}) = p-2, \tag{17}$$

par conséquent

$$\mathfrak{a}_0 + \mathfrak{a}_1\tau^m + \mathfrak{a}_2\tau^{2m} + \ldots + \mathfrak{a}_{p-2}\tau^{(p-2)m} = p-2. \tag{18}$$

Il est bon d'observer que, dans le premier membre de l'équation (18), les seules puissances de τ, qui se trouveront multipliées par des coefficients positifs et distincts de zéro, seront les puissances qui offriront des exposants divisibles par $p-1$ ou, ce qui revient au même, celles qui se réduiront à l'unité. Donc le premier membre de la formule (18) se réduira identiquement au premier membre de la formule (11).

Un moyen fort simple d'obtenir, pour des valeurs données de t, h et k, les coefficients

$$\mathfrak{a}_0, \quad \mathfrak{a}_1, \quad \mathfrak{a}_2, \quad \ldots, \quad \mathfrak{a}_{p-2}$$

est de résoudre l'équation (9) par rapport à j et d'en tirer, pour chaque valeur de i, la valeur correspondante de j. Concevons, par exemple, qu'on prenne $p=5$. Alors τ sera une racine primitive

$$\sqrt{-1} \quad \text{ou} \quad -\sqrt{-1}$$

de l'équation

$$x^4 = 1,$$

tandis que t désignera une racine primitive de l'équivalence

$$x^4 \equiv 1 \pmod{5}.$$

On pourra donc prendre

$$t = 2$$

et en effet, aux valeurs

$$0, \quad 1, \quad 2, \quad 3$$

de l'exposant i correspondront des valeurs essentiellement distinctes et non équivalentes

$$1, \quad 2, \quad 4, \qquad 8 \equiv 3 \qquad (\text{mod.} 5)$$

de la puissance 2^i. D'ailleurs, si l'on attribue successivement à i les valeurs

$$1, \quad 2, \quad 3,$$

les valeurs correspondantes de

$$1 - 2^i \equiv 2^j \qquad (\text{mod.} 4)$$

seront

$$1 - 2 \equiv 4, \qquad 1 - 4 \equiv 2, \qquad 1 - 8 \equiv 1 - 3 \equiv 3 \qquad (\text{mod.} 5)$$

et, par suite, on trouvera, pour valeurs correspondantes de j,

$$2, \quad 1, \quad 3.$$

Cela posé, on aura

$$S(\tau^{ih+jk}) = \tau^{h+2k} + \tau^{2h+h} + \tau^{3(h+k)}$$

et de cette dernière formule, jointe aux équations (8) et (10), on tirera :

Pour $h = 1$, $k = 1$, $h + k = 2$,

$$R_{1,1} = 2\tau^3 + \tau^6 = \tau^2 + 2\tau^3, \qquad a_0 = 0, \qquad a_1 = 0, \qquad a_2 = 1, \qquad a_3 = 2;$$

Pour $h = 1$, $k = 2$, $h + k = 3$,

$$R_{1,2} = \tau^5 + \tau^4 + \tau^9 = 1 + 2\tau, \qquad a_0 = 1, \qquad a_1 = 2, \qquad a_2 = 0, \qquad a_3 = 0;$$

Pour $h = 3$, $k = 3$, $h + k = 6 \equiv 2$ (mod. 4),

$$R_{3,3} = 2\tau^9 + \tau^{18} = \tau^2 + 2\tau, \qquad a_0 = 0, \qquad a_1 = 2, \qquad a_2 = 1, \qquad a_3 = 0, \qquad \ldots$$

.....

Il serait facile d'exprimer les valeurs des constantes positives

$$a_0, \quad a_1, \quad a_2, \quad \ldots, \quad a_{p-2},$$

comprises dans les formules (10) et (13), en fonction des sommes de la forme

$$S(\tau^{ih+jk}) \quad \text{ou} \quad S(\tau^{imh+jmk}).$$

En effet, si, dans la formule (13), on prend successivement pour m chacun des termes de la suite

$$0, \quad 1, \quad 2, \quad 3, \quad \ldots, \quad p-2,$$

on en tirera

$$(19) \quad \left\{ \begin{array}{l} a_0 + a_1 \quad + a_2 \quad + \ldots + a_{p-2} \quad = p-2, \\ a_0 + a_1\tau \quad + a_2\tau^2 \quad + \ldots + a_{p-2}\tau^{p-2} \quad = S(\tau^{ih+jk}), \\ a_0 + a_1\tau^2 \quad + a_2\tau^4 \quad + \ldots + a_{p-2}\tau^{2(p-2)} = S(\tau^{2(ih+jk)}), \\ \ldots\ldots\ldots\ldots\ldots\ldots\ldots\ldots\ldots\ldots, \\ a_0 + a_1\tau^{p-2} + a_2\tau^{2(p-2)} + \ldots + a_{p-2}\tau^{(p-2)^2} = S(\tau^{(p-2)(ih+jk)}). \end{array} \right.$$

Or, comme, en désignant par h une quantité entière positive ou négative, on aura généralement, si h est non divisible par $p-1$,

$$(20) \qquad 1 + \tau^h + \tau^{2h} + \ldots + \tau^{(p-2)h} = 0$$

et, si h est divisible par $p-1$,

$$(21) \qquad 1 + \tau^h + \tau^{2h} + \ldots + \tau^{(p-2)h} = p-1,$$

on conclura des formules (19), respectivement multipliées par les facteurs

$$1, \quad \tau^{-m}, \quad \tau^{-2m}, \quad \ldots, \quad \tau^{-(p-2)m},$$

puis combinées entre elles par voie d'addition,

$$(22) \quad \left\{ \begin{array}{l} (p-1)a_m = p-2 + \tau^{-m} S(\tau^{ih+jk}) \\ \qquad\qquad + \tau^{-2m} S(\tau^{2(ih+jk)}) + \ldots + \tau^{-(p-2)m} S(\tau^{(p-2)(ih+jk)}) \end{array} \right.$$

ou, ce qui revient au même,

$$(23) \quad \left\{ \begin{array}{l} (p-2)a_m = p-2 + \tau^{(p-2)m} S(\tau^{ih+jk}) \\ \qquad\qquad + \tau^{(p-3)m} S(\tau^{2(ih+jk)}) + \ldots + \tau^m S(\tau^{(p-2)(ih+jk)}). \end{array} \right.$$

Ce n'est pas tout. Si, en attribuant à i et j deux valeurs correspondantes, propres à vérifier la formule (9), on a

$$ih + jk \equiv l \quad (\text{mod.} p - 1),$$

l désignant l'un des nombres

$$0, \ 1, \ 2, \ 3, \ \ldots, \ p-2$$

on en conclura, non seulement

$$\tau^{ih+jk} = \tau^l,$$

mais aussi

$$t^{ih+jk} \equiv t^l \quad (\text{mod.} p).$$

Donc la formule (10) entraînera la suivante :

$$(24) \qquad S(t^{ih+jk}) \equiv a_0 + a_1 t + a_2 t^2 + \ldots + a_{p-2} t^{p-2} \quad (\text{mod.} p)$$

et la formule (13) donnera pareillement

$$(25) \quad S(t^{imh+jmk}) \equiv a_0 + a_1 t^m + a_2 t^{2m} + \ldots + a_{p-2} t^{(p-2)m} \quad (\text{mod.} p).$$

Si, dans cette dernière, on prend successivement pour m chacun des termes de la suite,

$$0, \ 1, \ 2, \ 3, \ \ldots, \ p-2,$$

on en tirera

$$(26) \quad \left\{ \begin{array}{l} a_0 + a_1 \quad + a_2 \quad + \ldots + a_{p-2} \equiv p-2 \\ a_0 + a_1 t + a_2 t^2 + \ldots + a_{p-2} t^{p-2} \equiv S(t^{ih+jk}) \\ a_0 + a_1 t^2 + a_2 t^4 + \ldots + a_{p-2} t^{2(p-2)} \equiv S(t^{2(ih+jk)}) \\ \ldots\ldots\ldots\ldots\ldots\ldots\ldots\ldots\ldots\ldots, \\ a_0 + a_1 t^{p-2} + a_2 t^{2(p-2)} + \ldots + a_{p-2} t^{(p-2)^2} \equiv S(t^{(p-2)(ih+jk)}) \end{array} \right. \quad (\text{mod.} p).$$

Or, comme, en désignant par h une quantité entière positive ou négative, on aura généralement, si h est non divisible par $p-1$,

$$(27) \qquad 1 + t^h + t^{2h} + \ldots + t^{(p-2)h} \equiv 0 \quad (\text{mod.} p)$$

et, si h est divisible par $p-1$,

$$(28) \qquad 1 + t^h + t^{2h} + \ldots + t^{(p-2)h} \equiv p-1 \quad (\text{mod.} p),$$

on conclura des formules (26), respectivement multipliées par les facteurs

$$1, \quad t^{-m}, \quad t^{-2m}, \quad \ldots, \quad t^{-(p-2)m},$$

puis combinées entre elles par voie d'addition,

$$(29) \quad \begin{cases} (p-1)\mathrm{a}_m \equiv p - 2 + t^{-m}\,\mathrm{S}(t^{ih+jk}) + t^{-2m}\,\mathrm{S}(t^{2(ih+jk)}) + \ldots \\ \qquad + t^{-(p-2)m}\,\mathrm{S}(t^{(p-2)(ih+jk)}) \end{cases} \pmod{p}$$

ou, ce qui revient au même,

$$(30) \quad \begin{cases} \mathrm{a}_m \equiv 2 - t^{(p-2)m}\,\mathrm{S}(t^{ih+jk}) - t^{(p-3)m}\,\mathrm{S}(t^{2(ih+jk)}) - \ldots \\ \qquad - t^{m}\,\mathrm{S}(t^{(p-2)(ih+jk)}) \end{cases} \pmod{p}.$$

La quantité positive a_m devant être, en vertu de la formule (11), inférieure à $p-2$ pourra être aisément déterminée à l'aide de la formule (30), si l'on parvient à trouver des quantités équivalentes, suivant le module p, à des sommes de la forme

$$\mathrm{S}(t^{ih+jk}) \quad \text{ou} \quad \mathrm{S}(t^{imh+jmk}).$$

Or concevons que, dans la somme

$$\mathrm{S}(t^{ih+jk}),$$

h et k se réduisent, comme on peut toujours le supposer, à deux termes de la suite

$$0, \quad 1, \quad 2, \quad 3, \quad \ldots, \quad p-2.$$

Alors, si l'on a

$$(31) \qquad h + k = 0,$$

ce qui suppose $h = 0$, $k = 0$, on trouvera évidemment

$$(32) \qquad \mathrm{S}(\tau^{ih+jk}) = p - 2,$$

par conséquent,

$$(33) \qquad \mathrm{S}(t^{ih+jk}) \equiv -2 \pmod{p}$$

et, si l'on suppose

$$(34) \qquad h + k = p - 1,$$

on trouvera

$$S(\tau^{ih+jk}) = S(\tau^{(j-i)k}) = \tau + \tau^2 + \ldots + \tau^{p-2}$$

ou, ce qui revient au même,

$$(35) \qquad S(\tau^{ih+jk}) = -1,$$

par conséquent,

$$S(t^{ih+jk}) \equiv S(t^{(j-i)k}) \equiv t + t^2 + \ldots + t^{p-2} \qquad (\text{mod.} p)$$

ou, ce qui revient au même,

$$(36) \qquad S(t^{ih+jk}) \equiv -1 \qquad (\text{mod.} p).$$

Si $h + k$ est renfermé entre les limites 0, $p - 1$, en sorte qu'on ait

$$(37) \qquad p - 1 > h + k > 0,$$

on trouvera, en vertu de la formule (9),

$$(38) \qquad S(t^{ih+jk}) \equiv S[t^{ih}(1 - t^i)^k] \qquad (\text{mod.} p)$$

et puisque, pour $i = 0$, on aura

$$1 - t^i = 0,$$

il est clair que, dans le second membre de la formule (38), on pourra étendre la sommation, indiquée par le signe S, ou comme dans le premier membre, aux seules valeurs de i comprises dans la suite

$$1, \quad 2, \quad 3, \quad \ldots, \quad p - 2$$

ou bien encore à toutes les valeurs de i comprises dans la suite

$$0, \quad 1, \quad 2, \quad 3, \quad \ldots, \quad p - 2.$$

D'ailleurs, dans cette dernière hypothèse, on aura, en vertu des formules (27) et (37),

$$S(t^{ih}) = 0, \qquad S(t^{i(h+1)}) = 0, \qquad \ldots, \qquad S(t^{i(h+k)}) \equiv 0 \qquad (\text{mod.} p);$$

et, par suite, après le développement de

$$(1 - t^i)^k$$

suivant les puissances ascendantes de t^i, le second membre de la formule (38) se composera d'une suite de termes dont chacun sera équivalent à zéro suivant le module p. Donc la condition (37) entraînera l'équivalence

$$\mathrm{S}(t^{ih+jk}) \equiv 0 \quad (\mathrm{mod.}\, p). \tag{39}$$

Supposons enfin

$$h + k > p - 1. \tag{40}$$

Alors, $h + k$ étant renfermé entre les limites $p - 1$, $2(p - 1)$, si l'on pose

$$\mathrm{h} = (p - 1) - h, \qquad \mathrm{k} = (p - 1) - k, \tag{41}$$

la somme

$$\mathrm{h} + \mathrm{k} = 2(p - 1) - (h + k)$$

sera renfermée entre les limites 0, $p - 1$, de manière à vérifier la condition

$$p - 1 > \mathrm{h} + \mathrm{k} > 0. \tag{42}$$

Alors aussi on aura

$$\mathrm{S}(t^{ih+jk}) \equiv \mathrm{S}(t^{-i\mathrm{h}-j\mathrm{k}}) \quad (\mathrm{mod.}\, p);$$

puis, en posant

$$j - i \equiv \iota \quad (\mathrm{mod.}\, p) \tag{43}$$

ou, ce qui revient au même,

$$j \equiv i + \iota,$$

on trouvera

$$\mathrm{S}(t^{ih+jk}) \equiv \mathrm{S}(t^{-\iota\mathrm{k}}\, t^{-i(\mathrm{h}+\mathrm{k})}) \quad (\mathrm{mod.}\, p).$$

D'ailleurs, comme, en vertu de l'équivalence (43), la formule (9) se réduit à

$$t^{-i} \equiv 1 + t^{\iota} \quad (\mathrm{mod.}\, p) \tag{44}$$

on trouvera encore

$$(45) \qquad S(t^{ih+jk}) \equiv S[t^{-\iota k}(1+t^{\iota})^{h+k}] \qquad (\text{mod}.p).$$

Dans le second membre de la formule (45), la sommation indiquée par le signe S doit s'étendre aux diverses valeurs de t^{ι} qui permettent de vérifier la condition (44), par conséquent aux diverses valeurs de ι comprises dans la suite

$$0, \quad 1, \quad 2, \quad 3, \quad \ldots \quad p-2,$$

mais distinctes de la valeur

$$\iota = \frac{p-1}{2},$$

pour laquelle il ne serait plus possible de vérifier la condition (44), réduite à la forme inadmissible

$$t^{-i} \equiv 0,$$

et comme, pour $\iota = \frac{p-1}{2}$, on aura $t^{\iota} \equiv -1$, par conséquent

$$1 + t^{\iota} \equiv 0 \qquad (\text{mod}.p),$$

il en résulte que, dans le second membre de la formule (45), la sommation indiquée par le signe S pourra être étendue sans inconvénient à toutes les valeurs

$$0, \quad 1, \quad 2, \quad 3, \quad \ldots, \quad p-2$$

de l'exposant ι. Or, dans cette dernière hypothèse, en développant

$$(1+t^{\iota})^{h+k}$$

suivant les puissances ascendantes de t^{ι}, puis ayant égard aux formules (27), (28) et (42), on tirera de l'équation (45)

$$S(t^{ih+jk}) \equiv (p-1)\frac{1.2.3.\ldots.(h+k)}{(1.2.\ldots.h)(1.2.\ldots.k)} \qquad (\text{mod}.p)$$

ou, ce qui revient au même,

$$(46) \qquad S(t^{ih+jk}) \equiv -\Pi_{h,k} \qquad (\text{mod}.p),$$

la valeur de $\Pi_{\mathrm{h},\mathrm{k}}$ étant

$$\Pi_{\mathrm{h},\mathrm{k}} \equiv \frac{1.2.3\ldots\ldots(\mathrm{h}+\mathrm{k})}{(1.2\ldots\ldots\mathrm{h})(1.2\ldots\ldots\mathrm{k})}. \tag{47}$$

Il est bon d'observer que la formule (46), dans laquelle h,k et h,k sont liés entre eux par les équations (41), s'étend au cas même où la somme

$$h+k$$

redeviendrait inférieure à $p-1$ et se trouverait comprise entre les limites

$$0, \quad p-1.$$

Alors, en effet, comme on aurait

$$\mathrm{h}+\mathrm{k} > p-1 \tag{48}$$

et, par suite,

$$1.2.3\ldots\ldots(\mathrm{h}+\mathrm{k}) \equiv 0 \qquad (\mathrm{mod}.p),$$

l'équivalence (47) donnerait évidemment

$$\Pi_{\mathrm{h},\mathrm{k}} \equiv 0 \tag{49}$$

et, en conséquence, la formule (46) se trouverait réduite à la formule (39).

Observons encore que de la formule (46), jointe aux équations (41), on tire immédiatement

$$\mathrm{S}(t^{ih+jk}) \equiv -\Pi_{p-1-h,p-1-k} \qquad (\mathrm{mod}.p). \tag{50}$$

Dans les formules qui précèdent, chacune des lettres h, k représente l'un des nombres

$$0, \quad 1, \quad 2, \quad 3, \quad \ldots, \quad p-2$$

et, par suite, chacune des lettres h, k représente l'un des nombre

$$1, \quad 2, \quad 3, \quad 4, \quad \ldots, \quad p-1.$$

Pour rendre les notations facilement applicables au cas où

$$h, \quad k, \quad \mathrm{h}, \quad \mathrm{k}$$

représenteraient des quantités entières quelconques, soit positives, soit négatives, nous désignerons généralement par

$$\Pi_{h,k}$$

ce que devient le rapport

$$\frac{1.2.3.....(h+k)}{(1.2.....h)(1.2.....k)}$$

quand on y remplace les quantités entières

$$h \quad \text{et} \quad k$$

par les deux termes qui, dans la suite

$$1, \quad 2, \quad 3, \quad 4, \quad \ldots, \quad p-1,$$

sont équivalentes à ces quantités, suivant le module $p-1$. Cela posé, la formule (50), étendue à des valeurs entières quelconques de h et de k, donnera généralement, si $h+k$ n'est pas divisible par $p-1$,

$$(51) \qquad S(t^{ih+jk}) \equiv -\Pi_{-h,-k} \qquad (\text{mod.}\, p).$$

Ajoutons que, si $h+k$ devient divisible par $p-1$, la formule (51) devra être remplacée, ou par la formule (33), ou par la formule (36); savoir : par la formule (33) lorsque $p-1$ divisera séparément h et k et par la formule (36) dans le cas contraire.

Concevons maintenant que, dans les formules (33), (36) et (51), on remplace

$$h \text{ par } mh \quad \text{et} \quad k \text{ par } mk,$$

m étant un terme de la suite

$$0, \quad 1, \quad 2, \quad 3, \quad \ldots, \quad p-2.$$

Alors on trouvera : 1° en supposant mh et mk séparément divisibles par $p-1$,

$$(52) \qquad S(t^{m(ih+jk)}) \equiv -2 \qquad (\text{mod.}\, p)$$

2° en supposant que $p-1$ divise la somme

$$m(h+k) = mh+mk$$

sans diviser ses deux parties mh, mk,

$$(53) \qquad S(t^{m(ih+jk)}) \equiv -1 \qquad (\text{mod.}\,p);$$

3° en supposant le produit $m(h+k)$ non divisible par $p-1$,

$$(54) \qquad S(t^{m(ih+jk)}) \equiv -\Pi_{-mh,-mk} \qquad (\text{mod.}\,p).$$

En vertu de ces dernières équivalences, la formule (30) donnera

$$(55) \quad \left\{ \begin{aligned} \mathfrak{a}_m \equiv 2 &+ \Pi_{-h,-k}\, t^{(p-2)m} \\ &+ \Pi_{-2h,-2k}\, t^{(p-3)m} + \ldots + \Pi_{-(p-2)h,-(p-2)k}\, t^m \end{aligned} \right. \quad (\text{mod.}\,p)$$

ou, ce qui revient au même,

$$(56) \quad \mathfrak{a}_m \equiv 2 + \Pi_{h,k}\, t^m + \Pi_{2h,2k}\, t^{2m} + \ldots + \Pi_{(p-2)h,(p-2)k}\, t^{(p-2)m} \qquad (\text{mod.}\,p),$$

pourvu que, ι désignant l'un quelconque des nombres entiers

$$1, \quad 2, \quad 3, \quad \ldots, \quad p-2,$$

on ait soin de remplacer généralement le coefficient $t^{\iota m}$, savoir

$$\Pi_{\iota h,\iota k}:$$

1° par l'unité, quand $p-1$ divisera la somme des produits ιh, ιk sans diviser chacun d'eux ; 2° par le nombre 2 quand $p-1$ divisera séparément chacun de ces produits.

Lorsque, à l'aide de la formule (56), on aura calculé les valeurs de

$$\mathfrak{a}_0, \quad \mathfrak{a}_1, \quad \mathfrak{a}, \quad \ldots, \quad \mathfrak{a}_{p-2},$$

correspondant à une valeur donnée de t et à des valeurs de h, k pour lesquelles la somme $h+k$ n'est pas divisible par $p-1$, alors, pour obtenir la valeur de

$$R_{h,k},$$

il suffira de recourir à l'équation (12).

Pour montrer une application de la formule (56), considérons en particulier le cas où l'on aurait

$$p = 5.$$

Alors, si l'on suppose, comme on peut le faire, $t=2$, la formule (56) donnera

$$a_m \equiv 2 + \Pi_{h,k} 2^m + \Pi_{2h,2k} 2^{2m} + \Pi_{3h,3k} 2^{3m} \pmod{5}.$$

Si d'ailleurs on prend

$$h = 1, \quad k = 1,$$

on trouvera

$$a_m \equiv 2 + \Pi_{1,1} 2^m + \Pi_{2,2} 2^{2m} + \Pi_{3,3} 2^{3m} \pmod{5}$$

ou plutôt

$$a_m \equiv 2 + \Pi_{1,1} 2^m + 2^{2m} + \Pi_{3,3} 2^{3m} \pmod{5}$$

en remplaçant, comme on doit le faire,

$$\Pi_{2,2}$$

par l'unité, attendu que $p - 1 = 4$ divise la somme

$$2 + 2$$

des indices placés ici au bas de la lettre Π sans diviser séparément chacun d'eux. Comme on aura d'ailleurs, en vertu de la formule (47),

$$\Pi_{1,1} = \frac{1 \cdot 2}{1 \cdot 1} = 2$$

et, en vertu de la formule (49),

$$\Pi_{3,3} = 0,$$

on trouvera définitivement, dans l'hypothèse admise,

$$a_m \equiv 2 + 2^{m+1} + 2^{2m} \pmod{5},$$

ou, ce qui revient au même,

$$a_m \equiv 2 + (-1)^m + 2^{m+1} \pmod{5},$$

puis on conclura : 1° pour des valeurs paires de m,

$$a_m \equiv -2 + 2^{m+1};$$

2° pour des valeurs impaires de m,

$$a_m \equiv 1 + 2^{m+1}$$

et, par suite,

$$a_0 \equiv 0, \quad a_1 \equiv 5 \equiv 0, \quad a_2 \equiv 6 \equiv 1, \quad a_3 \equiv 17 \equiv 2 \pmod{5}.$$

Donc, puisque chacun des coefficients

$$a_0, \quad a_1, \quad a_2, \quad a_3$$

doit être nul ou positif et ne peut surpasser $p - 2 = 3$, on aura nécessairement

$$a_0 = 0, \qquad a_1 = 0, \qquad a_2 = 1, \qquad a_3 = 2.$$

Cela posé, la formule (12) donnera

$$R_{1,1} = \tau^2 + 2\tau^3.$$

On se trouve donc ainsi ramené à l'une des formules que nous avions déduites directement de la formule (8).

On pourrait remarquer que l'unité, par laquelle nous avons remplacé le coefficient

$$\Pi_{2,2} = \frac{1.2.3.4}{(1.2)(1.2)} = 6,$$

est équivalente à ce coefficient suivant le module 5. Mais on se tromperait si l'on supposait que, dans le cas où $p - 1$ divise $h + k$ sans diviser h et k, on a toujours

$$\Pi_{h,k} \equiv 1 \qquad (\text{mod}.p).$$

Effectivement, en prenant comme ci-dessus $p = 5$, on trouvera

$$\Pi_{1,3} = \frac{1.2.3.4}{1.(1.2.3)} = 4 \equiv -1 \qquad (\text{mod}.5).$$

En général, si $p - 1$ divise $h + k$ sans diviser h et k, alors h et k, étant réduits chacun à l'un des nombres

$$1, \quad 2, \quad 3, \quad \ldots, \quad p - 2,$$

fourniront une somme précisément égale à $p - 1$, en sorte qu'on aura

$$h + k = p - 1 \equiv -1 \qquad (\text{mod}.p),$$
$$k \equiv -h - 1 \qquad (\text{mod}.p),$$

et, par suite,

$$(k+1)(k+2)\ldots(k+h) \equiv (-1)^h 1.2.3\ldots\ldots h.$$

Or, on tire de cette dernière formule

$$(-1)^h \equiv \frac{(k+1)(k+2)\ldots(k+h)}{1.2\ldots\ldots h} \equiv \frac{1.2.3\ldots\ldots(k+h)}{(1.2\ldots\ldots h)(1.2\ldots\ldots k)},$$

par conséquent

$$(57) \qquad \Pi_{h,k} \equiv (-1)^h \quad (\text{mod.}\, p);$$

et il résulte évidemment de l'équivalence (57) que, dans la formule (56), on peut laisser à $t^{\iota m}$, pour coefficient, l'expression

$$\Pi_{\iota h, \iota k},$$

lors même que $p-1$ divise la somme $\iota h + \iota k$, sans diviser ιh et ιk, pourvu que ιh et ιk offrent des valeurs paires.

Une conséquence importante à laquelle on se trouve immédiatement conduit par la seule inspection des formules (8) et (51), c'est que, dans le cas où la somme $h + k$ n'est pas divisible par $p-1$, l'expression

$$\Pi_{-h,-k}$$

équivaut, au signe près, à ce que devient la fonction entière de τ représentée par

$$R_{h,k},$$

quand on y remplace une racine primitive τ de l'équation

$$x^{p-1} = 1$$

par une racine primitive t de l'équivalence

$$x^{p-1} \equiv 1 \quad (\text{mod.}\, p).$$

Cette dernière racine t doit d'ailleurs coïncider avec celle que renferme la formule (9).

Lorsqu'on veut appliquer à des cas particuliers les formules ci-dessus établies, toute la difficulté se réduit à trouver, pour des valeurs de h et de k positives, mais inférieures au module p, des quantités équivalentes aux expressions de la forme

$$\Pi_{h,k} = \frac{1.2.3\ldots\ldots(h+k)}{(1.2\ldots\ldots h)(1.2\ldots\ldots k)},$$

c'est-à-dire aux coefficients numériques que renferme le développement de la puissance

$$(1+t)^{\mathrm{h}+\mathrm{k}}$$

du binome $1+t$. Le calcul direct de ces coefficients devient assez pénible lorsque le nombre t acquiert une valeur considérable. Mais alors même des quantités équivalentes à ces coefficients, suivant le module p, peuvent être assez facilement obtenues par l'une des méthodes que nous allons indiquer.

D'abord, si, en désignant par t une racine primitive de l'équivalence

$$t^{p-1} \equiv 1 \quad (\bmod. p),$$

on nomme *indices* des nombres entiers

$$1, \quad 2, \quad 3, \quad 4, \quad \ldots$$

les diverses valeurs de l'exposant i, pour lesquelles la puissance t^i deviendra successivement équivalente à ces nombres entiers suivant le module p, il est clair, d'une part, que deux nombres seront équivalents, suivant le module p, quand leurs indices seront, ou égaux, ou équivalents suivant le module $p-1$, d'autre part que l'indice d'un produit sera équivalent à la somme des indices de ses facteurs et l'indice d'un rapport à la différence des indices de ses deux termes. Cela posé, si, en se bornant à considérer des nombres entiers et des indices plus petits que la limite p, on construit deux Tables qui offrent le nombre correspondant à chaque indice et l'indice correspondant à chaque nombre, l'addition successive des indices placés à la suite les uns des autres dans la seconde Table fournira les indices des produits

$$1.2, \quad 1.2.3, \quad 1.2.3.4, \quad \ldots$$

et dès lors il deviendra facile de calculer l'indice du rapport

$$\Pi_{\mathrm{h},\mathrm{k}} = \frac{1.2.3.\ldots.(\mathrm{h}+\mathrm{k})}{(1.2.\ldots.\mathrm{h})(1.2.\ldots.\mathrm{k})},$$

par conséquent une quantité qui soit équivalente à ce rapport suivant le module p. M. Jacobi ayant effectivement construit les Tables dont nous venons de parler pour toute valeur de p inférieure à 1000, il en résulte que, pour une semblable valeur, on obtiendra sans peine un nombre équivalent à $\Pi_{h,k}$ suivant le module p.

Il est bon d'observer qu'au lieu de réduire chaque indice à l'un des nombres

$$0, \quad 1, \quad 2, \quad 3, \quad \ldots, \quad p-2,$$

on pourrait le réduire à l'une des quantités

$$-\frac{p-1}{2}, \quad -\frac{p-3}{2}, \quad \ldots, \quad -2, \quad -1, \quad 0, \quad 1, \quad 2, \quad \ldots, \quad \frac{p-3}{2}, \quad \frac{p-1}{2}.$$

Supposons, pour fixer les idées,

$$p=17.$$

Alors en prenant, comme on peut le faire, $t=10$, on reconnaîtra qu'aux nombres

$$1, \quad 2, \quad 3, \quad 4, \quad 5, \quad 6, \quad 7, \quad 8, \quad 9, \quad 10, \quad 11, \quad 12, \quad 13, \quad 14, \quad 15, \quad 16$$

correspondent les indices

$$0, \quad 10, \quad 11, \quad 4, \quad 7, \quad 5, \quad 9, \quad 14, \quad 6, \quad 1, \quad 13, \quad 15, \quad 12, \quad 3, \quad 2, \quad 8$$

ou

$$0, \quad -6, \quad -5, \quad 4, \quad 7, \quad 5, \quad -7, \quad -2, \quad 6, \quad 1, \quad -3, \quad -1, \quad -4, \quad 3, \quad 2, \quad 8.$$

Or les sommes formées par l'addition successive de ces indices seront équivalentes, suivant le module 16, aux quantités

$$0, \quad -6, \quad 5, \quad -7, \quad 0, \quad 5, \quad -2, \quad -4, \quad 2, \quad 3, \quad 0, \quad -1, \quad -5, \quad -2, \quad 0, \quad 8.$$

Donc ces dernières quantités représenteront les indices des produits de la forme

$$1.2.3.4\ldots.h,$$

pour les valeurs de h représentées par les nombres

$$1, \quad 2, \quad 3, \quad 4, \quad 5, \quad 6, \quad 7, \quad 8, \quad 9, \quad 10, \quad 11, \quad 12, \quad 13, \quad 14, \quad 15, \quad 16.$$

Ainsi, en particulier, quatre de ces produits correspondront à l'indice 0 et seront, en conséquence, équivalents à l'unité suivant le module 17; tandis qu'un seul produit, ayant 8 pour indice, sera équivalent à 16 ou à -1, suivant ce même module. Les quatre produits équivalents à $+1$ seront ceux qu'on obtiendra en prenant pour h un des nombres

$$1, \quad 5, \quad 11, \quad 15$$

et se réduiront à

$$1, \quad 1.2.3.4.5,$$

$$1.2.3.4.5.6.7.8.9.10.11, \quad 1.2.3.4.5.6.7.8.9.10.11.12.13.14.15,$$

tandis que le seul produit, équivalent à -1, sera, conformément à un théorème connu, le produit de tous les nombres entiers positifs inférieurs au module 17, savoir :

$$1.2.3.4.5.6.7.8.9.10.11.12.13.14.15.16.$$

Il sera maintenant facile de calculer les valeurs de

$$\Pi_{h,k}$$

correspondant à la valeur 17 du module p et à des valeurs données de h, k. Ainsi, par exemple, en posant

$$h = 4, \qquad k = 4, \qquad h + k = 8,$$

on trouvera pour indice des produits

$$1.2.3.4, \quad 1.2.3.4.5.6.7.8$$

les quantités

$$-7, \quad -4.$$

Donc l'indice du rapport

$$\Pi_{h,k} = \frac{1.2.3.4.5.6.7.8}{(1.2.3.4)(1.2.3.4)}$$

sera

$$-4+7+7=10 \equiv -6 \qquad (\text{mod.}\, 16),$$

et, en conséquence, ce rapport sera équivalent, suivant le module 17, au nombre 2. Pareillement, si l'on prend

$$h = 2, \qquad k = 6, \qquad h + k = 8,$$

on trouvera pour indices des produits

$$1.2, \quad 1.2.3.4.5.6, \quad 1.2.3.4.5.6.7.8$$

les quantités

$$-6, \quad 5, \quad -4.$$

Donc l'indice du rapport

$$\Pi_{2,6} = \frac{1.2.3.4.5.6.7.8}{(1.2)(1.2.3.4.5.6)}$$

sera

$$-4 + 6 - 5 = -3,$$

et, en conséquence, ce rapport sera équivalent, suivant le module 17, au nombre 11 ou, ce qui revient au même, à la quantité négative -6.

Au reste, sans recourir aux Tables qui fournissent, pour chaque module, l'indice correspondant à un nombre ou le nombre correspondant à un indice donné, on pourrait, à l'aide de simples additions et soustractions, obtenir facilement des quantités équivalentes aux diverses valeurs de $\Pi_{h,k}$, c'est-à-dire aux nombres figurés des divers ordres. En effet, d'après les propriétés bien connues de ces nombres, on peut les déduire par addition les uns des autres en formant ce qu'on appelle le *triangle arithmétique* de Pascal. Il suffira donc, pour arriver au but qu'on se propose, de calculer quelques-uns des termes que doit renfermer le triangle arithmétique en réduisant chacun d'eux à un nombre inférieur au module donné ou à une quantité dont la valeur numérique ne surpasse pas la moitié de ce module. Entrons à ce sujet dans quelques détails.

Supposons les deux nombres h, k inférieurs au module p ou même à $p-1$. Il suit évidemment de la formule (47) que les valeurs de

$$\Pi_{h,k}, \quad \Pi_{h-1,k}, \quad \Pi_{h,k-1}$$

seront respectivement égales aux produits du rapport

$$\frac{1.2.3\ldots\ldots(h+k-1)}{[(1.2\ldots\ldots(h-1)][(1.2\ldots\ldots(k-1)]}$$

par les trois nombres

$$\frac{h+k}{hk}, \quad \frac{1}{k}, \quad \frac{1}{h}.$$

Or, comme le premier de ces trois nombres est précisément la somme des deux autres, nous devons en conclure qu'on aura

$$\Pi_{h,k} = \Pi_{h-1,k} + \Pi_{h,k-1}. \tag{58}$$

De plus, il est clair qu'on aura, en vertu de la formule (47), non seulement

$$\Pi_{h,k} = \Pi_{k,h}, \tag{59}$$

mais encore

$$\Pi_{h,1} = h + 1, \qquad \Pi_{1,k} = k + 1. \tag{60}$$

Cela posé, imaginons une Table, analogue à la Table de Pythagore, dans laquelle la première ligne verticale et la première ligne horizontale renferment les valeurs de h, k positives et inférieures à p ou même à $p - 1$, c'est-à-dire les nombres

$$1, \quad 2, \quad 3, \quad 4, \quad \ldots, \quad p-2,$$

et concevons que, dans la case correspondant à des valeurs données de h, k, on place une quantité, non seulement équivalente à $\Pi_{h,k}$, suivant le module p, mais, de plus, renfermée entre les limites $-\frac{p}{2}, +\frac{p}{2}$. Il résulte des formules (60) que, dans la Table dont il s'agit, chaque terme de la seconde ligne horizontale ou verticale sera équivalent au terme correspondant de la première ligne augmenté de l'unité, et de la formule (58) que, dans chacune des autres lignes horizontales et verticales, un terme quelconque sera équivalent à la somme des deux termes antérieur et supérieur, c'est-à-dire des deux termes qui le précèdent immédiatement, l'un dans la même ligne horizontale, l'autre dans la même ligne verticale. Or, ces remarques fournissent un moyen très simple de construire la Table que nous venons d'imaginer et qui, dans le cas où l'on suppose $p = 17$, se réduit à la suivante :

Quantités équivalentes aux nombres figurés suivant le module $p = 17$.

	1	2	3	4	5	6	7	8	9	10	11	12	13	14	15	16
1	2	3	4	5	6	7	8	−8	−7	−6	−5	−4	−3	−2	−1	0
2	3	6	−7	−2	4	−6	2	−6	4	−2	−7	6	3	1	0	
3	4	−7	3	1	5	−1	1	−5	−1	−3	7	−4	−1	0		
4	5	−2	1	2	7	6	7	2	1	−2	5	1	0			
5	6	4	5	7	−3	3	−7	−5	−4	−6	−1	0				
6	7	−6	−1	6	3	6	−1	−6	7	1	0					
7	8	2	1	7	−7	−1	−2	−8	−1	0						
8	−8	−6	−5	2	−5	−6	−8	1	0							
9	−7	4	−1	1	−4	7	−1	0								
10	−6	−2	−3	−2	−6	1	0									
11	−5	−7	7	5	−1	0										
12	−4	6	−4	1	0											
13	−3	3	−1	0												
14	−2	1	0													
15	−1	0														
16	0															

Dans la Table précédente, on s'est dispensé d'écrire les quantités auxquelles $\Pi_{h,k}$ devient équivalent, lorsque la somme $h + k$ est renfermée entre les limites p, $2(p-1)$; attendu que ces quantités, en vertu de la formule (49), se réduisent toutes à zéro, comme celles qui correspondent au cas où l'on a

$$h + k = p.$$

Quant à celles qui répondent au cas où l'on a

$$h + k = p - 1,$$

elles se réduisent alternativement, en vertu de la formule (57), à $+1$ ou à -1, selon que h est pair ou impair, et occupent les cases situées sur l'une des diagonales de la Table. Les cases situées sur l'autre diagonale renferment les quantités

$$2,\quad 6,\quad 3,\quad 2,\quad -3,\quad 6,\quad -2,\quad 1$$

qui représentent les valeurs de

$$\Pi_{h,h}$$

correspondant aux valeurs

$$1,\quad 2,\quad 3,\quad 4,\quad 5,\quad 6,\quad 7,\quad 8$$

du nombre h; et, dans les cases symétriquement placées à l'égard de cette autre diagonale, on trouve des quantités deux à deux égales entre elles, conformément à l'équation (59). Ajoutons que les quantités écrites dans la partie du Tableau comprise entre la première ligne horizontale, la première ligne verticale et la première diagonale, sont encore, dans chaque ligne horizontale ou verticale, égales deux à deux, au signe près, à distances égales des extrémités de chaque ligne. Or, c'est ce qu'il était facile de prévoir. Car si l'on nomme

$$h,\quad k,\quad l$$

trois quantités entières, non divisibles par $p-1$ et choisies de manière à vérifier la formule

$$h+k+l=p-1 \tag{61}$$

ou même, plus généralement, de manière à vérifier l'équivalence

$$h+k+l\equiv 0 \qquad (\text{mod.}\, p-1), \tag{62}$$

on aura, en vertu de l'équation (3),

$$\Theta_{h+k}=\Theta_{-l}=(-1)^l\frac{p}{\Theta_l}$$

et, par suite,

$$R_{h,k}=\frac{\Theta_h\Theta_k}{\Theta_{h+k}}=(-1)^l\frac{\Theta_h\Theta_k\Theta_l}{p}.$$

Or, cette dernière équation devant subsister, ainsi que la formule (61) ou (62), lorsqu'on échange entre eux les nombres

$$\mathrm{h}, \quad \mathrm{k}, \quad \mathrm{l},$$

on en conclura

$$(63)\qquad \frac{\Theta_h \Theta_k \Theta_l}{p} = (-1)^h R_{k,l} = (-1)^k R_{l,h} = (-1)^l R_{h,k}.$$

On aura donc, dans l'hypothèse admise,

$$(64)\qquad (-1)^h R_{k,l} = (-1)^k R_{l,h} = (-1)^l R_{h,k};$$

et, en remplaçant τ par t, on trouvera

$$(65)\qquad (-1)^h \Pi_{k,l} \equiv (-1)^k \Pi_{l,h} \equiv (-1)^l \Pi_{h,k} \quad (\mathrm{mod}.\, p).$$

On tirera d'ailleurs de la formule (65)

$$\Pi_{h,l} \equiv (-1)^{l-k} \Pi_{h,k} \equiv (-1)^h \Pi_{h,k} \quad (\mathrm{mod}.\, p)$$

ou, ce qui revient au même,

$$(66)\qquad \Pi_{h,p-1-h-k} \equiv (-1)^h \Pi_{h,k} \quad (\mathrm{mod}.\, p).$$

Il serait au reste facile de déduire directement la formule (66) de l'équation (47), par un calcul semblable à celui qui nous a conduits à la formule (57).

Les formules (49), (57), (58), (59), (60), (66) offrent le moyen de simplifier la recherche des quantités équivalentes à $\Pi_{h,k}$, et la construction de la Table qui les renferme; et d'abord il résulte des formules (49), (57) qu'on pourra se borner à calculer, dans cette Table, les termes correspondant à des valeurs de h, k, pour lesquelles on aura

$$(67)\qquad \mathrm{h} + \mathrm{k} < p - 1.$$

De plus, eu égard à la formule (59), on pourra supposer que h est le plus petit des deux nombres h, k, lorsque ces deux nombres deviennent inégaux; et, en admettant cette supposition, on tirera de la formule (67)

$$(68)\qquad \mathrm{h} < \frac{p-1}{2}.$$

Ce n'est pas tout : en vertu de la formule (66), on pourra se borner à calculer celles des quantités équivalentes à $\Pi_{\mathrm{h,k}}$ pour lesquelles on a

$$\mathrm{k} \leqq p - 1 - \mathrm{h} - \mathrm{k},$$

par conséquent,

$$\mathrm{k} \leqq \frac{p - 1 - \mathrm{h}}{2}; \tag{69}$$

et, de la condition

$$\mathrm{h} \leqq \mathrm{k},$$

combinée avec la formule (69), on tirera

$$\mathrm{h} \leqq \frac{p - 1}{3}. \tag{70}$$

On pourra donc, dans la Table ci-dessus mentionnée, conserver seulement la première ligne horizontale et la première ligne verticale, avec les cases correspondant aux valeurs de h, comprises entre les limites

$$\mathrm{h} = 1, \qquad \mathrm{h} = \frac{p-1}{3} \quad \text{ou} \quad \frac{p-2}{3},$$

et aux valeurs de k, renfermées entre les limites

$$\mathrm{k} = \mathrm{h}, \qquad \mathrm{k} = \frac{p - 1 - \mathrm{h}}{2} \quad \text{ou} \quad \frac{p - 2 - \mathrm{k}}{2}.$$

Ainsi, en particulier, si l'on suppose $p = 17$, la Table dont il s'agit pourra être réduite à la suivante :

Quantités équivalentes aux nombres figurés suivant le module 17.

	1	2	3	4	5	6	7
1	2	3	4	5	6	7	8
2		6	−7	−2	4	−6	2
3			3	1	5	−1	
4				2	7	6	
5					−3		

Pour construire cette dernière Table, il suffit de placer dans la première ligne verticale les valeurs de h inférieures à

$$\frac{p-1}{3}=5+\frac{1}{3},$$

savoir

$$1,\quad 2,\quad 3,\quad 4,\quad 5,$$

et dans la première ligne horizontale, les valeurs de k inférieures à

$$\frac{p-1}{2}=8,$$

savoir

$$1,\quad 2,\quad 3,\quad 4,\quad 5,\quad 6,\quad 7;$$

puis de remplir, pour chaque valeur de h, les cases correspondant aux valeurs de k comprises entre les limites

$$\mathrm{h},\quad \frac{p-1-h}{2},$$

en opérant comme il suit :

Pour obtenir les termes

$$2,\quad 3,\quad 4,\quad 5,\quad 6,\quad 7,\quad 8$$

qui devront composer la deuxième ligne horizontale, on ajoutera l'unité aux termes correspondants de la première ligne. De plus, comme des formules (58) et (59) on tire

$$(71)\qquad \Pi_{\mathrm{h},\mathrm{h}}=2\,\Pi_{\mathrm{h}-1,\mathrm{h}},$$

il est clair que, dans chacune des lignes horizontales qui suivront la deuxième, le premier terme conservé devra être équivalent, suivant le module 17, au double du terme immédiatement supérieur, et chacun des autres termes conservés à la somme faite des deux termes placés en avant et au-dessus de celui que l'on considère.

En opérant de cette manière, on trouvera pour termes de la troisième ligne horizontale, les quantités

$$6=2.3,\qquad -7\equiv 6+4,\qquad -2\equiv -7+5,\qquad 4\equiv -2+6,$$
$$-6\equiv 4+7,\qquad 2\equiv -6+8;$$

pour termes de la quatrième ligne, les quantités

$$3 \equiv 2(-7), \qquad 1 = 3 - 2, \qquad 5 = 1 + 4, \qquad -1 = 5 - 6;$$

pour termes de la cinquième ligne, les quantités

$$2 = 2.1, \qquad 7 = 2 + 5, \qquad 6 = 7 - 1;$$

enfin, pour terme unique de la sixième ligne horizontale, la quantité

$$-3 \equiv 2.7 \qquad (\text{mod. } 17).$$

A la seule inspection de la Table construite comme on vient de le dire, on obtiendra immédiatement les quantités équivalentes à $\Pi_{h,k}$, pour des valeurs de h et de k non situées hors des limites

$$(72) \qquad h = 1, \qquad h = \frac{p-1}{3}; \qquad k = h, \qquad k = \frac{p-1-h}{2};$$

et l'on trouvera, par exemple, en supposant toujours $p = 17$,

$$\Pi_{4,4} \equiv 2, \qquad \Pi_{2,6} \equiv -6 \qquad (\text{mod. } 17).$$

Si les valeurs de h, k, n'étant plus situées entre les limites (72), étaient néanmoins des valeurs positives propres à vérifier encore la condition (67), on devrait joindre à la Table construite les formules (59) et (66). On trouverait ainsi, par exemple,

$$\left.\begin{array}{l} \Pi_{6,8} \equiv \Pi_{6,2} \equiv \Pi_{2,6} \equiv 6 \\ \Pi_{7.7} \equiv -\Pi_{7,2} \equiv -\Pi_{2,7} \equiv -2 \end{array}\right\} (\text{mod. } 17).$$

Enfin, si les quantités h, k acquéraient des valeurs quelconques positives ou négatives, mais non divisibles par $p-1$, on devrait d'abord les réduire, par l'addition ou la soustraction de $p-1$ ou de ses multiples, à des quantités positives, mais inférieures à $p-1$, puis, après cette réduction, on aurait recours soit à la formule (49), soit à la formule (57), soit à la Table construite et aux formules (59), (66), suivant que la somme h + k serait supérieure, égale ou inférieure au nombre $p - 1$.

Il est inutile de s'occuper du cas où l'une des quantités h, k et, par suite, l'une des quantités h, k deviendrait divisible par p, attendu que, dans cette hypothèse, on n'a plus besoin de recourir à la formule (56) pour déterminer la valeur de $R_{h,k}$ qui, en vertu de l'équation (5), se réduit à -1.

Un moyen fort simple de prévenir et de reconnaître les erreurs qui pourraient se glisser dans la construction de la Table ci-dessus mentionnée, consiste à introduire dans chaque ligne horizontale un terme de plus. Effectivement, en vertu de la formule (66), si l'on fait entrer un nouveau terme dans une ligne horizontale correspondant à une valeur donnée de h, ce nouveau terme devra être égal au terme précédent, pris en signe contraire, ou à l'avant-dernier terme de la même ligne, suivant que la valeur de h sera un nombre impair ou un nombre pair. Donc si, au moment où l'on parvient à l'extrémité d'une ligne horizontale, il arrivait que la condition dont nous venons de parler ne fût pas remplie, on devrait recommencer le calcul des termes compris dans cette ligne. En opérant comme on vient de le dire, et supposant par exemple $n = 17$, on obtiendra, au lieu de la Table trouvée plus haut, celle que nous allons transcrire :

Quantités équivalentes aux nombres figurés suivant le module 17.

	1	2	3	4	5	6	7	8
1	2	3	4	5	6	7	8	−8
2		6	−7	−2	4	−6	2	−6
3			3	1	5	−1	1	
4				2	7	6	7	
5					−3	3		

Si l'on supposait au contraire $p = 19$ ou $p = 29$, on obtiendrait les Tableaux suivants :

Quantités équivalentes aux nombres figurés suivant le module 19.

	1	2	3	4	5	6	7	8	9
1	2	3	4	5	6	7	8	9	−9
2		6	−9	−4	2	9	−2	7	−2
3			1	−3	−1	8	6	−6	
4				−6	−7	1	7	1	
5					5	6	−6		
6						−7			

Quantités équivalentes aux nombres figurés suivant le module 29

	1	2	3	4	5	6	7	8	9	10	11	12	13	14
1	2	3	4	5	6	7	8	9	10	11	12	13	14	−14
2		6	10	−14	−8	−1	7	−13	−3	8	−9	4	−11	4
3			−9	6	−2	−3	4	−9	−12	−4	−13	−9	9	
4				12	10	7	11	2	−10	−14	2	−7	2	
5					−9	−2	9	11	1	−13	−11	11		
6						−4	5	−13	−12	4	−7	4		
7							10	−3	14	−11	11			
8								−6	8	−3	8			
9									−13	13				

Lorsque, dans la formule (56), on substitue les quantités équivalentes à

$$\Pi_{h,k}, \quad \Pi_{2h,2k}, \quad \ldots, \quad \Pi_{(p-2)h,(p-2)k},$$

déterminées par l'une des méthodes que nous venons d'exposer, on obtient une valeur de a_m qui dépend évidemment de la valeur attribuée à t. Or, t désignant une des racines primitives de l'équation

$$x^{p-1} \equiv 1 \quad (\text{mod.}\, p),$$

si l'on pose

$$t^{\iota} = t',$$

ι étant un nombre premier à $p-1$, t' sera une autre racine primitive de la même équivalence; et comme, dans Θ_h, le coefficient de

$$\theta^{t^{\iota m}} = \theta^{t'^m}$$

sera

$$\tau^{m\iota h},$$

il est clair que, remplacer dans Θ_h, t par t', revient à y remplacer τ^h par $\tau^{\iota h}$. Donc, substituer à la racine primitive t la racine primitive $t' \equiv t^{\iota}$, c'est, en d'autres termes, transformer Θ_h en $\Theta_{\iota h}$, par conséquent Θ_k en $\Theta_{\iota k}$, et

$$R_{h,k} = \frac{\Theta_h \Theta_k}{\Theta_{h+k}}$$

en

$$R_{\iota h, \iota k} = \frac{\Theta_{\iota h} \Theta_{\iota k}}{\Theta_{\iota(h+k)}}.$$

Ainsi, par exemple, comme, en prenant $p = 5$ et

$$t = 2,$$

on trouve

$$R_{1,1} = \tau^2 + 2\tau^3, \qquad R_{3,3} = \tau^2 + 2\tau,$$

si l'on prend, au contraire,

$$t = 3 \equiv 2^3 \quad (\text{mod.}\, 5),$$

on trouvera

$$R_{1,1} = \tau^6 + 2\tau^9 = \tau^2 + 2\tau, \qquad R_{3,3} = \tau^6 + 2\tau^3 = \tau^2 + 2\tau^3.$$

Donc, substituer à la racine primitive 2 la racine primitive

$$3 \equiv 2^3 \quad (\text{mod.}\, 5),$$

ce sera transformer

$$R_{1,1} \quad \text{en} \quad R_{3,3}$$

et réciproquement

$$R_{3,3} \quad \text{en} \quad R_{9,9} = R_{1,1}.$$

Les diverses formules obtenues dans cette Note se rapportent au cas où la valeur de Θ_h est donnée par l'équation (1). Si, en désignant par n un diviseur de $p - 1$, et posant

$$(73) \qquad p - 1 = n\varpi,$$

on nommait

$$\rho, \quad r$$

des racines primitives des formules

$$x^n = 1 \quad \text{et} \quad x^n \equiv 1 \quad (\text{mod.}\, p),$$

on pourrait prendre

$$\rho = \tau^{\varpi}, \qquad r \equiv t^{\varpi} \quad (\text{mod.}\, p).$$

Alors, en remplaçant

$$h \text{ par } \varpi h, \qquad k \text{ par } \varpi k,$$

puis écrivant, pour abréger,

$$\begin{array}{lcl} \Theta_h & \text{au lieu de} & \Theta_{\varpi h}, \\ R_{h,k} & \text{»} & R_{\varpi h, \varpi k}, \\ \Pi_{h,k} & \text{»} & \Pi_{\varpi h, \varpi k}, \end{array}$$

on obtiendrait, à la place des formules trouvées dans cette Note, des formules analogues obtenues dans le Mémoire. Ainsi, en particulier, la valeur de Θ_h serait généralement fournie, non plus par l'équation (1), mais par la suivante

$$(74) \qquad \Theta_h = \theta + \rho^h \theta^t + \rho^{2h} \theta^{t^2} + \ldots + \rho^{(p-2)h} \theta^{t^{p-2}},$$

et l'on aurait : 1° en supposant h divisible par n,

$$(75) \qquad \Theta_h = \Theta_0 = -1;$$

2° en supposant h non divisible par n,

$$(76) \qquad \Theta_h \Theta_{-h} = (-1)^{\varpi h} p.$$

De plus, en posant toujours

$$\Theta_h \Theta_k = R_{h,k} \Theta_{h+k},$$

ou, ce qui revient au même,

$$(77) \qquad R_{h,k} = \frac{\Theta_h \Theta_k}{\Theta_{h+k}},$$

on trouverait : 1° pour des valeurs de h ou de k divisibles par n,

$$(78) \qquad R_{h,k} = -1;$$

2° pour des valeurs de h non divisibles par n,

$$(79) \qquad R_{h,-h} = -(-1)^{\varpi h} p;$$

3° pour des valeurs de h, de k et de $h+k$, non divisibles par n,

$$(80) \qquad R_{h,k} R_{-h,-k} = p.$$

Ajoutons que, si $h+k$ n'est pas divisible par n, l'on aura

$$(81) \qquad R_{h,k} = S(\rho^{ih+jk}),$$

le signe S s'étendant à toutes les valeurs de i comprises dans la suite

$$1, \quad 2, \quad 3, \quad \ldots, \quad p-2,$$

et les valeurs correspondantes de i, j étant choisies de manière à vérifier la condition (9), c'est-à-dire la formule

$$t^i + t^j \equiv 1 \qquad (\text{mod.}\, p).$$

Concevons maintenant que, dans le second membre de la formule (81), on réduise l'exposant de chaque puissance de ρ à l'un des nombres

$$0, \quad 1, \quad 2, \quad 3, \quad \ldots, \quad n-1.$$

Ce second membre deviendra une fonction entière de ρ, du degré $n-1$; et l'on aura identiquement

$$(82) \qquad S(\rho^{ih+jk}) = a_0 + a_1\rho + a_2\rho^2 + \ldots + a^{n-1}\rho^{n-1},$$

a_0, a_1, a_2, ..., a_{n-1} désignant des nombres entiers, dont plusieurs pourront s'évanouir, et dont la somme, égale au nombre des valeurs de i, vérifiera la formule

$$(83) \qquad a_0 + a_1 + a_2 + \ldots + a_{n-1} = p - 2.$$

Cela posé, l'équation (81) donnera

$$(84) \qquad R_{h,k} = a_0 + a_1 \rho + a_2 \rho^2 + \ldots + a_{n-1} \rho^{n-1}.$$

Concevons d'ailleurs que, pour se conformer aux conventions ci-dessus adoptées, l'on remplace

$$h \text{ par } \varpi h \quad \text{et} \quad k \text{ par } \varpi k,$$

dans le second membre de la formule (47). Cette formule, réduite à

$$(85) \qquad \Pi_{h,k} = \frac{1.2.3\ldots[\varpi(h+k)]}{(1.2\ldots\varpi h)(1.2\ldots\varpi k)},$$

fournira la valeur de $\Pi_{h,k}$, dans le cas où les quantités h, k se réduiront à deux termes de la suite

$$1, \quad 2, \quad 3, \quad \ldots, \quad n;$$

et, dans le cas contraire, $\Pi_{h,k}$ représentera ce que devient le rapport

$$\frac{1.2.3\ldots[\varpi(h+k)]}{(1.2.3\ldots\varpi h)(1.2.3\ldots\varpi k)}$$

quand on y remplace les quantités entières h, k par les deux termes de la suite

$$1, \quad 2, \quad 3, \quad \ldots, \quad n,$$

qui sont équivalents à ces mêmes quantités, suivant le module n. D'autre part, à l'aide de raisonnements semblables à ceux par lesquels nous avons établi les formules (19) et (26), on prouvera que les valeurs de

$$a_0, \quad a_1, \quad a_2, \quad \ldots, \quad a_{n-1},$$

renfermées dans les équations (82) et (84), vérifient non seulement les formules

$$(86)\quad \begin{cases} a_0+a_1 \quad +a_2 \quad +\ldots+a_{n-1} = p-2, \\ a_0+a_1\rho \quad +a_2\rho^2 \quad +\ldots+a_{n-1}\rho^{n-1} = S(\rho^{ih+jk}), \\ a_0+a_1\rho^2 \quad +a_2\rho^4 \quad +\ldots+a_{n-1}\rho^{2(n-1)} = S(\rho^{2(ih+jk)}), \\ \ldots\ldots\ldots\ldots\ldots\ldots\ldots\ldots\ldots\ldots\ldots\ldots, \\ a_0+a_2\rho^{n-1}+a_2\rho^{2(n-1)}+\ldots+a_{n-1}\rho^{(n-1)^2} = S(\rho^{(n-1)(ih+jk)}), \end{cases}$$

mais encore les suivantes :

$$(87)\quad \begin{cases} a_0+a_1 \quad +a_2 \quad +\ldots+a_{n-1} \equiv p-2 \quad (\text{mod. } p), \\ a_0+a_1 r \quad +a_2 r^2 \quad +\ldots+a_{n-1}r^{n-1} \equiv S(r^{ih+jk}), \\ a_0+a_1 r^2 \quad +a_2 r^4 \quad +\ldots+a_{n-1}r^{2(n-1)} \equiv S(r^{2(ih+jk)}), \\ \ldots\ldots\ldots\ldots\ldots\ldots\ldots\ldots\ldots\ldots\ldots\ldots \\ a_0+a_1 r^{n-1}+a_2 r^{2(n-1)}+\ldots+a_{n-1}r^{(n-1)^2} \equiv S(r^{(n-1)(ih+jk)}), \end{cases}$$

et de ces dernières, respectivement multipliées par les facteurs

$$1, \quad r^{-m}, \quad r^{-2m}, \quad \ldots, \quad r^{-(n-1)m},$$

puis, combinées entre elles par voie d'addition, l'on conclura

$$(88)\quad \begin{cases} n a_m \equiv p-2+r^{-m}S(r^{ih+jk})+r^{-2m}S(r^{2(ih+jk)})+\ldots \\ \qquad +r^{-(n-1)m}S(r^{(n-1)(ih+jk)}) \end{cases} \quad (\text{mod. } p).$$

De plus, si l'on remplace h par ϖh et k par ϖk dans les premiers membres des formules (52), (53), (54), on tirera de ces formules : 1° en supposant mh et nk séparément divisibles par n,

$$(89)\qquad S(r^{m(ih+jk)}) \equiv -2 \quad (\text{mod. } p);$$

2° en supposant que n divise la somme

$$m(h+k) = mh+mk,$$

sans diviser ses deux parties mh, mk,

$$(90)\qquad S(r^{m(ih+jk)}) \equiv -1 \quad (\text{mod. } p);$$

3° en supposant le produit $m(h+k)$ non divisible par n

$$(91)\qquad S(r^{m(ih+jk)}) \equiv -\Pi_{-mh,-mk} \quad (\text{mod. } p),$$

attendu que l'on devra, en vertu des conditions admises, écrire simplement $\Pi_{mh,mk}$ au lieu de $\Pi_{m\varpi h,m\varpi k}$. Donc la formule (88) donnera

$$(92)\quad \left\{ \begin{array}{l} -n\,\mathrm{a}_m \equiv 2 + \Pi_{-h,-k}r^{-m} + \Pi_{-2h,-2k}r^{-2m} + \ldots \\ \qquad + \Pi_{-(n-1)h,-(n-1)k}r^{(n-1)m} \end{array} \right. \quad (\text{mod.}\,p),$$

ou, ce qui revient au même,

$$(93)\quad -n\,\mathrm{a}_m \equiv 2 + \Pi_{h,k}r^m + \Pi_{2h,2k}r^{2m} + \ldots + \Pi_{(n-1)h,(n-1)k}r^{(n-1)m} \quad (\text{mod.}\,p),$$

pourvu que, ι désignant l'un quelconque des nombres entiers,

$$1,\ 2,\ 3,\ \ldots,\ n-1,$$

l'on ait soin de remplacer généralement le coefficient de $r^{\iota m}$, savoir :

$$\Pi_{\iota h,\iota k},$$

1° par l'unité, quand n divisera la somme des produits ιh, ιk sans diviser chacun d'eux ; 2° par le nombre 2 quand n divisera séparément chacun de ces produits. Enfin, comme on tire de l'équation (73)

$$n\varpi \equiv -1 \quad (\text{mod.}\,p),$$

il est clair qu'en multipliant par ϖ les deux membres de la formule (93), on la réduira immédiatement à celle-ci

$$(94)\quad \mathrm{a}_m \equiv (2 + \Pi_{h,k}r^m + \Pi_{2h,2k}r^{2m} + \ldots + \Pi_{(n-1)h,(n-1)k}r^{(n-1)m})\varpi \quad (\text{mod.}\,p).$$

Pour appliquer à des cas particuliers la formule (94), on devra d'abord rechercher des quantités équivalentes, suivant le module p, aux nombres figurés qui représenteront les diverses valeurs de $\Pi_{\mathrm{h},\mathrm{k}}$. On y parviendra sans peine à l'aide des méthodes précédemment exposées, en commençant par réduire chacune des quantités h, k à un terme de la suite

$$1,\ 2,\ 3,\ \ldots,\ n-1.$$

Après cette réduction, si l'on a

$$\mathrm{h} + \mathrm{k} > n,$$

ou

$$h + k = n,$$

on en conclura, dans le premier cas,

$$(95) \qquad \Pi_{h,k} \equiv 0 \pmod{p},$$

et, dans le second cas,

$$(96) \qquad \Pi_{h,k} \equiv (-1)^{\varpi h} \pmod{p}.$$

Si l'on a, au contraire,

$$h + k < n,$$

on pourra, eu égard aux deux formules

$$(97) \qquad \Pi_{k,h} = \Pi_{h,k}$$

et

$$(98) \qquad \Pi_{h,n-k-h} \equiv (-1)^{\varpi h} \Pi_{h,k} \pmod{p},$$

ramener la recherche d'une quantité qui soit équivalente à $\Pi_{h,k}$ suivant le module p, au cas particulier dans lequel h, k représenteraient deux nombres non situés hors des limites

$$(99) \qquad h = 1, \qquad h = \frac{n}{3}; \qquad k = h, \qquad k = \frac{n-h}{2}.$$

D'ailleurs, h, k étant deux nombres de cette espèce, le terme équivalent à $\Pi_{h,k}$, dans la Table que nous avons appris à construire, sera celui que renfermeront la ligne horizontale, dont le premier terme est ϖh, et la ligne verticale, dont le premier terme est ϖk.

Concevons, pour fixer les idées, que l'on prenne

$$p = 17, \qquad n = 4.$$

On aura

$$\varpi = \frac{p-1}{n} = \frac{16}{4} = 4,$$

et par suite le terme équivalent à $\Pi_{1,1}$, dans la Table de la page 208, sera celui que renferment les lignes horizontale et verticale, dont les premiers termes se réduisent au nombre $\varpi = 4$. On aura donc

$$\text{II}_{1,1} \equiv 2 \pmod{17}.$$

Si, en supposant toujours $p = 17$, on prenait

$$n = 8,$$

on trouverait

$$\varpi = \frac{16}{8} = 2;$$

et, par suite, le terme équivalent à $\text{II}_{1,3}$ dans la Table dont il s'agit, serait celui que renferment les lignes horizontale et verticale dont les premiers termes se réduisent aux nombres

$$\varpi = 2, \qquad 3\varpi = 6.$$

On aurait donc alors

$$\text{II}_{1,3} \equiv -6 \pmod{17}.$$

Soit encore

$$p = 29, \qquad n = 7.$$

On trouvera

$$\varpi = \frac{28}{7} = 4;$$

et le second Tableau de la page 209, joint à la formule (98), donnera

$$\text{II}_{1,1} \equiv 12, \qquad \text{II}_{2,2} \equiv -6, \qquad \text{II}_{3,3} \equiv \text{II}_{1,3} \equiv -7 \pmod{29}.$$

On aura d'ailleurs

$$\text{II}_{4,4} \equiv 0, \qquad \text{II}_{5,5} \equiv 0, \qquad \text{II}_{6,6} \equiv 0.$$

Enfin, si, en nommant ρ une racine primitive de l'équation

$$x^7 = 1,$$

l'on pose

$$\text{R}_{1,1} = \text{a}_0 + \text{a}_1\rho + \text{a}_2\rho^2 + \text{a}_3\rho^3 + \text{a}_4\rho^4 + \text{a}_5\rho^5 + \text{a}_6\rho^6,$$

la formule (94), jointe à celles que nous venons d'obtenir, donnera

$$\text{a}_m \equiv 4(2 + 12r^m - 6r^{2m} - 7r^{3m}) \pmod{p},$$

r étant une racine primitive de l'équivalence

$$x^7 \equiv 1 \pmod{29}.$$

D'autre part,

$$t = 10$$

étant une racine primitive de l'équivalence

$$x^{28} \equiv 1 \quad (\text{mod. } 29),$$

on pourra prendre

$$r = t^{\varpi} = t^4 \equiv -5 \quad (\text{mod. } 29),$$

ce qui réduira la valeur trouvée de a_m à

$$a_m \equiv 4[2 + 12(-5)^m - 6.5^{2m} - 7(-5)^{3m}] \quad (\text{mod. } p).$$

Si, dans cette dernière formule, on attribue successivement à m les valeurs

$$0, \ 1, \ 2, \ 3, \ 4, \ 5, \ 6,$$

on trouvera

$$a_0 \equiv a_4 \equiv a_5 \equiv 4, \quad a_1 \equiv 0, \quad a_2 \equiv a_3 \equiv 6, \quad a_6 \equiv 3 \quad (\text{mod. } 29);$$

et, par suite, puisque chacun des coefficients

$$a_0, \ a_1, \ a_2, \ a_3, \ a_4, \ a_5, \ a_6$$

doit être nul ou positif, mais inférieur au module 29, on aura

$$a_0 = a_4 = a_5 = 4, \quad a_1 = 0, \quad a_2 = a_3 = 6, \quad a_6 = 3$$
$$R_{1.1} = 3\rho^6 + 4(1 + \rho^4 + \rho^5) + 6(\rho^2 + \rho^3).$$

Si maintenant on substitue à ρ l'une des puissances

$$\rho^2, \ \rho^3, \ \rho^4, \ \rho^5, \ \rho^6,$$

on trouvera immédiatement

$$R_{2,2} = 3\rho^5 + 4(1 + \rho + \rho^3) + 6(\rho^4 + \rho^6),$$
$$R_{3,3} = 3\rho^4 + 4(1 + \rho^5 + \rho) + 6(\rho^6 + \rho^2),$$
$$R_{4,4} = 3\rho^3 + 4(1 + \rho^2 + \rho^6) + 6(\rho + \rho^5),$$
$$R_{5,5} = 3\rho^2 + 4(1 + \rho^6 + \rho^4) + 6(\rho^3 + \rho),$$
$$R_{6,6} = 3\rho + 4(1 + \rho^3 + \rho^2) + 6(\rho^5 + \rho^4).$$

Si, en prenant toujours

$$p = 29, \qquad n = 7,$$

on supposait

$$R_{1,2} = a_0 + a_1\rho + a_2\rho^2 + a_3\rho^3 + a_4\rho^4 + a_5\rho^5 + a_6\rho^6,$$

alors de la formule (94), combinée avec les suivantes :

$$\Pi_{1,2} \equiv 2, \qquad \Pi_{2,4} \equiv \Pi_{2,1} \equiv 2, \qquad \Pi_{4,8} \equiv \Pi_{4,1} \equiv \Pi_{2,1} \equiv 2,$$
$$\Pi_{3,6} \equiv 0, \qquad \Pi_{5,10} \equiv \Pi_{5,3} \equiv 0, \qquad \Pi_{6,12} \equiv \Pi_{6,5} \equiv 0,$$

on tirerait

$$a_m \equiv 8(1 + r^m + r^{2m} + r^{4m}) \qquad (\text{mod. } 29),$$
$$a_0 \equiv 8.4 \equiv 32 \equiv 3 \qquad (\text{mod. } 29)$$
$$a_0 = 3;$$

puis, en prenant $r = -5$, on trouverait

$$a_1 = a_2 = a_4 = 6, \qquad a_3 = a_5 = a_6 = 2,$$

et l'on aurait par suite

$$R_{1,2} = 3 + 6(\rho + \rho^2 + \rho^4) + 2(\rho^3 + \rho^5 + \rho^6).$$

Comme on aura d'ailleurs

$$\rho + \rho^2 + \rho^3 + \rho^4 + \rho^5 + \rho^6 = -1,$$

si l'on pose, pour abréger,

$$\rho + \rho^2 + \rho^4 - \rho^3 - \rho^5 - \rho^6 = \Delta,$$

on trouvera encore

$$\rho + \rho^2 + \rho^4 = -\frac{1-\Delta}{2}, \qquad \rho^3 + \rho^5 + \rho^6 = -\frac{1+\Delta}{2},$$

et par suite la valeur de $R_{1,2}$ deviendra

$$R_{1,2} = -1 + 2\Delta.$$

En remplaçant successivement dans cette dernière formule ρ par chacune des puissances

$$\rho^2, \quad \rho^3, \quad \rho^4, \quad \rho^5, \quad \rho^6,$$

on en tirera

$$R_{1,2} = R_{2,4} = R_{4,8} = -1 + 2\Delta, \qquad R_{3,6} = R_{5,10} = R_{6,12} = -1 - 2\Delta,$$

ou, ce qui revient au même,

$$R_{1,2} = R_{2,4} = R_{4,1} = -1 + 2\Delta, \qquad R_{3,6} = R_{5,3} = R_{6,5} = -1 - 2\Delta.$$

Nous remarquerons, en terminant cette Note, que, dans le cas où l'on suppose la valeur de Θ_h déterminée, non par l'équation (1), mais par l'équation (74), la formule (63) doit être, eu égard aux notations adoptées dans la seconde hypothèse, remplacée par cette autre formule

$$\frac{\Theta_h \Theta_k \Theta_l}{p} = (-1)^{\varpi h} R_{k,l} = (-1)^{\varpi k} R_{l,h} = (-1)^{\varpi l} R_{h,k},$$

qui, pour des valeurs paires du nombre ϖ, se réduit simplement à

$$\frac{\Theta_h \Theta_k \Theta_l}{p} = R_{k,l} = R_{l,h} = R_{h,k}.$$

On doit d'ailleurs, dans ces deux dernières formules, prendre pour

$$h, \quad k, \quad l$$

trois quantités entières, non divisibles par n, et choisies de manière à vérifier non plus la condition (62), mais la suivante :

$$h + k + l \equiv 0 \quad (\text{mod. } n).$$

Si, pour fixer les idées, on suppose $n = 7$, on pourra prendre

$$h = 1, \quad k = 2, \quad l = 4,$$

ou bien

$$h = 3, \quad k = 5, \quad l = 6,$$

attendu qu'on aura, dans le premier cas

$$h + k + l = 7,$$

et dans le second

$$h + k + l = 14 = 2.7.$$

D'ailleurs, le nombre $n = 7$ étant impair, le nombre

$$\varpi = \frac{p - 1}{n} = \frac{p - 1}{7}$$

devra être pair ainsi que $p - 1$. Donc, en supposant $n = 7$, on trouvera

$$\frac{\Theta_1 \Theta_2 \Theta_4}{p} = R_{1,2} = R_{2,4} = R_{4,1}, \qquad \frac{\Theta_3 \Theta_5 \Theta_6}{p} = R_{3,6} = R_{5,3} = R_{6,5};$$

ce qui s'accorde avec les formules déjà obtenues. Comme on aura d'ailleurs, dans la même supposition, non seulement

$$R_{1,1} = \frac{\Theta_1^2}{\Theta_2}, \qquad R_{2,2} = \frac{\Theta_2^2}{\Theta_4},$$

mais encore

$$R_{4,4} = \frac{\Theta_4^2}{\Theta_8} = \frac{\Theta_4^2}{\Theta_1},$$

on en conclura

$$R_{1,1} R_{2,2} R_{4,4} = \Theta_1 \Theta_2 \Theta_4 = p R_{1,2}.$$

Or, il sera facile de vérifier cette dernière formule, en prenant $p = 29$. Alors, en effet, en vertu de la formule

$$\rho + \rho^2 + \rho^3 + \rho^4 + \rho^5 + \rho^6 = -1,$$

on pourra réduire les valeurs précédemment calculées de $R_{1,1}$, $R_{2,2}$, $R_{4,4}$ à celles qui suivent

$$R_{1,1} = 2(\rho^2 + \rho^3) - (\rho^6 + 4\rho), \qquad R_{2,2} = 2(\rho^4 + \rho^6) - (\rho^5 + 4\rho^2),$$
$$R_{4,4} = 2(\rho + \rho^5) - (\rho^3 + 4\rho^4);$$

et l'on aura par suite

$$R_{1,1} R_2 R_{4,4} = -25 + 62(\rho + \rho^2 + \rho^4) - 54(\rho^3 + \rho^5 + \rho^6) = -29 + 58\Delta = 29 R_{1,2}.$$

NOTE VI.

SUR LA SOMME DES RACINES PRIMITIVES D'UNE ÉQUATION BINOME, ET SUR LES FONCTIONS SYMÉTRIQUES DE CES RACINES.

m et n désignant deux quantités entières, et ω leur plus grand commun diviseur numérique, on peut toujours, comme l'on sait, trouver deux autres quantités entières u, v, propres à vérifier la formule

$$mu - nv = \omega.$$

Donc toute racine commune des deux équations binomes

$$x^m = 1, \qquad x^n = 1,$$

et par conséquent des suivantes .

$$x^{mu} = 1, \qquad x^{nv} = 1,$$

vérifiera encore l'équation binome

$$x^\omega = 1,$$

puisqu'en supposant

$$mu - nv = \omega,$$

on en conclura

$$\frac{x^{mu}}{x^{nv}} = x^{mu-nv} = x^\omega.$$

Si d'ailleurs, n étant positif, on a pris pour x une racine primitive de l'équation

$$x^n = 1,$$

ou, en d'autres termes, si x^n est la plus petite puissance positive de x qui se réduise à l'unité, ω ne pourra différer de n; et par conséquent m sera divisible par n, en sorte qu'on aura

$$m \equiv 0 \qquad (\text{mod. } n).$$

Cela posé, n étant un nombre entier quelconque, nommons ρ une racine primitive de l'équation binome

$$x^n = 1, \tag{1}$$

et

$$h, \quad k, \quad l, \quad \ldots$$

les entiers inférieurs à n, mais premiers à n. D'après ce qu'on vient de dire, ρ ne pourra représenter une valeur de x, propre à vérifier une équation de la forme

$$x^{mh} = 1,$$

que dans le cas où mh, et par conséquent m, sera divisible par n. Or, la plus petite valeur positive de m qui remplisse cette condition est $m = n$. Donc

$$\rho^{nh}$$

sera la plus petite puissance de ρ^h qui se réduise à l'unité. Donc

$$\rho^h, \quad \rho^k, \quad \rho^l, \quad \ldots$$

seront autant de racines primitives de l'équation (1). Ces racines seront d'ailleurs distinctes les unes des autres. Car si l'on avait

$$\rho^h = \rho^k,$$

on en conclurait

$$\rho^{k-h} = 1, \qquad \text{et} \qquad k - h \equiv 0 \qquad (\text{mod. } n),$$

ou, ce qui revient au même,

$$k \equiv h \qquad (\text{mod. } n),$$

et par conséquent

$$k = h,$$

h, k devant être tous deux positifs et inférieurs à n. Ajoutons que les seules racines primitives de l'équation (1) seront les puissances entières de ρ, dont les exposants, premiers à n, pourront être réduits, par l'addition ou la soustraction de n ou d'un multiple de n, à l'un des nombres

$$h, \quad k, \quad l, \quad \ldots.$$

En effet, si m représente, au signe près, un entier qui ne soit pas premier à n, alors, ω étant le plus commun diviseur de m et de n, le produit

$$\frac{mn}{\omega}$$

sera le plus petit multiple de m, qui devienne divisible par n; et, par suite,

$$\rho^{\frac{mn}{\omega}}$$

sera la plus petite puissance positive de ρ^m qui se réduise à l'unité.

Donc, alors ρ^m représentera une racine primitive, non plus de l'équation (1), mais de la suivante :

$$x^{\frac{n}{\omega}} = 1. \tag{2}$$

Si m devient premier à n, on pourra en dire autant des produits

$$mh, \quad mk, \quad ml, \quad \ldots.$$

Donc alors

$$\rho^{mh}, \quad \rho^{mk}, \quad \rho^{ml}, \quad \ldots$$

seront encore des racines primitives de l'équation (1). D'ailleurs ces racines seront encore distinctes les unes des autres. Car on ne pourrait supposer

$$\rho^{mh} = \rho^{mk},$$

sans en conclure

$$\rho^{m(k-h)} = 1, \qquad m(k-h) \equiv 0 \qquad (\text{mod. } n),$$

par conséquent

$$k - h \equiv 0, \qquad k \equiv h \qquad (\text{mod. } n)$$

et

$$k = h,$$

h et k devant être tous deux inférieurs à n. Donc, si m devient premier à n, les diverses racines primitives de l'équation (1) pourront être représentées, soit par les termes de la suite

$$\rho^h, \quad \rho^k, \quad \rho^l, \quad \ldots,$$

soit par les termes de la suite

$$\rho^{mh},\quad \rho^{mk},\quad \rho^{ml},\quad \ldots,$$

qui coïncideront avec les termes de la première, rangés dans un ordre différent.

Si, au contraire, m et n n'étant pas premiers entre eux, ω désigne leur plus grand commun diviseur, alors ceux des termes de la suite

$$\rho^{mh},\quad \rho^{mk},\quad \rho^{ml},\quad \ldots,$$

qui resteront distincts les uns des autres, représenteront les diverses racines primitives de l'équation (2).

Supposons à présent que le nombre n soit décomposé en deux facteurs

$$\varphi,\quad \chi,$$

premiers entre eux, et nommons

$$\xi,\quad \eta$$

des racines primitives des deux équations

$$x^{\varphi} = 1, \tag{3}$$

$$x^{\chi} = 1. \tag{4}$$

Les puissances

$$\xi^{m},\quad \eta^{m},$$

et, par suite, leur produit

$$\xi^{m}\eta^{m} = (\xi\eta)^{m},$$

se réduiront évidemment à l'unité, si m est divisible simultanément par φ et par χ, ou, ce qui revient au même, par le produit

$$\varphi\chi = n.$$

Donc on vérifiera l'équation (1) en posant

$$x = \xi\eta.$$

Il y a plus : si m est choisi de manière à vérifier la condition

$$(\xi\eta)^m = 1,$$

on en conclura

$$(\xi\eta)^{m\varphi} = 1, \qquad \eta^{m\varphi} = 1,$$

par conséquent

$$m\varphi \equiv 0 \quad (\text{mod.}\,\chi), \qquad m \equiv 0 \quad (\text{mod.}\,\chi),$$

et

$$(\xi\eta)^{m\chi} = 1, \qquad \xi^{m\chi} = 1,$$

par conséquent

$$m\chi \equiv 0 \quad (\text{mod.}\,\varphi), \qquad m \equiv 0 \quad (\text{mod.}\,\varphi).$$

Donc, pour que la puissance m^e du produit $\xi\eta$ se réduise à l'unité, il sera nécessaire que m soit divisible à la fois par χ et par φ, ou, en d'autres termes, que m soit un multiple de n; et, comme $m = n$ sera la plus petite valeur positive de m pour laquelle cette condition soit remplie, nous devons conclure que le produit $\xi\eta$ de deux racines primitives, propres à vérifier les équations (3) et (4), sera une racine primitive de l'équation (1).

Enfin, chaque racine primitive ρ de l'équation (1) ne pourra être formée que d'une seule manière par la multiplication de deux racines primitives propres à vérifier les équations (3) et (4). En effet, concevons que

$$\xi_{,}, \quad \eta_{,}$$

désignent encore deux racines primitives de ces équations. Si l'on a

$$\xi\eta = \xi_{,}\eta_{,},$$

on en conclura

$$(\xi\eta)^{\varphi} = (\xi_{,}\eta_{,})^{\varphi}, \qquad \eta^{\varphi} = \eta_{,}^{\varphi},$$

par conséquent

$$\left(\frac{\eta_{,}}{\eta}\right)^{\varphi} = 1;$$

et, comme on aura d'autre part

$$\eta^{\chi} = \eta_{,}^{\chi} = 1,$$

par conséquent

$$\left(\frac{\eta_{,}}{\eta}\right)^{\chi} = 1,$$

il est clair que le rapport $\frac{\eta}{\eta_{,}}$ devra être une racine commune des équations (2) et (3). Or, φ, χ étant par hypothèse premiers entre eux, leur plus grand commun diviseur ω sera l'unité. Donc la racine commune dont il s'agit sera la racine unique de l'équation

$$x = 1,$$

et l'on aura

$$\frac{\eta_{,}}{\eta} = 1, \qquad \eta_{,} = \eta.$$

On trouvera de même $\xi_{,} = \xi$. Donc les produits

$$\xi\eta, \quad \xi_{,}\eta_{,}$$

ne pourront être égaux entre eux que dans le cas où l'on aura

$$\xi_{,} = \xi, \qquad \eta_{,} = \eta.$$

En conséquence, on peut énoncer la proposition suivante.

Théorème I. — *Si le nombre entier n est le produit de deux facteurs φ, χ premiers entre eux, on obtiendra les diverses racines primitives de l'équation*

$$x^n = 1,$$

et on les obtiendra chacune d'une seule manière, en multipliant successivement les diverses racines primitives de l'équation

$$x^\varphi = 1$$

par chacune des racines primitives de l'équation

$$x^\chi = 1.$$

Le théorème que nous venons d'énoncer entraîne évidemment ceux qui suivent.

Théorème II. — *Le nombre entier n étant le produit de deux facteurs φ, χ, premiers entre eux, désignons par*

$$\rho, \quad \rho_{,}, \quad \rho_{,,}, \quad \ldots$$

les diverses racines primitives de l'équation

$$x^n = 1;$$

puis nommons

$$\xi, \quad \xi_{\prime}, \quad \xi_{\prime\prime}, \quad \ldots \quad \text{et} \quad \eta, \quad \eta_{\prime}, \quad \eta_{\prime\prime}, \quad \ldots$$

les diverses racines primitives des équations

$$x^{\varphi} = 1 \quad \text{et} \quad x^{\chi} = 1;$$

on aura

$$(5) \qquad (\rho + \rho_{\prime} + \rho_{\prime\prime} + \ldots) = (\xi + \xi_{\prime} + \xi_{\prime\prime} + \ldots)(\eta + \eta_{\prime} + \eta_{\prime\prime} + \ldots).$$

Théorème III. — *Le nombre entier n étant le produit de deux facteurs φ, χ premiers entre eux, si l'on désigne par*

$$\mathrm{N}, \quad \Phi, \quad \mathrm{X}$$

le nombre des racines primitives successivement calculé par chacune des trois équations

$$x^n = 1, \qquad x^{\varphi} = 1, \qquad x^{\chi} = 1,$$

on aura

$$(6) \qquad \mathrm{N} = \Phi\mathrm{X}.$$

Comme ces trois théorèmes sont évidemment applicables non seulement au nombre n, mais encore aux nombres φ, χ, facteurs de n, ou même aux facteurs de φ, lorsqu'il en existe, etc., et ainsi de suite, il est clair qu'on pourra énoncer encore les théorèmes suivants :

Théorème IV. — *Si le nombre entier n est le produit de plusieurs facteurs*

$$\varphi, \quad \chi, \quad \psi, \quad \ldots$$

premiers entre eux, on obtiendra les diverses racines primitives de l'équation

$$(1) \qquad x^n = 1,$$

et on les obtiendra chacune d'une seule manière, en cherchant d'abord les diverses racines primitives des équations auxiliaires

$$(7) \qquad x^{\varphi}=1, \qquad x^{\chi}=1, \qquad x^{\psi}=1, \qquad \ldots,$$

et formant tous les produits, qui ont chacun pour facteurs : 1° *l'une des racines primitives de l'équation* $x^{\varphi}=1$; 2° *l'une des racines primitives de l'équation* $x^{\chi}=1$; 3° *l'une des racines primitives de l'équation* $x^{\psi}=1$, *etc.*

Théorème V. — *Le nombre entier n étant le produit de plusieurs facteurs*

$$\varphi, \quad \chi, \quad \psi, \quad \ldots$$

premiers entre eux, désignons par

$$\rho, \quad \rho_{\prime}, \quad \rho_{\prime\prime}, \quad \ldots$$

les diverses racines primitives de l'équation binome

$$x^{n}=1,$$

et soient respectivement

$$\xi, \quad \xi_{\prime}, \quad \xi_{\prime\prime}, \quad \ldots; \qquad \eta, \quad \eta_{\prime}, \quad \eta_{\prime\prime}, \quad \ldots; \qquad \zeta, \quad \zeta_{\prime}, \quad \zeta_{\prime\prime}, \quad \ldots$$

les diverses racines primitives des équations binomes

$$x^{\varphi}=1, \qquad x^{\chi}=1, \qquad x^{\psi}=1, \qquad \ldots,$$

la somme des racines primitives de la première équation sera le produit des sommes séparément formées avec les racines primitives de chacune des autres; en sorte qu'on aura

$$(8) \quad \rho+\rho_{\prime}+\rho_{\prime\prime}+\ldots=(\xi+\xi_{\prime}+\xi_{\prime\prime}+\ldots)(\eta+\eta_{\prime}+\eta_{\prime\prime}+\ldots)(\zeta+\zeta_{\prime}+\zeta_{\prime\prime}+\ldots)\ldots,$$

et, par suite, si l'on nomme $\mathfrak{s}$ *la somme des racines primitives de l'équation* (1), *l'on aura*

$$(9) \quad \mathfrak{s}=(\xi+\xi_{\prime}+\xi_{\prime\prime}+\ldots)(\eta+\eta_{\prime}+\eta_{\prime\prime}+\ldots)(\zeta+\zeta_{\prime}+\zeta_{\prime\prime}+\ldots)\ldots.$$

Théorème VI. — *Le nombre entier n étant le produit de plusieurs facteurs*

$$\varphi, \quad \chi, \quad \psi, \quad \ldots$$

premiers entre eux, désignons par

$$\mathrm{N},\quad \Phi,\quad \mathrm{X},\quad \Psi,\quad \ldots$$

le nombre des racines primitives successivement calculé pour chacune des équations

$$x^n = 1, \qquad x^\varphi = 1, \qquad x^\chi = 1, \qquad x^\psi = 1 \qquad \ldots,$$

on aura

$$\mathrm{N} = \Phi\mathrm{X}\Psi\ldots. \tag{10}$$

Soient maintenant

$$\nu,\quad \nu',\quad \nu'',\quad \ldots$$

les facteurs premiers de n, dont l'un pourra se réduire à 2. Le nombre n sera de la forme

$$n = \nu^a \nu'^b \nu''^c \ldots, \tag{11}$$

a, b, c, ... désignant des exposants entiers, et, si l'on veut décomposer n en facteurs premiers entre eux, on pourra prendre pour ces facteurs les quantités

$$\nu^a,\quad \nu'^b,\quad \nu''^c,\quad \ldots,$$

dont chacune est une puissance entière d'un nombre premier.

Cela posé, les théorèmes que nous venons d'établir fourniront le moyen d'obtenir facilement, dans tous les cas, la somme

$$s$$

des racines primitives de l'équation (1) et le nombre

$$\mathrm{N}$$

de ces racines primitives. C'est ce que nous allons faire voir.

Si d'abord on suppose le nombre n égal à 2, l'équation (1), réduite à la forme

$$x^2 = 1,$$

offrira une seule racine primitive

$$\rho = -1;$$

et par suite on aura

$$\mathcal{S} = -1, \qquad N = 1.$$

Si n est un nombre premier impair, les racines primitives de l'équation

$$x^n = 1$$

seront les puissances entières de ρ correspondant à des exposants positifs, mais inférieurs à n, savoir

$$\rho, \quad \rho^2, \quad \rho^3, \quad \ldots, \quad \rho^{n-1}.$$

On aura donc

$$\mathcal{S} = \rho + \rho^2 + \ldots + \rho^{n-1} = \frac{\rho^n - \rho}{\rho - 1} = \frac{1 - \rho}{\rho - 1},$$

ou, ce qui revient au même,

$$\mathcal{S} = -1,$$

et de plus

$$N = n - 1.$$

Si n est une puissance de 2, les racines primitives de l'équation

$$x^n = 1$$

seront les puissances entières de ρ correspondant à des exposants impairs et inférieurs à n, savoir

$$\rho, \quad \rho^3, \quad \rho^5, \quad \ldots, \quad \rho^{n-1}.$$

On aura donc

$$\mathcal{S} = \rho + \rho^3 + \ldots + \rho^{n-1} = \frac{\rho^{n+1} - \rho}{\rho^2 - 1},$$

ou, ce qui revient au même,

$$\mathcal{S} = 0,$$

et de plus

$$N = \frac{n}{2}.$$

On peut encore observer que dans ce cas on a

$$\rho^{\frac{n}{2}} = -1, \qquad \rho^{\frac{n}{2}+h} = -\rho^h;$$

d'où il résulte que les diverses racines primitives seront, deux à deux, égales au signe près, mais affectées de signes contraires. Leur somme sera donc nulle, comme on l'a trouvé.

Supposons à présent que n soit une puissance d'un nombre premier impair ν; en sorte qu'on ait

$$n = \nu^a.$$

Alors, pour obtenir les racines primitives de l'équation

$$x^n = 1,$$

il faudra, entre toutes les racines représentées par les termes de la suite

$$1, \quad \rho, \quad \rho^2, \quad \ldots, \quad \rho^{n-1},$$

choisir celles dans lesquelles l'exposant de ρ est premier à n, et non divisible par ν, en laissant de côté celles où l'exposant est multiple de ν, savoir

$$\rho^0, \quad \rho^\nu, \quad \rho^{2\nu}, \quad \ldots, \quad \rho^{n-\nu},$$

ou, ce qui revient au même, en laissant de côté les racines non primitives

$$1, \quad \rho^\nu, \quad \rho^{2\nu}, \quad \ldots, \quad \rho^{\left(\frac{n}{\nu}-1\right)\nu}.$$

Or, ces dernières, dont le nombre est $\frac{n}{\nu}$, n'étant autre chose que les diverses racines de l'équation

$$x^{\frac{n}{\nu}} = 1,$$

leur somme totale sera nulle, aussi bien que la somme des racines de l'équation (1). Donc la différence de ces deux sommes, ou la somme $\mathcal{S}$ des racines primitives, s'évanouira elle-même; et l'on aura d'une part

$$\mathcal{S} = 0,$$

d'autre part

$$\mathrm{N} = n - \frac{n}{\nu},$$

ou, ce qui revient au même,

$$N = n\left(1 - \frac{1}{\nu}\right) = \nu^{a-1}\left(1 - \frac{1}{\nu}\right).$$

En résumé, si n est, ou un nombre premier ν, pair ou impair, ou une puissance ν^a d'un tel nombre, on trouvera toujours

$$N = n\left(1 - \frac{1}{\nu}\right), \tag{12}$$

et l'on aura de plus

$$\mathcal{S} = -1, \tag{13}$$

ou

$$\mathcal{S} = 0, \tag{14}$$

suivant qu'il s'agira de la première puissance ou d'une puissance supérieure à la première; ce que l'on pourra démontrer dans tous les cas à l'aide des raisonnements dont nous avons fait usage, lorsque n était une puissance d'un nombre premier impair.

Passons maintenant au cas où, n étant un nombre quelconque, sa valeur est donnée par la formule (11). Alors le nombre N des racines primitives de l'équation (1) et la somme $\mathcal{S}$ de ces racines se déduiront immédiatement des formules (10) et (12), ou des formules (9), (13) et (14). En effet, pour décomposer n, dans ce cas, en facteurs

$$\varphi, \quad \chi, \quad \psi, \quad \ldots$$

premiers entre eux, il suffira de prendre

$$\varphi = \nu^a, \qquad \chi = \nu'^b, \qquad \psi = \nu''^c, \qquad \ldots.$$

Cela posé, on aura, dans la formule (10),

$$\Phi = \nu^a\left(1 - \frac{1}{\nu}\right), \qquad X = \nu'^b\left(1 - \frac{1}{\nu'}\right), \qquad \Psi = \nu''^c\left(1 - \frac{1}{\nu''}\right), \qquad \ldots$$

et par suite cette formule donnera

$$(15)\qquad \left\{\begin{aligned} \mathrm{N} &= \nu^a \nu'^b \nu''^c \ldots \left(1-\frac{1}{\nu}\right)\left(1-\frac{1}{\nu'}\right)\left(1-\frac{1}{\nu''}\right)\ldots \\ &= \nu^{a-1}\nu'^{b-1}\nu''^{c-1}\ldots(\nu-1)(\nu'-1)(\nu''-1)\ldots, \end{aligned}\right.$$

ou, ce qui revient au même,

$$(16)\qquad \mathrm{N} = n\left(1-\frac{1}{\nu}\right)\left(1-\frac{1}{\nu'}\right)\left(1-\frac{1}{\nu''}\right)\ldots.$$

De plus, en vertu de la formule (9), la valeur de s, correspondant à l'équation (1), sera le produit des valeurs de s, correspondant aux équations

$$x^{\nu^a} = 1, \qquad x^{\nu'^b} = 1, \qquad x^{\nu''^c} = 1, \qquad \ldots,$$

et dont chacune se réduira simplement à -1 ou à 0, suivant que le nombre a ou b ou c, ... sera égal ou supérieur à l'unité. Par suite, si n est un nombre composé, pair ou impair, qui renferme deux ou plusieurs facteurs égaux entre eux, on aura toujours

$$(17)\qquad \mathrm{s} = 0.$$

Mais, si n est un nombre premier, ou un nombre composé dont les facteurs premiers $\nu, \nu', \nu'', \ldots$ soient inégaux, en sorte qu'on ait

$$(18)\qquad n = \nu\nu'\nu''\ldots,$$

alors on trouvera

$$(19)\qquad \mathrm{s} = \pm 1,$$

savoir

$$(20)\qquad \mathrm{s} = -1,$$

quand les facteurs premiers $\nu, \nu', \nu'', \ldots$ seront en nombre impair, et

$$(21)\qquad \mathrm{s} = 1,$$

quand ces facteurs premiers seront en nombre pair.

Ainsi, en particulier, la somme des racines primitives sera -1

pour chacune des équations

$$x^2=1,\quad x^3=1,\quad x^5=1,\quad x^7=1,\quad x^{11}=1,\quad x^{13}=1,\quad \ldots,$$

zéro pour chacune des équations

$$x^4=1,\quad x^8=1,\quad x^9=1,\quad x^{12}=1,\quad x^{16}=1,\quad x^{18}=1,\quad \ldots,$$

et $+1$ pour chacune des équations

$$x^6=1,\quad x^{10}=1,\quad x^{14}=1,\quad x^{15}=1,\quad x^{21}=1,\quad x^{22}=1,\quad \ldots.$$

Soit maintenant

$$\mathfrak{f}(\rho)$$

une fonction entière d'une racine primitive ρ de l'équation (1). On pourra toujours, dans cette fonction, réduire l'exposant de chaque puissance de ρ, à un nombre entier plus petit que n, et poser en conséquence

$$\mathfrak{f}(\rho)=\mathfrak{a}_0+\mathfrak{a}_1\rho+\mathfrak{a}_2\rho^2+\ldots+\mathfrak{a}_{n-1}\rho^{n-1}, \tag{22}$$

$\mathfrak{a}_0$, $\mathfrak{a}_1$, $\mathfrak{a}_2$, ..., $\mathfrak{a}_{n-1}$ désignant des coefficients indépendants de ρ. Supposons d'ailleurs que, dans la fonction $\mathfrak{f}(\rho)$, les différents termes se transforment les uns dans les autres, quand on y remplace la racine primitive ρ par une autre racine primitive ρ^m. Alors $\mathfrak{f}(\rho)$ sera ce qu'on peut nommer une *fonction symétrique* des racines primitives de l'équation (1), ou, ce qui revient au même, une fonction symétrique des puissances

$$\rho^h,\quad \rho^k,\quad \rho^l,\quad \ldots,$$

h, k, l, ... étant les entiers inférieurs à n et premiers à n. Or, en écrivant successivement à la place de ρ chacune des racines primitives

$$\rho^h,\quad \rho^k,\quad \rho^l,\quad \ldots,$$

on reconnaîtra que, dans $\mathfrak{f}(\rho)$, ceux des termes de chacune des suites

$$\begin{array}{llll} \rho^h, & \rho^k, & \rho^l, & \ldots, \\ \rho^{2h}, & \rho^{2k}, & \rho^{2l}, & \ldots, \\ \rho^{3h}, & \rho^{3k}, & \rho^{3l}, & \ldots \end{array}$$

qui sont distincts les uns des autres, doivent avoir les mêmes coefficients. Mais ces mêmes termes se réduisent toujours, ou aux diverses racines primitives de l'équation (1), ou du moins aux diverses racines primitives d'une équation de la forme

$$x^{\omega} = 1, \tag{23}$$

ω étant un diviseur du nombre n, qui peut devenir égal à ce même nombre. Par conséquent, *dans une fonction symétrique des racines primitives de l'équation* (1), *les racines primitives de l'équation* (28) *devront toujours offrir les mêmes coefficients;* et une telle fonction se réduira toujours à une fonction linéaire des diverses valeurs que peut acquérir la somme des racines primitives de l'équation (23), quand on prend successivement pour ω chacun des diviseurs du nombre n, y compris ce nombre lui-même. Si, par exemple, n est un nombre premier, alors, les entiers

$$h, \quad k, \quad l, \quad \ldots,$$

inférieurs à n, et premiers à n, se réduisant aux divers termes de la progression arithmétique

$$1, \quad 2, \quad 3, \quad \ldots, \quad n-1,$$

et les racines primitives

$$\rho^h, \quad \rho^k, \quad \rho^l, \quad \ldots$$

de l'équation (1) aux divers termes de la progression géométrique

$$\rho, \quad \rho^2, \quad \rho^3, \quad \ldots, \quad \rho^{n-1},$$

on aura

$$\mathfrak{a}_1 = \mathfrak{a}_2 = \ldots = \mathfrak{a}_{n-1}$$

et

$$\mathfrak{f}(\rho) = \mathfrak{a}_0 + \mathfrak{a}_1(\rho + \rho^2 + \ldots + \rho^{n-1}). \tag{24}$$

Donc alors *une fonction symétrique des racines primitives de l'équation* (1) *sera en même temps une fonction linéaire de la somme de ces racines.*

Comme nous l'avons déjà remarqué, si l'on désigne par ρ une racine primitive de l'équation (1), et par

$$h, \quad k, \quad l, \quad \ldots$$

les entiers inférieurs à n, mais premiers à n, les diverses racines primitives de la même équation pourront être représentées, non seulement par les termes de la suite

$$\rho^h, \quad \rho^k, \quad \rho^l, \quad \ldots,$$

mais encore par les termes de la suite

$$\rho^{mh}, \quad \rho^{mk}, \quad \rho^{ml}, \quad \ldots,$$

pourvu que m soit lui-même premier à n. Il est essentiel d'observer que, pour passer de la première suite à la seconde, il suffit de multiplier par m les divers exposants

$$h, \quad k, \quad l, \quad \ldots,$$

qui se transforment alors en ceux-ci :

$$mh, \quad mk, \quad ml, \quad \ldots.$$

Si l'on multiplie de nouveau ces derniers par m, une ou plusieurs fois, on obtiendra encore d'autres suites qui seront propres elles-mêmes à représenter les diverses racines primitives, savoir :

$$\begin{array}{cccc} \rho^{m^2h}, & \rho^{m^2k}, & \rho^{m^2l}, & \ldots, \\ \rho^{m^3h}, & \rho^{m^3k}, & \rho^{m^3l}, & \ldots, \\ \ldots, & \ldots, & \ldots, & \ldots. \end{array}$$

Concevons, maintenant, qu'avec les termes correspondants, par exemple, avec les premiers termes de ces différentes suites on forme une suite nouvelle

$$\rho^h, \quad \rho^{mh}, \quad \rho^{m^2h}, \quad \rho^{m^3h}, \quad \ldots.$$

Cette nouvelle suite, dans laquelle les exposants de ρ forment une progression géométrique

$$h,\quad mh,\quad m^2h,\quad m^3h,\quad \ldots,$$

offrira autant de racines primitives distinctes qu'il y aura d'unités dans l'exposant ι de la plus petite puissance de m propre à vérifier l'équivalence

$$(25)\qquad m^\iota \equiv 1 \quad (\text{mod. } n).$$

En effet, la valeur de ι étant choisie comme on vient de le dire, et la progression géométrique étant réduite aux seuls termes

$$h,\quad mh,\quad m^2h,\quad \ldots,\quad m^{\iota-1}h,$$

la différence entre deux termes de cette progression ne sera jamais divisible par n; et, en conséquence, les deux puissances de ρ, qui auront ces deux termes pour exposants, ne seront jamais égales entre elles. Donc, alors les divers termes de la suite

$$(26)\qquad \rho^h,\quad \rho^{mh},\quad \rho^{m^2h},\quad \ldots,\quad \rho^{m^{\iota-1}h}$$

seront tous distincts les uns des autres.

Si n est un nombre premier impair ν, ou une puissance d'un tel nombre, tous les entiers premiers à n vérifieront l'équivalence

$$(27)\qquad x^N = 1,$$

la valeur de N étant donnée par la formule (12), ou

$$N = n\left(1 - \frac{1}{\nu}\right).$$

Alors, si l'on prend pour m une racine primitive s de la formule (27), on trouvera

$$\iota = N,$$

et la suite (26) deviendra

$$(28)\qquad \rho^h,\quad \rho^{sh},\quad \rho^{s^2h},\quad \rho^{s^{N-1}h}.$$

Cette suite se réduira même à

$$(29)\qquad \rho,\quad \rho^s,\quad \rho^{s^2},\quad \ldots,\quad \rho^{s^{N-1}},$$

si l'on pose, comme on peut le faire, $h = 1$. D'ailleurs, N étant précisément le nombre des entiers

$$h, \quad k, \quad l, \quad \ldots,$$

inférieurs à n et premiers à n, il en résulte que chacune des suites (28), (29) comprendra toutes les racines primitives de l'équation (1).

Si n se réduit à un nombre premier, alors, la valeur de N étant

$$N = n - 1,$$

les suites (28), (29) deviendront

$$\rho^h, \quad \rho^{sh}, \quad \rho^{sh}, \quad \ldots, \quad \rho^{s^{n-2}h}, \tag{30}$$

$$\rho, \quad \rho^s, \quad \rho^{s^2}, \quad \ldots, \quad \rho^{s^{n-2}}, \tag{31}$$

et ces deux suites, dans lesquelles les exposants de ρ croissent en progression géométrique, offriront chacune, à l'ordre près, les mêmes termes que la suite

$$\rho, \quad \rho^2, \quad \rho^3, \quad \ldots, \quad \rho^{n-1},$$

dans laquelle les exposants de ρ croissent en progression arithmétique.

NOTE VII.

SUR LES SOMMES ALTERNÉES DES RACINES PRIMITIVES DES ÉQUATIONS BINOMES, ET SUR LES FONCTIONS ALTERNÉES DE CES RACINES.

Soient toujours ρ une racine primitive de l'équation binome

$$x^n = 1, \tag{1}$$

et

$$h, \quad k, \quad l, \quad \ldots$$

les entiers inférieurs à n mais premiers à n, dont l'un se réduira simplement à l'unité. Les diverses racines primitives de l'équation (1) pourront être représentées, soit par les termes de la suite

$$\rho^h,\quad \rho^k,\quad \rho^l,\quad \ldots,$$

soit par les termes de la suite

$$\rho^{mh},\quad \rho^{mk},\quad \rho^{ml},\quad \ldots,$$

m étant un nombre quelconque premier à n. Or, on pourra généralement, comme on le verra ci-après, partager les entiers

$$h,\quad k,\quad l,\quad \ldots$$

en deux groupes

$$h,\quad h',\quad h'',\quad \ldots \quad \text{et} \quad k,\quad k',\quad k'',\quad \ldots,$$

et par suite les racines primitives

$$\rho^h,\quad \rho^k,\quad \rho^l,\quad \ldots$$

en deux groupes correspondants

$$\rho^h,\quad \rho^{h'},\quad \rho^{h''},\quad \ldots \quad \text{et} \quad \rho^k,\quad \rho^{k'},\quad \rho^{k''},\quad \ldots,$$

de telle sorte qu'après la substitution de ρ^m à ρ, les deux derniers groupes se trouvent encore composés chacun des mêmes racines, ou transformés l'un dans l'autre. Ainsi, par exemple, si l'on suppose $n = 5$, les quatre racines primitives de l'équation (1), ou

$$x^5 = 1,$$

formeront les deux groupes

$$\rho,\quad \rho^4 \quad \text{et} \quad \rho^2,\quad \rho^3,$$

qui deviendront respectivement, après la substitution de ρ^2 à ρ,

$$\rho^2,\quad \rho^3 \quad \text{et} \quad \rho^4,\quad \rho$$

après la substitution de ρ^3 à ρ,

$$\rho^3,\quad \rho^2 \quad \text{et} \quad \rho,\quad \rho^4,$$

enfin, après la substitution de ρ^4 à ρ,

$$\rho^4, \quad \rho \qquad \text{et} \qquad \rho^3, \quad \rho^2.$$

Or, il est clair que, dans le premier et dans le dernier cas, les deux groupes resteront composés chacun des mêmes racines, tandis que dans les deux cas précédents les racines du premier groupe se transformeront en celles qui composaient le second, et réciproquement.

Les racines primitives de l'équation (1) étant partagées en deux groupes, comme on vient de le dire, de telle sorte, qu'après la substitution de ρ^m à ρ, les deux groupes restent, pour certaines valeurs de m, composés chacun des mêmes racines, et se trouvent, pour d'autres valeurs de m, échangés entre eux; il est clair que le nombre des racines

$$\rho^h, \quad \rho^{h'}, \quad \rho^{h''}, \quad \ldots$$

du premier groupe devra être égal au nombre des racines

$$\rho^k, \quad \rho^{k'}, \quad \rho^{k''}, \quad \ldots$$

du second groupe. Donc, si l'on représente par N, comme nous l'avons fait dans la note précédente, le nombre total des racines primitives ou des entiers

$$h, \quad k, \quad l, \quad \ldots$$

inférieurs à n, mais premiers à n, on verra le nombre des entiers

$$h, \quad h', \quad h'', \quad \ldots,$$

ou de racines comprises dans le premier groupe, et le nombre des entiers

$$k, \quad k', \quad k'', \quad \ldots,$$

ou des racines comprises dans le second groupe, se réduire séparément à $\frac{N}{2}$; ce qui suppose N pair.

Cela posé, concevons que l'on ajoute les unes aux autres les diverses racines primitives de l'équation (1), prises avec le signe $+$ ou avec le signe $-$, suivant qu'elles font partie de l'un ou de l'autre groupe. On obtiendra ainsi une somme algébrique dans laquelle on pourra faire succéder à chaque terme précédé du signe + un terme correspondant précédé du signe —. Cette somme algébrique pouvant être considérée en conséquence comme composée de termes alternativement positifs et négatifs, nous la désignerons sous le nom de *somme alternée*. Donc, si l'on pose

$$(2) \qquad \mathfrak{D} = \rho^h + \rho^{h'} + \rho^{h''} + \ldots - \rho^k - \rho^{k'} - \rho^{k''} - \ldots,$$

$\mathfrak{D}$ sera une somme alternée des racines primitives de l'équation (1). Lorsque, dans une semblable somme, on remplacera la racine primitive ρ par une autre racine primitive ρ^m, les différents termes se transformeront, au signe près, les uns dans les autres, et deux termes, qui se déduiront ainsi l'un de l'autre, se trouveront toujours affectés du même signe pour certaines valeurs de m, mais affectés de signes contraires pour d'autres valeurs de m; par conséquent, la substitution de ρ^m à ρ laissera invariable la valeur de la somme, ou la fera seulement changer de signe. Supposons, pour fixer les idées, que des deux groupes

$$h, \quad h', \quad h'', \quad \ldots \qquad \text{et} \qquad k, \quad k', \quad k'', \quad \ldots,$$

le premier renferme l'exposant 1. Alors la substitution de ρ^m à ρ n'altérera point la valeur de la somme alternée $\mathfrak{D}$, si l'on a pris pour m un des nombres

$$h, \quad h', \quad h'', \quad \ldots,$$

et la fera seulement changer de signe, si l'on a pris pour m un des nombres

$$k, \quad k', \quad k'', \quad \ldots.$$

Si, par exemple, on suppose $n = 5$, la somme alternée

$$\mathfrak{D} = \rho + \rho^4 - \rho^2 - \rho^3$$

changera de signe, quand on y remplacera ρ par ρ^2 ou par ρ^3, mais elle ne sera nullement altérée quand on y remplacera ρ par ρ^4.

Il est important d'observer que, dans le cas où la substitution de ρ^m

à ρ laisse invariable la somme alternée $\circledS$, les termes

$$\rho^l \quad \text{et} \quad \rho^{ml},$$

par conséquent les termes

$$\rho^{ml} \quad \text{et} \quad \rho^{m^2 l}, \quad \ldots,$$

doivent se trouver affectés du même signe dans cette somme, l pouvant désigner ici l'un quelconque des nombres

$$h, \quad h', \quad h'', \quad \ldots, \quad k, \quad k', \quad k'', \quad \ldots,$$

c'est-à-dire l'un quelconque des nombres premiers à n. Donc, dans le cas dont il s'agit, le même signe doit affecter tous les termes de la suite

$$(3) \qquad \rho^l, \quad \rho^{ml}, \quad \rho^{m^2 l}, \quad \ldots, \quad \rho^{m^{\iota-1} l},$$

ι étant l'exposant de la plus petite puissance de m propre à vérifier l'équivalence

$$(4) \qquad m^\iota \equiv 1 \quad (\text{mod. } n).$$

Mais, si la substitution de ρ^m à ρ fait varier le signe de la somme alternée $\circledS$, alors les termes

$$\rho^l \text{ et } \rho^{ml}$$

devront y être affectés de signes contraires, et l'on pourra en dire autant des termes

$$\rho^{ml} \quad \text{et} \quad \rho^{m^2 l},$$

ou

$$\rho^{m^2 l} \quad \text{et} \quad \rho^{m^3 l}, \quad \ldots.$$

Donc alors chacun des termes de la suite (3) sera, dans la somme alternée $\circledS$, précédé du même signe que ρ^l ou d'un signe contraire, suivant que l'exposant de ρ contiendra comme facteur une puissance paire ou une puissance impaire de m. Dans tous les cas,

$$l \text{ et } m$$

étant deux nombres premiers à n,

$$\rho^{m^2 l}$$

sera précédé du même signe que ρ^l. Donc, si l'on a pris l'unité pour l'un des nombres

$$h, \quad h', \quad h'', \quad \ldots,$$

ρ^{m^2} sera précédé du signe $+$, ainsi que ρ; et, par conséquent, le groupe

$$h, \quad h', \quad h'', \quad \ldots$$

renfermera tous ceux des nombres

$$h, \quad k, \quad l, \quad \ldots$$

qui sont équivalents à des carrés

$$m^2, \quad m'^2, \quad \ldots,$$

suivant le module n, c'est-à-dire tous les résidus quadratiques relatifs à ce module.

Supposons maintenant que n soit un nombre premier impair, ou une puissance d'un tel nombre. Alors les entiers

$$h, \quad k, \quad l, \quad \ldots,$$

inférieurs à n et premiers à n, vérifieront l'équivalence

$$x^{\mathrm{N}} \equiv 1 \quad (\text{mod. } n), \tag{5}$$

les uns, dont le nombre sera $\frac{\mathrm{N}}{2}$, étant résidus quadratiques suivant le module n, et racines de l'équivalence

$$x^{\frac{\mathrm{N}}{2}} \equiv 1 \quad (\text{mod. } n), \tag{6}$$

les autres, dont le nombre sera encore $\frac{\mathrm{N}}{2}$, étant non-résidus quadratiques, et racines de l'équivalence

$$x^{\frac{\mathrm{N}}{2}} \equiv -1 \quad (\text{mod. } n). \tag{7}$$

D'ailleurs, si, dans la somme alternée $\mathfrak{D}$, le terme ρ est précédé du signe $+$, on pourra en dire autant de toutes les puissances de ρ, qui offriront pour exposants des résidus quadratiques; et, comme le nombre de ces puissances sera précisément $\frac{N}{2}$, les autres puissances, qui auront pour exposants des non-résidus quadratiques, devront toutes être affectées du signe $-$. Donc alors

$$h, \quad h', \quad h'', \quad \ldots$$

devra représenter la suite des résidus quadratiques, et

$$k, \quad k', \quad k'', \quad \ldots,$$

la suite des non-résidus. D'ailleurs, si l'on prend pour m une racine primitive s de l'équivalence (5), les diverses racines primitives de l'équation (1) pourront être représentées par les divers termes de la suite

$$\rho, \quad \rho^{s}, \quad \rho^{s^2}, \quad \rho^{s^{N-1}},$$

et, parmi les exposants de ρ dans cette suite, ceux qui représenteront des résidus quadratiques, relatifs au module n, seront les exposants carrés

$$1, \quad s^2, \quad s^4, \quad \ldots, \quad s^{N-2}.$$

Donc, si le terme ρ se trouve précédé du signe $+$ dans la somme alternée $\mathfrak{D}$, la valeur de cette somme, dans l'hypothèse admise, ne pourra être que la suivante :

$$\mathfrak{D} = \rho - \rho^{s} + \rho^{s^2} - \rho^{s^3} + \ldots - \rho^{s^{N-1}}. \tag{8}$$

Il est au reste facile de s'assurer que, dans le cas où n se réduit à un nombre premier impair ou à une puissance d'un tel nombre, le second membre de la formule (8) représente effectivement une somme alternée des racines primitives

$$\rho, \quad \rho^{s}, \quad \rho^{s^2}, \quad \ldots, \quad \rho^{s^{N-1}}$$

de l'équation (1). Car, si, dans ce second membre, on remplace ρ

par ρ^s, chaque terme se trouvera remplacé par le suivant, pris en signe contraire, le dernier terme étant remplacé par $-\rho$. Or, de cette seule observation, il résulte que le second membre de l'équation (8) restera composé des mêmes termes, tous ces termes étant pris avec des signes contraires à ceux dont ils étaient d'abord affectés, ou tous étant pris avec ces mêmes signes, si l'on y remplace la racine primitive ρ par l'une des racines primitives

$$\rho^s, \quad \rho^{s^2}, \quad \ldots, \quad \rho^{s^{N-1}},$$

ce qui revient à remplacer une ou plusieurs fois de suite ρ par ρ^s.

Dans le cas particulier où n se réduit à un nombre premier, on a

$$N = n - 1,$$

et la formule (8) donne simplement

$$(9) \qquad \text{Ⓓ} = \rho - \rho^s + \rho^{s^2} - \rho^{s^3} + \ldots - \rho^{s^{n-2}},$$

s étant une racine primitive de l'équivalence

$$(10) \qquad x^{n-1} \equiv 1 \quad (\text{mod. } n).$$

Alors, aussi, en vertu de la formule (14) de la Note I, on aura

$$(11) \qquad (\rho - \rho^s + \rho^{s^2} - \rho^{s^3} + \ldots - \rho^{s^{n-2}})^2 = (-1)^{\frac{n-1}{2}} n,$$

par conséquent

$$(12) \qquad \text{Ⓓ}^2 = (-1)^{\frac{n-1}{2}} n.$$

Donc, n étant un nombre premier impair, on aura

$$(13) \qquad \text{Ⓓ}^2 = n, \qquad \text{Ⓓ} = \pm\sqrt{n},$$

si ce nombre premier n est de la forme $4x + 1$, et l'on trouvera, au contraire,

$$(14) \qquad \text{Ⓓ}^2 = -n, \qquad \text{Ⓓ} = \pm n^{\frac{1}{2}}\sqrt{-1},$$

si n est de la forme $4x + 3$.

Si l'on suppose, par exemple, $n = 3$, on trouvera

$$\text{\textcircled{D}} = \rho - \rho^2,$$

ρ, ρ^2 représentant les deux racines primitives de l'équation

$$x^3 - 1 = 0,$$

ou, ce qui revient au même, les deux racines de l'équation

$$x^2 + x + 1 = 0.$$

Or, ces deux racines étant

$$-\frac{1}{2} + \frac{1}{2} 3^{\frac{1}{2}} \sqrt{-1}, \quad -\frac{1}{2} - \frac{1}{2} 3^{\frac{1}{2}} \sqrt{-1},$$

il est clair qu'en supposant $n = 3$, on trouvera

$$\text{\textcircled{D}} = 3^{\frac{1}{2}} \sqrt{-1} \quad \text{ou} \quad \text{\textcircled{D}} = -3^{\frac{1}{2}} \sqrt{-1},$$

suivant que l'on prendra pour ρ la première ou la seconde racine.

Lorsque, n étant une puissance entière d'un nombre premier impair ν, on aura

$$n = \nu^a,$$

et $a > 1$, alors, d'après ce qui a été dit ci-dessus, deux monomes de la forme

$$\rho^l, \quad \rho^{l'}$$

seront, dans la somme alternée $\text{\textcircled{D}}$, affectés du même signe, si les nombres l, l', premiers à n, vérifient la condition

$$l' \equiv m^2 l \qquad (\text{mod. } n),$$

m^2 étant un carré premier à n, ou, ce qui revient au même, si le rapport

$$\frac{l'}{l},$$

étant équivalent suivant le module n à un carré, vérifie par suite la formule

$$x^{\frac{N}{2}} \equiv 1 \qquad (\text{mod. } 2).$$

Or, c'est évidemment ce qui arrivera, si l'on a

$$(15) \qquad l' \equiv l \qquad (\text{mod. } \nu).$$

Car, en élevant plusieurs fois de suite à la puissance ν les deux membres de la formule (15), on en tirera successivement

$$l'^{\nu} \equiv l^{\nu} \qquad (\text{mod. } \nu^2),$$
$$l'^{\nu^2} \equiv l^{\nu^2} \qquad (\text{mod. } \nu^3),$$
$$\ldots\ldots\ldots\ldots\ldots\ldots,$$
$$l'^{\nu^{a-1}} \equiv l^{\nu^{a-1}} \qquad (\text{mod. } \nu^a),$$

par conséquent,

$$\left(\frac{l'}{l}\right)^{\nu^{a-1}} \equiv 1 \qquad (\text{mod. } \nu);$$

puis, en élevant les deux membres de cette dernière formule à la puissance entière $\frac{\nu - 1}{2}$, et ayant égard aux équations

$$\nu^a = n, \qquad \nu^{a-1}\frac{\nu - 1}{2} = \frac{N}{2},$$

on trouvera définitivement

$$\left(\frac{l'}{l}\right)^{\frac{N}{2}} \equiv 1 \qquad (\text{mod. } n).$$

Donc, lorsque n représente le carré, le cube, ou une puissance plus élevée d'un nombre premier impair ν, le même signe doit affecter, dans la somme alternée ⓓ, toutes les puissances de ρ dont les exposants sont équivalents, suivant le module ν, à un même nombre l; par conséquent, le même signe doit affecter, dans la somme alternée ⓓ, tous les termes de la suite

$$\rho^{l}, \quad \rho^{l+\nu}, \quad \rho^{l+2\nu}, \quad \ldots, \quad \rho^{l+n-\nu}.$$

Or, la somme de ces derniers termes, savoir,

$$\rho^{l} + \rho^{l+\nu} + \rho^{l+2\nu} + \ldots + \rho^{l+n-\nu} = \rho^{l}\frac{1 - \rho^{n}}{1 - \rho^{\nu}},$$

étant nulle avec la différence $1 - \rho''$, il est clair que, dans le cas dont il s'agit, la somme alternée ω se composera de diverses parties séparément égales à zéro. Donc, la somme ω s'évanouira elle-même; et, lorsque n sera le carré, le cube ou une puissance plus élevée d'un nombre premier impair, on aura toujours

$$\omega = 0. \tag{16}$$

Si n se réduisait au nombre 2, l'équation binome

$$x^2 = 1$$

n'offrirait qu'une seule racine primitive

$$\rho = -1,$$

avec laquelle on ne pourrait composer une somme alternée. C'est au reste le seul cas où la formation d'une somme alternée des racines primitives devienne impossible, et où le nombre N cesse d'être pair, en se réduisant à l'unité.

Il n'en sera plus de même si l'on prend pour n une puissance de 2. Concevons qu'alors on réduise toujours l'un des nombres

$$h, \quad h', \quad h'', \quad \ldots$$

à l'unité. Si, pour fixer les idées, on suppose $n = 4$, on trouvera

$$h = 1, \qquad k = 3,$$

et

$$\omega = \rho - \rho^3 \tag{17}$$

sera une somme alternée des racines primitives de l'équation

$$x = 1.$$

Cette même somme, égale à

$$2\rho = \pm 2\sqrt{-1},$$

vérifiera d'ailleurs la formule

$$\omega^2 = -4. \tag{18}$$

Si l'on suppose $n = 8$, on pourra prendre

$$h = 1, \qquad h' = 3, \qquad k = 5, \qquad k' = 7,$$

ou bien

$$h = 1, \qquad h' = 5, \qquad k = 3, \qquad k' = 7,$$

ou bien

$$h = 1, \qquad h' = 7, \qquad k = 3, \qquad k' = 5,$$

et obtenir ainsi trois sommes alternées des racines primitives de l'équation

$$x^8 = 1.$$

De ces trois sommes la première, savoir

$$(19) \qquad \mathcal{D} = \rho + \rho^3 - \rho^5 - \rho^7$$

vérifiera la formule

$$(20) \qquad \mathcal{D}^2 = -8;$$

la seconde, savoir

$$(21) \qquad \mathcal{D} = \rho + \rho^5 - \rho^3 - \rho^7,$$

se réduira simplement à

$$(22) \qquad \mathcal{D} = 0;$$

et la troisième, savoir

$$(23) \qquad \mathcal{D} = \rho + \rho^7 - \rho^3 - \rho^5$$

vérifiera la formule

$$(24) \qquad \mathcal{D}^2 = 8.$$

Enfin, si n est une puissance de 2, supérieure à la troisième, alors en posant

$$(25) \qquad l' = l + \frac{n}{2},$$

et choisissant le nombre entier d de manière à vérifier la formule

$$ld \equiv 1 \quad \text{ou} \quad \frac{1}{l} \equiv d \quad (\text{mod. } n),$$

on trouvera

$$\frac{l'}{l} = 1 + \frac{n}{2l} \equiv 1 + \frac{n}{2} d \qquad (\text{mod. } n),$$

ou, ce qui revient au même,

$$\frac{l'}{l} \equiv \left(1 + \frac{n}{4} d\right)^2 \qquad (\text{mod. } n),$$

attendu que, n étant divisible par 16,

$$\left(\frac{n}{4} d\right)^2 = \frac{n}{16} n d^2$$

sera divisible par n. Donc alors la valeur de l', déterminée par l'équation (25), sera équivalente, suivant le module n, à un produit de la forme

$$\left(1 + \frac{n}{4} d\right)^2 l \qquad \text{ou} \qquad m^2 l,$$

m étant premier à n, c'est-à-dire, impair; et les termes

$$\rho, \quad \rho^{l'} = \rho^{l + \frac{n}{2}}$$

seront généralement affectés de signes contraires dans une somme alternée ⓐ des racines primitives de l'équation (1). D'autre part, puisque, pour des valeurs paires de n, l'équation (1) se décompose en deux autres, savoir

$$x^{\frac{n}{2}} = 1, \tag{26}$$

$$x^{\frac{n}{2}} = -1, \tag{27}$$

et qu'une racine primitive ρ de l'équation (1) ne peut vérifier l'équation (26), on aura nécessairement

$$\rho^{\frac{n}{2}} = -1 \qquad \text{et} \qquad \rho^{l'} = -\rho^{l},$$

ou, ce qui revient au même,

$$\rho^{l} + \rho^{l'} = 0.$$

Donc, si n est une puissance de 2 supérieure à la troisième, une somme alternée ω des racines primitives de l'équation (1) sera composée de telle manière, que les termes affectés du même signe se détruiront deux à deux, en fournissant des sommes partielles égales à zéro. Donc alors, la somme ω sera nulle elle-même, et l'on aura

$$\omega = 0.$$

En résumé, si n est un nombre premier ou une puissance d'un tel nombre, la somme alternée ω sera nulle, à moins que n ne se réduise à 4 ou à 8, ou à un nombre premier impair.

D'ailleurs, lorsque ω ne sera pas nul, on aura toujours

$$\omega^2 = \pm n,$$

savoir

$$\omega^2 = n, \tag{28}$$

si n est de la forme $4x + 1$;

$$\omega^2 = -n, \tag{29}$$

si n est égal à 4, ou de la forme $4x + 3$; enfin, si n est égal à 8,

$$\omega^2 = n \quad \text{ou} \quad \omega^2 = -n, \tag{30}$$

suivant qu'on placera dans le même groupe les deux nombres 1 et 3, ou 1 et 7.

Concevons maintenant que, n étant un nombre entier quelconque, on pose

$$n = \nu^a \nu'^b \nu''^c \ldots, \tag{31}$$

ν, ν', ν'', ... étant les facteurs premiers de n, dont l'un pourra se réduire à 2. Alors, comme on l'a vu dans la Note précédente, une racine primitive

$$\rho$$

de l'équation (1) sera le produit de racines primitives

$$\xi, \quad \eta, \quad \zeta, \quad \ldots,$$

propres à vérifier respectivement les diverses équations

$$x^{\nu^a} = 1, \qquad x^{\nu'^b} = 1, \qquad x^{\nu''^c} = 1, \qquad \ldots. \tag{32}$$

Alors aussi on obtiendra les diverses valeurs de ρ et on les obtiendra chacune d'une seule manière, si dans le second membre de la formule

$$(33) \qquad \rho = \xi\eta\zeta\ldots$$

on substitue successivement les divers systèmes de valeurs de

$$\xi, \quad \eta, \quad \zeta, \quad \ldots$$

combinées entre elles de toutes les manières possibles. D'ailleurs, ξ étant une des racines primitives de l'équation

$$x^{\nu^a} = 1,$$

chacune des autres racines primitives de la même équation sera de la forme

$$\xi^l,$$

l étant un nombre entier premier à ν. Pareillement, η étant une racine primitive de l'équation

$$x^{\nu'^b} = 1,$$

chacune des autres racines primitives de la même équation sera de la forme

$$\eta^{l'},$$

l' étant un nombre entier, premier à ν', etc. Donc, si l'on désigne, comme ci-dessus, par

$$\xi, \quad \eta, \quad \zeta, \quad \ldots$$

certaines racines primitives, propres à vérifier respectivement les équations

$$x^{\nu^a} = 1, \qquad x^{\nu'^b} = 1, \qquad x^{\nu''^c} = 1, \qquad \ldots,$$

les diverses racines primitives de l'équation (1) se trouveront représentées par des produits de la forme

$$\xi^l\eta^{l'}\zeta^{l''}\ldots,$$

l étant premier à ν, l' à ν', l'' à ν'', ... Cela posé, considérons une somme alternée $\mathfrak{D}$ des racines primitives de l'équation (1). Comme les différents termes de la somme $\mathfrak{D}$ se réduiront à de semblables produits, pris, les uns avec le signe +, les autres avec le signe —, cette somme sera évidemment une fonction entière de chacune des racines primitives

$$\xi, \quad \eta, \quad \zeta, \quad \ldots.$$

On arriverait, au reste, à la même conclusion, en partant de la formule (33). En effet, la valeur de ρ, que détermine cette formule, étant une racine primitive de l'équation (1), la somme alternée $\mathcal{S}$ sera nécessairement une fonction entière de ρ, et par suite une fonction entière de ξ, de η, de ζ, ... Or, concevons que, dans cette fonction, on écrive à la place de ξ, une autre racine primitive de la première des équations (32). La somme alternée $\mathcal{S}$ devra rester composée des mêmes termes, tous étant pris avec les signes qui les affectaient d'abord, ou tous étant pris avec des signes contraires. Donc, chaque somme partielle de termes qui ne différeront les uns des autres que par la valeur de ξ, et par suite la somme $\mathcal{S}$ elle-même, seront proportionnelles à la somme de toutes les valeurs de ξ, ou à une somme alternée de ces valeurs. On prouvera pareillement que $\mathcal{S}$ est proportionnel à la somme des valeurs de η, ou à une somme alternée de ces valeurs, à la somme des valeurs de ζ, ou à une somme alternée de ces valeurs, etc. Donc la somme alternée $\mathcal{S}$ renfermera, comme facteur, ou la somme ou une somme alternée des racines primitives de chacune des équations (32); et sera proportionnelle au produit de divers facteurs de cette nature, correspondant à ces diverses équations. D'ailleurs, si l'on développe le produit dont il est ici question, le développement offrira, au signe près, chacun des termes que renferme la somme alternée $\mathcal{S}$, et deux termes devront encore être affectés du même signe ou de signes contraires dans le produit, suivant qu'ils seront affectés du même signe ou de signes contraires dans la somme $\mathcal{S}$. Donc la somme alternée $\mathcal{S}$ sera égale au produit obtenu, comme on vient de le dire, ou à ce produit pris en signe contraire.

Réciproquement, si l'on forme un produit dont les divers facteurs, correspondant aux diverses équations (32), représentent chacun la somme des racines primitives de l'une de ces équations, ou une somme alternée de ces racines, il est clair que ce produit développé sera composé de termes égaux, au signe près, aux diverses racines primitives de l'équation (1), et pourra être considéré comme une fonction entière, non seulement d'une racine primitive ρ de l'équation (1), mais encore de certaines racines primitives

$$\xi,\quad \eta,\quad \zeta,\quad \ldots,$$

propres à vérifier respectivement les équations (32). D'ailleurs, dans ce produit, on verra évidemment reparaître les mêmes termes, tous pris avec des signes contraires à ceux dont ils étaient d'abord affectés, ou tous pris avec les mêmes signes, quand on y remplacera la racine ξ par une autre racine primitive de l'équation

$$x^{\nu^a} = 1,$$

ou la racine primitive η par une autre racine primitive de l'équation

$$x^{\nu'^b} = 1, \qquad \ldots,$$

par conséquent aussi quand on effectuera simultanément plusieurs remplacements de ce genre, ce qui revient à remplacer la racine primitive

$$\rho = \xi\eta\zeta\ \ldots$$

de l'équation (1) par une autre racine primitive de la même équation. Donc le produit, formé comme nous l'avons dit, ne pourra être qu'une fonction alternée des racines primitives de l'équation (1), dans le cas où il ne se réduirait pas à une fonction symétrique de ces racines.

Il est bon d'observer que la somme des racines primitives de l'équation

$$x^{\nu^a} = 1,$$

étant égale à -1, a pour carré l'unité, et que la somme alternée de ces racines primitives, quand elle ne s'évanouit pas, offre pour carré $\pm \nu^a$. Une pareille observation pouvant être appliquée à chacune des équations (32), le produit de plusieurs facteurs, dont chacun sera, ou la somme, ou une somme alternée des racines primitives de l'une de ces équations, devra toujours, quand il ne s'évanouira pas, offrir un carré qui soit égal, abstraction faite du signe, au produit des nombres

$$\nu^a, \quad \nu'^b, \quad \nu''^c, \quad \ldots,$$

ou de plusieurs d'entre eux, par conséquent à n, ou à un diviseur de n. D'ailleurs, comme nous l'avons prouvé, le premier de ces deux produits peut représenter une somme alternée quelconque $\mathfrak{D}$ des racines primitives de l'équation (1). Donc, si une semblable somme ne s'évanouit pas, elle offrira pour carré $\pm n$, ou un diviseur de $\pm n$.

Observons encore qu'on aura toujours, ou

$$(34) \qquad \mathfrak{D} = 0,$$

ou

$$(35) \qquad \mathfrak{D}^2 = \pm n,$$

si chacun des facteurs du produit qui représente $\mathfrak{D}$ est une somme alternée. Au contraire, si l'un de ces facteurs est la somme des racines primitives de l'une des équations (32), $\mathfrak{D}^2$, en cessant d'être nul, sera généralement de la forme

$$(36) \qquad \mathfrak{D}^2 = \pm \omega,$$

ω étant un diviseur de n. Alors aussi, $\mathfrak{D}$, considéré comme fonction des racines primitives des équations (32), sera, pour une ou pour plusieurs des équations dont il s'agit, fonction symétrique de ces racines.

Pour qu'on trouve en particulier

$$\mathfrak{D}^2 = \pm n,$$

il sera nécessaire que, dans le produit propre à représenter $\mathfrak{D}$, chaque facteur se réduise à une somme alternée différente de zéro. C'est ce qui arrivera lorsque, dans le nombre composé n, les facteurs premiers impairs seront inégaux, le facteur pair, s'il existe, étant précisément 4 ou 8.

Soit maintenant

une fonction entière de la racine primitive ρ de l'équation (1). On pourra, dans cette fonction, réduire l'exposant de chaque puissance de ρ à un nombre entier plus petit que n, et poser en conséquence

$$(37) \qquad f(\rho) = a_0 + a_1\rho + a_2\rho^2 + \ldots + a_{n-1}\rho^{n-1},$$

$a_0, a_1, a_2, \ldots, a_{n-1}$ désignant des coefficients indépendants de ρ. Supposons d'ailleurs que, dans le cas où l'on remplace la racine primitive ρ de l'équation (1) par une autre racine primitive ρ^m de la même équation, les différents termes contenus dans $f(\rho)$ se transforment, au signe près, les uns dans les autres, et que deux termes, qui se déduisent ainsi l'un de l'autre, se trouvent toujours affectés du même signe pour certaines valeurs

$$h, \quad h', \quad h'', \quad \ldots$$

du nombre m, mais affectés de signes contraires pour d'autres valeurs

$$k, \quad k', \quad k'', \quad \ldots$$

du même nombre; en sorte que, sous ce point de vue, les entiers

$$h, \quad k, \quad l, \quad \ldots,$$

inférieurs à n et premiers à n, se partagent en deux groupes

$$h, \quad h', \quad h'', \quad \ldots \quad \text{et} \quad k, \quad k', \quad k'', \quad \ldots.$$

Alors, dans $f(\rho)$, les coefficients a_0 s'évanouiront nécessairement, et $f(\rho)$ sera une fonction linéaire de chacune des sommes algébriques

$$(38) \quad \left\{ \begin{array}{l} \rho^h + \rho^{h'} + \rho^{h''} + \ldots - \rho^k - \rho^{k'} - \rho^{k''} - \ldots, \\ \rho^{2h} + \rho^{2h'} + \rho^{2h''} + \ldots - \rho^{2k} - \rho^{2k'} - \rho^{2k''} - \ldots, \\ \rho^{3h} + \rho^{3h'} + \rho^{3h''} + \ldots - \rho^{3k} - \rho^{3k'} - \rho^{3k''} - \ldots, \\ \ldots\ldots\ldots\ldots\ldots\ldots\ldots\ldots\ldots\ldots, \end{array} \right.$$

chacune d'elles étant censée ne renfermer que des termes distincts les uns des autres. Sous cette condition, les sommes algébriques dont il s'agit se réduiront toujours, ou, comme la première, à une somme alternée des racines primitives de l'équation (1), ou du moins à des sommes alternées des racines primitives d'équations de la forme

$$x^{\omega} = 1, \tag{39}$$

les exposants ou les valeurs de ω étant des diviseurs de n. Cela posé, dans la fonction $f(\rho)$, aussi bien que dans chaque somme alternée, les termes précédés du signe $+$ seront évidemment en même nombre que les termes précédés du signe $-$; et, si à un terme que précède le signe $+$ on fait succéder un terme correspondant que précède le signe $-$, on pourra obtenir, pour représenter la fonction, une suite de termes alternativement positifs et négatifs. Pour cette raison, nous désignerons sous le nom de *fonction alternée* la fonction $f(\rho)$, formée comme il a été dit ci-dessus. Il est clair qu'une semblable fonction pourra seulement acquérir deux formes distinctes, et deux valeurs égales au signe près, mais affectées de signes contraires, si l'on y remplace une racine primitive ρ de l'équation (1) par une autre racine primitive ρ^m de la même équation. Ajoutons qu'en vertu des relations établies par la formule (33) entre les racines primitives de l'équation (1) et celles des équations (32), toute fonction alternée des racines primitives de l'équation (1) sera en même temps, ou une fonction alternée, ou une fonction symétrique des racines primitives de chacune des équations (32). Il sera maintenant facile de trouver la forme la plus simple à laquelle se réduise, pour une valeur donnée de n, une fonction alternée $f(\rho)$ des racines primitives de l'équation (1); surtout lorsque n représentera un nombre premier ou une puissance d'un tel nombre. Entrons à ce sujet dans quelques détails.

Supposons d'abord que le nombre n se réduise à un nombre premier impair ν, ou à une puissance de ce nombre premier, en sorte qu'on ait

$$n = \nu^a,$$

l'exposant a pouvant se réduire à l'unité. Les divers diviseurs du nombre n, y compris ce nombre lui-même, ou les diverses valeurs que pourra prendre l'exposant ω dans la formule (39), seront respectivement

$$\nu, \quad \nu^2, \quad \nu^3, \quad \ldots, \quad \nu^{a-1}, \quad \nu^a;$$

et les sommes alternées des racines primitives de l'équation (38), qui correspondront à ces diverses valeurs de ω, seront toutes nulles, à l'exception d'une seule, que nous désignerons par Δ, et à laquelle la fonction $f(\rho)$ deviendra proportionnelle; en sorte qu'on aura

$$f(\rho) = a\Delta, \tag{40}$$

a étant indépendant de ρ. La somme Δ dont il s'agit sera d'ailleurs la somme alternée des racines primitives de l'équation

$$x^\nu = 1,$$

qu'on obtient en posant, dans l'équation (39), $\omega = \nu$.

Supposons en second lieu que le nombre n se réduise à une puissance

$$2^a$$

du nombre 2. Alors, pour qu'on puisse former avec les racines de l'équation (1) une fonction alternée, il sera nécessaire que cette équation offre plus d'une racine primitive et qu'on ait en conséquence

$$a > 1.$$

Cela posé, n pourra être l'un quelconque des termes de la progression géométrique

$$4, \quad 8, \quad 16, \quad \ldots;$$

et, les valeurs de ω, dans l'équation (39), devant aussi se réduire à des termes de cette progression, la somme des racines primitives de l'équation (39) ne pourra cesser de s'évanouir que lorsqu'on prendra

$$\omega = 4 \quad \text{ou} \quad \omega = 8.$$

Donc alors une fonction alternée $f(\rho)$ des racines primitives de l'équation (1) renfermera tout au plus deux termes qui ne s'évanouiront pas, ces deux termes étant proportionnels, le premier à une fonction alternée des racines primitives de l'équation

$$x^4 = 1, \tag{41}$$

le second à une fonction alternée des racines primitives de l'équation

$$x^8 = 1. \tag{42}$$

Or, évidemment de ces deux termes le premier subsistera seul, si l'on a $n=4$, et alors la fonction alternée $f(\rho)$ sera encore de la forme indiquée par l'équation (40), la valeur de Δ étant

$$\Delta=\rho-\rho^3=\pm 2\sqrt{-1}.$$

Si n devient égal à 8, on aura trois cas à considérer, suivant que le second terme deviendra proportionnel à l'une ou à l'autre des trois sommes alternées

$$(43)\qquad 4\rho+\rho^3-\rho^5-\rho^7,\qquad \rho+\rho^5-\rho^3-\rho^7=0,\qquad \rho+\rho^7-\rho^3-\rho^5.$$

Or, quand on fait successivement coïncider avec chacune de ces trois sommes la première des expressions (38), savoir

$$\rho^h+\rho^{h'}+\ldots-\rho^k-\rho^{k'}-\ldots,$$

on trouve que les valeurs correspondantes de la seconde expression

$$\rho^{2h}+\ldots-\rho^{2k}-\ldots,$$

réduite à ne contenir que des puissances de ρ non équivalentes entre elles, deviennent respectivement

$$(44)\qquad 0,\qquad \rho^2-\rho^6=\pm 2\sqrt{-1},\qquad 0.$$

Donc, n étant égal à 8, le second des termes dont nous avons parlé disparaît lorsque le premier subsiste, et réciproquement; en sorte que, dans ce cas encore, la fonction $f(\rho)$ est de la forme indiquée par l'équation (40), Δ désignant une somme alternée des racines primitives ou de l'équation (41) ou de l'équation (42).

Au reste, ces conclusions doivent être étendues au cas même où n, étant une puissance de 2, deviendrait supérieur à 8, puisqu'alors la fonction $f(\rho)$, dans laquelle tous les termes disparaîtraient, à l'exception des deux termes ci-dessus mentionnés, pourrait encore être considérée comme une fonction alternée des racines primitives de l'équation (42).

Revenons à des valeurs quelconques de n, et posons de nouveau

$$n=\nu^a\nu'^b\nu''^c\ldots,$$

$\nu, \nu', \nu'', \ldots$ désignant les facteurs premiers de n, dont l'un pourra se réduire à 2. Comme nous l'avons déjà dit, une fonction alternée $f(\rho)$ des racines primitives de l'équation (1) sera en même temps ou une fonction symétrique, ou une fonction alternée des racines primitives de chacune des équations (32). Occupons-nous d'ailleurs spécialement du cas où $f(\rho)$, considéré comme fonction des racines primitives de l'une quelconque des équations (32), est toujours une fonction alternée, jamais une fonction symétrique de ces racines; ce qui suppose n impair ou divisible plusieurs fois par le facteur 2. Dans ce cas spécial, d'après ce qu'on a vu tout à l'heure, ou la fonction $f(\rho)$ s'évanouira, ou elle deviendra simultanément proportionnelle à divers facteurs

$$\Delta, \quad \Delta', \quad \Delta'', \quad \ldots,$$

qui représenteront des sommes alternées, respectivement formées avec les racines primitives des équations

$$(45) \qquad x^{\nu} = 1, \qquad x^{\nu'} = 1, \qquad x^{\nu''} = 1, \qquad \ldots$$

si les facteurs premiers

$$\nu, \quad \nu', \quad \nu'', \quad \ldots$$

sont tous des nombres impairs. Donc alors $f(\rho)$ sera proportionnel au produit

$$\Delta \ \Delta' \ \Delta'' \ \ldots,$$

qui représentera une somme alternée des racines primitives de l'équation

$$(46) \qquad x^{\nu\nu'\nu''\ldots} = 1$$

ou

$$(47) \qquad x^{\omega} = 1,$$

la valeur de ω étant

$$(48) \qquad \omega = \nu\nu'\nu''\ldots,$$

et l'on aura en conséquence

$$(49) \qquad f(\rho) = a\,\Delta\Delta'\Delta''\ldots,$$

a désignant dans $f(\rho)$ le coefficient d'une racine primitive de l'équation (46). Si, parmi les facteurs

$$\nu, \quad \nu', \quad \nu'', \quad \ldots,$$

le premier ν se réduisait à 2, on devrait remplacer la première des équations (45) par l'équation (41) ou (42); et par suite on devrait, dans la formule (49), prendre pour Δ une somme alternée des racines primitives de l'une des équations

$$(50) \qquad x^4 = 1, \qquad x^8 = 1.$$

Alors le produit

$$\Delta \Delta' \Delta'' \ldots$$

serait une somme alternée des racines primitives de l'équation (47), la valeur de ω étant donnée non plus par la formule (48), mais par l'une des deux suivantes :

$$(51) \qquad \omega = 4 \nu' \nu'' \ldots, \qquad \omega = 8 \nu' \nu'' \ldots.$$

D'ailleurs, en supposant n impair avec chacun des facteurs

$$\nu, \quad \nu', \quad \nu'', \quad \ldots,$$

on trouvera

$$(52) \qquad \Delta^2 = (-1)^{\frac{\nu-1}{2}} \nu, \qquad \Delta'^2 = (-1)^{\frac{\nu'-1}{2}} \nu', \qquad \Delta''^2 = (-1)^{\frac{\nu''-1}{1}} \nu'', \qquad \ldots$$

et, par suite,

$$(53) \qquad \Delta^2 \Delta'^2 \Delta''^2 \ldots = (-1)^{\frac{\nu-1}{2} + \frac{\nu'-1}{2} + \frac{\nu''-1}{2} + \ldots} \nu \nu' \nu'' \ldots,$$

ou, ce qui revient au même,

$$(54) \qquad \Delta^2 \Delta'^2 \Delta''^2 \ldots = (-1)^{\frac{\omega-1}{2}} \omega = \pm \omega,$$

la valeur de ω étant donnée par la formule (48). Si au contraire on suppose $\nu = 2$, n étant divisible par 4 ou par 8, la première des formules (52) se trouvera remplacée par l'une des équations

$$(55) \qquad \Delta^2 = -4, \qquad \Delta^2 = \pm 8,$$

et la formule (53) par l'une des équations

$$(56) \qquad \Delta^2 \Delta'^2 \Delta''^2 \ldots = \pm 4 \nu' \nu'' \ldots, \qquad \Delta^2 \Delta'^2 \Delta''^2 \ldots = \pm 8 \nu' \nu'' \ldots;$$

par conséquent on aura encore

$$\Delta^2\Delta'^2\Delta''^2\ldots = \pm\,\omega, \tag{57}$$

la valeur de ω étant donnée, non plus par la formule (48), mais par l'une des formules (51). Dans l'une et l'autre hypothèses, on tirera de la formule (49)

$$[\mathrm{f}(\rho)]^2 = \pm\,\omega\,\mathrm{a}^2. \tag{58}$$

L'équation (58) se réduira simplement à

$$[\mathrm{f}(\rho)]^2 = \pm\,n\,\mathrm{a}^2, \tag{59}$$

si l'on a

$$\omega = n. \tag{60}$$

Or, pour que le nombre ω, déterminé par la formule (48), ou par l'une des formules (51), devienne précisément égal à n, il est nécessaire que les facteurs premiers et impairs de n soient inégaux, le facteur pair, s'il existe, étant 4 ou 8.

L'équation (59) se réduira en particulier à

$$[\mathrm{f}(\rho)]^2 = n\,\mathrm{a}^2, \tag{61}$$

si, les facteurs premiers et impairs du nombre n étant inégaux, ce nombre est de l'une des formes

$$4x+1, \quad 4(4x+3),$$

ou bien encore de l'une des formes

$$8(4x+1), \quad 8(4x+3),$$

pourvu toutefois que, dans ce dernier cas, on place dans le même groupe ceux des entiers

$$h, \quad k, \quad l, \quad \ldots$$

inférieurs à n, mais premiers à n, qui, divisés par 8, donnent pour restes 1 et 7, quand $\frac{n}{8}$ est de la forme $4x+1$, et ceux qui, divisés par 8, donnent pour restes 1 et 3, quand $\frac{n}{8}$ est de la forme $4x+3$.

Enfin l'équation (59) se trouvera réduite à

$$[\mathfrak{f}(\rho)]^2 = -\overset{\circ}{n}\mathrm{a}^2, \tag{62}$$

si, les facteurs premiers et impairs du nombre n étant inégaux, ce nombre est de l'une des formes

$$4x+3, \quad 4(4x+1),$$

ou bien encore de l'une des formes

$$8(4x+1), \quad 8(4x+3),$$

pourvu toutefois que, dans ce dernier cas, on place dans le même groupe ceux des entiers

$$h, \quad k, \quad l, \quad \ldots$$

inférieurs à n, mais premiers à n, qui, divisés par 8, donnent pour restes 1 et 3, quand $\frac{n}{8}$ est de la forme $4x+1$, et ceux qui donnent pour restes 1 et 7, quand $\frac{n}{8}$ est de la forme $4x+3$.

Nous observerons en finissant que, dans le cas où l'on a $n = \omega$, et où la formule (58) se réduit à la formule (59), le produit

$$\Delta\Delta'\Delta''\ldots,$$

renfermé dans le second membre de la formule (49), se réduit à une somme alternée ϖ des racines primitives de l'équation (1). Donc alors la formule (49) pourra s'écrire comme il suit :

$$\mathfrak{f}(\rho) = \mathrm{a}\varpi. \tag{63}$$

Or, en élevant au carré chaque membre de cette dernière formule, et ayant égard à l'équation (35), on retrouvera, comme on devait s'y attendre, l'équation (59).

NOTE VIII.

PROPRIÉTÉS DES NOMBRES QUI, DANS UNE SOMME ALTERNÉE DES RACINES PRIMITIVES D'UNE ÉQUATION BINOME, SERVENT D'EXPOSANTS AUX DIVERSES PUISSANCES DE L'UNE DE CES RACINES.

Soient, comme dans la Note précédente :

n un nombre entier quelconque;
$h, k, l, \ldots$ les entiers inférieurs à n, et premiers à n;
N le nombre des entiers $h, k, l, \ldots$;
ρ une racine primitive de l'équation

$$x^n = 1, \tag{1}$$

et

$$\text{Ⓓ} = \rho^h + \rho^{h'} + \rho^{h''} + \ldots - \rho^k - \rho^{k'} - \rho^{k''} - \ldots \tag{2}$$

une somme alternée des racines primitives de cette équation, les entiers

$$h, \quad k, \quad l, \quad \ldots$$

étant partagés en deux groupes

$$h, \quad h', \quad h'', \quad \ldots \qquad \text{et} \qquad k, \quad k', \quad k'', \quad \ldots,$$

de telle manière qu'un changement opéré dans la valeur de la racine primitive ρ puisse produire un changement de signe dans la somme Ⓓ, sans avoir jamais d'autre effet sur cette même somme. Enfin, supposons, pour plus de commodité, que le nombre 1 fasse partie du groupe

$$h, \quad h', \quad h'', \quad \ldots.$$

Si le nombre n est premier, il sera en même temps impair, et l'on aura

$$N = n - 1.$$

Alors aussi, d'après ce qui a été dit dans la Note précédente, les nombres

$$h, \quad h', \quad h'', \quad \ldots$$

seront résidus quadratiques suivant le module n, et racines de l'équation

$$(3) \qquad x^{\frac{n-1}{2}} \equiv 1 \quad (\text{mod. } n),$$

en sorte que chacun d'eux vérifiera la condition

$$(4) \qquad \left[\frac{h}{n}\right] = 1.$$

Au contraire les nombres

$$k, \quad k', \quad k'', \quad \ldots$$

seront non-résidus quadratiques suivant le module n, et racines de l'équivalence

$$(5) \qquad x^{\frac{n-1}{2}} \equiv -1 \quad (\text{mod. } n),$$

en sorte que chacun d'eux vérifiera la condition

$$(6) \qquad \left[\frac{k}{n}\right] = -1.$$

D'ailleurs, pour chacune des équations

$$x^{\frac{n-1}{2}} = 1, \qquad x^{\frac{n-1}{2}} = -1,$$

la somme des racines se réduira toujours à zéro, lorsque $\frac{n-1}{2}$ sera un nombre entier supérieur à l'unité; et, par conséquent, pour chacune des formules (3), (5), la somme des racines sera équivalente à zéro, suivant le module n, lorsqu'on aura

$$\frac{n-1}{2} > 1, \qquad n > 3.$$

Donc, n étant un nombre premier supérieur à 3, on aura toujours

$$(7) \qquad h + h' + h'' + \ldots \equiv k + k' + k'' + \ldots \equiv 0.$$

La formule (7) comprend évidemment un théorème qu'on peut énoncer comme il suit :

THÉORÈME I. — *n étant un nombre premier supérieur à 3, si, parmi les* *entiers inférieurs à n, mais premiers à n, on distingue les résidus quadratiques*

$$h, \quad h', \quad h'', \quad \ldots$$

et les non-résidus quadratiques

$$k, \quad k', \quad k'', \quad \ldots,$$

la somme $h + h' + h'' + \ldots$ des résidus et la somme $k + k' + k'' + \ldots$ des non-résidus seront l'une et l'autre divisibles par n.

Ainsi, en particulier, on trouvera, pour $n = 5$,

$$h = 1, \quad h' = 4, \quad h + h' = 5 \equiv 0 \quad (\text{mod. } 5).$$
$$k = 2, \quad k' = 3, \quad k + k' = 5 \equiv 0 \quad (\text{mod. } 5),$$

pour $n = 7$,

$$h = 3, \quad h' = 2, \quad h'' = 4, \quad h + h + h'' = 7 \equiv 0 \quad (\text{mod. } 7),$$
$$k = 1, \quad k' = 5, \quad k'' = 6, \quad k + k + k'' = 14 \equiv 0 \quad (\text{mod. } 7),$$

etc. Mais, si l'on prend

$$n = 3,$$

on aura

$$h = 1, \quad k = 2,$$

et la condition (7), qui cessera d'être vérifiée, se trouvera remplacée par la suivante :

$$h \equiv -k \equiv 1 \quad (\text{mod. } 3).$$

On pourrait démontrer encore le premier théorème comme il suit.

n étant un nombre premier impair, nommons s une racine primitive de l'équivalence

$$x^{n-1} \equiv 1 \quad (\text{mod. } n).$$

Les entiers inférieurs à n, mais premiers à n, seront équivalents aux diverses puissances de s d'un degré plus petit que $n - 1$, savoir, les résidus quadratiques aux puissances paires

$$1, \quad s^2, \quad s^4, \quad \ldots, \quad s^{n-3},$$

et les non-résidus aux puissances impaires

$$s, \quad s^3, \quad s^5, \quad \ldots, \quad s^{n-2}.$$

On trouvera, par suite,

$$h + h' + h'' + \ldots \equiv s + s^2 + s^4 + \ldots + s^{n-3} \equiv \frac{s^{n-1} - 1}{s^2 - 1} \equiv 0 \quad (\text{mod. } n),$$

$$k + k' + k'' + \ldots \equiv s + s^3 + s^5 + \ldots + s^{n-2} \equiv \frac{s^{n-1} - 1}{s^2 - 1} \equiv 0 \quad (\text{mod. } n),$$

excepté dans le cas où, n étant égal à 3, on aurait non seulement

$$s^{n-1} \equiv 1 \quad (\text{mod. } n),$$

mais encore $n - 1 = 2$, et par conséquent

$$s^2 \equiv 1 \quad (\text{mod. } n).$$

Supposons maintenant que n devienne une puissance d'un nombre premier impair ν, en sorte qu'on ait

$$n = \nu^a.$$

Alors on trouvera

$$\mathrm{N} = \nu^{a-1}(\nu - 1) = n\left(1 - \frac{1}{\nu}\right).$$

Alors aussi

$$h, \quad h', \quad h'', \quad \ldots$$

seront résidus quadratiques suivant le module n, et racines de l'équivalence

$$(8) \qquad x^{\frac{\mathrm{N}}{2}} \equiv 1 \quad (\text{mod. } n),$$

tandis que

$$k, \quad k', \quad k'', \quad \ldots$$

seront non-résidus suivant le module n, et racines de l'équivalence

$$(9) \qquad x^{\frac{\mathrm{N}}{2}} \equiv -1 \quad (\text{mod. } n).$$

Donc, si, en nommant l un nombre entier premier à n, on désigne par

$$\left[\frac{l}{n}\right]$$

le reste $+1$ ou -1, qu'on obtient en divisant par n la puissance

$$l^{\frac{\mathrm{N}}{2}},$$

chacun des nombres $h, h', h'', \ldots$ vérifiera encore la condition (4), et chacun des nombres $k, k', k'', \ldots$ la condition (6). D'autre part, chacun des groupes

$$\begin{array}{llll} h, & h', & h'', & \ldots, \\ k, & k', & k'', & \ldots \end{array}$$

pouvant être décomposé (p. 248-249) en plusieurs suites de termes de la forme

$$l, \quad l+\nu, \quad l+2\nu, \quad \ldots, \quad l+n-\nu,$$

et la somme de ces derniers termes étant égale à

$$\frac{n}{\nu}\left(l+\frac{n-\nu}{2}\right),$$

par conséquent divisible par $\nu^{a-1}=\frac{n}{\nu}$, il est clair que, dans l'hypothèse admise, la formule (7) pourra être remplacée par la suivante :

$$(10) \qquad h+h'+h''+\ldots \equiv k+k'+k''+\ldots \equiv 0 \qquad \left(\text{mod. } \nu^{a-1}=\frac{n}{\nu}\right).$$

Ainsi, en particulier, on trouvera pour $n=9=3^2$,

$$\begin{array}{lllll} h=1, & h'=4, & h''=7, & h+h'+h''=12\equiv 0 & (\text{mod. } 3), \\ h=2, & k'=5, & k''=8, & k+k'+k''=15\equiv 0 & (\text{mod. } 3). \end{array}$$

La formule (11) renferme un théorème qu'on peut énoncer comme il suit :

Théorème II. — *ν étant un nombre premier impair, et $n=\nu^a$ une puissance de ν dont le degré surpasse l'unité, si parmi les entiers inférieurs à n, mais premiers à n, on distingue les résidus quadratiques*

$$h, \quad h', \quad h'', \quad \ldots$$

et les non-résidus

$$k, \quad k', \quad k'', \quad \ldots,$$

la somme $h+h'+h''+\ldots$ des résidus et la somme $k+k'+k''+\ldots$ des non-résidus seront, l'une et l'autre, divisibles par ν^{a-1} ou, ce qui revient au même, par $\frac{n}{\nu}$.

Au reste, on pourrait encore établir le théorème II de la manière suivante :

Si, en supposant

$$n = \nu^a \quad \text{et} \quad N = \nu^{a-1}(\nu - 1),$$

on nomme s une racine primitive de l'équivalence

$$x^N \equiv 1 \quad (\text{mod. } n),$$

on trouvera, par des raisonnements semblables à ceux dont nous avons précédemment fait usage,

$$h + h' + h'' + \ldots \equiv 1 + s^2 + s^4 + \ldots + s^{N-2} \equiv \frac{s^N - 1}{s^2 - 1} \quad (\text{mod. } n),$$

$$k + k' + k'' + \ldots \equiv s + s^3 + s^5 + \ldots + s^{N-2} \equiv s\frac{s^N - 1}{s^2 - 1} \quad (\text{mod. } n),$$

et, par suite,

$$(s^2 - 1)(h + h' + h'' + \ldots) \equiv s^N - 1 \equiv 0 \quad (\text{mod. } n),$$
$$(s^2 - 1)(k + k' + k'' + \ldots) \equiv s(s^N - 1) \equiv 0 \quad (\text{mod. } n).$$

Donc chacun des produits

$$(s^2 - 1)(h + h' + h'' + \ldots), \quad (s^2 - 1)(k + k' + k'' + \ldots)$$

sera divisible par $n = \nu^a$; et, dans chacun d'eux, le second facteur

$$h + h' + h'' + \ldots \quad \text{ou} \quad k + k' + k'' + \ldots$$

sera nécessairement divisible par ν^{a-1}, si le premier facteur

$$s^2 - 1$$

ne peut être qu'une seule fois divisible par ν. Or, c'est précisément ce qui arrivera. Car, si le facteur $s^2 - 1$ était seulement divisible par ν^2, on en conclurait

$$s^{\nu-1} \equiv 1 \quad (\text{mod. } \nu^2),$$

et, par suite (*voir* la note placée au bas de la page 81),

$$s^{\nu(\nu-1)} \equiv 1 \quad (\text{mod. } \nu^3),$$
$$s^{\nu^2(\nu-1)} \equiv 1 \quad (\text{mod. } \nu^4),$$
$$\ldots\ldots\ldots\ldots \quad \ldots\ldots\ldots\ldots,$$
$$s^{\nu^{a-2}(\nu-1)} \equiv 1 \quad (\text{mod. } \nu^a).$$

Donc s vérifierait la formule

$$s^{\nu^{a-2}(\nu-1)} \equiv 1 \qquad (\text{mod. } \nu^a),$$

ou, ce qui revient au même, la formule

$$s^{\frac{N}{2}} \equiv 1 \qquad (\text{mod. } n),$$

et ne pourrait représenter, comme nous le supposons, une racine primitive de l'équivalence

$$x^N \equiv 1 \qquad (\text{mod. } n).$$

Lorsque ν est de la forme $4x+1$, et n de la forme ν^a, l'exposant a étant supérieur à l'unité, alors

$$\frac{N}{2} = \nu^{a-1}\frac{\nu-1}{2}$$

est, ainsi que $\frac{\nu-1}{2}$, un nombre pair; donc, par suite, la quantité -1 vérifie l'équation

$$x^{\frac{N}{2}} = 1$$

et représente un résidu quadratique suivant le module n. D'ailleurs, l et m étant premiers à n, les deux nombres

$$l, \quad ml$$

sont toujours en même temps ou résidus ou non-résidus. Donc, dans le cas que nous considérons ici,

$$l \quad \text{et} \quad -l \quad \text{ou} \quad n-l$$

seront en même temps résidus ou non-résidus, et la somme des résidus

$$h, \quad h', \quad h'', \quad \ldots$$

se composera, ainsi que la somme des non-résidus, de termes qui, ajoutés deux à deux, donneront des sommes partielles égales à n. En conséquence, on peut énoncer la proposition suivante :

THÉORÈME III. — *ν étant un nombre premier de la forme $4x+1$, et*

$$n = \nu^a$$

une puissance de ν, dont le degré a surpasse l'unité, si, parmi les entiers inférieurs à n, mais premiers à n, on distingue les résidus quadratiques

$$h,\quad h',\quad h'',\quad \ldots$$

et les non-résidus

$$k,\quad k',\quad k'',\quad \ldots,$$

la somme $h+h'+h''+\ldots$ des résidus et la somme $k+k'+k''+\ldots$ des non-résidus seront, l'une et l'autre, divisibles par n.

Ainsi, en particulier, on trouvera, pour $n = 25 = 5^2$,

$$\begin{aligned} h+h'+h''+\ldots &= 1+4+6+9+11+14+16+19+21+24 \\ &\equiv 1+4+6+9+11-11-\ 9-\ 6-\ 4-\ 1 \equiv 0 \\ &\qquad (\text{mod. } 25), \\ k+k'+k''+\ldots &= 2+3+7+8+12+13+17+18+22+23 \\ &\equiv 2+3+7+8+12-12-\ 8-\ 7-\ 3-\ 2 \equiv 0 \\ &\qquad (\text{mod. } 25). \end{aligned}$$

Aux théorèmes I, II, III on peut évidemment joindre le suivant :

THÉORÈME IV. — *n représentant un nombre entier supérieur à 2, la somme des entiers inférieurs à n, mais premiers à n, sera divisible par n, de sorte qu'en désignant ces entiers par*

$$h,\quad k,\quad l,\quad \ldots$$

on aura

$$h+k+l+\ldots \equiv 0 \quad (\text{mod. } n). \tag{11}$$

Effectivement, les entiers inférieurs à n et premiers à n, étant deux à deux de la forme

$$l,\quad n-l,$$

fourniront des sommes partielles toutes égales à n. On doit seulement excepter le cas où les nombres

$$l,\quad n-l$$

pourraient devenir égaux, en restant premiers à n. Or, l'équation

$$l = n - l$$

donne

$$l = \frac{1}{2} n,$$

et pour que $\frac{1}{2} n$ soit entier, mais premier à n, il faut qu'on ait $n = 2$.

Avant d'aller plus loin, nous présenterons une observation importante. La somme alternée $\mathfrak{D}$ étant déterminée par la formule (2), et le groupe des exposants

$$h, \quad h', \quad h'', \quad \ldots$$

étant supposé, dans cette somme, renfermer l'exposant 1, enfin, le nombre l étant inférieur, ou même supérieur à n, mais premier à n; si, dans la somme alternée $\mathfrak{D}$, on remplace ρ par ρ^l, alors, suivant que l sera équivalent à l'un des nombres

$$h, \quad h', \quad h'', \quad \ldots$$

ou à l'un des nombres

$$k, \quad k', \quad k'', \quad \ldots,$$

cette même somme se trouvera multipliée par $+1$ ou par -1, c'est-à-dire que les termes précédés du signe $+$ s'y trouveront échangés ou non contre les termes précédés du signe $-$, cette espèce de multiplication ou d'échange ayant lieu dans le cas même où n renfermerait des facteurs égaux, et où, par suite, en vertu des propriétés de la racine ρ, la somme alternée $\mathfrak{D}$ s'évanouirait. D'ailleurs, si n est un nombre premier ou une puissance d'un tel nombre, on aura, dans le premier cas,

$$\left[\frac{l}{n}\right] = 1,$$

dans le second cas

$$\left[\frac{l}{n}\right] = -1.$$

Donc, alors, changer, dans la somme alternée $\mathfrak{D}$, ρ en ρ^l revient à multiplier cette somme, ou plutôt ses divers termes, par $\left[\frac{l}{n}\right]$.

Concevons à présent que n représente un nombre impair quelconque. Il sera le produit de facteurs premiers impairs

$$\nu,\quad \nu',\quad \nu'',\quad \ldots$$

élevés à diverses puissances; et, si l'on désigne les exposants de ces puissances par

$$a,\quad b,\quad c,\quad \ldots,$$

on aura

$$n = \nu^a \nu'^b \nu''^c, \quad \ldots, \tag{12}$$

$$\begin{aligned} \mathrm{N} &= \nu^{a-1}\nu'^{b-1}\nu''^{c-1}\ldots(\nu-1)(\nu'-1)(\nu''-1)\ldots \\ &= n\left(1-\frac{1}{\nu}\right)\left(1-\frac{1}{\nu'}\right)\left(1-\frac{1}{\nu''}\right)\ldots. \end{aligned} \tag{13}$$

Soient d'ailleurs

$$\xi,\quad \eta,\quad \zeta,\quad \ldots$$

des racines primitives qui appartiennent respectivement aux diverses équations

$$x^{\nu^a} = 1, \qquad x^{\nu'^b} = 1, \qquad x^{\nu''^c} = 1, \qquad \ldots. \tag{14}$$

On pourra prendre

$$\rho = \xi\eta\zeta\ldots. \tag{15}$$

Soient, de plus,

$$\Delta,\quad \Delta',\quad \Delta'',\quad \ldots$$

des sommes alternées, respectivement formées avec les racines primitives de la première, ou de la seconde, ou de la troisième, etc. des équations (14), et de manière que la racine

$$\xi \quad \text{ou} \quad \eta \quad \text{ou} \quad \zeta,\ \ldots$$

représente l'un des termes affectés du signe $+$. D'après ce qui a été dit dans la Note précédente, si la somme alternée $\mathfrak{D}$ est en même temps une fonction alternée des racines primitives de chacune des équations (14), non seulement cette somme $\mathfrak{D}$ vérifiera l'une des conditions

$$\mathfrak{D} = 0, \tag{16}$$

$$\mathfrak{D}^2 = \pm n, \tag{17}$$

mais en outre le produit

$$\Delta\Delta'\Delta''\ldots$$

sera égal, au signe près, à la somme $\mathbb{D}$; et comme, dans ce produit, aussi bien que dans la somme $\mathbb{D}$, le terme

$$\xi\eta\zeta\ldots$$

sera évidemment affecté du signe $+$, on aura nécessairement

$$(18) \qquad \mathbb{D} = \Delta\Delta'\Delta''\ldots.$$

Il y a plus : les divers termes compris dans la somme $\mathbb{D}$ seront les produits partiels qu'on peut former en multipliant les divers termes de la somme Δ par les divers termes de la somme Δ', puis par les divers termes de la somme Δ'', et ainsi de suite. Cela posé, on pourra facilement décider si un entier l, inférieur à n et premier à n, fait partie du groupe

$$h, \quad h', \quad h'', \quad \ldots$$

ou du groupe

$$k, \quad k', \quad k'', \quad \ldots.$$

En effet, pour y parvenir, il suffira de savoir si, dans la somme $\mathbb{D}$, les termes précédés du signe $+$ se trouvent échangés ou non contre les termes précédés du signe $-$, quand on remplace

$$\rho = \xi\eta\zeta\ldots \qquad \text{par} \qquad \rho' = \xi'\eta'\zeta'\ldots,$$

ou, ce qui revient au même, quand on substitue simultanément

$$\xi' \text{ à } \xi, \qquad \eta' \text{ à } \eta, \qquad \zeta' \text{ à } \zeta, \qquad \ldots.$$

Or, de ces diverses substitutions, la première équivaut à la multiplication des divers termes de la somme Δ par

$$\left[\frac{l}{\nu^a}\right],$$

la seconde à la multiplication des divers termes de Δ' par

$$\left[\frac{l}{\nu'^b}\right],$$

la troisième à la multiplication des divers termes de Δ'' par

$$\left[\frac{l}{\nu''^c}\right],$$

etc. Donc, en vertu de ces substitutions réunies, les divers termes du produit $\Delta\Delta'\Delta''\ldots$ ou de la somme $\textcircled{D}$ pourront être censés multipliés par

$$\left[\frac{l}{\nu^a}\right]\left[\frac{l}{\nu'^b}\right]\left[\frac{l}{\nu''^c}\right]\cdots.$$

Donc, en définitive, l fera partie du groupe

$$h,\quad h',\quad h'',\quad \ldots$$

ou du groupe

$$k,\quad k',\quad k'',\quad \ldots,$$

suivant que le produit

$$\left[\frac{l}{\nu^a}\right]\left[\frac{l}{\nu'^b}\right]\left[\frac{l}{\nu''^c}\right]\cdots$$

sera égal à $+1$ ou à -1.

Si, en supposant toujours

$$n = \nu^a \nu'^b \nu''^c, \quad \ldots,$$

on se sert de la notation

$$\left[\frac{l}{n}\right]$$

pour représenter le produit

$$\left[\frac{l}{\nu^a}\right]\left[\frac{l}{\nu'^b}\right]\left[\frac{l}{\nu''^c}\right]\cdots,$$

on déduira immédiatement des principes que nous venons d'établir la proposition suivante :

Théorème V. — *Soient n un nombre impair; $\nu, \nu', \nu'', \ldots$ ses facteurs premiers; $a, b, c, \ldots$ les exposants de ces facteurs dans le nombre n; l un des entiers inférieurs à n mais premiers à n; et ρ une des racines primitives de l'équation* (1). *Si une somme alternée $\textcircled{D}$ de ces racines est en même temps une fonction alternée des racines primitives de chacune* *des équations* (14), *les deux termes*

$$\rho, \quad \rho'$$

seront, dans la somme alternée $\mathfrak{D}$, *affectés du même signe ou de signes contraires suivant qu'on aura*

$$(19) \qquad \left[\frac{l}{n}\right] = 1 \quad \text{ou} \quad \left[\frac{l}{n}\right] = -1.$$

Il en résulte encore que, dans le cas où, comme nous l'avons supposé, le groupe des nombres

$$h, \quad h', \quad h'', \quad \ldots$$

renferme l'unité, l fait partie ou non de ce même groupe suivant que la première ou la seconde des formules (19) *se vérifie.*

Supposons maintenant que, n étant déterminé par la formule (12), et l désignant l'un des nombres entiers inférieurs à n, on nomme

$$\lambda, \quad \lambda', \quad \lambda'', \quad \ldots$$

les restes positifs qu'on obtient quand on divise successivement l par chacun des nombres

$$\nu^a, \quad \nu'^b, \quad \nu''^c, \quad \ldots.$$

L'équation

$$\rho = \xi\eta\zeta\ldots$$

donnera non seulement

$$\rho' = \xi^l\eta^l\zeta^l\ldots,$$

mais aussi

$$(20) \qquad \rho' = \xi^\lambda\eta^{\lambda'}\zeta^{\lambda''}\ldots;$$

et pareillement la formule

$$\left[\frac{l}{n}\right] = \left[\frac{l}{\nu^a}\right]\left[\frac{l}{\nu'^b}\right]\left[\frac{l}{\nu''^c}\right]\cdots$$

entraînera la suivante :

$$(21) \qquad \left[\frac{l}{n}\right] = \left[\frac{\lambda}{\nu^a}\right]\left[\frac{\lambda}{\nu'^b}\right]\left[\frac{\lambda}{\nu''^c}\right]\cdots.$$

D'ailleurs les diverses racines primitives de l'équation

$$x^{\nu^a} = 1$$

seront les diverses valeurs qu'on obtient pour

$$\xi^\lambda,$$

en prenant successivement pour λ tous les entiers inférieurs à ν^a et premiers à ν^a. De même les diverses racines primitives de l'équation

$$x^{\nu'^b} = 1$$

seront les diverses valeurs qu'on obtient pour

$$\eta^{\lambda'},$$

en prenant successivement pour λ' tous les entiers inférieurs à ν'^b et premiers à ν'^b; etc. Donc, en vertu du théorème IV de la Note VI, les diverses racines primitives de l'équation (1) seront représentées par les diverses valeurs du produit

$$\xi^\lambda \eta^{\lambda'} \zeta^{\lambda''},$$

correspondant aux divers systèmes de valeurs que peuvent acquérir les exposants

$$\lambda, \quad \lambda', \quad \lambda'', \quad \ldots,$$

quand on prend pour λ un entier inférieur à ν^a, mais premier à ν^a, pour λ' un entier inférieur à ν'^b, mais premier à ν'^b, pour λ'' un entier inférieur à ν''^c, mais premier à ν''^c, etc. Donc, puisque les diverses racines primitives de l'équation (1) peuvent encore être représentées par les diverses valeurs qu'on obtient pour

$$\rho^l,$$

en prenant successivement pour l tous les entiers inférieurs à n, mais premiers à n, on peut affirmer non seulement qu'à chaque valeur de l correspondra, comme il était facile de le prévoir, un seul système des valeurs de

$$\lambda, \quad \lambda', \quad \lambda'', \quad \ldots,$$

mais, réciproquement, qu'à chaque système de valeurs de $\lambda, \lambda', \lambda'', \ldots$ correspondra une valeur de l.

Il est bon d'observer encore que, le nombre n étant impair, la somme alternée $\mathfrak{D}$, déterminée par l'équation (2), ne pourra, en vertu des principes établis dans la Note précédente, vérifier la formule (17), ou

$$\mathfrak{D}^2 = \pm n,$$

que dans deux cas particuliers, savoir : 1° lorsque n sera un nombre premier; 2° lorsque, n étant le produit de facteurs premiers inégaux

$$\nu, \quad \nu', \quad \nu'', \quad \ldots,$$

$\mathfrak{D}$ sera une fonction alternée des racines primitives de chacune des équations

$$(22) \qquad x^{\nu} = 1, \qquad x^{\nu'} = 1, \qquad x^{\nu''} = 1, \qquad \ldots.$$

Ajoutons que, dans l'un et l'autre cas, on aura

$$\mathfrak{D}^2 = n,$$

si n est de la forme $4x + 1$, et

$$\mathfrak{D}^2 = -n,$$

si n est de la forme $4x + 3$.

Jusqu'à présent nous avons supposé que dans l'équation (1) l'exposant n était un nombre impair. Concevons maintenant qu'il devienne un nombre pair, et supposons d'abord qu'il se réduise à une puissance de 2.

Pour qu'on puisse former avec les racines primitives de l'équation (1) une somme alternée

$$\mathfrak{D} = \rho^{h} + \rho^{h'} + \rho^{h''} + \ldots - \rho^{k} - \rho^{k'} - \rho^{k''} - \ldots,$$

il sera nécessaire que la puissance de 2, représentée par n, soit une puissance supérieure à la première, par conséquent un terme de la progression géométrique

$$4, \quad 8, \quad 16, \quad \ldots.$$

Alors, on pourra supposer, si n est égal à 4,

$$\mathbb{D} = \rho - \rho^3;$$

et si n est égal à 8,

$$\mathbb{D} = \rho + \rho^3 - \rho^5 - \rho^7,$$

ou bien

$$\mathbb{D} = \rho + \rho^5 - \rho^3 - \rho^7,$$

ou bien encore

$$\mathbb{D} = \rho + \rho^7 - \rho^3 - \rho^5,$$

etc. Alors aussi la formule (17) ne pourra être vérifiée que dans trois cas spéciaux, savoir : 1° lorsque, n étant égal à 4, on aura

$$\mathbb{D} = \rho - \rho^3, \qquad \mathbb{D}^2 = -4;$$

2° lorsque, n étant égal à 8, on aura

$$\mathbb{D} = \rho + \rho^3 - \rho^5 - \rho^7, \qquad \mathbb{D}^2 = -8;$$

3° lorsque, n étant égal à 8, on aura

$$\mathbb{D} = \rho + \rho^7 - \rho^3 - \rho^5, \qquad \mathbb{D}^2 = 8.$$

Or, de ces trois cas le dernier est le seul dans lequel les sommes

$$h + h' + \ldots, \qquad k + k' + \ldots$$

deviennent divisibles par n. En effet, on aura dans le premier cas

$$h = 1, \qquad k = 3,$$

par conséquent

$$h \equiv -k \equiv 1 \pmod{n};$$

dans le second cas

$$h + h' = 1 + 3 = 4, \qquad k + k' = 5 + 7 = 12,$$

par conséquent

$$h + h' \equiv k + k' \equiv \frac{1}{2} n \pmod{n};$$

et dans le troisième cas

$$h + h' = 1 + 7 = 8, \qquad k + k' = 3 + 5 = 8,$$

par conséquent

$$h + h' = k + k' = n.$$

Concevons maintenant que n, étant un nombre pair, ne se réduise plus à une puissance de 2. Si l'on nomme $\nu, \nu', \nu'', \ldots$ les facteurs premiers de n, dont l'un, ν par exemple, se réduira simplement au nombre 2, on pourra supposer encore la valeur de n déterminée par l'équation (12), et la valeur de ρ par l'équation (15),

$$\xi, \quad \eta, \quad \zeta, \quad \ldots$$

diésgnant des racines primitives qui appartiennent respectivement à la première, à la seconde, à la troisième, etc. des formules (14). Il y a plus : si l'on nomme

$$\Delta, \quad \Delta', \quad \Delta'', \quad \ldots$$

des sommes alternées respectivement formées avec les racines primitives de la première, de la seconde, de la troisième, etc. des équations (14), et de manière que la racine

$$\xi \quad \text{ou} \quad \eta \quad \text{ou} \quad \zeta \quad \ldots$$

représente l'un des termes affectés du signe $+$; si d'autre part on nomme

$$\lambda, \quad \lambda', \quad \lambda'', \quad \ldots$$

les restes qu'on obtient quand on divise successivement par chacun des facteurs

$$\nu^a, \quad \nu'^b, \quad \nu''^c, \quad \ldots$$

un entier l inférieur à n, mais premier à n, on se trouvera de nouveau conduit aux formules (18) et (20) : et l'on conclura toujours de la formule (20) qu'à chaque système de valeurs de

$$\lambda, \quad \lambda', \quad \lambda'', \quad \ldots$$

correspond une seule valeur de l. D'ailleurs la formule (18) fournira encore le moyen de décider si un entier l, inférieur à n, mais premier à n, fait partie du groupe

$$h, \quad h', \quad h'', \quad \ldots$$

qui par hypothèse renferme l'unité, ou du groupe

$$k, \quad k', \quad k'', \quad \ldots.$$

En effet, pour y parvenir, il suffira de savoir si, dans la somme $\mathbb{D}$, les termes du signe + se trouvent échangés ou non contre les termes précédés du signe —, quand on remplace

$$\rho = \xi\eta\zeta\ldots \quad \text{par} \quad \rho' = \xi'\eta'\zeta'\ldots,$$

ou, ce qui revient au même, quand on substitue simultanément

$$\xi' \text{ à } \xi, \quad \eta' \text{ à } \eta, \quad \zeta' \text{ à } \zeta, \quad \ldots.$$

Or, de ces diverses substitutions, la seconde, la troisième, ..., simultanément effectuées, changeront ou ne changeront pas les termes précédés d'un signe en ceux que précède le signe contraire, par exemple, les termes affectés du signe + en ceux qu'affecte le signe —, suivant que l'expression

$$\left[\frac{l}{\nu'^b}\right]\left[\frac{l}{\nu''^c}\right]\cdots = \left[\frac{l}{\nu'^b\nu''^c\ldots}\right]$$

sera égale à + 1 ou à — 1. Cela posé, en passant du cas où la lettre n désigne un nombre impair au cas où cette lettre représente un nombre pair, on obtiendra, au lieu du théorème V, la proposition suivante :

THÉORÈME VI. — *Soient n un nombre pair,*

$$\nu = 2, \quad \nu', \quad \nu'', \quad \ldots$$

ses facteurs premiers,

$$a, \quad b, \quad c, \quad \ldots$$

les exposants de ces facteurs dans le nombre n, l un des entiers inférieurs à n et premiers à n, et ρ une des racines primitives de l'équation (1). *Si une somme alternée* $\mathbb{D}$ *de ces racines est en même temps une fonction alternée des racines primitives de chacune des équations* (14), *et a, en conséquence, pour facteur une somme alternée Δ des racines primitives ξ, ξ′, ... de l'équation*

$$(23) \qquad x^{2^a} = 1,$$

les deux termes

$$\rho, \quad \rho'$$

seront, dans la somme alternée ⓓ, *affectés du même signe :* 1° *lorsque les termes*

$$\xi, \quad \xi'$$

étant affectés du même signe dans la somme alternée Δ, *on aura*

$$\left[\frac{l}{\nu'^b \nu''^c \dots}\right] = 1,$$

ou, ce qui revient au même,

$$\left[\frac{l}{\frac{1}{2^a} n}\right] = 1; \tag{24}$$

2° *lorsque les termes*

$$\xi, \quad \xi'$$

étant affectés de signes contraires dans la somme alternée Δ, *on aura*

$$\left[\frac{l}{\nu'^b \nu''^c \dots}\right] = -1,$$

ou, ce qui revient au même,

$$\left[\frac{l}{\frac{1}{2^a} n}\right] = -1. \tag{25}$$

Considérons en particulier le cas où, n étant pair, la somme ⓓ vérifie la condition (17), savoir :

$$ⓓ^2 = \pm n.$$

Dans ce cas, en vertu des principes établis dans la Note précédente, ⓓ sera nécessairement une fonction alternée des racines primitives de chacune des équations (14), et, de plus, on aura, d'une part,

$$a = 2, \qquad 2^a = 4,$$

ou

$$a = 3, \qquad 2^a = 8;$$

d'autre part,

$$b = 1, \qquad c = 1, \qquad \dots, \qquad n = 2^a \nu' \nu'' \dots.$$

Or, supposons d'abord

$$2^a = 4.$$

Alors on trouvera

$$n = 4\nu\nu'\nu''\ldots, \qquad \Delta = \rho - \rho^3 = \rho^1 - \rho^{-1},$$

et le théorème VI entraînera le suivant :

THÉORÈME VII. — *Soient n un nombre pair divisible par* 4,

$$\nu', \quad \nu'', \quad \ldots$$

les facteurs premiers $\frac{n}{4}$, *supposés impairs et inégaux, l un des entiers inférieurs à n, mais premiers à n, et* ρ *l'une des racines primitives de l'équation*

$$x^n = 1.$$

Si une somme alternée $\mathbb{D}$ *de ces racines vérifie la condition*

$$\mathbb{D}^2 = \pm n,$$

non seulement $\mathbb{D}$ *sera une fonction alternée des racines primitives de chacune des équations*

$$(26) \qquad x^4 = 1, \qquad x^{\nu'} = 1, \qquad x^{\nu''} = 1, \qquad \ldots,$$

mais de plus les deux termes

$$\rho, \quad \rho^l$$

seront, dans la somme alternée $\mathbb{D}$, *affectés du même signe quand on aura simultanément*

$$(27) \quad \left\{ \begin{array}{lll} l \equiv 1 & (\text{mod. } 4), & \left[\dfrac{l}{\frac{1}{4}n}\right] = 1, \\ \textit{ou bien} & & \\ l \equiv -1 & (\text{mod. } 4), & \left[\dfrac{l}{\frac{1}{4}n}\right] = -1, \end{array} \right.$$

et affectés de signes contraires, quand on aura

$$(28)\quad \begin{cases} l \equiv 1 \quad (\text{mod. } 4), & \left[\dfrac{l}{\frac{1}{4}n}\right] = -1, \\ \text{ou bien} & \\ l \equiv -1 \quad (\text{mod. } 4), & \left[\dfrac{l}{\frac{1}{4}n}\right] = 1. \end{cases}$$

Supposons, en second lieu,

$$2^a = 8.$$

Alors on aura

$$n = 8\nu'\nu''\ldots;$$

et, si l'on veut que la fonction alternée ω vérifie la condition

$$\omega^2 = n,$$

on devra supposer

$$\Delta = \rho + \rho^7 - \rho^3 - \rho^5, \qquad \text{lorsque } n \text{ sera de la forme } 4x + 1,$$

et

$$\Delta = \rho + \rho^3 - \rho^5 - \rho^7, \qquad \text{lorsque } n \text{ sera de la forme } 4x + 3.$$

Au contraire, si l'on veut que la somme alternée ω vérifie la condition

$$\omega^2 = -n,$$

on devra supposer

$$\Delta = \rho + \rho^3 - \rho^5 - \rho^7, \qquad \text{lorsque } n \text{ sera de la forme } 4x + 1,$$

et

$$\Delta = \rho + \rho^7 - \rho^3 - \rho^5, \qquad \text{lorsque } n \text{ sera de la forme } 4x + 1.$$

Cela posé, le théorème VI entraînera évidemment les propositions suivantes :

THÉORÈME VIII. — *Soient n un nombre pair divisible par* 8;

$$\nu', \quad \nu'', \quad \ldots$$

les facteurs premiers de $\frac{n}{8}$ *supposés impairs et inégaux; l un des entiers inférieurs à n, mais premiers à n; et* ρ *une racine primitive de l'équation*

$$x^n = 1.$$

Enfin, supposons qu'une somme alternée $\mathbb{S}$ *de ces racines vérifie la condition*

$$\mathbb{S}^2 = n.$$

Non seulement cette somme sera une fonction alternée des racines primitives de chacune des équations

$$(29) \qquad x^8 = 1, \qquad x^{\nu'} = 1, \qquad x^{\nu''} = 1, \qquad \ldots,$$

mais de plus les termes

$$\rho, \quad \rho^l$$

seront, dans la somme $\mathbb{S}$, *affectés du même signe : 1° si,* $\frac{n}{8}$ *étant de la forme* $4x+1$, *on a*

$$(30) \quad \left\{ \begin{array}{lll} l \equiv 1 \quad \text{ou} \quad 7, & & \left[\dfrac{l}{\frac{1}{8}n}\right] = 1, \\ \text{ou bien} & & \\ l \equiv 3 \quad \text{ou} \quad 5, & & \left[\dfrac{l}{\frac{1}{8}n}\right] = -1; \end{array} \right.$$

2° *si,* $\frac{n}{8}$ *étant de la forme* $4x+3$, *on a*

$$(31) \quad \left\{ \begin{array}{lll} l \equiv 1 \quad \text{ou} \quad 3, & & \left[\dfrac{l}{\frac{1}{8}n}\right] = 1, \\ \text{ou bien} & & \\ l \equiv 3 \quad \text{ou} \quad 7, & & \left[\dfrac{l}{\frac{1}{8}n}\right] = -1. \end{array} \right.$$

THÉORÈME IX. — *Soient* n *un nombre pair divisible par* 8,

$$\nu', \quad \nu'', \quad \ldots$$

les facteurs premiers de $\frac{n}{8}$, *supposés impairs et inégaux,* l *un des entiers inférieurs* n, *mais premiers à* n, *et* ρ *une racine primitive de l'équation*

$$x^n = 1.$$

Enfin, supposons qu'une somme alternée $\mathbb{S}$ *de ces racines vérifie la con-*

dition

$$\mathfrak{D}^2 = -n.$$

Non seulement cette somme sera une fonction alternée des racines primitives de chacune des équations

$$(32)\qquad x^8 = 1, \quad x^{\nu'} = 1, \quad x^{\nu''} = 1, \quad \ldots;$$

mais de plus les termes

$$\rho, \quad \rho^l$$

seront, dans la somme alternée $\mathfrak{D}$, *affectés du même signe :* 1° *si,* $\frac{n}{8}$ *étant de la forme* $4x+1$, *on a*

$$(33)\qquad \begin{cases} l \equiv 1 \quad ou \quad 3, & \left[\dfrac{l}{\frac{1}{8}n}\right] = 1, \\ ou\ bien & \\ l \equiv 5 \quad ou \quad 7, & \left[\dfrac{l}{\frac{1}{8}n}\right] = -1; \end{cases}$$

2° *si,* $\frac{n}{8}$ *étant de la forme* $4x+3$, *on a*

$$(34)\qquad \begin{cases} l \equiv 1 \quad ou \quad 7, & \left[\dfrac{l}{\frac{1}{8}n}\right] = 1, \\ ou\ bien & \\ l \equiv 3 \quad ou \quad 5, & \left[\dfrac{l}{\frac{1}{8}n}\right] = -1. \end{cases}$$

Revenons maintenant à la formule (7), où les nombres

$$h, \quad h', \quad h'', \quad \ldots \qquad \text{ou} \qquad k, \quad k', \quad k'', \quad \ldots$$

représentent les exposants des termes affectés du signe + ou du signe — dans la somme alternée $\mathfrak{D}$. Il suit des théorèmes I et III que cette formule se vérifie : 1° quand n est un nombre premier impair, supérieur à 3; 2° quand n est une puissance quelconque d'un nombre premier de la forme $4x+1$. J'ajoute qu'elle se vérifiera encore, si n est un nombre composé qui renferme plusieurs facteurs premiers, l'un de ces facteurs pouvant être le nombre 2 élevé à une puissance dont le degré surpasse l'unité, et si, d'ailleurs, la valeur de n étant donnée par la formule (12), la somme alternée $\mathbb{D}$ est une fonction alternée des racines primitives de chacune des équations (14). En effet, supposons d'abord n impair. Alors, en vertu du cinquième théorème joint à la formule (21), les valeurs de l qui appartiendront au groupe

$$h,\quad h',\quad h'',\quad \ldots$$

seront celles qui vérifieront la condition

$$\left[\frac{l}{n}\right]=1 \tag{35}$$

ou

$$\left[\frac{\lambda}{\nu^a}\right]\left[\frac{\lambda'}{\nu'^b}\right]\left[\frac{\lambda''}{\nu''^c}\right]\cdots=1; \tag{36}$$

par conséquent, celles qui vérifieront ou les conditions

$$\left[\frac{\lambda}{\nu^a}\right]=1,\qquad \left[\frac{\lambda'}{\nu'^b}\right]\left[\frac{\lambda''}{\nu''^c}\right]\cdots=1 \tag{37}$$

ou les conditions

$$\left[\frac{\lambda}{\nu^a}\right]=-1,\qquad \left[\frac{\lambda'}{\nu'^b}\right]\left[\frac{\lambda''}{\nu''^c}\right]\cdots=-1. \tag{38}$$

Or, le nombre des valeurs de l qui vérifieront la condition (35), ou, ce qui revient au même, le nombre des systèmes de valeurs de λ, λ', λ'', ... qui vérifieront la condition (36), sera

$$\frac{1}{2}\mathrm{N}=\frac{1}{2}\nu^{a-1}\nu'^{b-1}\nu''^{c-1}\ldots(\nu-1)(\nu'-1)(\nu''-1)\ldots,$$

aussi bien que le nombre des valeurs de l qui vérifieront la condition

$$\left[\frac{l}{n}\right]=-1$$

ou

$$\left[\frac{\lambda}{\nu^a}\right]\left[\frac{\lambda'}{\nu'^b}\right]\left[\frac{\lambda''}{\nu''^c}\right]\cdots=-1.$$

Pareillement, on reconnaîtra que le produit

$$\frac{1}{2}\nu'^{b-1}\nu''^{c-1}\ldots(\nu'-1)(\nu''-1)\ldots$$

exprime le nombre des systèmes de valeurs de

$$\lambda',\quad \lambda'',\quad \ldots,$$

qui sont propres à vérifier, soit la seconde des formules (37), soit la seconde des formules (38). Donc ce dernier produit, que nous représentons par $\frac{1}{2}\mathfrak{N}$, en posant, pour abréger,

$$\mathfrak{N} = \nu'^{b-1}\nu''^{c-1}\ldots(\nu'-1)(\nu''-1)\ldots, \tag{39}$$

exprimera le nombre des valeurs de l, qui, étant comprises dans le groupe

$$h,\quad h',\quad h'',\quad \ldots,$$

seront équivalentes, suivant le module ν^a, à une même valeur de λ, par laquelle la première des formules (37) ou (38) se trouve vérifiée. Donc la somme des valeurs de l, comprises dans le groupe

$$h,\quad h',\quad h'',\quad \ldots,$$

c'est-à-dire, en d'autres termes, la somme

$$h + h' + h'' + \ldots$$

sera équivalente, suivant le module ν^a, au produit du nombre

$$\frac{1}{2}\mathfrak{N}$$

par la somme des valeurs de λ, qui vérifieront l'une des formules

$$\left[\frac{\lambda}{\nu^a}\right] = 1, \qquad \left[\frac{\lambda}{\nu^a}\right] = -1. \tag{40}$$

Or, comme chaque valeur de λ satisfera nécessairement à l'une des équations (40), il est clair que la dernière somme comprendra toutes les valeurs de λ, et sera, par suite, en vertu du théorème IV, divisible par ν^a. Donc aussi la première somme

$$h + h' + h'' + \ldots$$

sera divisible par ν^a; et, comme elle devra être, pour les mêmes raisons, divisible par ν'^b, par ν''^c, ..., il est clair que, dans l'hypothèse admise, elle sera divisible par le produit

$$n = \nu^a \nu'^b \nu''^c \ldots.$$

On pourra encore en dire autant de la somme

$$k + k' + k'' + \ldots,$$

puisque, en vertu du théorème IV, la somme totale

$$h + h' + h'' + \ldots + k + k' + k'' + \ldots$$

devra encore être divisible par n. Donc si, n étant impair, la somme alternée $\mathfrak{D}$ est en même temps une fonction alternée des racines primitives de chacune des équations (14), les deux sommes

$$h + h' + h'' + \ldots, \quad k + k' + k'' + \ldots$$

vérifieront la formule (7).

Supposons maintenant que, dans l'équation (12), l'un des facteurs

$$\nu, \quad \nu', \quad \nu'', \quad \ldots$$

se réduise au nombre 2, mais se trouve élevé à une puissance dont le degré surpasse l'unité. On prouvera encore, non plus à l'aide d'une seule formule (21), mais à l'aide des formules (18) et (28), que la moitié du produit $\mathfrak{N}$, déterminé par l'équation (38), exprime le nombre des valeurs de l qui, étant comprises dans le groupe

$$h, \quad h', \quad h'', \quad \ldots,$$

sont équivalentes, suivant le module ν^a, à une même valeur de λ. D'ailleurs, parmi les termes affectés du signe $+$ dans la somme $\mathfrak{D}$ que détermine la formule (18), on en trouvera qui auront pour facteur un terme donné quelconque, affecté du signe $+$ ou du signe $-$ dans la somme Δ. Donc la somme

$$h + h' + h'' + \ldots$$

sera encore, dans l'hypothèse admise, équivalente, suivant le module ν^a, au produit de $\frac{1}{2}\mathfrak{N}$, par la somme totale des valeurs de λ. Donc, cette dernière somme devant être, en vertu du théorème IV, divisible par ν^a, on pourra en dire autant de la première, qui devra être divisible par chacun des nombres

$$\nu^a, \quad \nu'^b, \quad \nu''^c, \quad \ldots,$$

et se réduire, en conséquence, à un multiple de n. La somme totale

$$h + h' + h'' + \ldots + k + k' + k'' + \ldots$$

devant être elle-même, en vertu du théorème IV, un multiple de n, il suit de ce qu'on vient de dire que les deux sommes

$$h + h' + h'' + \ldots, \qquad k + k' + k'' + \ldots$$

devront encore vérifier la formule (7).

En résumé, on pourra énoncer la proposition suivante :

Théorème X. — *n étant un nombre composé qui renferme divers facteurs premiers ν, ν', ν'', ... et ne puisse devenir pair, sans être divisible par 4, si l'on suppose que, la valeur de n étant fournie par l'équation* (12), *la somme alternée $\mathfrak{D}$, déterminée par la formule* (2), *soit en même temps une fonction alternée des racines primitives de chacune des équations* (4), *on aura*

$$h + h' + h'' + \ldots \equiv k + k' + k'' + \ldots \equiv 0 \quad (\text{mod. } n).$$

Il est bon d'observer que, dans le théorème précédent, les exposants de tous les facteurs impairs pourraient se réduire à l'unité.

En vertu des principes établis dans la Note précédente, pour que la somme alternée $\mathfrak{D}$ vérifie la condition

$$\mathfrak{D}^2 = \pm n,$$

n étant un nombre premier ou composé, pair ou impair, déterminé par la formule (12), il est nécessaire que les facteurs premiers impairs de n soient inégaux, le facteur pair, s'il existe, étant 4 ou 8, et qu'en outre $\mathfrak{D}$ soit une fonction alternée des racines primitives de chacune des équations (14). Cela posé, les théorèmes I et II entraînent évidemment la proposition suivante :

Théorème XI. — *Lorsque la somme alternée* $\mathfrak{D}$, *déterminée par la formule* (2), *vérifie l'équation* (17), *savoir*

$$\mathfrak{D}^2 = \pm n,$$

les deux groupes d'exposants

$$\begin{array}{llll} h, & h', & h'', & \ldots, \\ k, & k', & k'', & \ldots \end{array}$$

vérifient la condition (7), *savoir*

$$h + h' + h'' + \ldots \equiv k + k' + k'' + \ldots \equiv 0 \pmod{n},$$

à moins toutefois que le module n ne se réduise à l'un des trois nombres

$$3, \quad 4, \quad 8.$$

On peut d'ailleurs observer que la condition dont il s'agit est vérifiée, pour le cas même où l'on suppose $n = 8$, lorsque $\mathfrak{D}$, étant réduit à la somme alternée

$$\rho + \rho^7 - \rho^3 - \rho^5,$$

vérifie l'équation

$$\mathfrak{D}^2 = 8 = n,$$

mais cesse de l'être lorsque $\mathfrak{D}$, étant réduit à

$$\rho + \rho^3 - \rho^5 - \rho^7,$$

vérifie l'équation

$$\mathfrak{D}^2 = -8 = -n.$$

NOTE IX.

THÉORÈMES DIVERS RELATIFS AUX SOMMES ALTERNÉES DES RACINES PRIMITIVES DES ÉQUATIONS BINOMES.

Soient :

n un nombre entier supérieur à 2;
$h, k, l, \ldots$ les entiers inférieurs à n, mais premiers à n;
N le nombre des entiers $h, k, l, \ldots$;
ρ une racine primitive de l'équation

(1) $$x^n = 1;$$

enfin, supposons les entiers

$$h, \quad k, \quad l, \quad \ldots$$

partagés en deux groupes

$$h, \quad h', \quad h'', \quad \ldots \qquad \text{et} \qquad k, \quad k', \quad k'', \quad \ldots,$$

de telle manière que l'expression

(2) $$\text{Ⓓ} = \rho^h + \rho^{h'} + \rho^{h''} + \ldots - \rho^k - \rho^{k'} - \rho^{k''} - \ldots$$

représente une somme alternée des racines primitives de l'équation (1), et que l'unité fasse partie du premier groupe

$$h, \quad h', \quad h'', \quad \ldots.$$

Alors, la quantité m étant équivalente, suivant le module n, à l'un des entiers

$$h, \quad k, \quad l, \quad \ldots,$$

les produits

$$mh, \quad mh', \quad mh'', \quad \ldots$$

seront équivalents, à l'ordre près, soit aux termes du premier groupe

$$k, \quad k', \quad k'', \quad \ldots,$$

soit aux termes du second groupe

$$h, \quad h', \quad h'', \quad \ldots,$$

selon que m fera partie du premier ou du second groupe; et, au contraire, les produits

$$mk, \quad mk', \quad mk'', \quad \ldots$$

seront équivalents, dans le premier cas, aux nombres

$$k, \quad k', \quad k'', \quad \ldots,$$

dans le second cas, aux nombres

$$h, \quad h', \quad h'', \quad \ldots.$$

Donc, l étant l'un quelconque des entiers inférieurs à n, mais premiers à n, le nombre l et le produit ml, ou plutôt le reste de la division de ml par n, appartiendront ou non au même groupe, selon que la quantité m deviendra équivalente à un terme du premier ou du second groupe. Ainsi, par exemple,

$$l \quad \text{et} \quad -l, \qquad \text{ou plutôt} \qquad n-l,$$

appartiendront ou non au même groupe, suivant que la quantité

$$-1, \qquad \text{ou plutôt} \qquad n-1,$$

fera partie du premier ou du second groupe. Pareillement, si le nombre n est impair,

$$l \quad \text{et} \quad \iota l$$

appartiendront ou non au même groupe, et par suite les produits

$$\iota h, \quad \iota h', \quad \iota h'', \quad \ldots$$

seront équivalents, à l'ordre près, aux nombres

$$h, \quad h', \quad h'', \quad \ldots$$

ou aux nombres

$$k, \quad k', \quad k'', \quad \ldots,$$

suivant que le nombre ι fera partie du premier groupe ou du second.

Des principes que nous venons de rappeler il résulte encore que, si l'on remplace

$$\rho \qquad \text{par} \qquad \rho^m,$$

les deux groupes des racines primitives

$$\rho^h, \quad \rho^{h'}, \quad \rho^{h''}, \quad \ldots \qquad \text{et} \qquad \rho^k, \quad \rho^{k'}, \quad \rho^{k''}, \quad \ldots$$

resteront composés chacun des mêmes racines, où se transformeront l'un dans l'autre, suivant que m sera équivalent, suivant le module n, à l'un des nombres

$$h, \quad h', \quad h'', \quad \ldots$$

ou à l'un des nombres

$$k, \quad k', \quad k'', \quad \ldots.$$

Donc, si l'on nomme

$$\mathrm{I} = \mathrm{f}(\rho^h, \rho^{h'}, \rho^{h''}, \ldots)$$

une fonction symétrique des racines

$$\rho^h, \quad \rho^{h'}, \quad \rho^{h''}, \quad \ldots,$$

et

$$\mathrm{J} = \mathrm{f}(\rho^k, \rho^{k'}, \rho^{k''}, \ldots)$$

ce que devient la fonction I, quand on y remplace

$$\rho^h, \quad \rho^{h'}, \quad \rho^{h''}, \quad \ldots$$

par

$$\rho^k, \quad \rho^{k'}, \quad \rho^{k''}, \quad \ldots,$$

la somme

$$\mathrm{I} + \mathrm{J}$$

ne changera jamais ni de valeur ni de signe, et la différence

$$\mathrm{I} - \mathrm{J}$$

pourra seulement changer de signe, en conservant toujours, au signe près, la même valeur, lorsqu'on remplacera la racine primitive ρ par une autre racine primitive ρ^m. Donc alors la somme $\mathrm{I} + \mathrm{J}$ sera une fonction symétrique, et la différence $\mathrm{I} - \mathrm{J}$ une fonction alternée des racines primitives de l'équation (1).

Si le nombre n est tel que l'on ait

$$\mathfrak{D}^2 \equiv \pm n, \tag{3}$$

alors, en vertu des principes établis dans la Note précédente, ce nombre sera de l'une des formes

$$\nu\nu'\nu'', \quad \ldots, \quad 4\nu'\nu'', \quad \ldots, \quad 8\nu'\nu'', \quad \ldots,$$

ν, ν', ν'', ... désignant des facteurs impairs et premiers, inégaux entre eux; et, si d'ailleurs n ne se réduit pas à l'un des trois nombres

$$3, \quad 4, \quad 8,$$

on aura

$$(4) \qquad h + h' + h'' + \ldots \equiv k + k' + k'' + \ldots \equiv 0 \pmod{n}.$$

Ajoutons que l'équation (3) pourra se réduire à

$$(5) \qquad \mathfrak{D}^2 = n,$$

dans le cas seulement où, les facteurs impairs de n étant inégaux, n sera de l'une des formes

$$4x + 1, \quad 4(4x + 3), \quad 8(2x + 1),$$

et qu'alors chacun des nombres

$$h, \quad h', \quad h'', \quad \ldots$$

vérifiera : 1° si n est de la forme $4x + 1$, la condition

$$(6) \qquad \left[\frac{h}{n}\right] = 1;$$

2° si $\frac{n}{4}$ est entier et de la forme $4x + 8$, les conditions

$$(7) \qquad \left[\frac{h}{\frac{1}{4}n}\right] = 1, \qquad h \equiv 1 \pmod{4},$$

ou

$$(8) \qquad \left[\frac{h}{\frac{1}{4}n}\right] = -1, \qquad h \equiv -1 \pmod{4};$$

3° si $\frac{n}{8}$ est entier et de la forme $4x + 3$, les conditions

$$(9) \qquad \left[\frac{h}{\frac{1}{8}n}\right] = 1, \qquad h \equiv 1 \quad \text{ou} \quad 7 \pmod{8},$$

ou

$$(10) \qquad \left[\frac{h}{\frac{1}{8}n}\right] = -1, \qquad h \equiv 3 \quad \text{ou} \quad 5 \quad (\text{mod. } 7);$$

4° si $\frac{n}{8}$ est entier et de la forme $4x+3$, les conditions

$$(11) \qquad \left[\frac{h}{\frac{1}{8}n}\right] = 1, \qquad h \equiv 1 \quad \text{ou} \quad 3 \quad (\text{mod. } 8),$$

ou

$$(12) \qquad \left[\frac{h}{\frac{1}{8}n}\right] = -1, \qquad h \equiv 5 \quad \text{ou} \quad 7 \quad (\text{mod. } 8).$$

Au contraire, l'équation (3) pourra se réduire à

$$(13) \qquad \mathfrak{O}^2 = -n,$$

dans le cas seulement où, les facteurs impairs de n étant inégaux, n sera de l'une des formes

$$4x+3, \quad 4(4x+1), \quad 8(2x+1);$$

et alors chacun des nombres

$$h, \quad h', \quad h'', \quad \dots$$

vérifiera : 1° si n est de la forme $4x+3$, la condition (6); 2° si $\frac{n}{4}$ est entier et de la forme $4x+1$, les conditions (7) ou (8); 3° si $\frac{n}{8}$ est entier et de la forme $4x+3$, les conditions (9) ou (10); 4° si $\frac{n}{8}$ est entier et de la forme $4x+1$, les conditions (11) ou (12).

Si l'on désigne par

$$\nu, \quad \nu', \quad \nu'', \quad \dots$$

les facteurs premiers de n, et par

$$a, \quad b, \quad c, \quad \dots$$

les exposants des puissances auxquelles ces mêmes facteurs sont élevés, l'équation

$$(14) \qquad n = \nu^{a}\nu'^{b}\nu''^{c}, \quad \dots$$

entraînera généralement la suivante :

$$(15)\qquad N = \nu^{a-1}\nu'^{b-1}\nu''^{c-1}(\nu-1)(\nu'-1)(\nu''-1)\ldots.$$

Si l'on suppose en particulier n impair, et composé de facteurs impairs inégaux

$$\nu,\quad \nu',\quad \nu'',\quad \ldots,$$

alors l'équation

$$(16)\qquad n = \nu'\nu\nu''\ldots$$

entraînera les suivantes :

$$(17)\qquad N = (\nu-1)(\nu'-1)(\nu''-1)\ldots,$$

$$(18)\qquad \left[\frac{-1}{n}\right] = \left[\frac{-1}{\nu}\right]\left[\frac{-1}{\nu'}\right]\left[\frac{-1}{\nu''}\right]\ldots,$$

$$(19)\qquad \left[\frac{2}{n}\right] = \left[\frac{2}{\nu}\right]\left[\frac{2}{\nu'}\right]\left[\frac{2}{\nu''}\right]\ldots.$$

D'ailleurs, ν étant un nombre premier impair, l'expression

$$\left[\frac{-1}{\nu}\right] = (-1)^{\frac{\nu-1}{2}}$$

se réduira simplement à $+1$ ou à -1, suivant que ν sera de la forme $4x+1$ ou $4x-1$. Donc, en vertu de la formule (18), l'expression

$$\left[\frac{-1}{n}\right]$$

sera égale à $+1$ ou à -1, suivant que les facteurs premiers de n, de la forme $4x-1$, seront en nombre pair ou en nombre impair; et, comme le nombre n sera, dans le premier cas, de la forme $4x+1$, dans le second cas, de la forme $4x-1$, il est clair que l'équation (18) pourra être réduite à

$$(20)\qquad \left[\frac{-1}{n}\right] = (-1)^{\frac{n-1}{2}}.$$

De plus, ν étant un nombre premier impair, l'expression

$$\left[\frac{2}{\nu}\right] = (-1)^{\frac{\nu^2-1}{8}}$$

se réduira simplement à $+1$ ou à -1, suivant que ν^2 sera de la forme $16x+1$ ou $16x+9$. Donc, en vertu de la formule (19), l'expression

$$\left[\frac{2}{n}\right]$$

sera égale à $+1$ ou à -1, suivant que, parmi les carrés

$$\nu^2, \quad \nu'^2, \quad \nu''^2, \quad \ldots,$$

ceux qui se présenteront sous la forme

$$16x+9$$

seront en nombre pair ou en nombre impair. D'ailleurs, le produit de deux facteurs de la forme $16x+9$ étant lui-même de la forme $16x+1$, il est clair que le carré

$$n^2 = \nu^2\nu'^2\nu''^2\ldots$$

sera dans le premier cas de la forme $16x+1$, dans le second cas de la forme $16x+9$. Donc, par suite n sera, dans le premier cas, de la forme $8x \pm 1$, ou, ce qui revient au même, de l'une des formes

$$8x+1 \quad \text{ou} \quad 8x+7;$$

dans le second cas, de la forme $8x \pm 3$, ou, ce qui revient au même, de l'une des formes

$$8x+3 \quad \text{ou} \quad 8x+5;$$

et l'équation (19) pourra être réduite à

$$(21) \qquad \left[\frac{2}{n}\right] = (-1)^{\frac{n^2-1}{8}}.$$

Supposons maintenant que, les facteurs impairs de n étant inégaux et représentés par

$$\nu'\nu'', \quad \ldots,$$

n renferme, en outre, un facteur pair représenté par 4 ou par 8 ; alors, eu égard à la formule (20), il est clair que l'équation

$$(22) \qquad n = 4\nu'\nu''\ldots$$

entraînera la suivante :

(23) $$\left[\frac{-1}{\frac{1}{4}n}\right] = (-1)^{\frac{\frac{n}{4}-1}{2}},$$

ou que l'équation

(24) $$n = 8\nu'\nu''\ldots$$

entraînera la suivante :

(25) $$\left[\frac{-1}{\frac{1}{8}n}\right] = (-1)^{\frac{\frac{n}{8}-1}{2}}.$$

Des formules (20), (23), (25) jointes aux conditions (6), (7), (8), (9), (10), (11), (12), on déduit immédiatement les propositions que nous allons énoncer.

Théorème I. — *Soit* ρ *l'une des racines primitives de l'équation* (1), *et supposons les exposants des puissances diverses de* ρ *partagés en deux groupes*

$$h,\ h',\ h'',\ \ldots,\qquad k,\ k',\ k'',\ \ldots,$$

chaque exposant étant censé appartenir au premier ou au second groupe, suivant que la puissance correspondante se trouve affectée du signe $+$ *ou du signe* $-$ *dans une somme alternée* $\mathfrak{D}$ *de ces racines primitives. Les deux exposants*

$$1 \text{ et } -1 \quad \text{ou} \quad n-1$$

appartiendront au même groupe, si la somme $\mathfrak{D}$ *vérifie la condition*

$$\mathfrak{D}^2 = n,$$

et à des groupes différents, si la somme $\mathfrak{D}$ *vérifie la condition*

$$\mathfrak{D}^2 = -n.$$

Par suite, l étant premier à n, les exposants

$$l \text{ et } -l \quad \text{ou} \quad n-l$$

appartiendront au même groupe, si l'on a $\mathfrak{D} = n$, ce qui suppose que

n soit de l'une des formes

$$4x+1, \quad 4(4x+3), \quad 8(2x+1),$$

et à des groupes différents, si l'on a $\mathfrak{D}^2 = -n$, ce qui suppose que n soit de l'une des formes

$$4x+3, \quad 4(4x+1), \quad 8(2x+1).$$

On peut aussi, de l'équation (21), jointe à ce qui a été dit plus haut, déduire le théorème dont voici l'énoncé :

Théorème II. — *Le nombre n étant impair, soit* ρ *l'une des racines primitives de l'équation* (1), *et supposons les exposants des puissances diverses de* ρ *partagés en deux groupes, chaque exposant étant censé appartenir au premier ou au second groupe, suivant que la puissance correspondante se trouve affectée du signe* + *ou du signe* — *dans une somme alternée* $\mathfrak{D}$ *de ces racines, qui offre pour carré* $\pm n$. *Les deux exposants*

$$1 \text{ et } 2$$

ou plus généralement

$$l \text{ et } 2l$$

appartiendront au même groupe, ou à des groupes différents, suivant que le module n sera de l'une des formes

$$8x+1, \quad 8x+7$$

ou de l'une des formes

$$8x+3, \quad 8x+5.$$

Le deuxième théorème entraîne immédiatement la proposition suivante :

Théorème III. — *n étant un nombre impair, et* ρ *une des racines primitives de l'équation* (1), *soient*

$$h, \ h', \ h'', \ \ldots \quad \text{et} \quad k, \ k', \ k'', \ \ldots$$

les deux groupes d'exposants de ρ *dans une somme alternée* $\mathfrak{D}$ *de ces racines, qui offre pour carré* $\pm n$. *Si n est de la forme*

$$8x+1 \quad \text{ou} \quad 8x+7,$$

le groupe des exposants

$$h, \quad h', \quad h'', \quad \ldots$$

pourra être remplacé, dans la somme alternée $\mathfrak{D}$, *par le groupe des exposants*

$$2h, \quad 2h', \quad 2h'', \quad \ldots,$$

qui seront, à l'ordre près, équivalents aux premiers suivant le module n, *et le groupe des exposants*

$$k, \quad k', \quad k'', \quad \ldots$$

par le groupe des exposants

$$2k, \quad 2k', \quad 2k'', \quad \ldots.$$

Si, au contraire, n *est de l'une des formes*

$$8x+3, \quad 8x+5,$$

le groupe des exposants

$$h, \quad h', \quad h'', \quad \ldots$$

pourra être remplacé par le groupe des exposants

$$2k, \quad 2k', \quad 2k'', \quad \ldots,$$

et le groupe des exposants

$$k, \quad k', \quad k'', \quad \ldots$$

par le groupe des exposants

$$2h, \quad 2h', \quad 2h'', \quad \ldots.$$

Supposons maintenant que, l'équation

$$\mathfrak{D}^2 = \pm n$$

étant vérifiée, n représente, non plus un nombre impair, mais un nombre pair. Alors n sera de l'une des formes

$$4\nu'\nu''\ldots, \quad 8\nu'\nu''\ldots,$$

ν', ν'', ... étant des facteurs impairs inégaux. Or, si l'on suppose d'abord

$$n = 4\nu'\nu''\ldots,$$

un nombre l inférieur à n, mais premier à n, fera partie du premier groupe

$$h, \quad h', \quad h'', \quad \ldots,$$

si ce nombre l, pris pour h, vérifie les conditions (7) ou (8), et n'en fera pas partie dans le cas contraire. Par suite, deux nombres impairs

$$l, \quad l',$$

inférieurs à n, mais premiers à n, appartiendront l'un au premier groupe, l'autre au second groupe, si ces nombres vérifient la condition

$$(26) \qquad \left[\frac{l'}{\frac{1}{4}n}\right] = \left[\frac{l}{\frac{1}{4}n}\right],$$

sans vérifier la suivante :

$$l' \equiv l \qquad (\text{mod. } 4);$$

en sorte que l'on ait, non pas

$$l' - l \equiv 0 \qquad (\text{mod. } 4),$$

mais, au contraire,

$$(27) \qquad l' - l \equiv 2 \qquad (\text{mod. } 4).$$

Or, les conditions (26), (27) seront évidemment vérifiées si, l étant inférieur à $\frac{n}{2}$, on pose

$$(28) \qquad l' = l + \frac{n}{2},$$

puisque alors on aura

$$l' - l = \frac{n}{2} = 2\nu'\nu''\ldots \equiv 2 \qquad (\text{mod. } 4).$$

Supposons maintenant

$$n = 8\nu'\nu''\ldots,$$

$\nu', \nu'', \ldots$ étant toujours des facteurs impairs inégaux, et la valeur de

Θ^2 étant $\pm n$. En vertu des conditions (9) ou (10), (11) ou (12), deux nombres impairs

$$l,\quad l'$$

inférieurs à n, mais premiers à n, appartiendront nécessairement, l'un au premier groupe, l'autre au second groupe, si ces nombres vérifient les deux conditions

$$\left[\frac{l'}{\frac{1}{8}n}\right] = \left[\frac{l}{\frac{1}{8}n}\right], \tag{29}$$

$$l' - l \equiv 4 \quad (\text{mod. } 8). \tag{30}$$

Or, c'est précisément ce qui arrivera, si, l étant inférieur à $\frac{n}{2}$, on suppose la valeur de l' déterminée par l'équation (28), puisque alors on aura

$$l' - l - \frac{n}{2} = 4\nu'\nu''\ldots \equiv 4 \quad (\text{mod. } 8).$$

Observons maintenant que la formule (28) entraîne immédiatement la suivante :

$$2l' \equiv 2l \quad (\text{mod. } n). \tag{31}$$

Donc, lorsque, n étant pair, le carré de Θ sera $\pm n$, on pourra, aux termes du premier groupe

$$h,\quad h',\quad h'',\quad \ldots,$$

faire correspondre les termes du second groupe

$$k,\quad k',\quad k'',\quad \ldots,$$

de manière que l'on ait, par exemple,

$$2h \equiv 2k, \quad 2h' \equiv 2k', \quad 2h'' \equiv 2k'', \quad \ldots \quad (\text{mod. } n).$$

En conséquence, on peut énoncer la proposition suivante :

Théorème IV. — *n étant un nombre pair, et ρ une des racines primitives de l'équation* (1), *soient*

$$h,\quad h',\quad h'',\quad \ldots \qquad \text{et} \qquad k,\quad k',\quad k'',\quad \ldots$$

les deux groupes d'exposants de ρ, *dans une somme alternée* $\mathcal{D}$ *de ces racines, qui offrent pour carré* $\pm n$. *Les nombres*

$$2h,\quad 2h',\quad 2h'',\quad \ldots$$

seront équivalents, à l'ordre près, suivant le module n, *aux nombres*

$$2k,\quad 2k',\quad 2k'',\quad \ldots.$$

Le nombre total des entiers

$$h,\quad k,\quad l,\quad \ldots$$

inférieurs à n, mais premiers à n, étant représenté par N, et la somme alternée $\mathcal{D}$ renfermant toujours autant de termes positifs que de termes négatifs, il est clair que dans chacun des groupes

$$h,\quad h',\quad h'',\quad \ldots \qquad \text{et} \qquad k,\quad k',\quad k'',\quad \ldots$$

le nombre des termes doit être égal à $\frac{N}{2}\cdot$ Cela posé, l'unité étant censée faire partie du premier groupe

$$h,\quad h',\quad h'',\quad \ldots,$$

nommons i le nombre des termes qui, dans ce groupe, sont inférieurs à $\frac{n}{2}$, et j le nombre de ceux qui surpassent $\frac{n}{2}\cdot$ On aura

$$i + j = \frac{N}{2}\cdot \tag{32}$$

D'autre part, l étant un entier inférieur à $\frac{n}{2}$, mais premier à l,

$$n - l$$

sera un autre entier supérieur à $\frac{n}{2}$, mais inférieur à n, et premier à n. Donc, les entiers inférieurs à n, mais premiers à n, se correspondront deux à deux, au-dessus et au-dessous de $\frac{n}{2}$, le nombre des uns et des autres étant encore $\frac{N}{2}\cdot$ Donc, ceux qui feront partie du second groupe seront, au-dessous de $\frac{n}{2}$, en nombre égal à

$$\frac{N}{2} - i = j,$$

et au-dessus de $\frac{n}{2}$, en nombre égal à

$$\frac{\mathrm{N}}{2} - j = i.$$

Il y a plus : deux termes correspondants, c'est-à-dire de la forme

$$l, \quad n-l,$$

seront, en vertu du théorème I, deux termes qui feront partie d'un même groupe, si la somme alternée $\mathbb{D}$ vérifie la condition

$$\mathbb{D}^2 = n.$$

Donc, alors, à l'équation (32) on pourra joindre celle-ci

$$i = j, \tag{33}$$

et l'on aura, par suite,

$$i = j = \frac{\mathrm{N}}{4}. \tag{34}$$

On peut donc énoncer la proposition suivante :

THÉORÈME V. — *Le nombre n étant tel que la somme alternée $\mathbb{D}$, déterminée par l'équation* (2), *vérifie la condition*

$$\mathbb{D}^2 = n,$$

chacun des groupes d'exposants

$$h, \; h', \; h'', \; \ldots \quad \text{et} \quad k, \; k', \; k'', \; \ldots$$

offrira autant de termes inférieurs à $\frac{n}{2}$ que de termes supérieurs à $\frac{n}{2}$, le nombre des termes de chaque groupe, inférieurs à $\frac{1}{2}$, étant $\frac{\mathrm{N}}{4}$.

En terminant cette Note, nous joindrons ici quelques observations qui ne sont pas sans intérêt.

Si, dans le cas où n représente une puissance d'un nombre premier impair, et l un entier premier à n, on désigne par

$$\left[\frac{l}{n}\right],$$

comme nous l'avons fait dans la Note précédente, le reste $+1$ ou -1, qu'on obtient en divisant par n le nombre entier

$$\frac{\mathrm{N}}{l^2},$$

alors on devra, dans les formules (20) et (21), supposer, ainsi que nous l'avons admis, le nombre n non seulement impair, mais composé de facteurs inégaux. Car, si l'on supposait, par exemple,

$$n = 9 = 3^2,$$

on trouverait

$$\mathrm{N} = 2.3, \qquad \frac{\mathrm{N}}{2} = 3,$$

et les expressions

$$\left[\frac{-1}{n}\right] = (-1)^3 = -1, \qquad \left[\frac{2}{n}\right] \equiv 2^3 \equiv -1 \qquad (\mathrm{mod.}\ 9)$$

cesseraient d'être égales aux quantités

$$(-1)^{\frac{n-1}{2}} = (-1)^4 = 1, \qquad (-1)^{\frac{n^2-1}{8}} = (-1)^{10} = 1.$$

Toutefois les formules (20), (21) continueraient d'être vérifiées, si, dans le cas où n représente une puissance ν^a d'un nombre ν premier et impair, on désignait, avec M. Jacobi, par la notation

$$\left[\frac{l}{n}\right],$$

non plus le reste $+1$ ou -1, qu'on obtient en divisant par n le nombre

$$\frac{\mathrm{N}}{l^2},$$

mais l'expression

$$\left[\frac{l}{\nu}\right]^a.$$

Alors aussi l'on pourrait étendre à des nombres impairs quelconques la loi de réciprocité qui existe entre deux nombres premiers impairs; en sorte qu'on aurait généralement, pour des valeurs impaires des nombres entiers m et n,

$$\left[\frac{m}{n}\right] = (-1)^{\frac{m-1}{2}\frac{n-1}{2}} \left[\frac{n}{m}\right]. \tag{35}$$

NOTE X.

SUR LES FONCTIONS RÉCIPROQUES ET SUR LES MOYENS QU'ELLES FOURNISSENT D'ÉVALUER LES SOMMES ALTERNÉES DES RACINES PRIMITIVES D'UNE ÉQUATION BINOME.

$f(x)$ étant une fonction donnée de la variable x, on a généralement, pour une valeur de x, renfermée entre les limites x_0, X (*voir* le IXe Cahier du *Journal de l'École Polytechnique*, et le Tome II des *Exercices de Mathématiques*, p. 118),

$$f(x) = \frac{1}{2\pi} \int_{-\infty}^{\infty} \int_{x_0}^{X} e^{r(x-u)\sqrt{-1}} f(u) \, du \, dr,$$

ou, ce qui revient au même,

$$f(x) = \frac{1}{\pi} \int_{0}^{\infty} \int_{x_0}^{X} \cos r(x-u) f(u) \, du \, dr; \tag{1}$$

et pour une valeur de x, située hors des limites x_0, X,

$$0 = \frac{1}{2\pi} \int_{-\infty}^{\infty} \int_{x_0}^{X} e^{r(x-u)\sqrt{-1}} f(u) \, du \, dr,$$

ou, ce qui revient au même,

$$0 = \frac{1}{\pi} \int_{0}^{\infty} \int_{x_0}^{X} \cos r(x-u) f(u) \, du \, dr. \tag{2}$$

Ainsi, en particulier, si l'on suppose

$$x_0 = 0, \qquad X = \infty,$$

la formule (1) donnera, pour des valeurs positives de x,

$$(3) \qquad \mathrm{f}(x) = \frac{1}{\pi} \int_0^\infty \int_0^\infty \cos r(x-u)\, \mathrm{f}(u)\, du\, dr;$$

mais on conclura de la formule (2), en y remplaçant x par $-x$,

$$(4) \qquad 0 = \frac{1}{\pi} \int_0^\infty \int_0^\infty \cos r(x-u)\, \mathrm{f}(u)\, du\, dr.$$

Comme on aura, d'ailleurs,

$$\cos r(x+u) = \cos rx \cos ru - \sin rx \sin ru,$$
$$\cos r(x-u) = \cos rx \cos ru + \sin rx \sin ru,$$

on tirera des équations (3) et (4)

$$(5) \qquad \mathrm{f}(x) = \frac{2}{\pi} \int_0^\infty \int_0^\infty \cos rx \cos ru\, \mathrm{f}(u)\, du\, dr,$$

$$(6) \qquad \mathrm{f}(x) = \frac{2}{\pi} \int_0^\infty \int_0^\infty \sin rx \sin ru\, \mathrm{f}(u)\, du\, dr.$$

De ces dernières formules, données pour la première fois par M. Fourier, il résulte que, si l'on suppose

$$(7) \qquad \varphi(x) = \left(\frac{2}{\pi}\right)^{\frac{1}{2}} \int_0^\infty \cos rx\, \mathrm{f}(r)\, dr,$$

on aura réciproquement

$$(8) \qquad \mathrm{f}(x) = \left(\frac{2}{\pi}\right)^{\frac{1}{2}} \int_0^\infty \cos rx\, \varphi(r)\, dr,$$

et que, si l'on suppose

$$(9) \qquad \psi(x) = \left(\frac{2}{\pi}\right)^{\frac{1}{2}} \int_0^\infty \sin rx\, \mathrm{f}(x)\, dr,$$

on aura réciproquement

$$(10) \qquad \mathrm{f}(x) = \left(\frac{2}{\pi}\right)^{\frac{1}{2}} \int_0^\infty \sin rx\, \psi(r)\, dr.$$

On voit donc ici se manifester une loi de réciprocité : 1° entre les fonctions f et φ; 2° entre les fonctions f et ψ, de telle sorte, que chacune des équations (7), (9) subsiste, pour des valeurs positives de x, quand on échange entre elles les fonctions f et φ, ou f et ψ. C'est pour cette raison que, dans le *Bulletin de la Société philomatique* d'août 1817, j'ai désigné les fonctions

$$f(x), \quad \varphi(x)$$

sous le nom de *fonctions réciproques de première espèce*, et les fonctions

$$f(x), \quad \psi(x)$$

sous le nom de *fonctions réciproques de seconde espèce*. Ces deux espèces de fonctions peuvent être, ainsi que les formules citées de M. Fourier, employées avec avantage dans la solution d'un grand nombre de problèmes, et jouissent de propriétés importantes, dont je rappellerai quelques-unes en peu de mots.

D'abord, puisqu'on a généralement, pour des valeurs positives de ω,

$$\int_0^\infty e^{-\omega r} \cos rx \, dr = \frac{\omega}{\omega^2 + x^2}, \qquad \int_0^\infty e^{-\omega r} \sin rx \, dr = \frac{x}{\omega^2 + x^2},$$

il en résulte que la fonction

$$f(x) = e^{-\omega x}$$

a pour réciproque de première espèce

$$\varphi(x) = \left(\frac{2}{\pi}\right)^{\frac{1}{2}} \frac{\omega}{\omega^2 + x^2},$$

et pour réciproque de seconde espèce

$$\psi(x) = \left(\frac{2}{\pi}\right)^{\frac{1}{2}} \frac{x}{\omega^2 + x^2}.$$

On a donc, par suite,

$$(11) \qquad \int_0^\infty \frac{\omega}{\omega^2 + r^2} \cos rx \, dr = \frac{\pi}{2} e^{-\omega}, \qquad \int_0^\infty \frac{r}{\omega^2 + r^2} \sin rx \, dr = \frac{\pi}{2} e^{-\omega}.$$

On se trouve ainsi ramené à deux formules données par M. Laplace.

Lorsque, dans la dernière de ces formules, on pose $\omega = 0$, on retrouve la formule connue

$$\int_0^\infty \frac{\sin rx}{r} dr = \frac{\pi}{2}, \tag{12}$$

qui subsiste seulement pour des valeurs positives de la variable x.

Il résulte encore de la formule connue

$$\int_0^\infty e^{-\frac{\varphi^2}{2}} \cos rx \, dr = \frac{\pi}{2} e^{-\frac{x^2}{2}}, \tag{13}$$

que la fonction

$$e^{-\frac{x^2}{2}}$$

se confond avec sa réciproque de première espèce.

Soient maintenant z une variable, dont le module reste inférieur à l'unité, et a une quantité positive. Si la série

$$\mathrm{f}(0), \quad z\,\mathrm{f}(a), \quad z^2\,\mathrm{f}(2a), \quad \ldots$$

est convergente, on tirera des formules (8) et (10)

$$\mathrm{f}(0) + z\,\mathrm{f}(a) + z^2\,\mathrm{f}(2a) + \ldots = \left(\frac{2}{\pi}\right)^{\frac{1}{2}} \int_0^\infty \frac{1 - z\cos ar}{1 - 2z\cos ar + z^2} \varphi(r)\, dr \tag{14}$$

et

$$z\,\mathrm{f}(a) + z^2\,\mathrm{f}(2a) + \ldots = \left(\frac{2}{\pi}\right)^{\frac{1}{2}} \int_0^\infty \frac{z \sin ar}{1 - 2z\cos ar + z^2} \psi(r)\, dr. \tag{15}$$

Si, d'ailleurs, on fait converger z vers la limite 1, le rapport

$$\frac{1 - z\cos ar}{1 - 2z\cos ar + z^2}$$

s'approchera indéfiniment de la limite $\frac{1}{2}$, à moins que l'on attribue à r des valeurs peu différentes de celles qui vérifient l'équation

$$\cos ar = 1.$$

Or, les racines positives de cette équation seront de la forme

$$r = nb,$$

n étant un nombre entier, et b une constante positive liée à la constante a par la formule

$$ab = 2\pi. \tag{16}$$

Cela posé, on reconnaîtra sans peine [*voir* le 2e Volume des *Exercices de Mathématiques*, p. 148 et suivantes (1)] que, si z s'approche indéfiniment de la limite 1, l'intégrale renfermée dans le second membre de la formule (14) aura pour limite, non pas l'expression

$$\int_0^\infty \frac{1}{2}\varphi(r)\,dr = \frac{1}{2}\left(\frac{\pi}{2}\right)^{\frac{1}{2}} f(0),$$

comme on pourrait le croire au premier abord, mais cette expression augmentée de certaines intégrales singulières dont la somme sera

$$\frac{\pi}{a}\left[\frac{1}{2}\varphi(0) + \varphi(b) + \varphi(2b) + \ldots\right].$$

En conséquence, on trouvera

$$\frac{1}{2}f(0) + f(a) + f(2a) + \ldots = \left(\frac{2\pi}{a}\right)^{\frac{1}{2}}\left[\frac{1}{2}\varphi(0) + \varphi(b) + \varphi(2b) + \ldots\right], \tag{17}$$

ou, ce qui revient au même,

$$a^{\frac{1}{2}}\left[\frac{1}{2}f(0) + f(a) + f(2a) + \ldots\right] = b^{\frac{1}{2}}\left[\frac{1}{2}\varphi(0) + \varphi(b) + \varphi(2b) + \ldots\right]. \tag{18}$$

Ainsi, lorsque la série

$$f(0), \quad f(a), \quad f(2a), \quad \ldots$$

est convergente, l'équation (18) subsiste entre les fonctions réciproques de première espèce désignées par les lettres f et φ, pourvu que les nombres a, b vérifient la condition (16).

Il importe d'observer que la série

$$\varphi(0), \quad \varphi(b), \quad \varphi(2b), \quad \ldots$$

peut quelquefois se réduire à un nombre fini de termes, et qu'alors

(1) *Œuvres de Cauchy*, S. II, t. VI.

l'équation (17) fournit immédiatement la somme de la série

$$f(0), \quad f(a), \quad f(2a), \quad \ldots.$$

C'est ce que nous allons montrer par un exemple.

Comme on a généralement

$$\sin\omega r \cos rx = \frac{\sin r(\omega + x) + \sin r(\omega - x)}{2},$$

on en conclura, eu égard à la formule (12),

$$\int_0^\infty \frac{\sin\omega r}{r} \cos rx \, dr = \frac{\pi}{2} \tag{19}$$

ou

$$\int_0^\infty \frac{\sin\omega r}{r} \cos rx \, dr = 0, \tag{20}$$

suivant que x sera inférieur ou supérieur à ω. Donc, si l'on pose

$$f(x) = \frac{\sin\omega x}{x},$$

on aura

$$\varphi(x) = \left(\frac{\pi}{2}\right)^{\frac{1}{2}} \quad \text{ou} \quad \varphi(x) = 0,$$

suivant que la valeur de x sera inférieure ou supérieure à la constante positive ω; et alors, pour réduire l'équation (17) à la formule

$$\frac{1}{2} f(0) + f(a) + f(2a) + \ldots = \left(\frac{\pi}{2}\right)^{\frac{1}{2}} \frac{\varphi(0)}{a},$$

par conséquent à la formule

$$\frac{1}{2} a\omega + \sin a\omega + \frac{\sin 2a\omega}{2} + \frac{\sin 3a\omega}{3} + \ldots = \frac{\pi}{2}, \tag{21}$$

il suffira de choisir la constante a, de manière à vérifier la condition

$$\omega < b$$

ou

$$a\omega < 2\pi.$$

La formule (21) était déjà connue. Lorsqu'on y pose $a = 1$, elle donne, pour des valeurs de ω, renfermées entre les limites $0, 2\pi$,

$$\frac{1}{2}\omega + \sin\omega + \frac{\sin 2\omega}{2} + \frac{\sin 3\omega}{3} + \ldots = \frac{\pi}{2}. \tag{22}$$

Si, dans la formule (18), on pose

$$f(x) = e^{-\frac{x^2}{2}},$$

elle donnera

$$a^{\frac{1}{2}}\left(\frac{1}{2} + e^{-\frac{a^2}{2}} + e^{-4\frac{a^2}{2}} + \ldots\right) = b^{\frac{1}{2}}\left(\frac{1}{2} + e^{-\frac{b^2}{2}} + e^{-4\frac{b^2}{2}} + \ldots\right), \tag{23}$$

les nombres a, b étant toujours assujettis à la condition

$$ab = 2\pi.$$

Si, dans l'équation (23), on remplace a^2 par $2a^2$, et b^2 par $2b^2$, on en conclura

$$a^{\frac{1}{2}}\left(\frac{1}{2} + e^{-a^2} + e^{-4a^2} + e^{-9b^2} + \ldots\right) = b^{\frac{1}{2}}\left(\frac{1}{2} + e^{-b^2} + e^{-4b^2} + e^{-9b^2} + \ldots\right), \tag{24}$$

les nombres a, b étant maintenant assujettis à vérifier la condition

$$ab = \pi. \tag{25}$$

J'ai signalé les formules (18) et (24), avec la méthode par laquelle je viens de les reproduire, dans le *Bulletin de la Société philomatique* de 1817 [1], et j'ai développé cette méthode dans les leçons données la même année au Collège de France. La relation établie par la formule (24) entre les termes des deux séries

$$1,\quad e^{-a^2},\quad e^{-4a^2},\quad e^{-9a^2},\quad \ldots, \tag{26}$$

$$1,\quad e^{-b^2},\quad e^{-4b^2},\quad e^{-9b^2},\quad \ldots \tag{27}$$

parut digne d'attention à l'auteur de la *Mécanique céleste*, qui me dit l'avoir vérifiée dans le cas où l'un des nombres a, b devient très petit. Effectivement la formule (24), que l'on peut écrire comme il suit,

$$a\left(\frac{1}{2} + e^{-a^2} + e^{-4a^2} + \ldots\right) = \pi^{\frac{1}{2}}\left(\frac{1}{2} + e^{-\frac{\pi^2}{a^2}} + e^{-4\frac{\pi^2}{a^2}} + \ldots\right), \tag{28}$$

(1) *Œuvres de Cauchy*, S. II, t. II.

donnera sensiblement, si a se réduit à un très petit nombre α,

$$\alpha\left(\frac{1}{2}+e^{-\alpha^2}+e^{-4\alpha^2}+\ldots\right)=\frac{1}{2}\pi^{\frac{1}{2}};$$

et, pour vérifier cette dernière équation, il suffit d'observer que, d'après la définition des intégrales définies, le produit

$$\alpha(1+e^{-\alpha^2}+e^{-4\alpha^2}+\ldots)$$

a pour limite

$$(29)\qquad \int_0^\infty e^{-x^2}\,dx=\frac{1}{2}\pi^{\frac{1}{2}}.$$

La formule (18), avec la démonstration que nous en avons donnée, peut être étendue, ainsi que la formule (24), à des valeurs imaginaires de a, renfermées entre certaines limites. Ainsi, en particulier, la formule (24) continue de subsister, comme l'a dit M. Poisson, quand on y remplace a^2 par $a^2\sqrt{-1}$. Elle subsiste même généralement, quand on prend pour a^2 une expression imaginaire, pourvu que les parties réelles de a et de b soient nulles ou positives ; et l'on peut retrouver aussi une autre formule, déduite par M. Poisson de l'équation (18), dans un Mémoire sur le calcul numérique des intégrales définies. J'ajouterai que, pour arriver au cas où la partie réelle de a s'évanouit, il convient d'examiner d'abord celui où la même partie réelle est infiniment petite, mais positive ; et qu'en opérant de cette manière, on peut, de la formule (24), déduire la somme de certaines puissances d'une racine de l'équation binome

$$(30)\qquad x^n=1,$$

n étant un nombre entier quelconque ; savoir : la somme des puissances qui ont pour exposants les carrés des nombres entiers inférieurs à n. C'est ce que nous allons expliquer plus en détail.

Nommons ρ une racine primitive de l'équation (30). On pourra supposer

$$(31)\qquad \rho=e^{\omega\sqrt{-1}},$$

la valeur de ω étant

$$\omega = \frac{2\pi}{n}, \tag{32}$$

et alors les diverses racines de l'équation (30) pourront être représentées par celles des puissances de ρ, qui offriront des valeurs distinctes; par exemple, par les termes de la progression géométrique

$$1 = \rho^0, \quad \rho^1, \quad \rho^2, \quad \rho^3, \quad \ldots, \quad \rho^{n-1}. \tag{33}$$

Si, dans cette même progression, l'on remplace les exposants

$$0, \quad 1, \quad 2, \quad 3, \quad \ldots, \quad n-1$$

par leurs carrés

$$0, \quad 1, \quad 4, \quad 9, \quad \ldots \quad (n-1)^2,$$

on obtiendra une nouvelle suite ; savoir :

$$1, \quad \rho, \quad \rho^4, \quad \rho^9, \quad \ldots, \quad \rho^{(n-1)^2}, \tag{34}$$

et, si l'on nomme Ω la somme des termes de cette nouvelle suite, on aura

$$\Omega = 1 + \rho + \rho^4 + \rho^9 + \ldots + \rho^{(n-1)^2}, \tag{35}$$

ou, ce qui revient au même,

$$\Omega = 1 + e^{\omega\sqrt{-1}} + e^{4\omega\sqrt{-1}} + \ldots + e^{(n-1)^2\omega\sqrt{-1}}. \tag{36}$$

Cela posé, Ω sera évidemment ce que devient la somme des n premiers termes de la série (26), quand on y remplace a^2 par $-\omega\sqrt{-1}$, c'est-à-dire, lorsqu'on prend

$$a^2 = -\frac{2\pi}{n}\sqrt{-1}. \tag{37}$$

Or, dans ce cas, la formule (25), ou

$$a^2 b^2 = \pi^2,$$

donnera

$$b^2 = \frac{n\pi}{2}\sqrt{-1}; \tag{38}$$

et, en adoptant cette valeur de b^2, on verra les termes distincts de la série (27) se réduire aux deux premiers, c'est-à-dire, aux deux termes du binome

$$1 + e^{-b^2} = 1 + e^{-\frac{n\pi}{2}\sqrt{-1}}.$$

On doit donc s'attendre à voir l'équation (24) fournir une relation entre la somme représentée par Ω et le binome dont il s'agit. Or, effectivement, pour obtenir cette relation, il suffira de supposer, dans l'équation (24),

$$(39) \qquad a^2 = \alpha^2 - \frac{2\pi}{n}\sqrt{-1} = \alpha^2 - \omega\sqrt{-1},$$

α^2 désignant un nombre infiniment petit. Dans cette supposition, a^2 différant très peu de $-\frac{2\pi}{n}\sqrt{-1}$, b^2 devra très peu différer de $\frac{n\pi}{2}\sqrt{-1}$. Donc, si l'on pose

$$(40) \qquad b^2 = 6^2 + \frac{n\pi}{2}\sqrt{-1},$$

6^2 s'évanouira en même temps que α^2; et, comme la condition (25) donnera

$$\alpha^2 6^2 + \left(\frac{n}{2}\alpha^2 - \frac{2}{n}6^2\right)\pi\sqrt{-1} = 0,$$

ou, ce qui revient au même,

$$\frac{4 6^2}{n^2\alpha^2} = \left(1 + \frac{n}{2\pi}\alpha^2\sqrt{-1}\right)^{-1},$$

on en conclura sensiblement

$$(41) \qquad \frac{4 6^2}{n^2\alpha^2} = 1, \qquad \frac{2 6}{n\alpha} = 1.$$

Concevons maintenant que l'on multiplie par $n\alpha$ et par $2 6$ les sommes des séries (26) et (27), en ayant égard aux formules (39), (40), et supposant $\alpha, 6$ infiniment petits. Comme chacun des produits

$$n\alpha\left(\frac{1}{2}+e^{-n^2\alpha^2}+e^{-4n^2\alpha^2}+\ldots\right),$$

$$n\alpha[e^{-\alpha^2}+e^{-(n+1)^2\alpha^2}+\ldots],$$

$$n\alpha[e^{-(n-1)^2\alpha^2}+e^{-(2n-1)^2\alpha^2}+\ldots],$$

$$2 6\left(\frac{1}{2}+e^{-46^2}+e^{-16 6^2}+\ldots\right),$$

$$2 6[e^{-6^2}+e^{-9 6^2}+\ldots]$$

se réduira sensiblement à l'intégrale définie

$$\int_0^\infty e^{-x^2}\,dx = \frac{1}{2}\pi^{\frac{1}{2}},$$

on trouvera, sans erreur sensible, non seulement

$$n\alpha\left(\frac{1}{2}+e^{-a^2}+e^{-4a^2}+\ldots\right)=\frac{1}{2}\pi^{\frac{1}{2}}\left(1+e^{\omega\sqrt{-1}}+\ldots+e^{(n-1)^2\omega\sqrt{-1}}\right),$$

ou, ce qui revient au même,

$$n\alpha\left(\frac{1}{2}+e^{-a^2}+e^{-4a^2}+\ldots\right)=\frac{1}{2}\pi^{\frac{1}{2}}\Omega,$$

mais encore

$$2 6\left(\frac{1}{2}+e^{-b^2}+e^{-4b^2}+\ldots\right)=\frac{1}{2}\pi^{\frac{1}{2}}\left(1+e^{-\frac{n\pi}{2}\sqrt{-1}}\right),$$

puis, on conclura, eu égard à la seconde des formules (41),

$$\frac{\frac{1}{2}+e^{-a^2}+e^{-4a^2}+e^{-9a^2}+\ldots}{\frac{1}{2}+e^{-b^2}+e^{-4b^2}+e^{-9b^2}+\ldots}=\frac{\Omega}{1+e^{-\frac{n\pi}{2}\sqrt{-1}}}. \tag{42}$$

D'ailleurs, en vertu de la formule (24) ou (28), le premier membre de l'équation (42) sera équivalent au rapport

$$\frac{\pi^{\frac{1}{2}}}{a}.$$

Donc, en supposant que les valeurs de a^2, b^2 déterminées par les formules (37), (38), c'est-à-dire, en faisant évanouir α et 6, dans les formules (39), (40), on trouvera

$$\frac{\Omega}{1+e^{-\frac{n\pi}{2}\sqrt{-1}}}=\frac{\pi^{\frac{1}{2}}}{a},$$

ou, ce qui revient au même,

$$\Omega=\frac{\pi^{\frac{1}{2}}}{a}\left(1+e^{-\frac{n\pi}{2}\sqrt{-1}}\right). \tag{43}$$

Mais alors de l'équation (37) présentée sous la forme

$$a^2=\frac{2\pi}{n}e^{-\frac{\pi}{2}\sqrt{-1}},$$

on tirera (voir l'*Analyse algébrique*, Chap. VII et IX) [1]

$$a=\left(\frac{2\pi}{n}\right)^{\frac{1}{2}}e^{-\frac{\pi}{4}\sqrt{-1}},\qquad \frac{\pi^{\frac{1}{2}}}{a}=\left(\frac{n}{2}\right)^{\frac{1}{2}}e^{\frac{\pi}{4}\sqrt{-1}}=\frac{n^{\frac{1}{2}}}{2}(1+\sqrt{-1}).$$

Donc la formule (43) donnera

$$\Omega=\frac{n^{\frac{1}{2}}}{2}(1+\sqrt{-1})\left(1+e^{-\frac{n\pi}{2}\sqrt{-1}}\right). \tag{44}$$

En conséquence, l'on aura: 1° si n est de la forme $4x$,

$$\Omega=n^{\frac{1}{2}}(1+\sqrt{-1}); \tag{45}$$

2° si n est de la forme $4x+1$,

$$\Omega=n^{\frac{1}{2}}; \tag{46}$$

3° si n est de la forme $4x+2$,

$$\Omega=0; \tag{47}$$

4° si n est de la forme $4x+3$,

$$\Omega=n^{\frac{1}{2}}\sqrt{-1}. \tag{48}$$

Ainsi les formules (44), (45), (46), (47), (48) que M. Gauss a établies dans l'un de ses plus beaux Mémoires, et dont M. Dirichlet a

(1) *OEuvres de Cauchy*, S. II, t. III.

donné une démonstration nouvelle en 1835, se trouvent comprises, comme cas particuliers, dans l'équation (24) de laquelle on déduit immédiatement la formule (44), en attribuant à l'exposant $-a^2$ une valeur infiniment rapprochée de la valeur imaginaire $\frac{2\pi}{n}\sqrt{-1}$, ou, ce qui revient au même, en réduisant l'exponentielle e^{-a^2} à une racine primitive ρ de l'équation (30).

Il est important d'observer que, dans les équations précédentes, la valeur de Ω, déterminée par la formule (35), peut encore s'écrire comme il suit

$$\Omega = 1 + 2\left(\rho^1 + \rho^4 + \rho^9 + \ldots + \rho^{\left(\frac{n-1}{2}\right)^2}\right), \tag{49}$$

puisque, l étant un entier quelconque inférieur à $\frac{1}{2}n$, on aura généralement

$$(n-l)^2 \equiv l^2 \quad (\text{mod.}\, n).$$

Nous avons supposé, dans ce qui précède, la valeur de ρ déterminée par la formule (31). Pour savoir ce qui arriverait dans la supposition contraire, il convient d'examiner d'abord séparément le cas où n est un nombre premier impair. Dans ce cas, si l'on nomme

$$h,\quad h',\quad h'',\quad \ldots$$

les résidus, et

$$k,\quad k',\quad k'',\quad \ldots,$$

les non-résidus, inférieurs à n, les termes de la série

$$\rho^h,\quad \rho^{h'},\quad \rho^{h''},\quad \ldots$$

se confondront, à l'ordre près, avec les termes de la série

$$\rho,\quad \rho^4,\quad \rho^9,\quad \ldots,\quad \rho^{\left(\frac{n-1}{2}\right)^2};$$

et, par suite, on aura non seulement

$$1 + \rho^h + \rho^{h'} + \rho^{h''} + \ldots + \rho^k + \rho^{k'} + \rho^{k''} + \ldots = 1 + \rho + \rho^2 + \ldots + \rho^{n-1} = 0,$$

ou, ce qui revient au même,

$$1 + \rho^h + \rho^{h'} + \rho^{h''} + \ldots = -\rho^k - \rho^{k'} - \rho^{k''} - \ldots,$$

mais encore

$$\rho + \rho^4 + \ldots + \rho^{\left(\frac{n-1}{2}\right)^2} = \rho^h + \rho^{h'} + \rho^{h''} + \ldots.$$

Cela posé, la valeur de Ω, donnée par la formule (49), deviendra

$$\Omega = 1 + 2(\rho^h + \rho^{h'} + \rho^{h''} + \ldots), \tag{50}$$

ou même

$$\Omega = \rho^h + \rho^{h'} + \rho^{h''} + \ldots - \rho^k - \rho^{k'} - \rho^{k''} - \ldots. \tag{51}$$

D'ailleurs, le second membre de la formule (51) est une fonction alternée des racines primitives de l'équation (30), et si, dans cette fonction, l'on remplace ρ par ρ^m, m étant premier à n, elle changera ou ne changera pas de signe, en conservant, au signe près, la même valeur, suivant que m sera ou ne sera pas résidu quadratique (p. 232). Donc, si n est un nombre premier impair, la valeur de Ω déterminée par la formule (35) ou (49) ne sera autre chose qu'une fonction alternée des racines primitives de l'équation (30); et la substitution de ρ^m à ρ, dans cette fonction, n'aura d'autre effet que de faire varier la valeur de Ω dans le rapport de 1 à $\left[\frac{m}{n}\right]$. Donc, puisqu'en supposant

$$\rho = e^{\omega\sqrt{-1}},$$

on a, en vertu de la formule (46) ou (48),

$$\Omega = n^{\frac{1}{2}}(\sqrt{-1})^{\left(\frac{n-1}{2}\right)^2}, \tag{52}$$

si l'on suppose au contraire

$$\rho = e^{m\omega\sqrt{-1}}, \tag{53}$$

m étant premier à n, on trouvera

$$\Omega = \left[\frac{m}{n}\right] n^{\frac{1}{2}}(\sqrt{-1})^{\left(\frac{n-1}{2}\right)^2}. \tag{54}$$

Si m cessait d'être premier à n, c'est-à-dire, s'il était divisible par n, alors la formule (35) donnerait immédiatement

$$\Omega = n. \tag{55}$$

Supposons maintenant que n soit le carré d'un nombre premier ν, en sorte qu'on ait

$$n = \nu^2;$$

alors ces deux entiers

$$1, 2, 3, \ldots, n-1,$$

qui seront divisibles par ν, et dont le nombre sera ν, offriront des carrés divisibles par ν^2 ou n. Donc, dans le second membre de la formule (35), ν puissances de ρ, qui offriront ces carrés pour exposants, se réduiront chacune à l'unité. Si d'ailleurs on continue de nommer

$$h, \quad h', \quad h'', \quad \ldots$$

les résidus quadratiques inférieurs à n, on obtiendra, au lieu de la formule (50), la suivante :

$$\Omega = \nu + 2(\rho^h + \rho^{h'} + \rho^{h''} + \ldots). \tag{56}$$

Enfin, si ρ désigne une racine primitive de l'équation (30), et si, parmi les résidus quadratiques

$$h, \quad h', \quad h'', \quad \ldots,$$

relatifs au module

$$n = \nu^2,$$

on considère ceux qui sont équivalents à un même nombre, représentant un résidu quadratique relatif au module ν, ces résidus correspondront à des puissances de ρ, dont la somme sera nulle (p. 248-249). Il y a plus, pour que cette somme s'évanouisse, il ne sera pas nécessaire que ρ désigne une racine primitive de l'équation (30), mais seulement une racine distincte de l'unité. Donc par suite si, n étant le carré d'un nombre premier impair ν, ρ diffère de l'unité, la somme totale des diverses puissances de ρ, qui offriront pour exposants les divers résidus quadratiques, s'évanouira, en sorte que l'on aura

$$\rho^h + \rho^{h'} + \rho^{h''} + \ldots = 0,$$

et l'équation (56) donnera simplement

$$\Omega = \nu. \tag{57}$$

Si ρ se réduisait à l'unité, la même équation donnerait

$$\Omega = n,$$

et l'on se retrouverait ainsi ramené à l'équation (55). Au reste il est facile de reconnaître que l'équation (57) se trouve elle-même comprise, comme cas particulier, dans la formule (54), lorsqu'on attribue généralement à la notation $\left[\frac{m}{n}\right]$ le sens que lui donne M. Jacobi, et que l'on pose en conséquence

$$\left[\frac{m}{\nu^2}\right] = \left[\frac{m}{\nu}\right]^2 = 1.$$

Supposons enfin que n soit une puissance entière d'un nombre premier et impair ν, en sorte qu'on ait

$$n = \nu^a.$$

Alors, par des raisonnements semblables à ceux qui précèdent, l'on prouvera encore que l'équation (54) subsiste, pour des valeurs de m premières à n, pourvu que l'on pose généralement avec M. Jacobi

$$\left[\frac{m}{\nu^a}\right] = \left[\frac{m}{\nu}\right]^a.$$

Effectivement, m étant premier à n, posons

$$\rho^{\nu^{a-1}} = \varsigma.$$

ς sera une racine primitive de l'équation

$$x^\nu = 1;$$

et l'on reconnaîtra sans peine : 1° que, dans le développement de Ω, la somme des puissances de ρ dont l'exposant est divisible par une puissance de ν d'un degré inférieur à $a - 1$ s'évanouit ; 2° que la somme des autres termes se réduit, pour des valeurs paires de a, au nombre

$$\nu^{\frac{a}{2}} = n^{\frac{1}{2}},$$

et pour des valeurs impaires de a, au produit

$$\nu^{\frac{a-1}{2}}.(1 + \varsigma^4 + \varsigma^4 + \ldots + \varsigma^{(\nu-1)^2}).$$

Or, comme on aura pour $\rho = e^{\omega\sqrt{-1}}$

$$\varsigma = e^{\frac{2\pi}{\nu}\sqrt{-1}},$$

et pour $\rho = e^{m\omega\sqrt{-1}}$

$$\varsigma = e^{\frac{2m\pi}{\nu}\sqrt{-1}},$$

il en résulte que la somme

$$1 + \varsigma + \varsigma^4 + \ldots + \varsigma^{(\nu-1)^2}$$

se réduira pour

$$\rho = e^{\omega\sqrt{-1}} \quad \text{à} \quad \nu^{\frac{1}{2}}(\sqrt{-1})^{\left(\frac{\nu-1}{2}\right)^2},$$

et pour

$$\rho = e^{m\omega\sqrt{-1}} \quad \text{à} \quad \left[\frac{m}{\nu}\right]\nu^{\frac{1}{2}}(\sqrt{-1})^{\left(\frac{\nu-1}{2}\right)^2}.$$

Donc, par suite, pour des valeurs impaires de a, le produit

$$\nu^{\frac{a-1}{2}}(1 + \varsigma^2 + \varsigma^4 + \ldots + \varsigma^{(\nu-1)^2})$$

se réduira, tant que m et n seront premiers entre eux, à l'expression

$$\left(\frac{m}{\nu}\right)\nu^{\frac{a}{2}}(\sqrt{-1})^{\left(\frac{\nu-1}{2}\right)^2},$$

qui ne différera pas de la suivante,

$$\left(\frac{m}{n}\right)n^{\frac{1}{2}}(\sqrt{-1})^{\left(\frac{n-1}{2}\right)^2},$$

en sorte que la formule (54) se trouvera encore vérifiée. Par des raisonnements semblables, on déterminera généralement la valeur que prend Ω, lorsque, la valeur de n étant

$$n = \nu^a,$$

m cesse d'être premier à n ; et l'on reconnaîtra que, dans ce cas, Ω est le produit d'une certaine puissance de ν par la valeur de Ω qu'on aurait obtenue, si l'on eût substitué au module n le dénominateur de la fraction $\frac{m}{n}$ réduite à sa plus simple expression. Si l'on supposait $m = \nu^a$, on trouverait

$$\rho = 1,$$

et la valeur de Ω serait précisément celle que fournit l'équation (55).

Il est facile de vérifier sur des exemples particuliers les principes généraux que nous venons d'établir. Ainsi l'on trouvera, pour $n = 3$,

$$\Omega = 1 + \rho + \rho^4 = 1 + 2\rho.$$

Donc alors, en supposant

$$\rho = e^{\omega\sqrt{-1}}, \qquad \omega = \frac{2\pi}{3},$$

ou, ce qui revient au même,

$$\rho = \cos\frac{2\pi}{3} + \sqrt{-1}\sin\frac{2\pi}{3} = -\frac{1}{2} + \frac{3^{\frac{1}{2}}}{2}\sqrt{-1},$$

on aura

$$\Omega = 3^{\frac{1}{2}}\sqrt{-1},$$

tandis qu'en posant successivement

$$\rho = e^{2\omega\sqrt{-1}} = -\frac{1}{2} - \frac{3^{\frac{1}{2}}}{2}\sqrt{-1}$$

et

$$\rho = 1,$$

on trouvera, dans le premier cas,

$$\Omega = -3^{\frac{1}{2}}\sqrt{-1} = \left[\frac{2}{3}\right]3^{\frac{1}{2}}\sqrt{-1},$$

et dans le second cas

$$\Omega = 3.$$

On trouvera de même, pour $n = 5$,

$$\Omega = 1 + \rho + \rho^4 + \rho^9 + \rho^{16} = 1 + 2\rho + 2\rho^4.$$

Donc alors, en supposant

$$\rho = e^{\frac{2\pi}{5}\sqrt{-1}} = \cos\frac{2\pi}{5} + \sqrt{-1}\sin\frac{2\pi}{5},$$

on aura

$$\Omega = 1 + 4\cos\frac{2\pi}{5} = 5^{\frac{1}{2}},$$

tandis qu'en posant successivement

$$\rho = e^{2\omega\sqrt{-1}}, \qquad \rho = e^{3\omega\sqrt{-1}}, \qquad \rho = e^{4\omega\sqrt{-1}}, \qquad \rho = 1,$$

on trouvera, dans le premier et le second cas,

$$\rho = 1 + 4\cos\frac{4\pi}{5} = 1 + 4\cos\frac{6\pi}{5} = -5^{\frac{1}{2}},$$

ou, ce qui revient au même,

$$\rho = \left[\frac{2}{5}\right]5^{\frac{1}{2}} = \left[\frac{3}{5}\right]5^{\frac{1}{2}};$$

dans le troisième cas,

$$\rho = 1 + 4\cos\frac{8\pi}{5} = 1 + 4\cos\frac{2\pi}{5} = 5^{\frac{1}{2}},$$

ou, ce qui revient au même,

$$\rho = \left[\frac{4}{5}\right]5^{\frac{1}{2}};$$

et dans le dernier cas,

$$\rho = 5.$$

De même on trouvera, pour $x = 9 = 3^2$,

$$\Omega = 1 + \rho + \rho^4 + \rho^9 + \ldots + \rho^{64} = 3 + 2(\rho + \rho^4 + \rho^7) = 3 + 2\rho\frac{\rho^9 - 1}{\rho^3 - 1} = 3;$$

et, par suite,

$$\Omega = 3 = 9^{\frac{1}{2}},$$

à moins que ρ ne se réduise à l'unité, et la valeur de Ω à celle que donne la formule

$$\Omega = 9.$$

Si au contraire l'on prend $x = 27 = 3^3$, on trouvera

$$\Omega = 1 + \rho + \rho^4 + \ldots + \rho^{26^2} = 3 + 6\rho^9 + 2\rho(1 + \rho^3 + \ldots + \rho^{24});$$

et, par suite, en supposant

$$\rho = e^{\omega\sqrt{-1}} = e^{\frac{2\pi}{27}\sqrt{-1}},$$

on aura

$$\Omega = 3(1 + 2\rho^2),$$

ou, ce qui revient au même,

$$\Omega = 3\left(1 + 2e^{\frac{2\pi}{3}\sqrt{-1}}\right) = 3.3^{\frac{1}{2}}\sqrt{-1} = 27^{\frac{1}{2}}\sqrt{-1},$$

tandis que, si l'on pose

$$\rho = e^{m\omega\sqrt{-1}},$$

m étant premier à 3, l'on trouvera

$$\Omega = 3^{\frac{1}{2}}\left(1 + 2\cos\frac{2m\pi}{3}\sqrt{-1}\right) = \left[\frac{m}{3}\right]27^{\frac{1}{2}}\sqrt{-1},$$

ou, ce qui revient au même,

$$\Omega = \left[\frac{m}{27}\right]27^{\frac{1}{2}}\sqrt{-1}.$$

Si m cessait d'être premier à 27, alors on trouverait : 1° en supposant m divisible une seule fois par 3,

$$\Omega = 3 + 6\rho^{27} = 9;$$

2° en supposant m divisible par $3^2 = 9$,

$$\Omega = 3 + 6 + 2.9 = 27.$$

Passons maintenant au cas où le module se réduit à 2 ou à une puissance de 2.

Lorsqu'on a précisément $n = 2$, l'équation

$$x^2 = 1$$

offre pour racines

$$-1, \quad +1;$$

et par suite la valeur de

$$\Omega = 1 + \rho$$

se réduit à zéro ou à 2, suivant que l'on prend pour ρ la racine positive ou la racine négative. Dans le premier cas, on retrouve la formule (55).

Lorsqu'on suppose $x = 2^2 = 4$, l'équation

$$x^4 = 1,$$

a, pour racines primitives,

$$\rho = e^{\omega\sqrt{-1}} = e^{\frac{\pi}{2}\sqrt{-1}} = \sqrt{-1}$$

et

$$\rho = e^{3\omega\sqrt{-1}} = e^{\frac{3\pi}{2}\sqrt{-1}} = -\sqrt{-1}.$$

Alors les valeurs de Ω que fournit l'équation

$$\Omega = 1 + \rho + \rho^4 + \rho^9 = 2(1 + \rho),$$

quand on y pose successivement

$$\rho = \sqrt{-1}, \qquad \rho = -\sqrt{-1},$$

sont

$$\Omega = 2(1 + \sqrt{-1}),$$
$$\Omega = 2(1 - \sqrt{-1}).$$

La première de ces valeurs est, comme on devait s'y attendre, celle que fournirait l'équation (45). Si l'on prenait pour ρ, non plus une racine primitive de l'équation

$$x^4 = 1,$$

mais l'une des deux autres racines -1, 1, la formule

$$\Omega = 2(1 + \rho)$$

donnerait, pour $\rho = -1$,

$$\Omega = 0$$

et, pour $\rho = 1$,

$$\Omega = 2.2 = 4.$$

Lorsqu'on suppose $n = 2^3 = 8$, l'équation

$$x^8 = 1$$

a pour racines primitives les expressions imaginaires

$$e^{\omega\sqrt{-1}}, \quad e^{3\omega\sqrt{-1}}, \quad e^{5\omega\sqrt{-1}}, \quad e^{7\omega\sqrt{-1}},$$

l'arc ω étant $\frac{2\pi}{8} = \frac{\pi}{4}$, ou, ce qui revient au même, les expressions imaginaires

$$\frac{1+\sqrt{-1}}{\sqrt{2}},\quad \frac{-1+\sqrt{-1}}{\sqrt{2}},\quad \frac{-1-\sqrt{-1}}{\sqrt{2}},\quad \frac{+1-\sqrt{-1}}{\sqrt{2}};$$

et, si l'on prend alors pour ρ l'une de ces expressions, la valeur de Ω, généralement déterminée par la formule

$$\Omega = 1+\rho+\rho^4+\rho^9+\rho^{16}+\rho^{25}+\rho^{36}+\rho^{49} = 2(1+2\rho+\rho^4),$$

se réduira simplement à

$$4\rho = 8^{\frac{1}{2}}(\pm 1 \mp \sqrt{-1}).$$

Lorsque, dans ce dernier produit, on réduit chaque double signe au signe $+$, on retrouve, comme on devait s'y attendre, la valeur de Ω fournie par l'équation (45). Si l'on prenait pour ρ une racine non primitive de l'équation

$$x^8 = 1,$$

c'est-à-dire l'une des racines

$$\sqrt{-1},\quad -\sqrt{-1},\quad -1,\quad 1,$$

qui vérifient l'équation de degré moindre

$$x^4 = 1,$$

la valeur de Ω, réduite à

$$4(1+\rho),$$

serait évidemment double de celle qu'on aurait trouvée en supposant, non plus $n = 8$, mais $n = 4$.

On obtiendrait avec la même facilité les valeurs de Ω correspondant à $n = 2^4 = 16$, à $n = 2^5 = 32$, etc.

Concevons maintenant que n, cessant de représenter un nombre premier ou une puissance d'un tel nombre, désigne le produit de plusieurs facteurs premiers

$$\nu,\quad \nu',\quad \nu'',\quad \ldots$$

élevés à des puissances entières, dont les degrés soient respectivement

$$a, \quad b, \quad c, \quad \ldots,$$

en sorte que l'on ait

$$(58) \qquad n = \nu^a \nu'^b \nu''^c \ldots.$$

Alors, en vertu du théorème IV de la Note VI, si l'on représente par ρ une racine primitive de l'équation (1), ρ sera de la forme

$$(59) \qquad \rho = \xi\eta\zeta\ldots,$$

chacun des facteurs ξ, η, ζ, ... désignant une racine primitive de la première, ou de la seconde, ou de la troisième, etc. des équations

$$(60) \qquad x^{\nu^a} = 1, \qquad x^{\nu'^b} = 1, \qquad x^{\nu''^c} = 1, \qquad \ldots,$$

et les n racines de l'équation (1) seront les n valeurs qu'on obtient pour ρ^l, en prenant successivement pour l tous les entiers

$$0, \quad 1, \quad 2, \quad 3, \quad \ldots, \quad n-1$$

inférieurs à n. Soient d'ailleurs

$$\lambda, \quad \lambda', \quad \lambda'', \quad \ldots$$

les restes qu'on obtient en divisant successivement l'exposant l par les divers facteurs

$$\nu^a, \quad \nu'^b, \quad \nu''^c, \quad \ldots$$

de l'exposant n. Comme les valeurs de λ seront en nombre égal à ν^a, les valeurs de λ' en nombre égal à ν'^b, les valeurs de λ'' en nombre égal à ν''^c, ..., les systèmes de valeurs de λ, λ', λ'', ... seront en nombre égal au produit

$$\nu^a \nu'^b \nu''^c \ldots = n,$$

c'est-à-dire, en même nombre que les valeurs de l. Donc à chaque valeur de l correspondra un seul système de valeurs de λ, λ', λ'', ..., et réciproquement. Ce n'est pas tout. Comme les formules

$$l \equiv \lambda \quad (\text{mod.}\, \nu^a), \qquad l \equiv \lambda' \quad (\text{mod.}\, \nu'^b), \qquad l \equiv \lambda'' \quad (\text{mod.}\, \nu''^c), \qquad \ldots$$

entraîneront évidemment les suivantes,

$$l^\iota \equiv \lambda^\iota \quad (\text{mod.}\, \nu^a), \qquad l^\iota \equiv \lambda'^\iota \quad (\text{mod.}\, \nu'^b), \qquad l^\iota \equiv \lambda''^\iota \quad (\text{mod.}\, \nu''^c), \qquad \ldots,$$

quel que soit l'entier désigné par ι, on peut affirmer que l'équation (59) entraînera non seulement la formule

$$\rho^l = \xi^\lambda \eta^{\lambda'} \zeta^{\lambda''} \ldots, \tag{61}$$

mais encore la suivante,

$$\rho^{l^\iota} = \xi^{\lambda^\iota} \eta^{\lambda'^\iota} \zeta^{\lambda''^\iota} \ldots. \tag{62}$$

Donc, en posant, pour abréger,

$$\nu^a = \varphi, \qquad \nu'^b = \chi, \qquad \nu''^c = \psi, \qquad \ldots,$$

on aura non seulement

$$\left\{\begin{aligned} &1 + \rho + \rho^2 + \rho^3 + \ldots + \rho^{n-1} \\ &= (1 + \xi + \xi^2 + \xi^3 + \ldots + \xi^{\varphi-1})(1 + \eta + \eta^2 + \eta^3 + \ldots + \eta^{\chi-1}) \ldots, \end{aligned}\right. \tag{63}$$

mais encore

$$\left\{\begin{aligned} &\quad 1 + \rho + \rho^{2^\iota} + \rho^{3^\iota} + \ldots + \rho^{(n-1)^\iota} \\ &= (1 + \xi + \xi^{2^\iota} + \xi^{3^\iota} + \ldots + \xi^{(\varphi-1)^\iota}) \\ &\quad \times (1 + \eta + \eta^{2^\iota} + \eta^{3^\iota} + \ldots + \eta^{(\chi-1)^\iota}) \ldots. \end{aligned}\right. \tag{64}$$

Ainsi, en particulier, en prenant $\iota = 2$, on trouvera

$$\left\{\begin{aligned} &\quad 1 + \rho + \rho^4 + \rho^9 + \ldots + \rho^{(n-1)^2} \\ &= (1 + \xi + \xi^4 + \xi^9 + \ldots + \xi^{(\varphi-1)^2}) \\ &\quad \times (1 + \eta + \eta^4 + \eta^9 + \ldots + \eta^{(\chi-1)^2}) \ldots. \end{aligned}\right. \tag{65}$$

De cette dernière formule, que M. Gauss a établie comme nous venons de le faire, il résulte évidemment qu'une valeur de Ω, correspondant à une valeur donnée du degré n de l'équation (30), est le produit de divers facteurs dont chacun représente une valeur de Ω correspondant, non plus au degré donné n et à l'équation (30), mais à l'un des degrés ν^a, ν'^b, ν''^c, ... et à l'une des équations (60). Donc, puisque nous avons appris à trouver la valeur de Ω correspondant au cas où n

est une puissance d'un nombre premier, la formule (65) offrira le moyen d'obtenir la valeur de Ω dans tous les cas possibles.

Considérons en particulier le cas où n est un nombre impair composé de facteurs impairs inégaux

$$\nu, \quad \nu', \quad \nu'', \quad \ldots,$$

en sorte qu'on ait simplement

$$\nu\nu'\nu''\ldots = n.$$

Alors les équations (60) deviendront

$$(66) \qquad x^{\nu} = 1, \qquad x^{\nu'} = 1, \qquad x^{\nu''} = 1, \qquad \ldots;$$

par conséquent, la formule (65) sera réduite à

$$(67) \qquad \left\{ \begin{aligned} & 1 + \rho + \rho^4 + \rho^9 + \ldots + \rho^{(n-1)^2} \\ = \ & (1 + \xi + \xi^4 + \xi^9 + \ldots + \xi^{(\nu-1)^2}) \\ & \times (1 + \eta + \eta^4 + \eta^9 + \ldots + \eta^{(\nu'-1)^2})\ldots, \end{aligned} \right.$$

et l'on conclura de cette formule que la valeur de Ω, correspondant à l'équation (30), est le produit de facteurs dont chacun représente une valeur de Ω correspondant à l'une des équations (66). D'ailleurs, d'après ce qui a été dit plus haut, le premier, le second, le troisième, etc. de ces facteurs représenteront des sommes alternées des racines primitives de la première, de la seconde, de la troisième, etc. des équations (66). Donc, le produit de ces mêmes facteurs, ou la valeur de Ω correspondant à l'équation (30), représentera une somme alternée des racines primitives de cette équation ; et, en raisonnant comme à la page 276, on reconnaîtra facilement que la formule (52) entraîne encore, dans le cas dont il s'agit, la formule (54).

Pour montrer une application de la formule (67), supposons en particulier

$$n = 15 = 3.5.$$

Alors on trouvera

$$\begin{aligned} \Omega &= 1 + \rho + \rho^4 + \rho^9 + \ldots + \rho^{14^2} \\ &= 1 + 4\rho + 4\rho^4 + 2\rho^6 + 2\rho^9 + 2\rho^{10} = (1 + 2\rho^{10})(1 + 2\rho^6 + 2\rho^9); \end{aligned}$$

et, par suite, si l'on pose

$$\xi = \rho^{10}, \qquad \eta = \rho^{6},$$

on aura

$$\Omega = (1 + 2\xi)(1 + 2\eta + 2\eta^4),$$

ou, ce qui revient au même,

$$\Omega = (1 + \xi + \xi^4)(1 + \eta + \eta^4 + \eta^9 + \eta^{16}),$$

attendu que, ρ étant racine de l'équation

$$x^{15} = 1,$$

$\xi = \rho^{10}$ sera racine de l'équation

$$x^3 = 1,$$

et $\eta = \rho^6$ racine de l'équation

$$x^5 = 1.$$

Si, pour fixer les idées, on suppose

$$\rho = e^{\frac{2\pi}{15}\sqrt{-1}} = \cos\frac{2\pi}{15} + \sqrt{-1}\sin\frac{2\pi}{15},$$

on trouvera

$$\xi = e^{\frac{4\pi}{3}\sqrt{-1}}, \qquad \eta = e^{\frac{4\pi}{5}\sqrt{-1}},$$

$$1 + 2\xi = -3^{\frac{1}{2}}\sqrt{-1}, \qquad 1 + 2\eta + 2\eta^4 = -5^{\frac{1}{2}},$$

et par suite on aura, conformément à l'équation (52),

$$\Omega = \left(-3^{\frac{1}{2}}\sqrt{-1}\right)\left(-5^{\frac{1}{2}}\right) = 15^{\frac{1}{2}}\sqrt{-1}.$$

NOTE XI.

MÉTHODE SIMPLE ET NOUVELLE POUR LA DÉTERMINATION COMPLÈTE DES SOMMES ALTERNÉES, FORMÉES AVEC LES RACINES PRIMITIVES DES ÉQUATIONS BINOMES.

Soit

$$\rho$$

une racine primitive de l'équation

$$(1) \qquad x^n = 1,$$

et supposons d'abord que n soit un nombre premier impair. Les diverses racines primitives de l'équation (1) pourront être représentées par

$$\rho, \quad \rho^2, \quad \rho^3, \quad \ldots, \quad \rho^{n-1},$$

ou par

$$\rho^m, \quad \rho^{2m}, \quad \rho^{3m}, \quad \ldots, \quad \rho^{(n-1)m},$$

m étant premier à n. Soit d'ailleurs $\mathfrak{D}$ une somme alternée de ces racines primitives. Cette somme sera de la forme

$$(2) \qquad \mathfrak{D} = \rho^h + \rho^{h'} + \rho^{h''} + \ldots - \rho^k - \rho^{k'} - \rho^{k''} - \ldots,$$

les exposants

$$1, \quad 2, \quad 3, \quad \ldots, \quad n-1$$

étant ainsi partagés en deux groupes

$$h, \quad h', \quad h'', \quad \ldots \quad \text{et} \quad k, \quad k', \quad k'', \quad \ldots,$$

dont le premier pourra être censé renfermer les résidus quadratiques

$$1, \quad 4, \quad \ldots,$$

et le second les non-résidus suivant le module n. Si l'on suppose en particulier $n = 3$, on aura simplement

$$\mathfrak{D} = \rho^1 - \rho^2 = \rho^1 - \rho^{-1},$$

en sorte qu'une somme alternée $\mathfrak{D}$ pourra être représentée, au signe près, par le binome

$$\rho^1 - \rho^{-1},$$

ou plus généralement par le binome

$$\rho^m - \rho^{-m},$$

m étant non divisible par 3. Si n devient égal à 5, les binomes de la forme $\rho^m - \rho^{-m}$ se réduiront, au signe près, à l'un des suivants,

$$\rho^1 - \rho^4 = \rho^1 - \rho^{-1}, \qquad \rho^2 - \rho^3 = \rho^2 - \rho^{-2},$$

et le produit de ces deux derniers binomes, savoir

$$(\rho^1 - \rho^4)(\rho^2 - \rho^3) = \rho^2 + \rho^3 - \rho - \rho^4,$$

représentera encore, au signe près, la somme alternée

$$\mathfrak{D} = \rho + \rho^4 - \rho^2 - \rho^3,$$

qui pourra s'écrire comme il suit :

$$\mathfrak{D} = (\rho^1 - \rho^{-1})(\rho^3 - \rho^{-})$$

J'ajoute qu'il en sera généralement de même, et que, pour une valeur quelconque du nombre premier n, la somme alternée $\mathfrak{D}$ pourra être réduite au produit $\mathfrak{P}$ déterminé par la formule

$$\mathfrak{P} = (\rho^1 - \rho^{-1})(\rho^3 - \rho^{-3})\ldots(\rho^{n-2} - \rho^{-(n-2)}). \tag{3}$$

Effectivement, ce produit, égal, au signe près, au suivant,

$$(\rho^1 - \rho^n)(\rho^2 - \rho^{n-2})\ldots\left(\rho^{\frac{n-1}{2}} - \rho^{\frac{n+1}{2}}\right),$$

changera tout au plus de signe, quand on y remplacera ρ par ρ^m, attendu qu'alors les termes de la suite

$$\rho, \quad \rho^2, \quad \rho^3, \quad \ldots, \quad \rho^{n-1}$$

se trouveront remplacés par les termes de la suite

$$\rho^m, \quad \rho^{2m}, \quad \rho^{3m}, \quad \ldots, \quad \rho^{(n-1)m},$$

qui sont les mêmes, à l'ordre près, et chaque binome de la forme

$$\rho^l - \rho^{-l}$$

par un binome de la même forme

$$\rho^{ml} - \rho^{-ml}.$$

Donc le produit $\mathfrak{P}$ ne pourra représenter qu'une fonction symétrique ou une fonction alternée des racines primitives de l'équation (1). Donc il sera de l'une des formes

$$\mathrm{a}, \quad \mathrm{a}\,\mathfrak{D},$$

a désignant une quantité entière positive ou négative, et son carré $\mathfrak{P}^2$ sera de l'une des formes

$$\mathrm{a}^2, \quad \mathrm{a}^2\,\mathfrak{D}^2.$$

Comme on tirera d'ailleurs de l'équation (3), non seulement

$$\mathfrak{P} = \rho^{1+3+5+\ldots+(n-2)}(1-\rho^{-2})(1-\rho^{-6})\ldots(1-\rho^{-2(n-2)}),$$

ou, ce qui revient au même,

$$\mathfrak{P} = \rho^{\left(\frac{n-1}{2}\right)^2}(1-\rho^{n-2})(1-\rho^{n-6})\ldots(1-\rho^4),$$

mais encore

$$\mathfrak{P} = (-1)^{\frac{n-1}{2}}\rho^{-\left(\frac{n-1}{2}\right)^2}(1-\rho^2)(1-\rho^6)\ldots(1-\rho^{n-4}),$$

et par suite

$$\begin{aligned}\mathfrak{P}^2 &= (-1)^{\frac{n-1}{2}}(1-\rho^2)(1-\rho^4)(1-\rho^6)\ldots(1-\rho^{n-6})(1-\rho^{n-4})(1-\rho^{n-2})\\ &= (-1)^{\frac{n-1}{2}}(1-\rho)(1-\rho^2)\ldots(1-\rho^{n-1})\\ &= (-1)^{\frac{n-1}{2}}n,\end{aligned}$$

il est clair que $\mathfrak{P}^2$, n'étant pas de la forme a^2, devra être de la forme $\mathrm{a}^2\mathfrak{D}^2$. On aura donc

$$(4) \qquad (-1)^{\frac{n-1}{2}}n = \mathrm{a}^2\mathfrak{D}^2, \qquad \mathfrak{P} = \mathrm{a}\,\mathfrak{D}.$$

Or, $\mathfrak{D}^2$ ne pouvant être qu'une fonction symétrique de $\rho, \rho^2, \ldots, \rho^{n-1}$, et par conséquent un nombre entier, la seule manière de vérifier la première des équations (4) sera de poser

$$\mathrm{a}^2 = 1, \qquad \mathfrak{D}^2 = (-1)^{\frac{n-1}{2}} n.$$

On aura donc

$$\mathrm{a} = \pm 1,$$

par conséquent

$$(5) \qquad \mathfrak{P} = \pm \mathfrak{D};$$

et toute la difficulté se réduit à déterminer le signe qui doit affecter le second membre de la formule (5). Or, si, dans la somme alternée

$$\mathfrak{D} = \rho^h + \rho^{h'} + \rho^{h''} + \ldots - \rho^k - \rho^{k'} - \rho^{k''} - \ldots,$$

on remplace généralement

$$\rho^l \quad \text{par} \quad \left[\frac{l}{n}\right],$$

cette somme sera remplacée elle-même par la suivante,

$$\left[\frac{h}{n}\right] + \left[\frac{h'}{n}\right] + \ldots - \left[\frac{k}{n}\right] - \left[\frac{k'}{n}\right] - \ldots = n - 1 \equiv -1 \qquad (\mathrm{mod.}\, n),$$

tandis que la somme alternée $\mathfrak{D}$ se changera en

$$-(n-1) \equiv 1 \qquad (\mathrm{mod.}\, n).$$

Donc, pour décider si, dans la formule (5), on doit réduire le double signe au signe + ou au signe −, il suffira de chercher la quantité en laquelle se transforme le développement de $\mathfrak{P}$, quand on y remplace chaque terme de la forme ρ^l par $\left[\frac{l}{n}\right]$, et de voir si cette quantité, divisée par n, donne pour reste −1 ou +1. Or, comme le développement de $\mathfrak{P}$ se composera de termes de la forme

$$\pm \rho^{\pm 1 \pm 3 \pm 5 \pm \ldots},$$

le signe qui précède ρ étant le produit des signes qui, dans l'exposant de ρ, précèdent les nombres 1, 3, 5, ..., la quantité dont il s'agit sera la somme des expressions de la forme

$$\pm\left[\frac{\pm 1 \pm 3 \pm 5 \pm \ldots}{n}\right],$$

le signe placé en dehors des parenthèses étant le produit des signes placés au dedans. Elle sera donc équivalente, suivant le module n, à la somme des expressions de la forme

$$(6) \qquad \pm[\pm 1 \pm 3 \pm 5 \pm \ldots \pm (n-2)]^{\frac{n-1}{2}}.$$

Ainsi, en particulier, elle sera équivalente, pour $n = 3$, à

$$1^1 - (-1)^1 = 2 \equiv -1 \qquad (\text{mod.} 3);$$

pour $n = 5$, à

$$(1+3)^2 + (-1-3)^2 - (-1+3)^2 - (1-3)^2 \equiv 4 \equiv -1 \qquad (\text{mod.} 5).$$

D'ailleurs, si l'on suppose le nombre des lettres $a, b, c, \ldots$ égal à m, la somme des expressions de la forme

$$(7) \qquad \pm(\pm a \pm b \pm c \pm \ldots)^m,$$

développées suivant les puissances ascendantes de $a, b, c, \ldots$, ne pourra renfermer aucun terme dans lequel l'exposant de a, ou de b, ou de c, s'évanouisse. En effet, comme, dans cette somme, deux expressions qui ne différeront l'une de l'autre que par le signe placé devant la lettre a, présenteront, en dehors des parenthèses, des signes contraires, elles fourniront deux développements, dont les divers termes se détruiront mutuellement, à l'exception de ceux qui renfermeront des puissances impaires de a. Donc, chacun des termes qui resteront dans la somme dont il s'agit sera proportionnel à une puissance impaire de a; et, comme il devra être, par la même raison, proportionnel à une puissance impaire de $c, \ldots$, il est clair que, dans un terme conservé, ces diverses puissances, dont les exposants auront pour somme le nombre m, devront toutes se réduire à la première puissance, et chaque exposant à l'unité. Donc, les seuls termes qui ne se détruiront pas les uns les autres, seront les termes proportionnels au produit

$$abc\ldots$$

de toutes les lettres a, b, c, ...; et, puisque chacune des valeurs de l'expression (7) offre dans son développement un semblable terme, précisément égal au produit

$$(1.2.3\ldots m)abc\ldots,$$

il suffira, pour obtenir la somme de ces valeurs, de multiplier leur nombre 2^m par ce même produit. Donc la somme des valeurs de l'expression (7) sera

$$2^m(1.2.3\ldots m)abc\ldots.$$

Si maintenant on remplace

$$a,\quad b,\quad c,\quad \ldots$$

par les nombres

$$1,\quad 3,\quad 5,\quad \ldots,\quad 2m-1,$$

le produit

$$2^m(1.2.3\ldots m)abc\ldots$$

deviendra

$$2^m(1.2.3\ldots m)1.3.5\ldots(2m-1) = 1.2.3.4\ldots 2m.$$

Donc, en écrivant $\frac{n-1}{2}$ au lieu de m, on reconnaîtra que la somme des expressions (6) a pour valeur le produit

$$1.2.3\ldots(n-1) \equiv -1 \qquad (\text{mod.}\, n).$$

Donc $\mathfrak{P}$ se transformera en une somme équivalente à -1, si l'on y remplace généralement

$$\rho^l \quad \text{par} \quad \left[\frac{l}{n}\right];$$

d'où il suit que l'équation (5) devra être réduite à

$$\mathfrak{P} = \mathfrak{D}. \tag{8}$$

En d'autres termes, on aura

$$\left\{\begin{aligned} &(\rho^1-\rho^{-1})(\rho^3-\rho^{-3})\ldots(\rho^{n-2}-\rho^{-(n-2)})\\ &\quad = \rho^h+\rho^{h'}+\rho^{h''}+\ldots-\rho^k-\rho^{k'}-\rho^{k''}\ldots, \end{aligned}\right. \tag{9}$$

h, h', h'', ... étant les résidus quadratiques, et k, k', k'', ... les non-résidus quadratiques inférieurs au module n. On se trouve ainsi ramené à la belle formule que M. Gauss a donnée le premier dans le Mémoire intitulé : *Summatio serierum quarumdam singularium*, et qui convertit la somme alternée

$$\mathcal{D} = \rho^h + \rho^{h'} + \rho^{h''} + \ldots - \rho^k + \rho^{k'} + \rho^{k''} \ldots,$$

dont le carré $\mathcal{D}^2$ vérifie l'équation

$$\mathcal{D}^2 = (-1)^{\frac{n-1}{2}} n, \tag{10}$$

en un produit de la forme

$$(\rho^1 - \rho^{-1})(\rho^3 - \rho^{-3})\ldots(\rho^{n-2} - \rho^{-(n-2)}).$$

Or, cette conversion une fois opérée, il devient facile, comme l'on sait, d'assigner, dans tous les cas, la valeur exacte de la somme alternée $\mathcal{D}$. On y parvient, en effet, comme il suit.

Observons d'abord qu'en vertu des formules

$$\rho^{n-2} - \rho^{-(n-2)} = -(\rho^2 - \rho^{-2}), \qquad \rho^{n-4} - \rho^{-(n-4)} = -(\rho^4 - \rho^{-4}), \qquad \ldots,$$

le premier membre de l'équation (9), ou la valeur de la somme $\mathcal{D}$, se réduira : 1° si n est de la forme $4x + 1$, à

$$\mathcal{D} = (-1)^{\frac{n-1}{4}} (\rho^1 - \rho^{-1})(\rho^2 - \rho^{-2})\ldots\left(\rho^{\frac{n-1}{2}} - \rho^{-\frac{n-1}{2}}\right); \tag{11}$$

2° si n est de la forme $4x + 3$, à

$$\mathcal{D} = (-1)^{\frac{n-3}{4}} (\rho^1 - \rho^{-1})(\rho^2 - \rho^{-2})\ldots\left(\rho^{\frac{n-1}{2}} - \rho^{-\frac{n-1}{2}}\right), \tag{12}$$

attendu que le nombre des entiers pairs, et inférieurs à $\frac{1}{2}n$, sera

$$\frac{1}{2}\,\frac{n-1}{2} = \frac{n-1}{4}, \qquad \text{si} \qquad \frac{n-1}{2} \quad \text{est pair,}$$

et

$$\frac{1}{2}\left(\frac{n-1}{2} - 1\right) = \frac{n-3}{4}, \qquad \text{si} \qquad \frac{n-1}{2} \quad \text{est impair.}$$

D'autre part, si l'on pose

$$\rho = e^{\frac{2\pi}{n}\sqrt{-1}}, \tag{13}$$

on en conclura généralement

$$\rho^{l} - \rho^{-l} = 2 \sin \frac{2 l \pi}{n} \sqrt{-1}; \tag{14}$$

et il est clair que, pour toute valeur de l inférieure à $\frac{1}{2} n$, le coefficient de $\sqrt{-1}$, dans le second membre de l'équation (14), sera une quantité positive. Enfin, l'on tirera de l'équation (14) : 1° en supposant n de la forme $4x + 1$,

$$(15) \quad \left\{ \begin{aligned} &(\rho^{1} - \rho^{-1})(\rho^{2} - \rho^{-2}) \ldots \left(\rho^{\frac{n-1}{2}} - \rho^{-\frac{n-1}{2}}\right) \\ &= (-1)^{\frac{n-1}{4}} 2^{\frac{n-1}{2}} \sin \frac{2\pi}{n} \sin \frac{4\pi}{n} \cdot\cdot \sin \frac{\frac{n-1}{2}\pi}{n}; \end{aligned} \right.$$

2° en supposant n de la forme $4x + 3$,

$$(16) \quad \left\{ \begin{aligned} &(\rho^{1} - \rho^{-1})(\rho^{2} - \rho^{-2}) \ldots \left(\rho^{\frac{n-1}{2}} - \rho^{-\frac{n-1}{2}}\right) \\ &= (-1)^{\frac{n-3}{4}} 2^{\frac{n-1}{2}} \sin \frac{2\pi}{n} \sin \frac{4\pi}{n} \cdots \sin \frac{\frac{n-1}{2}\pi}{n} \sqrt{-1}. \end{aligned} \right.$$

Donc, si l'on attribue à ρ la valeur que détermine l'équation (13), on tirera des formules (11) et (12): 1° en supposant n de la forme $4x + 1$,

$$\text{Ⓓ} = {}^{\frac{n-1}{2}} \sin \frac{2\pi}{n} \sin \frac{4\pi}{n} \cdots \sin \frac{\frac{n-1}{1}\pi}{n}; \tag{17}$$

2° en supposant n de la forme $4x + 3$,

$$\text{Ⓓ} = 2^{\frac{n-1}{2}} \sin \frac{2\pi}{n} \sin \frac{4\pi}{n} \cdots \sin \frac{\frac{n-1}{2}\pi}{n} \sqrt{-1}. \tag{18}$$

Or, en substituant l'une de ces dernières valeurs de la somme alternée Ⓓ dans la formule (10), on en conclura que le produit

$$2^{\frac{n-1}{2}} \sin \frac{2\pi}{n} \sin \frac{4\pi}{n} \cdots \sin \frac{\frac{n-1}{2}\pi}{n}$$

a pour carré le nombre n. Donc ce produit, qui ne renferme que des facteurs positifs, sera lui-même positif, et égal à $n^{\frac{1}{2}}$. On aura donc, quel que soit le nombre premier n, pourvu qu'il surpasse 2,

$$2^{\frac{n-1}{2}} \sin\frac{2\pi}{n} \sin\frac{4\pi}{n} \cdots \sin\frac{\frac{n-1}{2}\pi}{n} = n^{\frac{1}{2}}, \tag{19}$$

et, par conséquent, les équations (17), (18) se réduiront, la première à

$$\text{Ⓓ} = n^{\frac{1}{2}}, \tag{20}$$

la seconde à

$$\text{Ⓓ} = n^{\frac{1}{2}}\sqrt{-1}; \tag{21}$$

en sorte que l'une et l'autre seront comprises dans la formule

$$\text{Ⓓ} = n^{\frac{1}{2}}(\sqrt{-1})^{\left(\frac{n-1}{2}\right)^2}. \tag{22}$$

Si maintenant on veut obtenir la valeur de Ⓓ correspondant à la valeur de ρ que détermine, non plus la formule (15), mais la suivante,

$$\rho = e^{\frac{2m\pi}{n}\sqrt{-1}}, \tag{23}$$

m étant un entier quelconque non divisible par n, il suffira évidemment de remplacer, dans la valeur de Ⓓ que fournit l'équation (22), ρ par ρ^m, ou, ce qui revient au même, il suffira de multiplier cette valeur par

$$\left[\frac{m}{n}\right].$$

Donc, lorsque la valeur ρ sera donnée par l'équation (23), m étant premier à n, la valeur de la somme alternée Ⓓ deviendra

$$\text{Ⓓ} = \left[\frac{m}{n}\right] n^{\frac{1}{2}}(\sqrt{-1})^{\left(\frac{n-1}{2}\right)^2}. \tag{24}$$

Les formules (21), (24) s'accordent avec les formules (52), (54) de la Note précédente; et cela devait être, puisqu'en vertu de la formule

(51) de la même Note les sommes désignées par Ω et par $\mathfrak{D}$ sont toujours égales, quand, n étant un nombre premier impair, ρ désigne une racine primitive de l'équation (1).

Il n'en serait plus de même si, dans les sommes Ω et $\mathfrak{D}$, on remplaçait ρ par la racine non primitive de l'équation (1), c'est-à-dire, pàr l'unité, puisqu'alors évidemment la somme Ω se réduirait au nombre n, et le second membre de l'équation (2) à zéro.

Les formules (22), (24) une fois établies pour le cas où n désigne un nombre premier supérieur à 2, il est facile de les étendre au cas où n désigne un nombre impair composé de facteurs premiers inégaux. Ainsi, en particulier, soit

$$n = \nu\nu';$$

et supposons que, ξ, η étant des racines primitives des deux équations

$$(25) \qquad x^\nu = 1, \qquad x^{\nu'} = 1,$$

l'on pose

$$(26) \qquad \rho = \xi\eta.$$

ρ sera une racine primitive de l'équation (1); et, si l'on nomme

$$\mathfrak{D}, \quad \Delta, \quad \Delta'$$

trois sommes alternées, formées avec les racines primitives des trois équations

$$x^n = 1, \qquad x^\nu = 1, \qquad x^{\nu'} = 1,$$

de telle manière que, parmi les termes affectés du signe $+$, on trouve dans la somme alternée $\mathfrak{D}$ le terme ρ, dans la somme Δ le terme ξ, dans la somme Δ' le terme η, on aura, en vertu des principes établis dans la Note VII,

$$(27) \qquad \mathfrak{D} = \Delta\Delta'.$$

Soit d'ailleurs m un nombre entier, premier à ν et à ν', par conséquent premier à n ; et supposons que, dans les sommes alternées

$$\mathfrak{D}, \quad \Delta, \quad \Delta',$$

on remplace

$$\rho,\quad \xi,\quad \eta$$

par

$$\rho^m,\quad \xi^m,\quad \eta^m.$$

Les valeurs de

$$\mathcal{D},\quad \Delta,\quad \Delta'$$

ne cesseront pas de vérifier la condition (27) ; et, comme, en vertu des principes établis dans la Note VIII, les valeurs de

$$\Delta,\quad \Delta'$$

se trouveront multipliées par les quantités

$$\left[\frac{m}{\nu}\right],\quad \left[\frac{m}{\nu'}\right],$$

dont chacune se réduit, au signe près, à l'unité, la valeur de $\mathcal{D}$ se trouvera multipliée par le produit

$$\left[\frac{m}{\nu}\right]\left[\frac{m}{\nu'}\right] = \left[\frac{m}{n}\right].$$

Donc, la substitution de ρ^m et ρ changera ou ne changera pas le signe de la somme alternée $\mathcal{D}$, suivant que le nombre m vérifiera la première ou la seconde des conditions

$$\left[\frac{m}{n}\right] = -1,\qquad \left[\frac{m}{n}\right] = 1.$$

Concevons, à présent, que l'on pose

$$\xi = e^{\frac{2\pi}{\nu}\sqrt{-1}},\qquad \eta = e^{\frac{2\pi}{\nu'}\sqrt{-1}},$$

l'équation (26) donnera

$$\rho = e^{\frac{2\pi(\nu-\nu')}{n}\sqrt{-1}};$$

et, comme on aura, en vertu de la formule (22),

$$\Delta = \nu^{\frac{1}{2}}\left(\sqrt{-1}\right)^{\left(\frac{\nu-1}{2}\right)^2},\qquad \Delta'' = \nu'^{\frac{1}{2}}\left(\sqrt{-1}\right)^{\left(\frac{\nu'-1}{2}\right)^2},$$

on conclura de l'équation (27)

$$\mathcal{D} = n^{\frac{1}{2}}\left(\sqrt{-1}\right)^{\left(\frac{\nu-1}{2}\right)^2+\left(\frac{\nu'-1}{2}\right)^2}, \tag{28}$$

ou, ce qui revient au même,

$$(29) \qquad \mathfrak{D} = (-1)^{\frac{\nu-1}{2}\cdot\frac{\nu'-1}{2}} n^{\frac{1}{2}} (\sqrt{-1})^{\left(\frac{\nu-\nu'}{2}\right)^2},$$

attendu que l'on a identiquement

$$\left(\frac{\nu-1}{2}\right)^2 + \left(\frac{\nu'-1}{2}\right)^2 = \frac{\nu-1}{2}\,\frac{\nu'-1}{2} = \left(\frac{\nu-\nu'}{2}\right)^2.$$

Il y a plus : comme les nombres

$$\frac{\nu-\nu'}{2} \quad \text{et} \quad \frac{\nu\nu'-1}{2},$$

dont la somme

$$\frac{(\nu-1)(\nu'-1)}{2}$$

est divisible par 2, seront tous deux pairs ou tous deux impairs, on aura

$$(\sqrt{-1})^{\left(\frac{\nu-\nu'}{2}\right)^2} = (\sqrt{-1})^{\left(\frac{\nu\nu'-1}{2}\right)^2} = (\sqrt{-1})^{\left(\frac{n-1}{2}\right)^2}.$$

Donc la formule (29) pourra être réduite à

$$(30) \qquad \mathfrak{D} = (-1)^{\frac{\nu-1}{2}\frac{\nu'-1}{2}} n^{\frac{1}{2}} (\sqrt{-1})^{\left(\frac{n-1}{2}\right)^2}.$$

Cette dernière équation suppose que, dans la somme alternée $\mathfrak{D}$, l'un des termes précédés du signe $+$ est

$$\rho = e^{\frac{2\pi(\nu+\nu')}{n}\sqrt{-1}}.$$

Si à la valeur de $\mathfrak{D}$, fournie par l'équation (30), on veut comparer celle qu'on obtiendrait en prenant pour l'un des termes précédés du signe $+$ la valeur de ρ déterminée par la formule

$$\rho = e^{\frac{2\pi}{n}\sqrt{-1}},$$

on conclura des observations précédemment faites que chacune de ces deux valeurs de $\mathfrak{D}$ est le produit de l'autre par l'expression

$$\left[\frac{\nu+\nu'}{n}\right] = \left[\frac{\nu+\nu'}{\nu\nu'}\right] = \left[\frac{\nu}{\nu'}\right]\left[\frac{\nu'}{\nu}\right] = (-1)^{\frac{\nu-1}{2}\frac{\nu'-1}{2}}.$$

Donc, puisque la première valeur est donnée par la formule (30), la seconde sera fournie simplement par l'équation

$$(31)\qquad \varpi = n^{\frac{1}{2}}(\sqrt{-1})^{\left(\frac{n-1}{2}\right)^2};$$

et si, au lieu de poser

$$\rho = e^{\frac{2\pi}{n}\sqrt{-1}},$$

on pose plus généralement

$$\rho = e^{\frac{2m\pi}{n}\sqrt{-1}},$$

on devra multiplier par $\left[\frac{m}{n}\right]$ le second membre de la formule (31), qui deviendra

$$(32)\qquad \varpi = \left[\frac{m}{n}\right] n^{\frac{1}{2}}(\sqrt{-1})^{\left(\frac{n-1}{2}\right)^2}.$$

Les formules (31) et (32) ne sont autre chose que les formules (22) et (24), étendues au cas où n est le produit de deux facteurs impairs et premiers ν, ν'. Il y a plus: les raisonnements dont nous avons fait usage suffisent pour étendre les formules (22), (24) au cas où n est le produit de deux facteurs impairs quelconques, pourvu que ces facteurs soient premiers entre eux, quand on suppose ces mêmes formules séparément vérifiées pour des valeurs de n représentées par chacun de ces facteurs. Donc, puisque,

$$\nu, \quad \nu', \quad \nu'', \quad \ldots$$

étant des nombres premiers impairs, les formules (22), (24) se vérifient quand on prend

$$n = \nu, \qquad n = \nu', \qquad n = \nu'', \qquad \ldots,$$

elles se vérifieront quand on prendra pour n le produit $\nu\nu'$ de ν par ν', ou le produit $\nu\nu'\nu''$ de $\nu\nu'$ par ν'', ..., et par conséquent lorsqu'on prendra pour n le produit de tous les facteurs premiers ν, ν', ν'', ...

En résumé, si, n étant un nombre impair, et le produit de facteurs premiers inégaux, ϖ représente une somme alternée, formée avec les racines primitives de l'équation (1), de telle manière que l'un des termes précédés du signe + soit la valeur de ρ déterminée par la formule

$$\rho = e^{\frac{2\pi}{n}\sqrt{-1}},$$

et si d'ailleurs la somme $\mathfrak{D}$ est une fonction alternée des racines primitives, non seulement de l'équation (1), mais encore de chacune des équations que l'on pourrait obtenir en remplaçant successivement l'exposant n par chacun de ses facteurs premiers, on aura : 1° en supposant n de la forme $4x+1$,

$$\mathfrak{D} = n^{\frac{1}{2}}; \tag{33}$$

2° en supposant n de la forme $4x+3$,

$$\mathfrak{D} = n^{\frac{1}{2}}\sqrt{-1}. \tag{34}$$

Mais si, dans la somme alternée $\mathfrak{D}$, l'un des termes positifs est celui que détermine la formule

$$\rho = e^{\frac{2m\pi}{n}\sqrt{-1}},$$

on aura : 1° en supposant n de la forme $4x+1$,

$$\mathfrak{D} = \left[\frac{m}{n}\right] n^{\frac{1}{2}}; \tag{35}$$

2° en supposant n de la forme $4x+3$,

$$\mathfrak{D} = \left[\frac{m}{m}\right] n^{\frac{1}{2}}\sqrt{-1}. \tag{36}$$

Il sera maintenant facile de déterminer complètement, dans tous les cas possibles, la valeur d'une somme alternée $\mathfrak{D}$, formée avec les racines primitives de l'équation (1). Considérons particulièrement le cas où la somme $\mathfrak{D}$ est une fonction alternée des racines primitives, non seulement de l'équation (1), mais encore de chacune des équations qu'on peut obtenir, lorsqu'après avoir décomposé l'exposant n en facteurs premiers entre eux, on remplace successivement n par chacun de ces facteurs. Alors, d'après ce qui a été dit dans les Notes VII, VIII, IX, pour que la somme $\mathbb{O}$ ne soit pas nulle, il faudra que, les facteurs impairs et premiers de n étant inégaux entre eux, le facteur pair, s'il existe, se réduise à l'un des nombres

$$4, \quad 8;$$

et l'on aura, ou

$$(37) \qquad \mathbb{O}^2 = n, \qquad \mathbb{O} = \pm n,$$

ou bien

$$(38) \qquad \mathbb{O}^2 = -n, \qquad \mathbb{O} = \pm n^{\frac{1}{2}}\sqrt{-1},$$

les formules (37) devant se vérifier, par exemple, quand n est de l'une des formes

$$4x + 1, \qquad 4(4x + 3),$$

et les formules (38), quand n est de l'une des formes

$$4x + 3, \qquad 4(4x + 1).$$

Nous avons d'ailleurs donné (p. 296, 297) les conditions auxquelles doivent satisfaire les exposants

$$h, \quad h', \quad h'', \quad \ldots$$

dans la formule

$$\mathbb{O} = \rho^h + \rho^{h'} + \rho^{h''} + \ldots - \rho^k - \rho^{k'} - \rho^{k''} - \ldots,$$

lorsqu'on en déduit les formules (37) ou les formules (38), et que le groupe des exposants

$$h, \quad h', \quad h'', \quad \ldots$$

renferme l'unité. Or, de ces conditions on déduira sans peine, à l'aide de raisonnements semblables à ceux dont nous venons de faire usage, les conclusions suivantes :

D'abord, si l'on suppose n impair, et

$$\rho = e^{\frac{2\pi}{n}\sqrt{-1}},$$

la seconde des formules (37) se réduira simplement à la formule (33), et la seconde des formules (38) à la formule (34). Alors aussi, en prenant, non plus

$$\rho = e^{\frac{2\pi}{n}\sqrt{-1}},$$

mais

$$\rho = e^{\frac{2m\pi}{n}\sqrt{-1}},$$

et supposant m premier à n, on obtiendra, comme on l'a dit, non plus l'équation (33) ou (34), mais l'équation (35) ou (36).

Supposons à présent que, le facteur pair de n étant le nombre 4, on désigne par υ le nombre premier ou non premier $\frac{n}{4}$, par

$$\alpha, \quad \varsigma, \quad \rho = \alpha\varsigma$$

des racines primitives des trois équations

$$x^4 = 1, \qquad x^\upsilon = 1, \qquad x^n = 1,$$

enfin par

$$\Delta, \quad \Delta', \quad \textcircled{D}$$

des sommes alternées, formées respectivement avec ces racines, de manière que, parmi les termes précédés du signe $+$, on trouve dans la somme Δ la racine α, dans la somme Δ' la racine ς, dans la somme $\textcircled{D}$ la racine ρ. Si l'on pose

$$\alpha = e^{\frac{2\pi}{4}\sqrt{-1}}, \qquad \varsigma = e^{\frac{2\pi}{\upsilon}\sqrt{-1}},$$

on aura, non seulement

$$\rho = e^{\frac{2\pi}{n}(\upsilon+4)\sqrt{-1}},$$

mais encore

$$\Delta = \alpha - \alpha^3 = 2\sqrt{-1}, \qquad \Delta' = \upsilon^{\frac{1}{2}}(\sqrt{-1})^{\left(\frac{\upsilon-1}{2}\right)^2},$$

et par conséquent

$$\textcircled{D} = \Delta\Delta' = n^{\frac{1}{2}}(\sqrt{-1})^{1+\left(\frac{\upsilon-1}{2}\right)^2}. \tag{39}$$

Pour savoir si cette dernière formule fournit ou non la valeur de $\textcircled{D}$, relative au cas où l'un des termes affectés du signe $+$ se réduirait à

$$\rho = e^{\frac{2\pi}{n}\sqrt{-1}},$$

il suffira d'examiner si l'exposant $\upsilon+4$ doit être censé ou non faire partie du même groupe que l'unité. Or, comme l'expression

$$\left[\frac{\upsilon+4}{\frac{1}{4}n}\right]=\left[\frac{\upsilon+4}{\upsilon}\right]$$

se réduit évidemment à

$$\left[\frac{4}{\upsilon}\right]=\left[\frac{2}{\upsilon}\right]^2=1,$$

il suffira d'examiner si $\upsilon+4$, divisé par 4, donne pour reste 1 ou -1. Le premier cas a lieu lorsque $\upsilon=\frac{n}{4}$ est de la forme $4x+1$; le second cas, lorsque n est de la forme $4x+3$; et par suite, en supposant, dans la somme $\mathbb{D}$, l'un des termes positifs réduit à

$$\rho+e^{\frac{2\pi}{n}\sqrt{-1}},$$

on obtiendra pour cette somme, dans le premier cas, la valeur qui détermine la formule (39), savoir

$$\mathbb{D}=n^{\frac{1}{2}}(\sqrt{-1})^{1+\left(\frac{\upsilon-1}{2}\right)^2}=n^{\frac{1}{2}}\sqrt{-1},$$

et dans le second cas, une valeur qui différera seulement par le signe de celle que donne la formule (39), savoir, la valeur

$$\mathbb{D}=-n^{\frac{1}{2}}(\sqrt{-1})^{1+\left(\frac{\upsilon-1}{2}\right)^2}=n^{\frac{1}{2}}.$$

Donc, si le facteur pair de n se réduit à 4, la supposition

$$\rho=e^{\frac{2\pi}{n}\sqrt{-1}}$$

reproduira encore, ou la formule (33) lorsque $\frac{n}{4}$ sera de la forme $4x+1$, ou la formule (34) lorsque $\frac{n}{4}$ sera de la forme $4x+3$. Quant à la supposition

$$\rho=e^{\frac{2m\pi}{n}\sqrt{-1}},$$

elle reproduira, pour la somme $\mathbb{D}$, soit la valeur que détermine la formule (33) ou (34), soit cette valeur prise en signe contraire, suivant que l'exposant m fera ou non partie du groupe $h, h', h'', \ldots$, qui est censé renfermer l'exposant 1.

Supposons enfin que, le facteur pair de n étant le nombre 8, on désigne par υ le nombre premier ou non premier $\frac{n}{8}$, par

$$\alpha, \quad \varsigma, \quad \rho = \alpha\varsigma$$

des racines primitives des trois équations

$$x^8 = 1, \qquad x^\upsilon = 1, \qquad x^n = 1,$$

et par

$$\Delta, \quad \Delta', \quad \mathfrak{D}$$

des sommes alternées, formées respectivement avec ces racines, de manière que, parmi les termes affectés du signe $+$, on trouve dans la somme Δ la racine α, dans la somme Δ' la racine ς, dans la somme $\mathfrak{D}$ la racine ρ. Si l'on pose

$$\alpha = e^{\frac{2\pi}{8}\sqrt{-1}}, \qquad \varsigma = e^{\frac{2\pi}{\upsilon}\sqrt{-1}},$$

on aura non seulement

$$\rho = e^{\frac{2\pi}{n}(\upsilon+8)\sqrt{-1}},$$

mais encore

$$\Delta' = \upsilon^{\frac{1}{2}}(\sqrt{-1})^{\left(\frac{\upsilon-1}{2}\right)^2}.$$

Alors aussi, quand la somme alternée Δ différera de zéro, elle sera, ou de la forme

$$(40) \qquad \Delta = \alpha + \alpha^7 - \alpha^3 - \alpha^5 = 2(\alpha + \alpha^7) = 4\cos\frac{\pi}{4} = 8^{\frac{1}{2}},$$

ou de la forme

$$(41) \qquad \Delta = \alpha + \alpha^3 - \alpha^5 - \alpha^7 = 2(\alpha + \alpha^3) = 4\sin\frac{\pi}{4}\sqrt{-1} = 8^{\frac{1}{2}}\sqrt{-1},$$

et l'on aura, dans le premier cas,

$$(42) \qquad \mathfrak{D} = \Delta\Delta' = n^{\frac{1}{2}}(\sqrt{-1})^{\left(\frac{\upsilon-1}{2}\right)^2},$$

dans le second cas,

$$(43) \qquad \mathfrak{D} = \Delta\Delta' = n^{\frac{1}{2}}(\sqrt{-1})^{1+\left(\frac{\upsilon-1}{2}\right)^2}.$$

Pour savoir si les formules (42) et (43) fournissent ou non les valeurs de $\mathfrak{D}$, qui sont relatives au cas où l'un des termes affectés du signe $+$ se réduirait à

$$\rho = e^{\frac{2\pi}{n}\sqrt{-1}},$$

et qui d'ailleurs diffèrent de zéro, il suffira de voir si, dans chacune des valeurs de $\mathfrak{D}$, les termes ρ, $\rho^{\upsilon+4}$ sont affectés du même signe, ou, ce qui revient au même, si l'exposant $\upsilon + 4$ fait partie du même groupe que l'unité. Or, d'une part, l'expression

$$\left[\frac{\upsilon+8}{\frac{1}{8}n}\right] = \left[\frac{\upsilon+8}{\upsilon}\right]$$

se réduit évidemment à

$$\left[\frac{8}{\upsilon}\right] = \left[\frac{2}{\upsilon}\right]^3 = \left[\frac{2}{\upsilon}\right] = (-1)^{\frac{\upsilon^2-1}{8}};$$

et, d'autre part, $\upsilon + 8$, divisé par 8, donnera le même reste que υ, savoir : un reste représenté ou non par l'un des nombres 1, 7, suivant que l'expression

$$(-1)^{\frac{(\upsilon-1)(\upsilon-7)}{8}} = (-1)^{\frac{(\upsilon^2-1)}{8}}$$

aura pour valeur $+1$ ou -1 ; ou bien encore un reste représenté ou non par l'un des nombres 1, 3, suivant que l'expression

$$(-1)^{\frac{(-1)(\upsilon-3)}{8}}$$

aura pour valeur $+1$ ou -1. Donc, puisque l'on a

$$(-1)^{\frac{\upsilon^2-1}{8}}(-1)^{\frac{\upsilon^2-1}{8}} = (-1)^{\frac{\upsilon^2-1}{4}} = 1$$

et

$$(-1)^{\frac{\upsilon^2-1}{8}}(-1)^{\frac{(\upsilon-1)(\upsilon-3)}{8}} = (-1)^{\left(\frac{\upsilon-1}{2}\right)^2} = (-1)^{\frac{\upsilon-1}{2}},$$

les termes

$$\rho \quad \text{et} \quad \rho^{\upsilon+4}$$

seront toujours affectés du même signe dans la valeur de la somme $\mathfrak{D}$, que détermine l'équation (42); mais, dans la valeur de la même somme, déterminée par l'équation (43), ils seront affectés du même signe ou de signes contraires, suivant que $\frac{\upsilon - 1}{2}$ sera pair ou impair. Donc, si, en supposant

$$\rho = e^{\frac{2\pi}{n}\sqrt{-1}},$$

on affecte du signe $+$, dans la somme alternée $\mathbb{D}$, toute puissance de ρ dont l'exposant h vérifie la condition (9) ou (10) des pages 296, 297, on aura, en vertu de la formule (42) : 1° quand $\upsilon = \frac{n}{8}$ sera de la forme $4x + 1$,

$$\mathbb{D} = n^{\frac{1}{2}};$$

2° quand $\frac{n}{8}$ sera de la forme $4x + 3$,

$$\mathbb{D} = n^{\frac{1}{2}}\sqrt{-1};$$

et si, en supposant toujours

$$\rho = e^{\frac{2\pi}{n}\sqrt{-1}},$$

on affecte du signe $+$, dans la somme alternée $\mathbb{D}$, toute puissance de ρ dont l'exposant h vérifie les conditions (11) ou (12) de la page 297, on aura encore : 1° en vertu de la formule (43), quand $\upsilon = \frac{n}{8}$ sera de la forme $4x + 1$,

$$\mathbb{D} = n^{\frac{1}{2}}\sqrt{-1};$$

2° quand $\upsilon = \frac{n}{8}$ sera de la forme $4x + 3$,

$$\mathbb{D} = n^{\frac{1}{2}}.$$

Si, dans la somme $\mathbb{D}$, formée comme on vient de le dire, on remplaçait la racine primitive

$$\rho = e^{\frac{2\pi}{n}\sqrt{-1}}$$

par la racine primitive

$$\rho = e^{\frac{2m\pi}{n}\sqrt{-1}},$$

m étant premier à n, cette somme conserverait le même signe avec la même valeur, ou bien elle changerait de signe, suivant que m serait ou ne serait pas un des exposants h compris dans le groupe qui renfermait l'unité.

Il importe d'observer que les conclusions diverses auxquelles nous venons de parvenir, en supposant successivement le nombre n impair, puis divisible par 4, puis divisible par 8, se trouvent toutes renfermées dans un théorème général, qu'on peut énoncer simplement comme il suit :

Théorème. — *Soit* $\mathfrak{D}$ *une fonction alternée, formée avec les racines primitives de l'équation* (1), *et de manière à vérifier la formule*

$$\mathfrak{D} = \pm n.$$

Si l'on suppose que, dans la somme alternée $\mathfrak{D}$, *l'un des termes précédés du signe* $+$ *soit la racine primitive*

$$\rho = e^{\frac{2\pi}{n}\sqrt{-1}},$$

on aura simultanément : ou

$$\mathfrak{D}^2 = n \quad \text{et} \quad \mathfrak{D} = n^{\frac{1}{2}},$$

ou

$$\mathfrak{D}^2 = -n \quad \text{et} \quad \mathfrak{D} = n^{\frac{1}{2}}\sqrt{-1};$$

en sorte que la valeur de $\mathfrak{D}$ *sera toujours fournie par l'une des équations* (20), (21) *ou* (33), (34).

Exemples. — En prenant

$$n = 3, \qquad \rho = e^{\frac{2\pi}{3}\sqrt{-1}},$$

on trouvera

$$\mathfrak{D} = \rho - \rho^2 = 2\sin\frac{2\pi}{3}\sqrt{-1} = 3^{\frac{1}{2}}\sqrt{-1}.$$

En prenant

$$n = 4, \qquad \rho = e^{\frac{2\pi}{4}\sqrt{-1}} = e^{\frac{\pi}{2}\sqrt{-1}},$$

on trouvera

$$\mathfrak{D} = \rho - \rho^3 = 2\sin\frac{\pi}{2}\sqrt{-1} = 4^{\frac{1}{2}}\sqrt{-1}.$$

En prenant

$$n = 8, \qquad \rho = e^{\frac{2\pi}{8}\sqrt{-1}} = e^{\frac{\pi}{4}\sqrt{-1}},$$

on trouvera :

$$\mathbb{O} = \rho + \rho^7 - \rho^3 - \rho^5 = 4\cos\frac{\pi}{4} = 8^{\frac{1}{2}}$$

ou

$$\mathbb{O} = \rho + \rho^3 - \rho^5 - \rho^7 = 4\sin\frac{\pi}{4}\sqrt{-1} = 8^{\frac{1}{2}}\sqrt{-1}.$$

En prenant

$$n = 24, \qquad \rho = e^{\frac{2\pi}{24}\sqrt{-1}} = e^{\frac{\pi}{12}\sqrt{-1}},$$

on trouvera : ou

$$\begin{aligned} \mathbb{O} &= \rho + \rho^5 + \rho^7 + \rho^{11} - \rho^{13} - \rho^{17} - \rho^{19} - \rho^{23} \\ &= (\rho^8 - \rho^{16})(\rho^3 + \rho^{21} - \rho^9 - \rho^{15}) \\ &= \left(2\sin\frac{2\pi}{3}\sqrt{-1}\right)\left(4\cos\frac{\pi}{4}\right) = 3^{\frac{1}{2}}8^{\frac{1}{2}}\sqrt{-1} = 24^{\frac{1}{2}}\sqrt{-1}, \end{aligned}$$

ou

$$\begin{aligned} \mathbb{O} &= \rho + \rho^5 + \rho^{19} + \rho^{23} - \rho^7 - \rho^{11} - \rho^{13} - \rho^{17} \\ &= (\rho^8 - \rho^{16})(\rho^{15} + \rho^{21} - \rho^3 - \rho^9) \\ &= \left(2\sin\frac{2\pi}{3}\sqrt{-1}\right)\left(-4\sin\frac{\pi}{4}\sqrt{-1}\right) = 3^{\frac{1}{2}}8^{\frac{1}{2}} = 24^{\frac{1}{2}}. \end{aligned}$$

. . . .

Nota. — Si, dans la somme alternée $\mathbb{O}$, formée comme on vient de le dire, on supposait précédé du signe + le terme représenté, non par la racine primitive

$$\rho = e^{\frac{2\pi}{n}\sqrt{-1}},$$

mais par la suivante

$$\rho = e^{\frac{2m\pi}{n}\sqrt{-1}},$$

m étant premier à n ; alors la somme alternée $\mathbb{O}$ offrirait ou la valeur que fournit le théorème énoncé, ou cette même valeur prise en signe contraire, suivant que le nombre m ferait ou non partie du groupe des nombres ci-dessus représentés par

$$h, \quad h', \quad h'', \quad \ldots$$

(*voir*, pour la détermination de ces mêmes nombres, les pages 296 et 297).

Nous terminons cette Note par une observation qui n'est pas sans importance.

Supposons que, dans le cas où l'on prend

$$\rho = e^{\frac{2\pi}{n}\sqrt{-1}},$$

la somme alternée

$$(44) \qquad \mathcal{D} = \rho^h + \rho^{h'} + \rho^{h''} + \ldots - \rho^k - \rho^{k'} - \rho^{k''} - \ldots$$

vérifie l'équation

$$\mathcal{D}^3 = \pm n;$$

la même équation sera encore vérifiée quand on prendra

$$\rho = e^{\frac{2m\pi}{n}\sqrt{-1}},$$

si m est premier à n. Mais, si m cesse d'être premier à n, alors en prenant

$$\rho = e^{\frac{2m\pi}{n}\sqrt{-1}},$$

on trouvera toujours

$$(45) \qquad \mathcal{D} = 0,$$

comme on va le faire voir.

Pour que la somme $\mathcal{D}$ vérifie l'équation

$$\mathcal{D}^2 = \pm n,$$

il est nécessaire, comme on l'a dit, que les facteurs impairs et premiers de n étant inégaux, le facteur pair, s'il existe, se réduise à l'un des nombres

$$4, \quad 8.$$

D'autre part, lorsque dans la formule

$$\rho = e^{\frac{2m\pi}{n}\sqrt{-1}},$$

m cessera d'être premier à n, ρ deviendra une des racines non primitives de l'équation

$$x^n = 1.$$

Donc alors, si n désigne un nombre premier impair, ou le nombre 4, ou le nombre 8, ρ se réduira, dans le premier cas, à l'unité ; dans le second cas, à l'une des racines.

$$+1, \quad -1$$

de l'équation

$$x^2 = 1;$$

dans le troisième cas, à l'une des racines

$$+1, \quad -1, \quad +\sqrt{-1}, \quad -\sqrt{-1}$$

de l'équation

$$x^4 = 1.$$

Or, dans ces trois cas, la formule (2), que l'on doit, en supposant le terme ρ précédé du signe $+$, réduire, pour $n = 4$, à

$$\varpi = \rho - \rho^3,$$

et pour $n = 8$ à l'une des suivantes

$$\varpi = \rho + \rho^7 - \rho^3 - \rho^5, \qquad \varpi = \rho + \rho^3 - \rho^5 - \rho^7,$$

donnera évidemment

$$\varpi = 0.$$

Si maintenant on suppose

$$n = \nu\nu'\nu''\ldots,$$

$\nu, \nu', \nu'', \ldots$ étant des facteurs dont chacun se réduise à un nombre impair et premier, soit à l'un des nombres 4, 8 ; alors la racine primitive

$$\rho = e^{\frac{2\pi}{n}\sqrt{-1}}$$

pourra être présentée sous la forme

$$\rho = \xi\eta\zeta\ldots,$$

$\xi, \eta, \zeta, \ldots$ désignant des racines primitives propres à vérifier respectivement les équations

$$x^{\nu} = 1, \qquad x^{\nu'} = 1, \qquad x^{\nu''} = 1, \qquad \ldots,$$

et la somme $\mathfrak{W}$, formée avec les puissances de la racine primitive ρ, sera le produit des sommes alternées

$$\Delta,\ \Delta',\ \Delta'',\ \ldots,$$

respectivement formées avec les puissances des racines primitives

$$\xi,\ \eta,\ \zeta,\ \ldots.$$

Or, remplacer, dans la somme alternée

$$\mathfrak{W} = \Delta\Delta'\Delta''\ldots,$$

la racine primitive

$$\rho = e^{\frac{2\pi}{n}\sqrt{-1}}$$

par la racine non primitive

$$\rho = e^{\frac{2m\pi}{n}\sqrt{-1}},$$

revient à substituer, dans la somme $\mathfrak{W}$, le produit

$$\rho^m = \xi^m\eta^m\zeta^m\ldots$$

au produit

$$\rho = \xi\eta\zeta\ldots;$$

par conséquent à substituer, dans les sommes $\Delta, \Delta', \Delta'', \ldots,$

$$\xi^m \text{ à } \xi, \quad \eta^m \text{ à } \eta, \quad \zeta^m \text{ à } \zeta, \quad \ldots.$$

Or, en vertu de ces dernières substitutions, une ou plusieurs des sommes

$$\Delta,\ \Delta',\ \Delta''.\ \ldots$$

s'évanouiront, suivant que le nombre m cessera d'être premier à un ou à plusieurs des facteurs

$$\nu,\ \nu',\ \nu'',\ \ldots;$$

donc aussi la somme

$$\mathfrak{W} = \Delta\Delta'\Delta''\ldots$$

s'évanouira elle-même, et l'on pourra énoncer généralement la proposition suivante :

THÉORÈME II. — *Soient* ρ *une des racines primitives de l'équation*

$$x^n = 1$$

et

$$(46) \qquad \mathbb{D} = \rho^h + \rho^{h'} + \rho^{h''} + \ldots - \rho^k - \rho^{k'} - \rho^{k''} \ldots$$

une somme alternée de ces racines qui vérifie la condition

$$\mathbb{D}^2 = \pm n.$$

Si, dans cette somme alternée, on substitue à la racine primitive ρ *une racine non primitive, en prenant par exemple*

$$\rho = e^{\frac{2m\pi}{n}\sqrt{-1}},$$

et supposant que le nombre m *cesse d'être premier à* n, *la valeur de la somme* $\mathbb{D}$, *que déterminera la formule* (11), *sera*

$$\mathbb{D} = 0.$$

NOTE XII.

FORMULES DIVERSES QUI SE DÉDUISENT DES PRINCIPES ÉTABLIS DANS LA NOTE PRÉCÉDENTE.

Soient toujours :

n un nombre entier quelconque ;
$h, k, l, \ldots$ les entiers inférieurs à n et premiers à n ;
ρ l'une des racines primitives de l'équation

$$(1) \qquad x^n = 1$$

et

$$(2) \qquad \mathbb{D} = \rho^h + \rho^{h'} + \rho^{h''} + \ldots - \rho^k - \rho^{k'} - \rho^{k''} - \ldots$$

une somme alternée formée avec ces racines primitives, les entiers

$$h, \quad k, \quad l, \quad \ldots$$

étant partagés en deux groupes

$$h,\quad h',\quad h'',\quad \ldots \qquad \text{et} \qquad k,\quad k',\quad k'',\quad \ldots,$$

de telle manière qu'un changement opéré dans la valeur de la racine primitive ρ puisse produire un changement de signe dans la somme Φ, sans avoir jamais d'autre effet sur cette somme, et que l'unité fasse partie du groupe

$$h,\quad h',\quad h'',\quad \ldots.$$

Enfin, considérons spécialement le cas où la somme Φ vérifie la condition

$$(3) \qquad \Phi^2 = \pm n;$$

ce qui suppose les facteurs impairs de n inégaux, le facteur pair, s'il existe, étant l'un des nombres 4, 8. Si l'on pose

$$(4) \qquad \rho = e^{\frac{2\pi}{n}\sqrt{-1}},$$

on aura, en vertu du premier théorème de la Note précédente : ou

$$(5) \qquad \Phi^2 = n \qquad \text{et} \qquad \Phi = n^{\frac{1}{2}},$$

ou

$$(6) \qquad \Phi^2 = -n \qquad \text{et} \qquad \Phi = n^{\frac{1}{2}}\sqrt{-1},$$

les équations (5) étant relatives au cas où n est de l'une des formes

$$4x+1,\quad 4(4x+3),\quad 8(4x+1),$$

et les équations (6), au cas où n est de l'une des formes

$$4x+3,\quad 4(4x+1),\quad 8(4x+3).$$

D'ailleurs, en vertu des formules (3), (4), la seconde des équations (5) donnera

$$(7) \qquad \begin{cases} \cos\frac{2h\pi}{n} + \cos\frac{2h'\pi}{n} + \ldots - \cos\frac{2k\pi}{n} - \cos\frac{2k'\pi}{n} - \ldots = n^{\frac{1}{2}}, \\ \sin\frac{2h\pi}{n} + \sin\frac{2h'\pi}{n} + \ldots - \sin\frac{2k\pi}{n} - \sin\frac{2k'\pi}{n} - \ldots = 0; \end{cases}$$

et la seconde des formules (6) donnera

$$(8)\quad \begin{cases} \cos\frac{2h\pi}{n}+\cos\frac{2h'\pi}{n}+\ldots-\cos\frac{2k\pi}{n}-\cos\frac{2k'\pi}{n}-\ldots=0, \\ \sin\frac{2h\pi}{n}+\sin\frac{2h'\pi}{n}+\ldots-\sin\frac{2k\pi}{n}-\sin\frac{2k'\pi}{n}-\ldots=n^{\frac{1}{2}}. \end{cases}$$

Il y a plus : si, m étant un nombre impair premier à n, on pose

$$(9)\qquad \rho=e^{\frac{2m\pi}{n}\sqrt{-1}},$$

alors, en désignant par ι_m un coefficient qui se réduise à

$$+1 \quad \text{ou à} \quad -1,$$

suivant que le nombre m fait partie du groupe

$$h,\quad h',\quad h'',\quad \ldots$$

ou du groupe

$$k,\quad k',\quad k'',\quad \ldots,$$

on aura, en vertu des principes établis dans la Note précédente : ou

$$(10)\qquad \mathbb{O}=\iota_m n^{\frac{1}{2}},$$

et, par suite,

$$(11)\quad \begin{cases} \cos\frac{2mh\pi}{n}+\cos\frac{2mh'\pi}{n}+\ldots-\cos\frac{2mk\pi}{n}-\cos\frac{2mk'\pi}{n}-\ldots=\iota_m n^{\frac{1}{2}}, \\ \sin\frac{2mh\pi}{n}+\sin\frac{2mh'\pi}{n}+\ldots-\sin\frac{2mk\pi}{n}-\sin\frac{2mk'\pi}{n}-\ldots=0, \end{cases}$$

ou

$$(12)\qquad \mathbb{O}=\iota_m n^{\frac{1}{2}}\sqrt{-1},$$

et, par suite,

$$(13)\quad \begin{cases} \cos\frac{2mh\pi}{n}+\cos\frac{2mh'\pi}{n}+\ldots-\cos\frac{2mk\pi}{n}-\cos\frac{2mk'\pi}{n}-\ldots=0, \\ \sin\frac{2mh\pi}{n}+\sin\frac{2mh'\pi}{n}+\ldots-\sin\frac{2mk\pi}{n}-\cos\frac{2mk'\pi}{n}-\ldots=\iota_m n^{\frac{1}{2}}. \end{cases}$$

On aura d'ailleurs : 1° si n est impair,

$$\iota_m = \left[\frac{m}{n}\right]; \tag{14}$$

2° si n est divisible par 4, mais non par 8,

$$\iota_m = (-1)^{\frac{m-1}{2}} \left[\frac{m}{\frac{1}{4}n}\right]; \tag{15}$$

3° si n est divisible par 8, et de la forme $8(4x+1)$, la valeur $\mathfrak{O}$ étant fournie par l'équation (10), ou de la forme $8(4x+3)$, la valeur de $\mathfrak{O}$ étant fournie par l'équation (12),

$$\iota_m = (-1)^{\frac{m^2-1}{8}} \left[\frac{m}{\frac{1}{8}n}\right]; \tag{16}$$

4° enfin, si n est divisible par 8 et de la forme $8(4x+3)$, la valeur de $\mathfrak{O}$ étant fournie par l'équation (10), ou de la forme $8(4x+1)$, la valeur de $\mathfrak{O}$ étant fournie par l'équation (12),

$$\iota_m = (-1)^{\frac{(m-1)(m-3)}{8}} \left[\frac{m}{\frac{1}{8}n}\right]. \tag{17}$$

M. Gauss est parvenu le premier aux formules (11) et (13), qu'il a données en 1801, dans ses *Recherches arithmétiques* [§ 356], pour le cas où n est un nombre premier, mais sans déterminer le signe du coefficient ι_m, dont la valeur numérique se réduit à l'unité. C'est dans le Mémoire intitulé *Summatio serierum quarumdam singularium* que le même géomètre, en reproduisant les formules (11) et (13), les a déduites d'une méthode qui lui a permis de fixer le signe de ι_m.

Si, dans la valeur de ρ, que fournit l'équation (9), le nombre m cessait d'être premier à n, alors, en vertu du théorème II de la Note précédente, la somme alternée $\mathfrak{O}$, que détermine la formule (2), se réduirait à

$$\mathfrak{O} = 0; \tag{18}$$

et, par suite, on aurait simultanément

$$(19)\quad \begin{cases} \cos\frac{2mh\pi}{n}+\cos\frac{2mh'\pi}{n}+\ldots-\cos\frac{2mk\pi}{n}-\cos\frac{2mk'\pi}{n}-\ldots=0, \\ \sin\frac{2mh\pi}{n}+\sin\frac{2mh'\pi}{n}+\ldots-\sin\frac{2mk\pi}{n}-\sin\frac{2mk'\pi}{n}-\ldots=0. \end{cases}$$

Donc, si l'on veut étendre les formules (11) et (13) au cas où les nombres m et n cessent d'être premiers entre eux, il suffira d'admettre que, dans ce cas, la valeur du coefficient représenté par ι_m est nulle et vérifie l'équation

$$(20)\qquad \iota_m=0.$$

Avant d'aller plus loin, nous rappellerons ici qu'en vertu des conditions énoncées à la page 296 et à la page 297, les deux nombres

$$1,\quad n-1\equiv-1\qquad (\text{mod}.n)$$

et, par suite, les deux nombres

$$l,\quad n-l\equiv-l\qquad (\text{mod}.n),$$

l étant inférieur à n, mais premier à n, appartiendront à un seul des deux groupes

$$h,\quad h',\quad h'',\quad \ldots\qquad \text{et}\qquad k,\quad k',\quad k'',\quad \ldots,$$

ou l'un au premier de ces groupes, l'autre au second, suivant que la somme alternée $\mathbb{D}$ sera déterminée par la formule (10) ou par la formule (12). Donc, si l'on représente par

$$h,\quad h',\quad h'',\quad \ldots\qquad \text{ou par}\qquad k,\quad k',\quad k'',\quad \ldots$$

les seules valeurs de h ou de k inférieures à $\frac{1}{2}n$, alors, dans la somme alternée $\mathbb{D}$ que détermine la formule (10), le système entier des valeurs de h pourra être représenté par

$$h,\quad h',\quad h'',\quad \ldots,\quad n-h,\quad n-h',\quad n-h'',\quad \ldots,$$

et le système entier des valeurs de k par

$$k,\quad k',\quad k'',\quad \ldots,\quad n-k,\quad n-k',\quad n-k'',\quad \ldots;$$

mais, au contraire, dans la somme alternée $\mathfrak{D}$ que détermine la formule (12), le système entier des valeurs de h pourra être représenté par

$$h,\quad h',\quad h'',\quad \ldots,\quad n-k,\quad n-k',\quad n-k'',\quad \ldots,$$

et le système entier des valeurs de k par

$$k,\quad k',\quad k'',\quad \ldots,\quad n-h,\quad n-h',\quad n-h'',\quad \ldots.$$

Comme on aura d'ailleurs généralement

$$\rho^{n-l} = \rho^{-l},$$

il est clair qu'à la place de la formule (2) on obtiendra, dans le premier cas, l'équation

$$(21)\qquad \mathfrak{D} = \rho^h + \rho^{-h} + \rho^{h'} + \rho^{-h'} + \ldots - \rho^k - \rho^{-k} - \rho^{k'} - \rho^{-k'} - \ldots$$

et, dans le second cas, l'équation

$$(22)\qquad \mathfrak{D} = \rho^h - \rho^{-h} + \rho^{h'} - \rho^{-h'} + \ldots - \rho^k + \rho^{-k} - \rho^{k'} + \rho^{-k'} - \ldots.$$

Par suite, on pourra facilement constater l'exactitude de la seconde des formules (11) qui se trouvera remplacée par une équation identique, comme la première des formules (13), tandis que la première des formules (11) se trouvera réduite à

$$(23)\quad \cos\frac{2mh\pi}{n} + \cos\frac{2mh'\pi}{n} + \ldots - \cos\frac{2mk\pi}{n} - \cos\frac{2mk'\pi}{n} - \ldots = \frac{1}{2}\iota_m n^{\frac{1}{2}},$$

et la seconde des formules (13) à

$$(24)\quad \sin\frac{2mh\pi}{n} + \sin\frac{2mh'\pi}{n} + \ldots - \sin\frac{2mk\pi}{n} - \sin\frac{2mk'\pi}{n} - \ldots = \frac{1}{2}\iota_m n^{\frac{1}{2}}.$$

Des observations que nous venons de faire on déduit encore une conclusion qui peut être aisément vérifiée à l'aide des formules (14), (15), (16), (17); savoir, que l'on a généralement

$$(25)\qquad \iota_{-1} = \iota_1,\qquad \iota_{-m} = \iota_m,$$

quand la somme alternée $\mathfrak{D}$ satisfait à l'équation (10), et

$$(26)\qquad \iota_{-1} = -\iota_1,\qquad \iota_{-m} = -\iota_m,$$

quand la somme alternée $\mathfrak{D}$ satisfait à l'équation (12). On peut aussi, à l'aide des formules (14), (15), (16), (17), s'assurer facilement que, si l'entier m est décomposable en deux facteurs premiers ou non premiers μ, μ', l'équation

$$(27) \qquad m = \mu\mu'$$

entraînera la suivante

$$(28) \qquad \iota_m = \iota_\mu \iota_{\mu'}.$$

Pareillement une équation de la forme

$$(29) \qquad m = \mu\mu'\mu''\ldots$$

entraînerait la suivante

$$(30) \qquad \iota_m = \iota_\mu \iota_{\mu'} \iota_{\mu''}\ldots.$$

Soit maintenant N le nombre des entiers

$$h, \quad k, \quad l, \quad \ldots$$

inférieurs à n, mais premiers à n. Ceux d'entre eux qui ne surpasseront pas $\frac{1}{2}n$ seront en nombre égal à $\frac{N}{2}$, et, parmi ces derniers, les uns, dont nous désignerons le nombre par i, seront ceux que représentent, dans les formules (23), (24), les lettres h, h'..., tandis que les autres, dont nous désignerons le nombre par j, seront ceux que représentent, dans les mêmes formules, les lettres k, k', ... Cela posé, on aura nécessairement

$$(31) \qquad i + j = \frac{N}{2}.$$

D'autre part, dans la somme alternée $\mathfrak{D}$, le nombre des termes affectés du signe + est égal au nombre des termes affectés du signe −, par conséquent à la moitié du nombre total des termes ou à $\frac{1}{2}$N. Or, comme la somme alternée $\mathfrak{D}$, lorsqu'elle vérifiera la formule (10), offrira une valeur déterminée par l'équation (21), on aura nécessairement dans cette hypothèse

$$2i = \frac{N}{2}, \qquad 2j = \frac{N}{2}$$

et, par suite,

$$(32) \qquad i = j = \frac{N}{2}.$$

Des formules (11) et (13), ou (23) et (24), combinées avec les équations connues qui servent à développer les fonctions en séries ordonnées suivant les sinus ou les cosinus des multiples d'un arc, on déduit aisément divers résultats dignes de remarque, et en particulier ceux que M. Dirichlet a obtenus, à l'aide de semblables combinaisons, dans plusieurs Mémoires qui ont attiré l'attention des géomètres. Concevons, par exemple, que l'on combine les formules (11) et (13), ou, ce qui revient au même, les formules (10) et (12), avec l'équation

$$(33) \qquad \left\{ \begin{aligned} n\,f(x) = \int_0^a f(u)\,du &+ 2\int_0^a \cos\frac{2\pi(x-u)}{n} f(u)\,du \\ &+ 2\int_0^a \cos\frac{4\pi(x-u)}{n} f(u)\,du + \ldots, \end{aligned} \right.$$

que l'on déduit de la formule (77) de la page 357 [1] du deuxième Volume des *Exercices de Mathématiques*, en y remplaçant

$$a \text{ par } n, \qquad x_0 \text{ par } 0, \qquad X \text{ par } a,$$

et qui subsiste, pour des valeurs de a inférieures à n, entre les limites $x = 0$, $x = a$ de la variable x, dans le cas où la fonction $f(x)$ reste continue entre ces limites. Comme, en prenant

$$(34) \qquad \omega = \frac{2\pi}{n},$$

on aura généralement

$$\cos\frac{2m\pi(x-u)}{n} = \cos m\omega(x-u) = \cos m\omega x \cos m\omega u + \sin m\omega x \sin m\omega u,$$

[1] *Œuvres de Cauchy*, S. II, T. VII, p. 410.

si l'on suppose la quantité a positive et supérieure à $n-1$, mais inférieure à n, on tirera de la formule (33) jointe à la formule (10) ou (12): 1° en admettant que la somme alternée $\mathfrak{D}$ soit déterminée par la formule (10), et que l'on ait en conséquence $\iota_{-m}=\iota_m$,

$$(35)\quad \left\{\begin{aligned} &\frac{1}{2}n^{\frac{1}{2}}[\mathrm{f}(h)+\mathrm{f}(h')+\ldots-\mathrm{f}(k)-\mathrm{f}(k')-\ldots]\\ &\quad=\iota_1\int_0^a\cos\omega u\,\mathrm{f}(u)\,du+\iota_2\int_0^a\cos2\omega u\,\mathrm{f}(u)\,du\\ &\qquad\qquad+\iota_3\int_0^a\cos3\omega u\,\mathrm{f}(u)\,du+\ldots;\end{aligned}\right.$$

2° en admettant que la somme alternée $\mathfrak{D}$ soit déterminée par la formule (12), et que l'on ait par suite $\iota_{-m}=-\iota_m$,

$$(36)\quad \left\{\begin{aligned} &\frac{1}{2}n^{\frac{1}{2}}[\mathrm{f}(h)+\mathrm{f}(h')+\ldots-\mathrm{f}(k)-\mathrm{f}(k')-\ldots]\\ &\quad=\iota_1\int_0^a\sin\omega u\,\mathrm{f}(u)\,du+\iota_2\int_0^a\sin2\omega u\,\mathrm{f}(u)\,du\\ &\qquad\qquad+\iota_3\int_0^a\sin3\omega u\,\mathrm{f}(u)\,du+\ldots.\end{aligned}\right.$$

Les formules (35) et (36) supposent, comme les formules (11) et (13), que $h, h', h'', \ldots$ représentent les diverses valeurs de h, et $k, k', k'', \ldots$ les diverses valeurs de k, renfermées entre les limites 0, n. D'ailleurs, en vertu de l'équation (20), on doit, dans les seconds membres des formules (35) et (36), remplacer par zéro le terme général ι_m de la suite

$$\iota_1,\quad \iota_2,\quad \iota_3,\quad \ldots,$$

toutes les fois que le nombre entier m cesse d'être premier à n.

On peut remarquer encore que l'on a, pour des valeurs quelconques de ω,

$$(37)\quad \int_0^a\cos m\omega u\,du=\frac{\sin m\omega a}{m\omega},\qquad \int_0^a\sin m\omega u\,du=\frac{1-\cos m\omega a}{m\omega}.$$

Or, de ces dernières équations, différentiées l fois par rapport à ω, on conclut : 1° pour des valeurs paires de l,

$$(38)\quad \begin{cases} \displaystyle\int_0^a u^l \cos m\omega u\, du = \frac{(-1)^{\frac{l}{2}}}{m^l} D_\omega^l \frac{\sin m\omega a}{m\omega}, \\ \displaystyle\int_0^a u^l \sin m\omega u\, du = \frac{(-1)^{\frac{l}{2}}}{m^l} D_\omega^l \frac{1-\cos m\omega a}{m\omega}; \end{cases}$$

2° pour des valeurs impaires de l,

$$(39)\quad \begin{cases} \displaystyle\int_0^a u^l \cos m\omega u\, du = \frac{(-1)^{\frac{l-1}{2}}}{m^l} D_\omega^l \frac{1-\cos m\omega a}{m\omega}, \\ \displaystyle\int_0^a u^l \sin m\omega u\, du = \frac{(-1)^{\frac{l+1}{2}}}{m^l} D_\omega^l \frac{\sin m\omega a}{m\omega}, \end{cases}$$

la notation D_ω^l indiquant l différentiations relatives à ω. Cela posé, on pourra aisément faire disparaître les signes d'intégration contenus dans les seconds membres des formules (35), (36), toutes les fois que $f(x)$ représentera une fonction entière de x, composée d'un nombre fini ou même infini de termes. Si cette fonction entière est de plus une fonction paire de x, on tirera de la formule (35), jointe à la première des formules (38),

$$(40)\quad \begin{cases} \dfrac{1}{2} n^{\frac{1}{2}} [f(h) + f(h') + \ldots - f(k) - f(k') - \ldots] \\ \quad = \iota_1 f(\sqrt{-1}\, D\omega) \dfrac{\sin \omega a}{\omega} + \iota_2 f\left(\dfrac{\sqrt{-1}}{3} D\omega\right) \dfrac{\sin 2\omega a}{2\omega} \\ \qquad + \iota_3 f\left(\dfrac{\sqrt{-1}}{3} D\omega\right) \dfrac{\sin 3\omega a}{3\omega} + \ldots, \end{cases}$$

ou de la formule (36), jointe à la seconde des formules (38),

$$(41)\quad \begin{cases} \dfrac{1}{2} n^{\frac{1}{2}} [f(h) + f(h') + \ldots - f(k) - f(k') - \ldots] \\ \quad = \iota_1 f(\sqrt{-1}\, D\omega) \dfrac{1-\cos \omega a}{\omega} + \iota_2 f\left(\dfrac{\sqrt{-1}}{2} D\omega\right) \dfrac{1-\cos 2\omega a}{2\omega} \\ \qquad + \iota_3 f\left(\dfrac{\sqrt{-1}}{3} D\omega\right) \dfrac{1-\cos 3\omega a}{3\omega} + \ldots. \end{cases}$$

Si au contraire $f(x)$ est une fonction impaire de x, on tirera de la formule (35), jointe à la première des formules (39),

$$(42)\quad \left\{\begin{aligned} &\frac{1}{2} n^{\frac{1}{2}} \sqrt{-1}\,[f(h)+f(h')+\ldots-f(k)-f(k')-\ldots] \\ &= \iota_1 f(\sqrt{-1}\,D\omega)\frac{1-\cos\omega a}{\omega} + \iota_2 f\left(\frac{\sqrt{-1}}{2}D\omega\right)\frac{1-\cos 2\omega a}{2\omega} \\ &\quad + \iota_3 f\left(\frac{\sqrt{-1}}{3}D\omega\right)\frac{1-\cos 3\omega a}{3\omega} + \ldots, \end{aligned}\right.$$

ou de la formule (36), jointe à la seconde des formules (39),

$$(43)\quad \left\{\begin{aligned} &-\frac{1}{2} n^{\frac{1}{2}} \sqrt{-1}\,[f(h)+f(h')+\ldots-f(k)-f(k')-\ldots] \\ &= \iota_1 f(\sqrt{-1}\,D\omega)\frac{\sin\omega a}{\omega} + \iota_2 f\left(\frac{\sqrt{-1}}{2}D\omega\right)\frac{\sin 2\omega a}{2\omega} \\ &\quad + \iota_3 f\left(\frac{\sqrt{-1}}{3}D\omega\right)\frac{\sin 3\omega a}{3\omega} + \ldots. \end{aligned}\right.$$

Au reste, les formules (40), (41), (42), (43) sont comprises comme cas particuliers dans celles que nous allons établir.

Si, dans le second membre de l'équation (35), on transforme les cosinus en exponentielles imaginaires, on tirera de cette équation, en prenant pour $f(x)$ une fonction entière de x

$$\begin{aligned} &n^{\frac{1}{2}}[f(h)+f(h')+\ldots-f(k)-f(k')-\ldots] \\ &= \iota_1 f(\sqrt{-1}\,D\omega)\int_0^a e^{-\omega u\sqrt{-1}}du + \iota_2 f\left(\frac{\sqrt{-1}}{2}D\omega\right)\int_0^a e^{-2\omega u\sqrt{-1}}du + \ldots \\ &\quad + \iota_1 f(-\sqrt{-1}\,D\omega)\int_0^a e^{\omega u\sqrt{-1}}du + \iota_2 f\left(-\frac{\sqrt{-1}}{2}D\omega\right)\int_0^a e^{2\omega u\sqrt{-1}}du + \ldots, \end{aligned}$$

et, par suite,

$$(44)\quad \left\{\begin{aligned} &n^{\frac{1}{2}}[f(h)+f(h')+\ldots-f(k)-f(k')-\ldots] \\ &= \iota_1 f(\sqrt{-1}\,D\omega)\frac{1-e^{-\omega a\sqrt{-1}}}{\omega\sqrt{-1}} + \iota_2 f\left(\frac{\sqrt{-1}}{2}D\omega\right)\frac{1-e^{-2\omega a\sqrt{-1}}}{2\omega\sqrt{-1}} + \ldots \\ &\quad + \iota_1 f(-\sqrt{-1}\,D\omega)\frac{e^{\omega a\sqrt{-1}}-1}{\omega\sqrt{-1}} + \iota_2 f\left(-\frac{\sqrt{-1}}{2}D\omega\right)\frac{e^{2\omega a\sqrt{-1}}-1}{2\omega\sqrt{-1}} + \ldots \end{aligned}\right.$$

On tirera au contraire de l'équation (36)

$$\frac{1}{\sqrt{-1}} n^{\frac{1}{2}} [f(h) + f(h') + \ldots - f(k) - f(k') - \ldots]$$
$$= \iota_1 f(\sqrt{-1}\,D\omega) \int_0^a e^{-\omega u \sqrt{-1}} du + \iota_2 f\left(\frac{\sqrt{-1}}{2} D\omega\right) \int_0^a e^{-2\omega u\sqrt{-1}} du + \ldots$$
$$- \iota_1 f(-\sqrt{-1}\,D\omega) \int_0^a e^{\omega u \sqrt{-1}} du - \iota_2 f\left(-\frac{\sqrt{-1}}{2} D\omega\right) \int_0^a e^{2\omega u\sqrt{-1}} du - \ldots$$

et, par suite,

$$(45)\quad \left\{ \begin{aligned} & n^{\frac{1}{2}} [f(h) + f(h') + \ldots - f(k) - (k') - \ldots] \\ & \quad = \iota_1 f(\sqrt{-1}\,D\omega) \frac{1 - e^{-\omega a\sqrt{-1}}}{\omega} + \iota_2 f\left(\frac{\sqrt{-1}}{2} D\omega\right) \frac{1 - e^{-2\omega a\sqrt{-1}}}{2\omega} + \ldots \\ & \quad - \iota_1 f(-\sqrt{-1}\,D\omega) \frac{1 - e^{\omega a\sqrt{-1}}}{\omega} + \iota_2 f\left(-\frac{\sqrt{-1}}{2} D\omega\right) \frac{1 - e^{2\omega a\sqrt{-1}}}{2\omega} + \ldots . \end{aligned} \right.$$

On ne doit pas oublier que les formules (40), (42), (44) correspondent à l'équation (10), et les formules (41), (43), (45) à l'équation (12). Dans ces diverses formules, la quantité a doit être non seulement positive, mais supérieure à $n - 1$ et inférieure à n. On peut même supposer qu'elle atteint la limite n, et, dans cette hypothèse, après avoir effectué les différentiations relatives à ω, on verra le produit ωa se réduire à 2π, et les exponentielles de la forme

$$e^{-m\omega a\sqrt{-1}} \quad \text{ou} \quad e^{m\omega a\sqrt{-1}}$$

à l'unité.

Pour montrer une application des formules qui précèdent, concevons que, m étant un nombre entier quelconque, l'on pose

$$f(x) = x^m,$$

et faisons, pour abréger,

$$(46)\qquad \Delta_m = h^m + h'^m + \ldots - k^m - k'^m - \ldots .$$

On tirera des formules (40) ou (41), pour des valeurs paires de m : 1° en supposant $\mathfrak{D}^2 = n$,

$$(47)\quad (-1)^{\frac{m}{2}} \frac{1}{2} n^{\frac{1}{2}} \Delta_m = D_\omega^m \left(\iota_1 \frac{\sin\omega a}{\omega} + \frac{\iota_2}{2^m} \frac{\sin 2\omega a}{2\omega} + \frac{\iota_3}{3^m} \frac{\sin 3\omega a}{3\omega} + \ldots\right);$$

2° en supposant $\omega^2 = -n$,

$$(48)\quad (-1)^{\frac{m}{2}} \frac{1}{2} n^{\frac{1}{2}} \Delta_m = D_\omega^m \left(\iota_1 \frac{1-\cos\omega a}{\omega} + \frac{\iota_2}{2^m} \frac{1-\cos 2\omega a}{2\omega} + \frac{\iota_3}{3^m} \frac{1-\cos 3\omega a}{3\omega} + \ldots \right).$$

On tirera au contraire des formules (42) et (43), pour des valeurs impaires de m : 1° en supposant $\omega = n$,

$$(49)\quad (-1)^{\frac{m-1}{2}} \frac{1}{2} n^{\frac{1}{2}} \Delta_m = D_\omega^m \left(\iota_1 \frac{1-\cos\omega a}{\omega} + \frac{\iota_2}{2^m} \frac{1-\cos 2\omega a}{2\omega} + \frac{\iota_3}{3^m} \frac{1-\cos 3\omega a}{3\omega} + \ldots \right);$$

2° en supposant $\omega^2 = -n$,

$$(50)\quad (-1)^{\frac{m+2}{2}} \frac{1}{2} n \Delta_m = D_\omega^m \left(\iota_1 \frac{\sin\omega a}{\omega} + \frac{\iota_2}{2^m} \frac{\sin 2\omega a}{2\omega} + \frac{\iota_3}{3^m} \frac{\sin 3\omega a}{3\omega} + \ldots \right).$$

D'ailleurs, Ω désignant une fonction quelconque de ω, on aura généralement

$$D_\omega^m(\omega^{-1}\Omega) = \Omega D_\omega^m \omega^{-1} + \frac{m}{1} D_\omega \Omega D_\omega^{m-1} \omega^{-1} + \frac{m(m-1)}{1.2} D_\omega^2 \Omega D_\omega^{m-2} \omega^{-1} + \ldots,$$

et, par suite,

$$D_\omega^m(\omega^{-1}\Omega) = (-1)^m \frac{1.2.3\ldots m}{\omega^{m+1}} \left(\Omega - \frac{\omega}{1} D_\omega \Omega + \frac{\omega^2}{1.2} D_\omega^2 \Omega - \ldots \pm \frac{\omega^m}{1.2\ldots m} D_\omega^m \Omega \right).$$

Donc, en désignant par l un nombre entier quelconque, et posant, après les différentiations,

$$a = n, \qquad \omega = \frac{2\pi}{n}, \qquad a\omega = 2\pi,$$

on trouvera, pour des valeurs paires de m,

$$D_\omega^m \frac{\sin l\omega a}{\omega} = -n^{m+1} \left[\frac{2.3\ldots m}{(2\pi)^m} l - \frac{4.5\ldots m}{(2\pi)^{m-1}} l^3 + \ldots \pm \frac{m}{(2\pi)^2} l^{m-1} \right],$$

$$D_\omega^m \frac{1-\cos l\omega a}{\omega} = n^{m+1} \left[\frac{3.4\ldots m}{(2\pi)^{m-1}} l^2 - \frac{5.6\ldots m}{(2\pi)^{m-3}} l^4 + \ldots \pm \frac{1}{2\pi} l^m \right],$$

et, pour des valeurs impaires de m,

$$D_\omega^m \frac{\sin l\omega a}{\omega} = n^{m+1} \left[\frac{2.3\ldots m}{(2\pi)^m} l - \frac{4.5\ldots m}{(2\pi)^{m-1}} l^3 + \ldots \pm \frac{1}{2\pi} l^m \right],$$

$$D_\omega^m \frac{1-\cos l\omega a}{\omega} = -n^{m+1} \left[\frac{3.4\ldots m}{(2\pi)^{m-1}} l^2 - \frac{5.6\ldots m}{(2\pi)^{m-3}} l^4 + \ldots \pm \frac{m}{(2\pi)^2} l^{m-1} \right].$$

Donc, si l'on pose, pour abréger,

$$\mathfrak{I}_1 = \iota_1 + \frac{\iota_2}{2} + \frac{\iota_3}{3} + \ldots, \qquad \mathfrak{I}_2 = \iota_1 + \frac{\iota_2}{2^2} + \frac{\iota_3}{3^2} + \ldots \qquad \ldots,$$

et généralement

$$(51) \qquad \mathfrak{I}_m = \iota_1 + \frac{\iota_2}{2^m} + \frac{\iota_3}{3^m} + \frac{\iota_4}{4^m} + \frac{\iota_5}{5^m} + \ldots,$$

on tirera des formules (47) et (49), en supposant $\varpi^2 = n$: 1° pour des valeurs paires de m,

$$(52) \quad \Delta_m = 2n^{m+\frac{1}{2}} \left[\frac{m}{(2\pi)^2} \mathfrak{I}_2 - \frac{(m-2)(m-1)m}{(2\pi)^4} \mathfrak{I}_m + \ldots \pm \frac{2.3.4\ldots m}{(2\pi)^m} \mathfrak{I}_m \right];$$

2° pour des valeurs impaires de m,

$$(53) \quad \Delta_m = 2n^{m+\frac{1}{2}} \left[\frac{m}{(2\pi)^2} \mathfrak{I}_2 - \frac{(m-2)(m-1)m}{(2\pi)^4} \mathfrak{I}_m + \ldots \pm \frac{3.4\ldots m}{(2\pi)^{m-1}} \mathfrak{I}_{m-2} \right];$$

mais, en supposant $\varpi^2 = -n$, on tirera des formules (48) et (50) : 1° pour des valeurs paires de m,

$$(54) \quad \Delta_m = -2n^{m+\frac{1}{2}} \left[\frac{1}{2\pi} \mathfrak{I}_1 - \frac{(m-1)m}{(2\pi)^3} \mathfrak{I}_3 + \ldots \pm \frac{3.4\ldots m}{(2\pi)^{m-1}} \mathfrak{I}_{m-1} \right];$$

2° pour des valeurs impaires de m,

$$(55) \quad \Delta_m = -2n^{m+\frac{1}{2}} \left[\frac{1}{2\pi} \mathfrak{I}_1 - \frac{(m-1)m}{(2\pi)^3} \mathfrak{I}_3 + \ldots \pm \frac{2.3.4\ldots m}{(2\pi)^m} \mathfrak{I}_m \right].$$

Ainsi, en supposant $\varpi^2 = n$, on trouvera successivement

$$(56) \qquad \Delta_0 = 0, \qquad \Delta_1 = 0, \qquad \Delta_2 = \frac{\mathfrak{I}_2}{\pi^2} n^{\frac{5}{2}}, \qquad \Delta_3 = \frac{3}{2} \frac{\mathfrak{I}_2}{\pi^2} n^{\frac{7}{2}}, \qquad \ldots,$$

tandis qu'en supposant $\varpi^2 = -n$, on trouvera

$$(57) \quad \Delta_0 = 0, \quad \Delta_1 = -\frac{\mathfrak{I}_1}{\pi} n^{\frac{3}{2}}, \quad \Delta_2 = -\frac{\mathfrak{I}_1}{\pi} n^{\frac{5}{2}}, \quad \Delta_3 = \left(\frac{3}{2} \frac{\mathfrak{I}_3}{\pi^3} - \frac{\mathfrak{I}_1}{\pi} \right) n^{\frac{7}{2}}, \quad \ldots.$$

Comme on a d'ailleurs

$$\begin{aligned}
\Delta_0 &= h^0 + h'^0 + \ldots - k^0 - k'^0 - \ldots,\\
\Delta_1 &= h + h' + \ldots - k - k' - \ldots,\\
\Delta_2 &= h^2 + h'^2 + \ldots - k^2 - k'^2 - \ldots,\\
\Delta_3 &= h^3 + h'^3 + \ldots - k^3 - k'^3 - \ldots,\\
&\ldots\ldots\ldots\ldots\ldots\ldots\ldots\ldots,
\end{aligned}$$

il est clair que les équations (56) ou (57) feront connaître les différences qu'on obtient, quand du nombre des valeurs diverses de h, ou de la somme de ces valeurs, ou de la somme de leurs carrés, de leurs cubes, etc., on retranche le nombre des valeurs de k, ou la somme de ces valeurs, ou la somme de leurs carrés, de leurs cubes, etc. On conclura en particulier de la première des équations (56) ou (57), c'est-à-dire de la formule

$$\Delta_0 = 0,$$

que le nombre des valeurs de h est toujours, comme nous le savions d'avance, égal au nombre des valeurs de k. On conclura en outre de la seconde des équations (56) que, dans le cas où $\mathfrak{O}$ vérifiera la condition

$$\mathfrak{O}^2 = n,$$

la somme des diverses valeurs de h équivaut à la somme des diverses valeurs de k. C'est au reste ce qu'il était facile de prévoir, puisque alors les valeurs de h étant deux à deux de la forme

$$l, \quad n - l,$$

la somme de ces valeurs doit se réduire, en même temps que la somme des valeurs de k, au produit

$$\frac{1}{2}\,\frac{N}{2}\,n = \frac{nN}{4}.$$

Ainsi, par exemple, si l'on prend $n = 5$, on aura $N = 4$,

$$\begin{gathered}
\mathfrak{O} = \rho + \rho^4 - \rho^2 - \rho^3,\\
h + h' = 1 + 4, \qquad k + k' = 2 + 3,\\
h + h' = k + k' = \frac{4.5}{4} = 5.
\end{gathered}$$

Pareillement, si l'on prend $n = 21 = 3.7$, on aura $N = 2.6 = 12$,

$$\mathfrak{D} = \rho + \rho^4 + \rho^5 + \rho^{16} + \rho^{17} + \rho^{20} - \rho^2 - \rho^8 - \rho^{10} - \rho^{11} - \rho^{13} - \rho^{19},$$
$$h + h' + \ldots = 1 + 4 + 5 + 16 + 17 + 20,$$
$$k + k' + \ldots = 2 + 8 + 10 + 11 + 13 + 19,$$
$$h + h' + \ldots = k + k' + \ldots = 3.21 = \frac{12.21}{4}.$$

Il importe d'observer que, parmi les valeurs de $\mathfrak{I}_m$, les seules quantités

$$\mathfrak{I}_2, \quad \mathfrak{I}_4, \quad \mathfrak{I}_6, \quad \ldots$$

entrent dans les seconds membres des formules (56), et les seules quantités

$$\mathfrak{I}_1, \quad \mathfrak{I}_3, \quad \mathfrak{I}_5, \quad \ldots$$

dans les seconds membres des formules (57). Il en résulte que les diverses valeurs de Δ_m, c'est-à-dire les divers termes de la suite

$$\Delta_1, \quad \Delta_2, \quad \Delta_3, \quad \Delta_4, \quad \ldots,$$

sont liés entre eux par des équations de condition que l'on obtiendra sans peine en éliminant

$$\mathfrak{I}_2, \quad \mathfrak{I}_4, \quad \ldots$$

entre les formules (56), ou

$$\mathfrak{I}_1, \quad \mathfrak{I}_3, \quad \ldots$$

entre les formules (57). Ainsi, en particulier, si l'on suppose $\mathfrak{D}^2 = n$, on trouvera, en vertu des formules (56),

$$(58) \qquad \Delta_3 = \frac{3}{2} n \Delta_2;$$

ou, ce qui revient au même,

$$h^3 + h'^3 + \ldots - k^3 - k'^3 - \ldots = \frac{3}{2} n (h^2 + h'^2 + \ldots - k^2 - k'^2 - \ldots).$$

On trouvera, par exemple, pour $n = 5$,

$$\mathfrak{D} = \rho + \rho^4 - \rho^2 - \rho^3,$$
$$\Delta_2 = 1 + 4^2 - 2^2 - 3^2 = 4, \qquad \Delta_3 = 1 + 4^3 - 2^3 - 3^3 = 30 = 3.5\frac{4}{2};$$

pour $n = 8$,

$$\text{Ⓓ} = \rho + \rho^7 - \rho^3 - \rho^5,$$

$$\Delta_2 = 1 + 7^2 - 3^2 - 5^2 = 16, \qquad \Delta_3 = 1 + 7^3 - 3^3 - 5^3 = 192 = 3.8\frac{16}{2};$$

pour $n = 12$,

$$\text{Ⓓ} = \rho + \rho^{11} - \rho^5 - \rho^7,$$

$$\Delta_2 = 1 + 11^2 - 5^2 - 7^2 = 48, \qquad \Delta_3 = 1 + 11^3 - 5^3 - 7^3 = 864 = 3.12\frac{52}{2};$$

pour $n = 13$,

$$\text{Ⓓ} = \rho + \rho^3 + \rho^4 + \rho^9 + \rho^{10} + \rho^{12} - \rho^2 - \rho^5 - \rho^6 - \rho^7 - \rho^8 - \rho^{11},$$

$$\Delta_2 = 1 + 3^2 + 4^2 + 9^2 + 10^2 + 12^2 - 2^2 - 5^2 - 6^2 - 7^2 - 8^2 - 11^2 = 52,$$

$$\Delta_3 = 1 + 3^3 + 4^3 + 9^3 + 10^3 + 12^3 - 2^3 - 5^2 - 6^3 - 7^3 - 8^3 - 11^3 = 1014 = 3.13\frac{52}{2};$$

pour $n = 17$,

$$\text{Ⓓ} = \rho + \rho^2 + \rho^4 + \rho^8 + \rho^9 + \rho^{13} + \rho^{15} + \rho^{16} - \rho^3 - \rho^5 - \rho^6 - \rho^7 - \rho^{10} - \rho^{11} - \rho^{12} - \rho^{14},$$

$$\Delta_2 = 1 + 2^2 + 4^2 + 8^2 + 9^2 + 13^2 + 15^2 + 16^2 - 3^2 - 5^2 - 6^2 - 7^2 - 10^2 - 11^2 - 12^2 - 14^2 = 136,$$

$$\Delta_3 = 1 + 2^3 + 4^3 + 8^3 + 9^3 + 13^3 + 15^3 + 16^3 - 3^3 - 5^3 - 6^3 - 7^3 - 10^3 - 11^3 - 12^3 - 14^3 = 3468 = 3.17\frac{136}{2};$$

pour $n = 21$,

$$\text{Ⓓ} = \rho + \rho^4 + \rho^5 + \rho^{16} + \rho^{17} + \rho^{20} - \rho^2 - \rho^8 - \rho^{10} - \rho^{11} - \rho^{13} - \rho^{19},$$

$$\Delta_2 = 1 + 4^2 + 5^2 + 16^2 + 17^2 + 20^2 - 2^2 - 8^2 - 10^2 - 11^2 - 13^2 - 19^2 = 168,$$

$$\Delta_3 = 1 + 4^3 + 5^3 + 16^3 + 17^3 + 20^3 - 2^3 - 8^3 - 10^3 - 11^3 - 13^3 - 19^3 = 5292 = 3.21\frac{168}{2};$$

etc.

Si l'on suppose, au contraire, $\text{Ⓓ}^2 = -n$, on aura, en vertu des formules (57),

$$(59) \qquad \Delta_2 = n\,\Delta_1,$$

ou, ce qui revient au même,

$$k^2 + k'^2 + \ldots - h^2 - h'^2 - \ldots = n(k + k' + \ldots - h - h' - \ldots).$$

On trouvera, par exemple, pour $n = 3$,

$$\text{Ⓓ} = \rho - \rho^2,$$

$$-\Delta_1 = 2 - 1 = 1, \qquad -\Delta_2 = 2^2 - 1 = 3.1;$$

pour $n = 4$,

$$\text{Ⓓ} = \rho - \rho^3,$$

$$-\Delta_1 = 3 - 1 = 2, \qquad -\Delta_2 = 3^2 - 1 = 8 = 4.2;$$

pour $n=7$,

$$\mathfrak{D}=\rho+\rho^2+\rho^4-\rho^3-\rho^5-\rho^6,$$
$$-\Delta_1=3+5+6-1-2-4=7,$$
$$-\Delta_2=3^2+5^2+6^2-1-2^2-4^2=49=7\cdot 7;$$

pour $n=8$,

$$\mathfrak{D}=\rho+\rho^3-\rho^5-\rho^7,$$
$$-\Delta_1=5+7-1-3=8,\qquad -\Delta_2=5^2+7^2-1-3^2=64=8.8;$$

pour $n=11$,

$$\mathfrak{D}=\rho+\rho^3+\rho^4+\rho^5+\rho^9-\rho^2-\rho^6-\rho^7-\rho^8-\rho^{10},$$
$$-\Delta=2+6+7+8+10-1-3-4-5-9=11,$$
$$-\Delta=2^2+6^2+7^2+8^2+10^2-1-3^2-4^2-5^2-9^2=121=11.11;$$

pour $n=15=3.5$,

$$\mathfrak{D}=\rho+\rho^2+\rho^4+\rho^8-\rho^7-\rho^{11}-\rho^{13}-\rho^{14},$$
$$-\Delta_1=7+11+13+14-1-2-4-8=30,$$
$$-\Delta_2=7^2+11^2+13^2+14^2-1-2^2-4^2-8^2=450=15.30;$$

pour $n=19$,

$$\mathfrak{D}=\rho+\rho^4+\rho^5+\rho^6+\rho^7+\rho^9+\rho^{11}+\rho^{16}+\rho^{17}-\rho^2-\rho^3-\rho^8-\rho^{10}-\rho^{12}-\rho^{13}-\rho^{14}-\rho^{15}-\rho^{18},$$
$$-\Delta_1=2+3+8+10+12+13+14+15+18-1-4-5-6-7-9-11-16-17=19,$$
$$-\Delta_1=2^2+3^2+8^2+10^2+12^2+13^2+14^2+15^2+18^2-1-4^2-5^2-6^2-7^2-9^2-11^2-16^2-17^2=361=19^2;$$

pour $n=20$,

$$\mathfrak{D}=\rho+\rho^3+\rho^7+\rho^9-\rho^{11}-\rho^{13}-\rho^{17}-\rho^{19},$$
$$-\Delta_1=11+13+17+19-1-3-7-9=40,$$
$$-\Delta_2=11^2+13^2+17^2+19^2-1-3^2-7^2-9^2=800=20.40;$$

etc.

Il est bon d'observer encore que la valeur de $\mathfrak{I}_m$ est positive, et même ordinairement renfermée entre des limites qu'il est facile d'obtenir. En effet, cette valeur qui, en vertu de la formule

$$(60)\qquad \iota_1=1,$$

peut être réduite à

$$(61)\qquad \mathfrak{I}_m=1+\frac{\iota_2}{2^m}+\frac{\iota_3}{3^m}+\ldots,$$

sera évidemment comprise entre les limites

$$1+\frac{1}{2^m}+\frac{1}{3^m}+\ldots \quad \text{et} \quad 1-\frac{1}{2^m}-\frac{1}{3^m}-\ldots,$$

ou, ce qui revient au même, entre les limites

$$1+\frac{1}{2^m}+\frac{1}{3^m}+\ldots, \quad 2-\left(1+\frac{1}{2^m}+\frac{1}{3^m}+\ldots\right).$$

Or, comme, en prenant $m=2$, on a, en vertu des formules connues,

$$1+\frac{1}{2^m}+\frac{1}{3^m}+\ldots=1+\frac{1}{4}+\frac{1}{9}+\ldots=\frac{\pi^2}{6}=1,6449\ldots,$$

il en résulte que $\mathfrak{I}_2$ et, à plus forte raison, $\mathfrak{I}_3$, $\mathfrak{I}_4, \ldots$ sont positifs et renfermés entre les limites

$$1,6449\ldots \quad \text{et} \quad 2-1,6449\ldots=0,3551\ldots.$$

Comme, d'ailleurs, les nombres de Bernoulli

$$\frac{1}{2}, \quad \frac{1}{30}, \quad \frac{1}{42}, \quad \ldots$$

vérifient les équations

$$1+\frac{1}{2^2}+\frac{1}{3^2}+\ldots=\frac{1}{6}\,\frac{2\pi^2}{1.2},$$

$$1+\frac{1}{2^4}+\frac{1}{3^4}+\ldots=\frac{1}{30}\,\frac{2^3\pi^4}{1.2.3.4},$$

$$1+\frac{1}{2^6}+\frac{1}{3^6}+\ldots=\frac{1}{42}\,\frac{2^5\pi^6}{1.2.3.4.5.6},$$

$$\ldots\ldots\ldots\ldots\ldots\ldots\ldots\ldots,$$

il en résulte que les quantités

$$\mathfrak{I}_2, \quad \mathfrak{I}_4, \quad \mathfrak{I}_6, \quad \ldots$$

sont respectivement supérieures aux produits

$$\frac{1}{6}\,\frac{2\pi^2}{1.2}, \quad \frac{1}{30}\,\frac{2^3\pi^4}{1.2.3.4}, \quad \frac{1}{42}\,\frac{2^5\pi^6}{1.2.3.4.5.6}, \quad \ldots$$

et inférieures aux différences

$$2 - \frac{1}{6}\frac{2\pi^2}{1.2}, \quad 2 - \frac{1}{30}\frac{2^3\pi^4}{1.2.3.4}, \quad 2 - \frac{1}{42}\frac{2^5\pi^6}{1.2.3.4.5.6}, \quad \ldots.$$

Quant à la quantité

$$(62) \qquad \mathfrak{s}_1 = 1 + \frac{\iota_2}{2} + \frac{\iota_3}{3} + \frac{\iota_4}{4} + \ldots,$$

on peut seulement affirmer qu'elle sera nulle ou positive. C'est ce qu'on démontrera sans peine, comme l'a fait M. Dirichlet pour le cas où n est impair, à l'aide d'une méthode de transformation qu'Euler a exposée dans le Chapitre XV de l'*Introduction à l'analyse des infinis*, et que nous allons rappeler.

Puisque la formule (29) entraîne généralement la formule (30), il est clair que, si l'on nomme

$$\alpha, \quad 6, \quad \gamma, \quad \ldots$$

ceux des nombres premiers qui ne divisent pas le module n, on aura

$$(63) \quad \left\{ \begin{aligned} 1 + \frac{\iota_2}{2^m} + \frac{\iota_3}{3^m} + \ldots &= \left(1 + \frac{\iota_\alpha}{\alpha^m} + \frac{\iota_{\alpha^2}}{\alpha^{2m}} + \ldots\right)\left(1 + \frac{\iota_6}{6^m} + \frac{\iota_{6^2}}{6^{2m}} + \ldots\right)\ldots \\ &= \left(1 - \frac{\iota_\alpha}{\alpha^m}\right)^{-1}\left(1 - \frac{\iota_6}{6^m}\right)^{-1}\left(1 - \frac{\iota_\gamma}{\gamma^m}\right)^{-1}\ldots. \end{aligned} \right.$$

Or, cette dernière formule, subsistant toujours, tant que la série comprise dans le premier membre est convergente, ou, ce qui revient au même, tant que m surpasse l'unité, quelque petite que soit la différence $m - 1$, pourra être étendue au cas même où l'on a $m = 1$. On aura donc, pour toutes les valeurs entières de m, et même pour $m = 1$,

$$(64) \qquad \mathfrak{s}_m = \left(1 - \frac{\iota_\alpha}{\alpha^m}\right)^{-1}\left(1 - \frac{\iota_6}{6^m}\right)^{-1}\left(1 - \frac{\iota_\gamma}{\gamma^m}\right)^{-1}\ldots,$$

α, 6, γ, ... désignant les facteurs premiers qui ne divisent pas m. Or, comme les facteurs, que renferme en nombre infini le second membre de la formule (64), sont tous positifs, il en résulte que la valeur de $\mathfrak{s}_m$ donnée par cette formule ne sera jamais négative. Elle ne pourra donc être que positive ou nulle. On a vu d'ailleurs que les valeurs de $\mathfrak{S}_m$ étaient toujours positives pour des valeurs de m supérieures à l'unité.

Lorsqu'on a obtenu des limites entre lesquelles se trouvent comprises les quantités

$$\mathfrak{S}_2, \quad \mathfrak{S}_3, \quad \mathfrak{S}_4, \quad \ldots,$$

on peut en déduire d'autres limites entre lesquelles se trouvent renfermées ou les différences

$$\Delta_2, \quad \Delta_3, \quad \Delta_4, \quad \ldots,$$

ou des fonctions linéaires de ces différences. Ainsi, en particulier, dans le cas où l'on a $\varpi = n$, on peut affirmer non seulement que la valeur de $\mathfrak{S}_2$ est renfermée entre les limites

$$\frac{\pi^2}{6} \quad \text{et} \quad 2 - \frac{\pi^2}{6},$$

mais encore, en vertu de la formule

$$\Delta_2 = \frac{\mathfrak{S}_2}{\pi^2} n^{\frac{5}{2}},$$

que la valeur de la différence

$$\Delta_2 = h^2 + h'^2 + \ldots - k^2 - k'^2 - \ldots$$

est renfermée entre les limites

$$\frac{1}{6} n^2 \sqrt{n} \quad \text{et} \quad 0,035\ldots n^2 \sqrt{n}.$$

Donc alors la valeur de Δ est toujours inférieure à $\frac{1}{6} n^2 \sqrt{n}$. Ainsi, par exemple, on a, pour $n = 5$,

$$\Delta_2 = 4 < \frac{1}{6} 5^2 \sqrt{5}.$$

Les formules qui précèdent sont, pour la plupart, déduites de l'équation (33) qu'on peut encore écrire comme il suit :

$$\begin{aligned} n\,\mathrm{f}(x) = \int_0^a \mathrm{f}(u)\,du &+ 2\cos\frac{2\pi x}{n}\int_0^a \cos\frac{2\pi u}{n}\,\mathrm{f}(u)\,du + 2\cos\frac{4\pi x}{n}\int_0^a \cos\frac{3\pi u}{n}\,\mathrm{f}(u)\,du + \ldots \\ &+ 2\sin\frac{2\pi x}{n}\int_0^a \sin\frac{2\pi u}{n}\,\mathrm{f}(u)\,du + 2\sin\frac{4\pi x}{n}\int_0^a \sin\frac{4\pi u}{n}\,\mathrm{f}(u)\,du + \ldots, \end{aligned}$$

et en vertu de laquelle la fonction $f(x)$ ou $n\,f(x)$ se trouve développée suivant les cosinus et les sinus des multiples de l'arc

$$\frac{2\pi x}{n}.$$

Or, on peut démontrer que, dans le cas où la quantité a ne surpasse pas la limite $\frac{n}{2}$, les deux parties du développement, savoir : la somme des termes qui renferment les cosinus des arcs

$$0, \quad \frac{2\pi x}{n}, \quad \frac{4\pi x}{n}, \quad \ldots,$$

et la somme des termes que renferment les sinus, sont égales entre elles, par conséquent égales à la moitié du produit $n\,f(x)$. On a donc, pour des valeurs de a inférieures ou tout au plus égales à $\frac{1}{2}n$, et pour des valeurs de x renfermées entre les limites 0, a,

$$(65)\quad \frac{1}{2}n\,f(x) = \int_0^a f(u)\,du + 2\cos\frac{2\pi x}{n}\int_0^a \cos\frac{2\pi u}{n} f(u)\,du + 2\cos\frac{4\pi x}{n}\int_0^a \cos\frac{4\pi u}{n} f(u)\,du + \ldots,$$

$$(66)\quad \frac{1}{2}n\,f(x) = 2\sin\frac{2\pi x}{n}\int_0^a \sin\frac{2\pi u}{n} f(u)\,du + 2\sin\frac{4\pi x}{n}\int_0^a \sin\frac{4\pi u}{n} f(u)\,du + \ldots;$$

et, en effet, pour obtenir les formules (65), (66), il suffira de remplacer dans les formules (109), (110), de la page 364 du deuxième volume des *Exercices de Mathématiques* [1],

$$a \text{ par } \frac{n}{2}, \qquad x \text{ par } 0, \qquad X \text{ par } a.$$

Or, de la formule (65) jointe à l'équation (23), ou de la formule (66) jointe à l'équation (24), on tirera : 1° en supposant $\omega^2 = n$,

$$(67)\quad \begin{cases} \frac{1}{2}n^{\frac{1}{2}}[f(h) + f(h') + \ldots - f(k) - f(k') - \ldots] \\ \quad = \iota_1 \int_0^a \cos\omega u\, f(u)\,du + \iota_2 \int_0^a \cos 2\omega u\, f(u)\,du \\ \qquad + \iota_3 \int_0^a \cos 3\omega u\, f(u)\,du + \ldots; \end{cases}$$

(1) *Œuvres de Cauchy*, S. II, T. VII, p. 418.

2° en supposant $\varpi^2 = -n$,

$$(68)\quad \left\{ \begin{aligned} &\frac{1}{2} n^{\frac{1}{2}} [f(h) + f(h') + \ldots - f(k) - f(k') - \ldots] \\ &\quad = \iota_1 \int_0^a \sin\omega u\, f(u)\, du + \iota_2 \int_0^a \sin 2\omega u\, f(u)\, du \\ &\qquad + \iota_3 \int_0^a \sin 2\omega u\, f(u)\, du + \ldots, \end{aligned} \right.$$

pourvu que la valeur de ω soit toujours

$$\omega = \frac{2\pi}{n},$$

et qu'en tenant seulement compte des valeurs de h ou de k inférieures à $\frac{1}{2} n$, on place a entre la limite $\frac{n}{2}$ et le nombre entier immédiatement inférieur à cette limite. Les équations (67), (68) ne sont évidemment autre chose que les formules (35), (36) étendues au cas où l'on suppose les quantités

$$h,\quad h',\quad h'',\quad \ldots,\qquad k,\quad k',\quad k'',\quad \ldots$$

inférieures, non plus au nombre n, mais à la limite $\frac{n}{2}$, la dernière a pouvant atteindre cette limite. Or, de ces formules, par des raisonnements semblables à ceux dont nous avons fait usage, on déduira encore, dans le cas dont il s'agit, les équations (40), (41), (42), (43), (44), (45) ; et par suite, si l'on pose dans le même cas

$$(69)\qquad \delta_m = h^m + h'^m + \ldots - k^m - k'^m \ldots,$$

c'est-à-dire si l'on représente par δ_m la partie de Δ_m qui renferme des valeurs de h et de k inférieures à $\frac{1}{2} n$, on trouvera, pour des valeurs paires de m : 1° en supposant $\varpi^2 = n$,

$$(70)\quad (-1)^{\frac{m}{2}} \frac{1}{2} n^{\frac{1}{2}} \delta_m = D_\omega^m \left(\iota_1 \frac{\sin\omega a}{\omega} + \frac{\iota_2}{2^m} \frac{\sin 2\omega a}{2\omega} + \frac{\iota_3}{3^m} \frac{\sin 3\omega a}{3\omega} + \ldots \right);$$

2° en supposant $\mathbb{D}^2 = -n$,

$$(71)\quad (-1)^{\frac{m}{2}}\frac{1}{2}n^{\frac{1}{2}}\delta_m = \mathrm{D}_\omega^m\left(\iota_1\frac{1-\cos\omega a}{\omega}+\frac{\iota_2}{2^m}\frac{1-\cos 2\omega a}{2\omega}+\frac{\iota_3}{3^m}\frac{1-\cos 3\omega a}{3\omega}+\ldots\right).$$

On trouvera au contraire, pour des valeurs impaires de m : 1° en supposant $\mathbb{D}^2 = n$,

$$(72)\quad (-1)^{\frac{m-1}{2}}\frac{1}{2}n^{\frac{1}{2}}\delta_m = \mathrm{D}_\omega^m\left(\iota_1\frac{1-\cos\omega a}{\omega}+\frac{\iota_2}{2^m}\frac{1-\cos 2\omega a}{2\omega}+\frac{\iota_3}{3^m}\frac{1-\cos 3\omega a}{3\omega}+\ldots\right);$$

2° en supposant $\mathbb{D}^2 = -n$,

$$(73)\quad (-1)^{\frac{m+1}{2}}\frac{1}{2}n^{\frac{1}{2}}\delta_m = \mathrm{D}_\omega^m\left(\iota_1\frac{\sin\omega a}{\omega}+\frac{\iota_2}{2^m}\frac{\sin 2\omega a}{2\omega}+\frac{\iota_3}{3^m}\frac{\sin 3\omega a}{3\omega}+\ldots\right).$$

On ne doit pas oublier que, dans ces dernières formules, tout comme dans les équations (67), (68), la quantité a doit être renfermée entre la limite supérieure $\frac{n}{2}$, qu'elle peut atteindre, et le nombre entier $\frac{n-1}{2}$ ou $\frac{n}{2}-1$ immédiatement inférieur à cette limite.

Concevons en particulier que l'on prenne

$$a = \frac{n}{2};$$

en substituant cette valeur de a dans les expressions de la forme

$$\mathrm{D}_\omega^m\frac{\sin l\omega a}{\omega},\quad \mathrm{D}_\omega^m\frac{1-\cos l\omega a}{\omega},$$

après avoir préalablement effectué les différentiations relatives à ω, l'on trouvera, pour des valeurs paires de m,

$$\mathrm{D}_\omega^m\frac{\sin l\omega a}{\omega} = (-1)^{l+1}\left(\frac{n}{2}\right)^{m+1}\left(\frac{2.3\ldots m}{\pi^m}l-\frac{4.5\ldots m}{\pi^{m-2}}l^3+\ldots\pm\frac{m}{\pi^2}l^{m-1}\right),$$

$$\mathrm{D}_\omega^m\frac{1-\cos l\omega a}{\omega} = \left(\frac{n}{2}\right)^{m+1}\left[\frac{1.2.3\ldots m}{\pi^{m+1}}-(-1)^l\left(\frac{1.2.3\ldots m}{\pi^{m+1}}-\frac{3.4\ldots m}{\pi^{m-1}}l^2+\ldots\pm\frac{1}{\pi}l^m\right)\right];$$

et, pour des valeurs impaires de m,

$$D_\omega^m \frac{\sin l\omega a}{\omega} = (-1)^l \left(\frac{n}{2}\right)^{m+1} \left(\frac{2.3\ldots m}{\pi^m} l - \frac{4.5\ldots m}{\pi^{m-2}} l^3 + \ldots \pm \frac{1}{\pi} l^m\right),$$

$$D_\omega^m \frac{1-\cos l\omega a}{\omega} = -\left(\frac{n}{2}\right)^{m+1} \left[\frac{1.2.3\ldots m}{\pi^{m+1}} - (-1)^l \left(\frac{1.2.3\ldots m}{\pi^{m+1}} - \frac{3.4\ldots m}{\pi^{m-1}} l^2 + \ldots \pm \frac{m}{\pi^2} l^{m-1}\right)\right].$$

Donc, si l'on pose, pour abréger,

$$I_1 = \iota_1 - \frac{\iota_2}{2} + \frac{\iota_3}{3} - \ldots, \qquad I_2 = \iota_1 - \frac{\iota_2}{2^2} + \frac{\iota_3}{3^3} - \ldots, \qquad \ldots,$$

et généralement

$$(74) \qquad I_m = \iota_1 - \frac{\iota_2}{2^m} + \frac{\iota_3}{3^m} - \frac{\iota_4}{4^m} + \ldots,$$

on tirera des formules (70) et (72), en supposant $\mathfrak{D}^2 = n$: 1° pour des valeurs paires de m,

$$(75) \quad \delta_m = -\left(\frac{n}{2}\right)^m n^{\frac{1}{2}} \left[m \frac{I_2}{\pi^2} - (m-2)(m-1)m \frac{I_4}{\pi^4} + \ldots \pm 2.3\ldots m \frac{I_m}{\pi^m}\right];$$

2° pour des valeurs impaires de m,

$$(76) \quad \delta_m = -\left(\frac{n}{2}\right)^m n^{\frac{1}{2}} \left[m \frac{I_2}{\pi^2} - (m-2)(m-1)m \frac{I_4}{\pi^4} + \ldots \pm 1.2.3\ldots m \frac{I_{m+1} + \mathfrak{I}_{m+1}}{\pi^{m+1}}\right]$$

mais en supposant $\mathfrak{D}^2 = n$, on tirera des formules (71) et (73) : 1° pour des valeurs paires de m,

$$(77) \quad \delta_m = \left(\frac{n}{2}\right)^m n^{\frac{1}{2}} \left[\frac{I_1}{\pi} - (m-1)m \frac{I_3}{\pi^3} + \ldots \pm 1.2.3\ldots m \frac{I_{m+1} + \mathfrak{I}_{m+1}}{\pi^{m+1}}\right];$$

2° pour les valeurs impaires de m,

$$(78) \qquad \delta_m = \left(\frac{n}{2}\right)^m n^{\frac{1}{2}} \left[\frac{I_1}{\pi} - (m-1)m \frac{I_3}{\pi^3} + \ldots \pm 2.3\ldots m \frac{I_m}{\pi^m}\right].$$

Ainsi, en supposant $\mathfrak{D}^2 = n$, on trouvera successivement

$$(79) \qquad \delta_0 = 0, \qquad \delta_1 = -\frac{1}{2} \frac{I_2 + \mathfrak{I}_2}{\pi^2} n^{\frac{3}{2}}, \qquad \delta_2 = -\frac{1}{2} \frac{I_2}{\pi^2} n^{\frac{5}{2}}, \qquad \ldots$$

tandis qu'en supposant $\varpi^2 = n$, on trouvera

$$(80)\quad \delta_0 = \frac{\mathrm{I}_1 + \mathfrak{I}_1}{\pi} n^{\frac{1}{2}}, \qquad \delta_1 = \frac{1}{2}\frac{\mathrm{I}_1}{\pi} n^{\frac{3}{2}}, \qquad \delta_2 = \left(\frac{1}{4}\frac{\mathrm{I}_1}{\pi} - \frac{1}{2}\frac{\mathrm{I}_3 + \mathfrak{I}_3}{\pi^3}\right) n^{\frac{5}{2}}, \qquad \ldots$$

Comme on aura d'ailleurs, en tenant compte seulement des valeurs de h et de k inférieures à $\frac{1}{2} n$,

$$\begin{aligned}
\delta_0 &= h^0 + h'^0 + \ldots - k^0 - k'^0 - \ldots = i - j,\\
\delta_1 &= h + h' + \ldots - k - k' - \ldots,\\
\delta_2 &= h^2 + h'^2 + \ldots - k^2 - k'^2 - \ldots,\\
&\ldots\ldots\ldots\ldots\ldots\ldots\ldots\ldots\ldots,
\end{aligned}$$

il est clair que les équations (79), (80) feront connaître la différence $i - j$, et celles qu'on obtient quand de la somme des valeurs de h inférieures à $\frac{n}{2}$, ou de la somme de leurs carrés, etc., on retranche la somme des valeurs de k inférieures à $\frac{n}{2}$, ou la somme de leurs carrés, etc. La première des équations (79), c'est-à-dire la formule

$$\delta_0 = 0 \quad \text{ou} \quad i - j = 0,$$

s'accorde, comme on devait s'y attendre, avec l'équation (31).

Avant d'aller plus loin, observons que les quantités

$$\mathrm{I}_1, \quad \mathrm{I}_2, \quad \mathrm{I}_3, \quad \ldots,$$

ou les diverses valeurs de I_m, sont liées aux quantités

$$\mathfrak{I}_1, \quad \mathfrak{I}_2, \quad \mathfrak{I}_3, \quad \ldots,$$

c'est-à-dire aux diverses valeurs de $\mathfrak{I}_m$, par des équations qu'il est facile d'obtenir. En effet, comme on aura généralement

$$\iota_{2m} = \iota_2 \iota_m,$$

et par suite

$$\frac{\iota_2}{2^m}\mathfrak{I}_m = \frac{\iota_2}{2^m} + \frac{\iota_4}{4^m} + \frac{\iota_6}{6^m} + \ldots = \frac{1}{2}(\mathfrak{I}_m - \mathrm{I}_m),$$

on en conclura

$$(81)\qquad \mathrm{I}_m = \left(1 - \frac{\iota_2}{2^{m-1}}\right)\mathfrak{I}_m.$$

On aura donc

$$(82)\quad I_1 = (1 - \iota_2)\mathfrak{I}_1, \qquad I_2 = \left(1 - \frac{\iota_2}{2}\right)\mathfrak{I}_2, \qquad I_3 = \left(1 - \frac{\iota_2}{4}\right)\mathfrak{I}_3, \qquad \ldots.$$

Ajoutons que, ι_m se réduisant toujours à l'une des trois quantités

$$-1, \quad 0, \quad +1,$$

les valeurs de

$$I_2, \quad I_3, \quad I_4$$

seront, en vertu des formules (82), des quantités positives, tout comme les valeurs de

$$\mathfrak{I}_2, \quad \mathfrak{I}_3, \quad \mathfrak{I}_4, \quad \ldots.$$

Quant à la quantité I_1, liée à $\mathfrak{I}_1$ par la formule

$$I_1 = (1 - \iota_2)\mathfrak{I}_1,$$

elle sera ou positive ou nulle, ainsi que $\mathfrak{I}_1$, et pourra même s'évanouir, sans que $\mathfrak{I}_1$ s'évanouisse, avec le facteur $1 - \iota_2$, lorsqu'on aura

$$\left[\frac{2}{n}\right] = 1,$$

ce qui suppose n impair et de la forme $8x + 1$ ou $8x + 7$. Supposons en particulier n de la forme $8x + 7$, et composé de facteurs impairs inégaux. On aura

$$\mathfrak{D}^2 = -n,$$

et comme alors I_1 s'évanouira, ainsi que $1 - \iota_2$, la seconde des formules (80) donnera

$$\delta_1 = 0.$$

On trouvera, par exemple, pour $n = 7$,

$$\delta_1 = 1 + 2 - 3 = 0,$$

pour $n = 15$,

$$\delta_1 = 1 + 2 + 4 - 7 = 0, \qquad \ldots.$$

Revenons maintenant aux formules (79) et (80). Si, dans ces formules, on substitue les valeurs de I_1, I_2, I_3, ... fournies par les équations (82), on trouvera, en supposant $\mathfrak{O}^2 = n$,

$$(83)\quad \delta_0 = 0, \quad \delta_1 = -\left(1 - \frac{\iota_2}{4}\right)\frac{\mathfrak{I}_2}{\pi_2} n^{\frac{3}{2}}, \quad \delta_2 = -\frac{1}{2}\left(1 - \frac{\iota_2}{2}\right)\frac{\mathfrak{I}_2}{\pi_2} n^{\frac{5}{2}}, \quad \ldots,$$

$$(84)\quad \delta_0 = (2 - \iota_2)\frac{\mathfrak{I}_1}{\pi} n^{\frac{1}{2}}, \quad \delta_1 = \frac{1 - \iota_2}{2}\frac{\mathfrak{I}_2}{\pi} n^{\frac{3}{2}}, \quad \delta_2 = \left(\frac{2 - \iota_2}{8}\frac{\mathfrak{I}_1}{\pi} - \frac{8 - \iota_2}{8}\frac{\mathfrak{I}_3}{\pi_3}\right) n^{\frac{5}{2}},$$

etc.

Lorsqu'à la première des équations (79) ou (83) on joint la première des équations (79) ou (84), on arrive à cette conclusion remarquable que la différence

$$\delta_0 \quad \text{ou} \quad i - j$$

est toujours nulle ou positive. On peut donc énoncer la proposition suivante :

Théorème. — *Supposons que, ρ étant une des racines primitives de l'équation*

$$x^n = 1,$$

la somme alternée

$$\mathfrak{O} = \rho^h + \rho^{h'} + \ldots - \rho^k - \rho^{k'}, \quad \ldots$$

vérifie la condition

$$\mathfrak{O}^2 = \pm n$$

et que le groupe d'exposants

$$h, \quad h', \quad h'', \quad \ldots$$

renferme l'unité. Si les entiers inférieurs à n, mais premiers à n, sont en nombre égal à i dans le groupe h, h', h'', ..., et en nombre égal à j dans le groupe k, k', k'', ..., la différence

$$i - j$$

sera toujours nulle ou positive, et ne cessera d'être nulle que lorsqu'on aura

$$\mathfrak{O}^2 = -n.$$

Les quantités

$$\delta_0, \quad \delta_1, \quad \delta_2, \quad \delta_3, \quad \delta_4, \quad \ldots$$

sont évidemment liées non seulement entre elles, mais encore avec les quantités

$$\Delta_1, \quad \Delta_2, \quad \Delta_3 \quad \Delta_4, \quad \ldots,$$

par des équations de condition qu'on obtiendra sans peine en éliminant

$$\mathfrak{I}_2, \quad \mathfrak{I}_4, \quad \ldots$$

entre les formules (56), (83), ou en éliminant

$$\mathfrak{I}_1, \quad \mathfrak{I}_3, \quad \ldots$$

entre les formules (57) et (84). Ainsi, en particulier, on tirera des formules (56), (83), en supposant $\omega^2 = n$,

$$\Delta_2 = \frac{\Delta_3}{\frac{3}{2}n} = \frac{-4n\delta_1}{4-\iota_2} = \frac{-4\delta_2}{2-\iota_2}, \tag{85}$$

ou, ce qui revient au même,

$$\delta_2 \frac{2-\iota_2}{4-\iota_2} n\delta_1, \qquad \Delta_2 = -\frac{4}{2-\iota_2}\delta_2, \qquad \Delta_3 = \frac{3}{2}n\Delta_2; \tag{86}$$

et des formules (57), (84), en supposant $\omega^2 = -n$,

$$\frac{2\delta_1}{1-\iota_2} = \frac{n\delta_0}{2-\iota_2} = -\Delta_1 = -\frac{\Delta_2}{n}, \tag{87}$$

ou, ce qui revient au même,

$$\delta_1 = \frac{1-\iota_2}{2-\iota_2}\frac{n}{2}(i-j), \qquad \Delta_1 = -n\frac{i-j}{2-\iota_2}, \qquad \Delta_2 = -n^2\frac{i-j}{2-\iota_2}. \tag{88}$$

Dans l'application de chacune des formules (87) et (88), on doit distinguer trois cas correspondant aux trois valeurs

$$-1, \quad 0, \quad 1$$

que peut acquérir la quantité ι_2. Ainsi, en prenant pour n un nombre impair, on tirera de ces formules : 1° lorsque n sera de la forme $8x+1$,

$$\delta_2 = \frac{1}{3}n\delta_1, \qquad \Delta_2 = -\frac{4}{3}n\delta_1, \qquad \Delta_3 = -2n^2\delta_1; \tag{89}$$

2° lorsque n sera de la forme $8x+3$,

$$(90)\qquad \delta_1 = n\frac{i-j}{3}, \qquad \Delta_1 = -n\frac{i-j}{3}, \qquad \Delta_2 = -n^2\frac{i-j}{3};$$

3° lorsque n sera de la forme $8x+5$,

$$(91)\qquad \delta_2 = \frac{3}{5}n\delta_1, \qquad \Delta_2 = -\frac{4}{5}n\delta_1, \qquad \Delta_3 = -\frac{6}{5}n\delta_1;$$

4° lorsque n sera de la forme $8x+7$,

$$(92)\qquad \delta_1 = 0, \qquad \Delta_1 = -n(i-j), \qquad \Delta_2 = -n^2(i-j).$$

Au contraire, en prenant pour n un nombre pair, divisible par 4 ou par 8, on tirera des formules (87) et (88) : 1° lorsqu'on aura $\mathfrak{D}^2 = n$,

$$(93)\qquad \delta_2 = \frac{n}{2}\delta_1, \qquad \Delta_2 = -n\delta_1, \qquad \Delta_3 = -\frac{3}{2}n^2\delta_1;$$

2° lorsqu'on aura $\mathfrak{D}^2 = -n$,

$$(94)\qquad \delta_1 = n\frac{i-j}{4}, \qquad \Delta_1 = -n\frac{i-j}{2}, \qquad \Delta_2 = -n^2\frac{i-j}{2}.$$

On vérifiera aisément ces diverses formules dans les cas particuliers, et l'on trouvera, par exemple : pour $n=17$,

$$\delta_1 = -6, \qquad \delta_2 = -34 = \frac{n}{3}\delta_1, \qquad \Delta_2 = 136 = -\frac{4n}{3}\delta_1,$$
$$\Delta_3 = 3468 = -2n^2\delta_1;$$

pour $n=11$,

$$i=4, \qquad j=1, \qquad i-j=3, \qquad \frac{i-j}{3}=1,$$
$$\delta_1 = 11 = n\frac{i-j}{3}, \qquad \Delta_1 = -11 = n\frac{i-j}{3}, \qquad \Delta_2 = -121 = -n^2\frac{i-j}{3};$$

pour $n=5$,

$$\delta_1 = -1, \qquad \delta_2 = -3 = \frac{3}{5}n\delta_1, \qquad \Delta_2 = 4 = -\frac{4}{5}n\delta_1,$$
$$\Delta_3 = 30 = -\frac{6}{5}n^2\delta_1;$$

pour $n = 7$,

$$i = 1, \quad j = 0, \quad i - j = 1,$$
$$\delta_1 = 0, \quad \Delta_1 = -7 = -n(i-j), \quad \Delta_2 = -49 = -n^2(i-j).$$

On trouvera pareillement : pour $n = 13$,

$$\delta_1 = -5, \quad \delta_2 = -39 = \frac{3}{5} n\delta_1, \quad \Delta_2 = 52 = -\frac{4}{5} n\delta_1,$$
$$\Delta_3 = 1014 = -\frac{6}{5} n^2\delta_1;$$

pour $n = 15 = 3.5$,

$$i = 3, \quad j = 1, \quad i - j = 2,$$
$$\delta_1 = 0, \quad \Delta = -30 = -n(i-j), \quad \Delta_2 = -450 = -n^2(i-j);$$

pour $n = 21 = 3.7$,

$$\delta_1 = -10, \quad \delta_2 = -126 = \frac{3}{5} n\delta_1, \quad \Delta_2 = 168 = -\frac{4}{5} n\delta_1,$$
$$\Delta_3 = 5292 = -\frac{6}{5} n^2\delta_1.$$

Si l'on attribue à n, non plus des valeurs impaires, mais des valeurs paires, on trouvera : pour $n = 4$, $\mathbb{D}^2 = -4$, $\mathbb{D} = \rho - \rho^3$,

$$i = 1, \quad j = 0, \quad i - j = 1,$$
$$\delta_1 = 1 = n\frac{i-j}{4}, \quad \Delta_2 = -2 = -n\frac{i-j}{2}, \quad \Delta_2 = -8 = -n^2\frac{i-j}{2};$$

pour $n = 8$, $\mathbb{D}^2 = 8$, $\mathbb{D} = \rho + \rho^7 - \rho^3 - \rho^5$,

$$\delta_1 = -2, \quad \delta_2 = -8 = \frac{n}{2}\delta_1, \quad \Delta_2 = 16 = -n\delta_1,$$
$$\Delta_3 = 192 = -\frac{3}{2} n^2\delta_1;$$

pour $n = 8$, $\mathbb{D}^2 = -8$, $\mathbb{D} = \rho + \rho^3 - \rho^5 - \rho^7$,

$$i = 2, \quad j = 0, \quad i - j = 2, \quad \frac{i-j}{2} = 1,$$
$$\delta_1 = 4 = n\frac{i-j}{4}, \quad \Delta_1 = -8 = -n\frac{i-j}{2}, \quad \Delta_2 = -64 = -n^2\frac{i-j}{2};$$

pour $n = 12$,

$$\delta_1 = -4, \quad \delta_2 = -24 = \frac{n}{2}\delta_1, \quad \Delta_2 = 48 = -n\delta_1,$$
$$\Delta_3 = 864 = -\frac{3}{2}n^2\delta_1;$$

pour $n = 20$,

$$i = 4, \quad j = 0, \quad i - j = 4, \quad \frac{i-j}{2} = 2, \quad \frac{i-j}{4} = 1,$$
$$\delta_1 = 20 = n\frac{i-j}{4}, \quad \Delta_1 = -40 = -n\frac{i-j}{2}, \quad \Delta_2 = -800 = -n^2\frac{i-j}{2}.$$

Les diverses formules établies dans cette Note comprennent les formules du même genre trouvées par M. Dirichlet. J'ajouterai que les équations de condition par lesquelles se trouvent liés les uns aux autres les termes des deux suites

$$\Delta_1, \quad \Delta_2, \quad \Delta_3, \quad \ldots;$$
$$\delta_0, \quad \delta_1, \quad \delta_2, \quad \delta_3, \quad \ldots,$$

peuvent être démontrées directement, et d'une manière très simple, comme je l'ai remarqué dans un Mémoire que renferment les *Comptes rendus des séances de l'Académie des Sciences, pour l'année* 1840 (1er semestre, page 444) (1).

NOTE XIII.

SUR LES FORMES QUADRATIQUES DE CERTAINES PUISSANCES DES NOMBRES PREMIERS, OU DU QUADRUPLE DE CES PUISSANCES.

Soient :

p un nombre premier impair;

n un diviseur de $p - 1$;

$h, k, l, \ldots$ les entiers inférieurs à n, mais premiers à n;

N le nombre des entiers $h, k, l, \ldots$;

(1) *Œuvres de Cauchy*, S. I, T. V, p. 142.

ρ une racine primitive de l'équation

$$x^n = 1 \tag{1}$$

et supposons les entiers

$$h, \quad k, \quad l, \quad \ldots$$

partagés en deux groupes

$$h, \quad h', \quad h'', \quad \ldots \qquad \text{et} \qquad k, \quad k', \quad k'', \quad \ldots,$$

de telle manière que la somme alternée

$$\mathfrak{D} = \rho^h + \rho^{h'} + \rho^{h''} + \ldots - \rho^k - \rho^{k'} - \rho^{k''} - \ldots \tag{2}$$

vérifie la condition

$$\mathfrak{D}^2 = \pm n. \tag{3}$$

Soient encore :

θ une racine primitive de l'équation

$$x^p = 1; \tag{4}$$

t une racine primitive de l'équivalence

$$x^{p-1} \equiv 1 \quad (\text{mod. } p), \tag{5}$$

et de plus

$$\Theta_h, \quad \Theta_k, \quad \Theta_l, \quad \ldots$$

des expressions imaginaires déterminées par des équations de la forme

$$\Theta_l = \theta + \rho^l \theta^t + \rho^{2l} \theta^{t^2} + \ldots + \rho^{(p-2)l} \theta^{t^{p-2}}. \tag{6}$$

Aux deux groupes

$$h, \quad h', \quad h'', \quad \ldots \qquad \text{et} \qquad k, \quad k', \quad k'', \quad \ldots,$$

entre lesquels se partagent les exposants ou indices

$$h, \quad k, \quad l, \quad \ldots,$$

correspondront deux groupes

$$\Theta_h, \quad \Theta_{h'}, \quad \Theta_{h''}, \quad \ldots \qquad \text{et} \qquad \Theta_k, \quad \Theta_{k'}, \quad \Theta_{k''}, \quad \ldots,$$

entre lesquels se partageront les expressions imaginaires

$$\Theta_h, \quad \Theta_k, \quad \Theta_l, \quad \ldots;$$

et, si l'on pose

$$(7) \qquad I = \Theta_h \Theta_{h'} \Theta_{h''} \ldots, \qquad J = \Theta_k \Theta_{k'} \Theta_{k''} \ldots,$$

alors, en vertu des principes établis dans la Note précédente, les deux binomes

$$I + J, \qquad I - J,$$

considérés comme fonctions des racines primitives de l'équation (1), seront, le premier, une fonction symétrique, le second, une fonction alternée de ces racines. Il y a plus, comme la condition (3) suppose que les facteurs premiers et impairs de n sont inégaux, le facteur pair, s'il existe, étant 4 ou 8, la fonction

$$I - J$$

sera, dans l'hypothèse admise, de la forme indiquée par la formule (63) de la Note VII; et l'on aura en conséquence

$$(8) \qquad I + J = A, \qquad I - J = B\Delta,$$

A, B désignant ou des quantités entières, ou des fonctions qui renfermeront seulement les racines

$$\theta, \quad \theta^t, \quad \theta^{t^2}, \quad \ldots$$

de l'équation (4) respectivement multipliées par des coefficients entiers.

Observons maintenant qu'en vertu de la formule (7) de la Note III, on aura

$$(9) \qquad \begin{cases} \Theta_h \Theta_{h'} \Theta_{h''} \ldots = R_{h,h',h'',\ldots} \Theta_{h+h'+h''+\ldots}, \\ \text{et} \\ \Theta_k \Theta_{k'} \Theta_{k''} \ldots = R_{k,k',k'',\ldots} \Theta_{k+k'+k''+\ldots}, \end{cases}$$

$R_{h,h',h'',\ldots}$ et $R_{k,k',k'',\ldots}$ désignant deux fonctions entières de la seule variable ρ. D'autre part, si la condition (3) se vérifie sans que n se réduise à l'un des trois nombres

$$3, \quad 4, \quad 8,$$

on aura (*voir* la Note précédente)

$$(10) \qquad h + h' + h'' + \ldots \equiv k + k' + k'' + \ldots \equiv 0 \pmod{n},$$

et, par suite, eu égard à la formule (2) de la Note III,

$$(11) \qquad \Theta_{h+h'+h''+\ldots} = \Theta_{k+k'+k''+\ldots} = \Theta_0 = -1.$$

Donc alors les équations (7), (9) donneront simplement

$$(12) \qquad I = -R_{h,h',h'',\ldots}, \qquad J = -R_{k,k',k'',\ldots};$$

et comme, en vertu des formules (12), les fonctions I, J deviendront indépendantes des racines de l'équation (4), ces racines n'entreront pas non plus dans les coefficients

$$A, \quad B,$$

qui se réduiront nécessairement à des quantités entières.

Si l'on pose pour abréger

$$(13) \qquad \varpi = \frac{p-1}{n},$$

alors, en désignant par l un quelconque des entiers inférieurs à n, mais premiers à n, on aura, en vertu de la formule (3) de la Note III,

$$(14) \qquad \Theta_l \Theta_{-l} = (-1)^{\varpi l} p = \Theta_l \Theta_{n-l}.$$

Si le nombre ϖ est pair, la formule (14) donnera simplement

$$(15) \qquad \Theta_l \Theta_{n-l} = p.$$

Si, au contraire, ϖ est impair, n devra être pair, ainsi que $p - 1 = n\varpi$ et, par suite, le nombre l, premier à n, étant impair, la formule (14) donnera

$$(16) \qquad \Theta_l \Theta_{n-l} = -p.$$

Cela posé, on tirera évidemment des formules (7), dans le premier cas,

$$(17) \qquad IJ = p^{\frac{N}{2}},$$

et dans le second cas,

$$(18) \qquad IJ = (-1)^{\frac{N}{2}} p^{\frac{N}{2}}.$$

Mais, comme dans le second cas, n étant pair et de l'une des formes

$$4\nu'\nu''\ldots, \quad 8\nu'\nu''\ldots,$$

$\frac{N}{2}$ ne pourrait devenir impair que pour la seule valeur

$$n = 4,$$

dont nous faisons ici abstraction, il est clair que la formule (18) se réduira elle-même à l'équation (17).

D'autre part, comme on tire des équations (8)

$$(19) \qquad 2I = A + B\Delta, \qquad 2J = A - B\Delta,$$

par conséquent

$$4IJ = A^2 - B^2\Delta^2,$$

il est clair qu'en ayant égard à l'équation (7) et à la formule (3), on trouvera

$$(20) \qquad 4p^{\frac{N}{2}} = A^2 - B^2\Delta^2 = A^2 \pm nB^2.$$

Pour que la condition (3) se réduise à

$$(21) \qquad \mathbb{O}^2 = n,$$

il est nécessaire que les facteurs premiers et impairs du nombre n étant inégaux entre eux, ce nombre soit de l'une des formes

$$4x + 1, \quad 4(4x + 3), \quad 8(2x + 1).$$

Mais alors, en vertu du théorème I de la Note IX, l désignant un quelconque des entiers renfermés dans les deux groupes

$$h, \ h', \ h'', \ \ldots \quad \text{et} \quad k, \ k', \ k'', \ \ldots,$$

les deux termes

$$l \text{ et } n - l$$

appartiendront au même groupe. Donc alors, en vertu des équations (7), jointes à la formule (15) ou (16), on aura

$$(22) \qquad \mathrm{I} = \mathrm{J} = \pm p^{\frac{N}{4}},$$

savoir

$$(23) \qquad \mathrm{I} = \mathrm{J} = p^{\frac{N}{4}},$$

si l'un des deux nombres ϖ, $\frac{N}{4}$ est pair, et

$$(24) \qquad \mathrm{I} = \mathrm{J} = -p^{\frac{N}{4}},$$

si les nombres ϖ et $\frac{N}{4}$ sont tous deux impairs, ce qui suppose $n = 4\nu$, ν étant un nombre premier de la forme $4x + 3$. Alors aussi l'on tirera des formules (8) et (22)

$$(25) \qquad \mathrm{A} = \pm 2p^{\frac{N}{4}}, \qquad \mathrm{B} = 0.$$

Ces dernières valeurs de A, B satisfont effectivement à la formule (20).

Pour que la condition (3) se réduise à

$$(26) \qquad \Theta^2 = -n,$$

il est nécessaire que, les facteurs premiers et impairs du nombre n étant inégaux, ce nombre soit de l'une des formes

$$4x + 3, \quad 4(4x + 1), \quad 8(2x + 1).$$

Nommons alors p^λ la plus haute puissance de p qui divise simultanément A et B. On aura

$$(27) \qquad \mathrm{A} = p^\lambda x, \quad \mathrm{B} = p^\lambda y,$$

x, y désignant deux quantités entières non divisibles par p ; et, en posant

$$(28) \qquad \mu = \frac{N}{2} - 2\lambda,$$

on verra la formule (20) se réduire à la suivante

$$(29) \qquad 4p^{\mu} = x^2 + ny^2.$$

Il s'agit maintenant d'obtenir les valeurs des exposants λ, μ. On peut y parvenir à l'aide des considérations suivantes :

Comme nous l'avons observé page 112, on a généralement

$$R_{h,k,l,\ldots} = R_{h,k} R_{h+k,l,\ldots},$$

en sorte que les formules (12) donneront

$$(30) \qquad \begin{cases} I = -R_{h,h'} R_{h+h',h''} R_{h+h'+h'',h'''} \ldots, \\ J = -R_{k,k'} R_{k+k',k''} R_{k+k'+k'',k'''} \ldots. \end{cases}$$

Or, dans chacun des facteurs qui composent les seconds membres de ces dernières, on peut immédiatement réduire les deux indices placés au bas de la lettre R à des nombres

$$l, \quad l'$$

représentés par des termes de la suite

$$0, \quad 1, \quad 2, \quad 3, \quad \ldots, \quad n-1.$$

On pourra même, en vertu des formules (10) et (12) de la Note I, remplacer le facteur

$$R_{l,l'} = \frac{\Theta_l \Theta_{l'}}{\Theta_{l+l'}}$$

par $\pm p$, lorsque la somme des indices l, l' sera le nombre n, et par -1, lorsque l'un des indices s'évanouira. Ce n'est pas tout, lorsque h, h', étant positifs l'un et l'autre, offriront pour somme un nombre différent de n, on aura généralement, en vertu de la formule (13) de la Note I,

$$R_{l,l'} R_{-l-l'} = p,$$

ou, ce qui revient au même,

$$(31) \qquad R_{l,l'} R_{n-l,n-l'} = p;$$

et, comme des deux sommes

$$l+l', \qquad (n-l)+(n-l')=2n-(l+l'),$$

renfermées entre les limites o, $2n$, il y en aura toujours une comprise entre les limites o, n, l'autre étant comprise entre les limites n, $2n$, il résulte des équations (14) et (15), jointes à l'équation (17), qu'on aura toujours

$$(32) \qquad I=p^f\frac{F}{G}, \qquad J=p^g\frac{G}{F},$$

ou, ce qui revient au même,

$$(33) \qquad IG=p^fF, \qquad JF=p^gG,$$

f, g désignant deux nombres entiers propres à vérifier la condition

$$f+g=\frac{N}{2},$$

et F, G des produits composés avec des facteurs de la forme

$$R_{l,l'}$$

dans chacun desquels on pourra supposer les indices l, l' tous deux inférieurs à n, et leur somme $l+l'$ renfermée entre les limites n, $2n$. Si d'ailleurs on substitue dans les formules (33) les valeurs de I, J fournies par les équations (19), on aura identiquement

$$(34) \qquad (A+B\textcircled{D})G=2p^fF, \qquad (A-B\textcircled{D})F=2p^gG,$$

ou, ce qui revient au même, eu égard aux formules (27),

$$(35) \qquad p^\lambda(x+y\textcircled{D})G=2p^fF, \qquad p^\lambda(x-y\textcircled{D})F=2p^gG.$$

On aura donc par suite

$$(36) \qquad p^{\lambda-m}(x+y\textcircled{D})G=2p^{f-m}F, \qquad p^{\lambda-m'}(x-y\textcircled{D})F=2p^{g-m'}G,$$

m, m' étant deux entiers que l'on pourra réduire, le premier au plus petit des nombres

$$\lambda, \quad f,$$

le second au plus petit des nombres

$$\lambda, \quad g,$$

afin que chacun des exposants

$$\lambda - m, \quad f - m, \quad \lambda - m', \quad g - m'$$

soit nul ou positif.

Avant d'aller plus loin, nous ferons une observation importante. Les formules (33), comme toutes celles d'où elles sont déduites, et par suite les formules (36), offrent chacune deux membres représentés par des fonctions entières de ρ qui sont identiquement les mêmes, quand on réduit l'exposant de chaque puissance de ρ à l'un des entiers

$$0, \quad 1, \quad 2, \quad 3, \quad \ldots, \quad n-1,$$

ou qui du moins peuvent alors être transformés l'un dans l'autre à l'aide de la seule équation

$$1 + \rho + \rho^2 + \rho^3 + \ldots + \rho^{n-1} = 0.$$

Donc, après les réductions dont il s'agit, la différence entre les deux membres de chacune des formules (36) sera le produit d'un nombre entier par le polynome

$$1 + \rho + \rho^2 + \rho^3 + \ldots + \rho^{n-1}. \tag{37}$$

D'ailleurs, réduire, dans une fonction entière de ρ, l'exposant de chaque puissance de ρ à l'un des nombres

$$0, \quad 1, \quad 2, \quad 3, \quad \ldots, \quad n-1,$$

ou, ce qui revient au même, remplacer

$$\begin{array}{llllll}
\rho^n, & \rho^{2n}, & \rho^{3n}, & \ldots & \text{par} & \rho^0 = 1, \\
\rho^{n+1}, & \rho^{2n+1}, & \rho^{3n+1}, & \ldots & \text{par} & \rho, \\
\rho^{n+2}, & \rho^{2n+2}, & \rho^{3n+2}, & \ldots & \text{par} & \rho^2, \\
\ldots, & \ldots, & \ldots, & \ldots & \ldots & \ldots, \\
\rho^{2n-1}, & \rho^{3n-1}, & \rho^{4n-1}, & \ldots & \text{par} & \rho^{n-1},
\end{array}$$

c'est ajouter aux divers termes de la progression arithmétique

$$\rho^n,\quad \rho^{n+1},\quad \rho^{n+2},\quad \ldots\quad \rho^{2n},\quad \rho^{2n+1},\quad \rho^{2n+2},\quad \ldots\quad \rho^{3n},\quad \rho^{3n+1},\quad \rho^{3n+2},\quad \ldots$$

les différences

$$\begin{array}{llll} 1-\rho^n, & \rho-\rho^{n+1}, & \rho^2-\rho^{n+2}, & \ldots, \\ 1-\rho^{2n}, & \rho-\rho^{2n+1}, & \rho^2-\rho^{2n+2}, & \ldots, \\ 1-\rho^{3n}, & \rho-\rho^{3n+1}, & \rho^2-\rho^{3n+2}, & \ldots, \\ \ldots\ldots, & \ldots\ldots\ldots, & \ldots\ldots\ldots, & \ldots, \end{array}$$

respectivement égales aux produits

$$\begin{array}{llll} 1-\rho^n, & \rho(1-\rho^n), & \rho^2(1-\rho^n), & \ldots, \\ 1-\rho^{2n}, & \rho(1-\rho^{2n}), & \rho^2(1-\rho^{2n}), & \ldots, \\ 1-\rho^{3n}, & \rho(1-\rho^{3n}), & \rho^2(1-\rho^{3n}), & \ldots, \\ \ldots\ldots, & \ldots\ldots\ldots, & \ldots\ldots\ldots, & \ldots, \end{array}$$

qui tous ont pour facteur le binome

$$1-\rho^n = (1-\rho)(1+\rho+\rho^2+\ldots+\rho^{n-1}),$$

et par conséquent le polynome (37). Donc, en définitive, dans chacune des formules (36), la différence entre les deux membres sera toujours une fonction entière de ρ, qui, avant réduction, aura pour facteur le polynome

$$1+\rho+\rho^2+\ldots+\rho^{n-1} = \frac{\rho^n-1}{\rho-1}.$$

Donc, si dans ces formules on remplace la racine primitive ρ de l'équation

$$x^n = 1$$

par une racine primitive r de l'équivalence

$$x^n \equiv 1 \qquad (\text{mod } p),$$

les deux membres de chacune d'elles offriront pour différence une fonction entière de r qui aura pour facteur le polynome

$$1+r+r^2+\ldots+r^{n-1} = \frac{r^n-1}{r-1} \equiv 0 \qquad (\text{mod.}\, p);$$

et comme dans cette différence les coefficients des diverses puissances de r seront des entiers, elle devra, ainsi que le polynome

$$1+r+r^2+\ldots+r^{n-1},$$

être équivalente à zéro, suivant le module p. Donc, si l'on nomme

$$\delta, \quad \mathcal{F}, \quad \mathcal{G}$$

ce que deviennent

$$\Theta, \quad \mathbf{F}, \quad \mathbf{G}$$

quand on y remplace ρ par r, les formules (36) entraîneront les suivantes

$$(38) \qquad p^{\lambda-m}(x+y\delta)\mathcal{G} \equiv 2p^{f-m}\mathcal{F}, \quad p^{\lambda-m'}(x-y\delta)\mathcal{F} \equiv 2p^{g-m'}\mathcal{G} \quad (\text{mod.}\, p),$$

dans lesquelles on devra, eu égard à l'équation (2), supposer

$$(39) \qquad \delta \equiv r^h + r^{h'} + \ldots - r^k - r^{k'} - \ldots \quad (\text{mod.}\, p).$$

D'autre part, l'équation (26) pouvant s'écrire comme il suit

$$(\rho^h + \rho^{h'} + \ldots - \rho^k - \rho^{k'} - \ldots)^2 = -n,$$

on tirera de cette équation, en y remplaçant ρ par r,

$$(r^h + r^{h'} + \ldots - r^k - r^{k'} - \ldots)^2 \equiv -n \quad (\text{mod.}\, p),$$

ou, ce qui revient au même,

$$(40) \qquad \delta^2 \equiv -n \quad (\text{mod.}\, p).$$

Donc le nombre entier δ sera premier à p; comme, dans l'équation (29), les quantités x, y ne sont, ni l'une ni l'autre, divisibles par p, on pourra en dire autant de la somme $2n$ et de la différence $2y\delta$ des deux binomes

$$x + y\delta, \qquad x - y\delta.$$

Donc de ces deux binomes l'un au moins sera premier à p. Concevons, pour fixer les idées, que ce soit le second $x - y\delta$ qui remplisse cette condition. Comme, en vertu des principes exposés dans la Note V (p. 196 et suiv.), les deux quantités $\mathcal{F}$, $\mathcal{G}$ seront elles-mêmes premières à p, il est clair que, dans les deux membres de la seconde des formules (38), les exposants de p, savoir

$$\lambda - m', \quad g - m'$$

ne pourront s'évanouir l'un sans l'autre. Or, c'est précisément ce qui arriverait si, les nombres λ, g étant inégaux, on prenait le plus petit pour valeur de m'. Donc, lorsque $x - y\delta$ est premier à p, la première des formules (38) entraîne la condition

$$\lambda = g.$$

Mais alors, en posant, dans la première des formules (38),

$$m = m' = \lambda = g,$$

on en conclut

$$f - g = 0 \quad \text{ou} \quad f - g > 0,$$

suivant que le binome

$$x + y\delta$$

est ou n'est pas supposé premier à p. Donc, si le binome

$$x - y\delta$$

est premier à p, les formules (38) entraîneront la condition

$$\lambda = g \leqq f.$$

Pareillement si le binome

$$x + y\delta$$

était premier à p, les formules (38) entraîneraient la condition

$$\lambda = f \leqq g.$$

Ainsi, dans tous les cas, λ devra se réduire au plus petit des deux nombres

$$f, \quad g;$$

et comme, en vertu des formules (28), (34), on aura

$$\mu = f + g - 2\lambda, \tag{41}$$

il est clair que μ devra se réduire à celle des deux différences

$$f - g, \quad g - f$$

qui sera positive, par conséquent à la valeur numérique de la différence

$f-g$. Au reste, cette différence elle-même peut être, dans tous les cas, facilement déterminée comme il suit :

Posons pour abréger

$$(42)\qquad P=R_{h,h}R_{h',h'}\ldots,\qquad Q=R_{k,k}R_{k',k'}\ldots,$$

ou, ce qui revient au même,

$$(43)\qquad P=\frac{\Theta_h^2\Theta_{h'}^2\ldots}{\Theta_{2h}\Theta_{2h'}\ldots},\qquad Q=\frac{\Theta_k^2\Theta_{k'}^2\ldots}{\Theta_{2k}\Theta_{2k'}\ldots}.$$

On en conclura, eu égard aux formules (7) et (30),

$$(44)\qquad \frac{P}{Q}=\frac{I^2}{J^2}\,\frac{\Theta_{2k}\Theta_{2k'}\ldots}{\Theta_{2h}\Theta_{2h'}\ldots},$$

$$(45)\qquad PQ=p^{\frac{N}{2}}.$$

D'ailleurs, en vertu des théorèmes 3 et 4 de la Note IX, on trouvera : 1° en supposant n de la forme $8x+7$,

$$\Theta_{2h}\Theta_{2h'}\ldots=\Theta_h\Theta_{h'}\ldots=I,\qquad \Theta_{2k}\Theta_{2k'}\ldots=\Theta_k\Theta_{k'}\ldots=J;$$

2° en supposant n de la forme $8x+3$,

$$\Theta_{2h}\Theta_{2h'}\ldots=\Theta_k\Theta_{k'}\ldots=J,\qquad \Theta_{2k}\Theta_{2k'}\ldots=\Theta_h\Theta_{h'}\ldots=I;$$

3° en supposant n divisible par 4 ou par 8,

$$\Theta_{2h}\Theta_{2h'}\ldots=\Theta_{2k}\Theta_{2k'}\ldots.$$

Donc les formules (43) et (44) donneront : 1° si n est de la forme $8x+7$,

$$(46)\qquad P=I,\qquad Q=J,\qquad \frac{P}{Q}=\frac{I}{J};$$

2° si n est de la forme $8x+3$,

$$(47)\qquad P=\frac{I^2}{J},\qquad Q=\frac{J^2}{I},\qquad \frac{P}{Q}=\frac{I^3}{J^3},$$

3° si n est divisible par 4 ou par 8,

$$(48)\qquad \frac{P}{Q}=\frac{I^2}{J^2}.$$

Concevons maintenant que, parmi les entiers premiers à n, mais inférieurs à $\frac{1}{2}n$, on distingue ceux qui appartiennent au groupe

$$h, \quad h', \quad h'', \quad \ldots,$$

et dont le nombre sera désigné par i, les autres, dont le nombre sera désigné par j, formant une partie du groupe

$$k, \quad k', \quad k'', \quad \ldots.$$

On aura évidemment

$$(49) \qquad i+j=\frac{N}{2},$$

et, par des raisonnements semblables à ceux dont nous avons fait usage pour établir les formules (32), on trouvera, eu égard à l'équation (45),

$$(50) \qquad P=p^{i}\frac{U}{V}, \qquad Q=p^{j}\frac{U}{V},$$

U, V, désignant des produits composés de facteurs de la forme

$$R_{l,l'},$$

dans chacun desquels on pourra supposer les indices l, l' tous deux inférieurs à n, et leur somme $l+l'$ renfermée entre les limites n, $2n$. Or, les formules (32) et (50) donneront

$$(51) \qquad \frac{I}{J}=p^{f-g}\frac{F^2}{G^2}, \qquad \frac{P}{Q}=p^{i-j}\frac{U^2}{V^2}.$$

D'autre part, si l'on désigne par

$$\iota_2,$$

comme dans la Note précédente, une quantité qui acquière la valeur

$$-1 \quad \text{ou} \quad 1 \quad \text{ou} \quad 0,$$

suivant qu'on aura

$$\left[\frac{2}{n}\right]=-1 \quad \text{ou} \quad \left[\frac{2}{n}\right]=1 \quad \text{ou} \quad n\equiv 0 \quad (\text{mod.}\,2),$$

les formules (46), (47), (48) donneront

$$(52) \qquad \frac{P}{Q} = \frac{I^\varepsilon}{J^\varepsilon},$$

la valeur de ε étant

$$(53) \qquad \varepsilon = 2 - \iota_2.$$

Cela posé, les formules (51) et (52) donneront

$$p^{\varepsilon(f-g)} \frac{F^{2\varepsilon}}{G^{2\varepsilon}} = p^{i-j} \frac{U^2}{V^2},$$

ou, ce qui revient au même,

$$(54) \qquad p^{\varepsilon(f-g)} F^{2\varepsilon} V^2 = p^{i-j} G^{2\varepsilon} U^2;$$

et par suite

$$(55) \qquad p^{\varepsilon(f-g)-m} F^{2\varepsilon} V^2 = p^{i-j-m} G^{2\varepsilon} U^2,$$

m étant un nombre entier quelconque.

Imaginons maintenant qu'on remplace ρ par r dans les deux membres de la formule (55), et soient

$$\mathfrak{U}, \quad \mathfrak{V}$$

ce que deviennent alors U, V. Les quantités $\mathfrak{U}$, $\mathfrak{V}$ seront non seulement entières, mais premières à p aussi bien que $\mathfrak{F}$, $\mathfrak{G}$; et de même que les équations (33) entraînent les formules (38); de même la formule (55) entraînera la suivante :

$$(56) \qquad p^{\varepsilon(f-g)-m} \mathfrak{F}^{2\varepsilon} \mathfrak{V}^2 \equiv p^{i-j-m} \mathfrak{G}^{2\varepsilon} \mathfrak{U}^2 \qquad (\text{mod. } p).$$

Or, dans la formule (56), comme dans chacune des formules (38), les deux exposants de p ne peuvent s'évanouir l'un sans l'autre ; et, puisqu'on peut réduire l'un d'eux à zéro, en prenant pour m le plus petit des nombres

$$\varepsilon(f-g), \quad i-j,$$

il faudra que ces deux nombres soient égaux et qu'on ait

$$(57) \qquad i-j = \varepsilon(f-g);$$

par conséquent

$$f - g = \frac{i - j}{\varepsilon} \tag{58}$$

D'ailleurs ε, toujours positif, se réduit à

$$1, \quad 3 \quad \text{ou} \quad 2,$$

suivant que n est de la forme

$$4x + 3, \quad 4x + 1 \quad \text{ou} \quad 4x,$$

et, en vertu de ce qui a été dit dans la Note précédente, la différence $i - j$, quand elle ne s'évanouit pas, est toujours positive. Donc, la différence $f - g$ ne pourra jamais devenir négative, et l'équation (41) donnera toujours

$$p = f - g = \frac{i - j}{\varepsilon}. \tag{59}$$

En conséquence, on peut énoncer la proposition suivante :

Théorème. — Le degré n de l'équation binome

$$x^n = 1,$$

dont ρ désigne une racine primitive, et la somme alternée

$$\Theta = \rho^h + \rho^{h'} + \rho^{h''} + \ldots - \rho^k - \rho^{k'} - \rho^{k''} \ldots$$

étant supposés tels qu'on ait

$$\Theta^2 = -n;$$

si les exposants de ρ premiers à n, mais inférieurs à $\frac{1}{2}n$, se trouvent en nombre égal à i dans le groupe

$$h, \quad h', \quad h'', \quad \ldots,$$

et en nombre égal à j dans le groupe

$$k, \quad k', \quad k'', \quad \ldots,$$

on pourra satisfaire, par des valeurs entières de x, y, à l'équation

$$4p^\mu = x^2 + ny^2,$$

pourvu qu'on prenne

$$\mu = i - j,$$

quand n sera de la forme $8x + 7$;

$$\mu = \frac{i - j}{3},$$

quand n, sans être égal à 3, sera de la forme $8x + 3$; et

$$\mu = \frac{i - j}{2},$$

quand n, sans être égal à 4, sera divisible par 4 ou par 8. Si n se réduisait à l'un des nombres 3, 4, alors (en vertu de ce qui a été dit dans la Note IV) on aurait simplement

$$\mu = 1.$$

Pour vérifier l'exactitude du théorème qui précède, dans le cas particulier où l'on prend pour n un des nombres 3, 4, il suffit d'observer que l'équation

$$4p = x^2 + ny^2,$$

réduite alors à la forme

$$4p = x^2 + 3y^2,$$

ou à la forme

$$4p = x^2 + 4y^2 \quad \text{ou} \quad p = \left(\frac{1}{2}x\right)^2 + y^2,$$

coïncidera, pour $n = 3$, avec la formule (110) de la page 163, quand on posera $x = \text{A}$, $y = \text{B}$, et pour $n = 4$, avec la formule (93) de la page 153, quand on posera $x = 2\text{A}$, $y - \text{B}$.

Si, dans le théorème qui précède, nous n'avons pas fait une mention spéciale du cas où l'on aurait

$$n = 8, \qquad \Theta^2 = -8, \qquad \Theta = \rho + \rho^3 - \rho^5 - \rho^7,$$

et où la condition (10) cesserait d'être vérifiée, c'est qu'en vertu des principes établis dans la Note III on peut encore, dans ce cas, résoudre en nombres entiers l'équation (29), en prenant $\mu = 1$, et que cette dernière valeur de μ est comprise dans la formule

$$\mu = \frac{i-j}{2}.$$

En effet, dans le cas dont il s'agit, l'équation (29) réduite à

$$4p^\mu = x^2 + 8y^2,$$

ou, ce qui revient au même, à

$$p^\mu = \left(\frac{x}{2}\right)^2 + 2y^2,$$

coïncide avec la formule (103) de la page 159, quand on pose

$$\mu = 1, \qquad x = 2A, \qquad y = B;$$

et, comme alors aussi l'on trouve

$$i = 2, \qquad j = 0,$$

on en conclut

$$\frac{i-j}{2} = 1.$$

Il nous reste à indiquer une méthode à l'aide de laquelle on peut faciliter le calcul des valeurs de x, y qui sont propres à résoudre l'équation (1).

L'exposant μ étant supposé plus grand que zéro, ainsi que $i-j$, la différence $f-g$ sera elle-même supérieure à zéro, et, en vertu des équations

$$\lambda = g, \qquad \varepsilon(f-g) = i-j,$$

les formules (38), (56) pourront être réduites aux suivantes :

$$(60) \qquad x + y\delta \equiv 0, \qquad x - y\delta \equiv 2\frac{\mathfrak{G}}{\mathfrak{F}} \qquad (\text{mod.}\, p),$$

$$(61) \qquad \left(\frac{\mathfrak{G}}{\mathfrak{F}}\right)^{2\varepsilon} \equiv \left(\frac{\varphi}{\upsilon}\right)^2 \qquad (\text{mod.}\, p).$$

Or, les formules (60) donneront

$$(62) \qquad x \equiv -y\delta \equiv \frac{\mathfrak{G}}{\mathfrak{F}} \qquad (\text{mod.}\, p),$$

et il est clair que cette dernière équation fournira immédiatement le reste de la division de x et de y par p, ce qui facilitera le calcul des valeurs de x, y et suffira même à la détermination de ces valeurs, dans tous les cas où elles devront être, abstraction faite des signes, inférieures à $\frac{1}{2}p$. Quant à la détermination des quantités $\mathcal{F}$, $\mathcal{G}$, ou υ, φ, elle s'effectuera sans difficulté. En effet, en vertu des principes établis dans la Note V (p. 196 et suivantes), pour déduire $\mathcal{F}$ de F, et $\mathcal{G}$ de G, il suffira de remplacer ρ par r, dans les divers facteurs de F et de G, ou, ce qui revient au même, de remplacer chaque facteur de la forme

$$R_{l,l'},$$

par une quantité entière équivalente, au signe près, à

$$-\Pi_{n-l,n-l'},$$

la valeur de $\Pi_{l,l'}$ étant donnée par la formule

$$\Pi_{l,l'} = \frac{1.2.3\ldots(l+l')\varpi}{1.2.3\ldots l\varpi.1.2.3\ldots l'\varpi}. \tag{63}$$

La formule (62) n'est pas applicable aux cas où n se réduit à l'un des nombres 3, 4, 8 et doit alors être remplacée par celles que nous allons indiquer.

Les valeurs de P, Q, fournies par les équations (42), sont évidemment, ainsi que I, J, des fonctions symétriques, d'une part, des racines primitives

$$\rho^h, \quad \rho^{h'}, \quad \rho^{h''}, \quad \ldots$$

et, d'autre part, des racines primitives

$$\rho^k, \quad \rho^{k'}, \quad \rho^{k''}, \quad \ldots.$$

Donc la somme $P+Q$ sera, comme $I+J$, une fonction symétrique des diverses racines primitives de l'équation (1), et la différence $P-Q$ sera, comme $I-J$, une fonction alternée de ces mêmes racines; d'où il résulte qu'on pourra aux équations (8) joindre encore celles-ci

$$P+Q = \mathfrak{A}, \qquad P-Q = \mathfrak{B}\,\mathfrak{O}, \tag{64}$$

$\mathfrak{A}$, $\mathfrak{B}$ désignant des quantités entières. Cela posé on tirera, des formules (45) et (64),

$$2P = \mathfrak{A} + \mathfrak{B}\Theta, \qquad 2Q = \mathfrak{A} - \mathfrak{B}\Theta,$$
$$4PQ = \mathfrak{A}^2 - \mathfrak{B}^2\Theta^2,$$
$$4p^{\frac{N}{2}} = \mathfrak{A}^2 - \mathfrak{B}^2\Theta^2;$$

et par suite, si la condition

$$\Theta^2 = -n$$

est vérifiée, on trouvera

$$(65)\qquad 4p^{\frac{N}{2}} = \mathfrak{A}^2 + n\mathfrak{B}^2.$$

Or si l'on substitue l'équation (65) et les formules (50) à l'équation (20) et aux formules (32), alors, par des raisonnements semblables à ceux dont nous nous sommes servis pour établir le théorème énoncé plus haut et la formule (62), on prouvera qu'on peut satisfaire à l'équation

$$4p^{\mu} = x^2 + ny^2,$$

en posant généralement

$$\mu = i - j$$

et prenant, pour x, y, certains nombres entiers qui vérifieront la condition

$$(66)\qquad x \equiv -y\delta \equiv \frac{\mathfrak{V}}{\mathfrak{U}} \quad (\text{mod.}\, p).$$

Considérons en particulier le cas où l'on a $n = 3$. On trouvera, dans ce cas,

$$\Theta = \rho - \rho^2,$$
$$h = 1, \qquad k = 2, \qquad i = 1, \qquad j = 0, \qquad i - j = 1,$$
$$P = R_{1,1}, \qquad Q = R_{2,2},$$
$$U = 0, \qquad V = R_{2,2},$$

et par suite on pourra prendre

$$\mathfrak{U} = 0, \qquad \mathfrak{V} = -\Pi_{1,1}.$$

Donc, p étant un nombre premier de la forme $3x+1$, on pourra toujours satisfaire à l'équation

$$(67)\qquad 4p = x^2 + 3y^2,$$

en prenant pour x, y des nombres entiers qui vérifient la condition

$$x \equiv -y\delta \equiv -\Pi_{1,1}.$$

Il importe d'observer que, dans cette dernière formule, la valeur de $\Pi_{1,1}$ sera

$$\Pi_{1,1} = \frac{1.2.3\ldots 2\varpi}{(1.2\ldots\varpi)^2} = \frac{(\varpi+1)\ldots 2\varpi}{1.2\ldots\varpi},$$

la valeur de ϖ étant

$$\varpi = \frac{p-1}{3},$$

et que d'ailleurs on aura

$$\delta \equiv r - r^2,$$

r étant une racine primitive de l'équivalence

$$x^3 \equiv 1 \quad (\text{mod.} p);$$

par conséquent

$$r \equiv t^\varpi \quad (\text{mod.} p),$$

t étant une racine primitive de l'équivalence

$$x^{p-1} \equiv 1 \quad (\text{mod.} p).$$

Cela posé, en ayant égard à la formule

$$\delta^2 = -3,$$

de laquelle on tire

$$\frac{1}{\delta} = -\frac{\delta}{3},$$

on trouvera

$$(68)\qquad x \equiv -\Pi_{1,1}, \qquad y \equiv -\frac{1}{3}\Pi_{1,1}\delta \qquad (\text{mod.} p).$$

D'autre part, comme on aura, en vertu de l'équation (67),

$$x^2 < 4p, \qquad y^2 < \frac{4p}{3},$$

les valeurs numériques de x, y seront respectivement inférieures aux nombres

$$2p^{\frac{1}{2}}, \quad 2\left(\frac{p}{3}\right)^{\frac{1}{2}},$$

dont le second au moins restera inférieur à $\frac{1}{2}p$, pour une valeur de p égale ou supérieure à 7 ; le premier remplissant lui-même cette condition dès qu'on supposera p supérieur à 16, par conséquent à 7 et à 13. Donc les formules (68), ou au moins la seconde d'entre elles, fourniront immédiatement la résolution en nombres entiers de l'équation (67). On trouvera, par exemple, pour $p = 7$,

$$\varpi = \frac{p-1}{3} = 2, \qquad \Pi_{1,1} = \frac{3.4}{1.2} = 6;$$

et comme 3 étant une racine primitive de l'équivalence

$$x^6 \equiv 1 \quad (\text{mod.} 7),$$

on pourra prendre

$$r \equiv 3^2 = 2 \quad (\text{mod.} 7);$$

par conséquent

$$\delta \equiv r - r^2 \equiv 2 - 4 \equiv -2 \quad (\text{mod.} 7),$$

les formules (68) donneront

$$x \equiv -6 \equiv 1, \qquad p \equiv 4 \equiv -3 \quad (\text{mod.} 7).$$

On a effectivement

$$4.7 = 1^2 + 3.3^2.$$

Prenons encore $p = 13$. On trouvera

$$\varpi = 4, \qquad \Pi_{1,2} = \frac{5.6.7.8}{1.2.3.4} = 70;$$

et comme 3 étant une racine primitive de l'équivalence

$$x^{12} \equiv 1 \quad (\text{mod.} 13),$$

on pourra prendre

$$r \equiv 3^4 \equiv 3, \qquad \delta \equiv r - r^2 \equiv 3 - 9 \equiv -6 \quad (\text{mod.} 13),$$

les formules (68) donneront

$$x \equiv -70 \equiv -5, \qquad y \equiv 10 \equiv -3 \quad (\text{mod.} 13).$$

On a effectivement

$$4.7 = 5^2 + 3.3^2.$$

La valeur numérique de x remplit déjà, comme on le voit, pour les valeurs 7 et 13 du nombre p, la condition d'être inférieure à $\frac{1}{2}p$. Donc, d'après ce qui a été dit ci-dessus, cette condition sera toujours remplie et, pour résoudre en nombres entiers l'équation (67), il suffira, dans tous les cas, de recourir à la première des équations (68). On trouvera, par exemple, pour $p = 19$,

$$\varpi = 6, \quad \Pi_{1,1} = \frac{7.8\,9.10.11.12}{1.2.3.4.5.6} \equiv 7.11.12 \equiv 12 \quad (\text{mod. } 19),$$

$$x \equiv 12 \equiv -7 \quad (\text{mod. } 19),$$

$$x = -7.$$

On a effectivement

$$4.19 = 7^2 + 3.3^2.$$

Dans les exemples précédents, la valeur de y est constamment divisible par 3. On peut démontrer qu'il en sera toujours ainsi (*voir* les numéros des *Comptes rendus des séances de l'Académie des Sciences, pour l'année* 1840).

Les formules (68), jointes à la remarque que nous venons de faire, comprennent l'un des théorèmes énoncés par M. Jacobi en 1827, dans un Mémoire qui a pour titre *De residuis cubicis commentatio numerosa* (voir le *Journal de M. Crelle*, de 1827).

Au reste, après avoir résolu l'équation (67) à l'aide des formules (68), on pourra toujours obtenir immédiatement deux autres solutions de la même équation, en ayant recours à la formule

$$4p = x^2 + 3y^2 = \left(\frac{x+3y}{2}\right)^2 + 3\left(\frac{x-y}{2}\right)^2$$
$$= \left(\frac{x-3y}{2}\right)^2 + 3\left(\frac{x+y}{2}\right)^2.$$

On trouvera par exemple

$$4.\ 7 = 1 + 3.3^2 = 5^2 + 3.1^2 = 4^2 + 3.2^2,$$
$$4.13 = 5^2 + 3.3^2 = 7^2 + 3.1^2 = 2^2 + 3.4^2,$$

....

Considérons maintenant le cas où l'on a $n=4$. On trouvera dans ce cas

$$\omega = \rho - \rho^3,$$

$$h=1, \quad k=3, \quad i=1, \quad j=0, \quad i-j=1,$$

$$P = R_{1,1}, \quad Q = R_{3,3},$$

$$U = R_{1,1}, \quad V = R_{3,3},$$

et, par suite, on pourra prendre

$$\mho = 1, \quad \Psi = -\Pi_{1,1}.$$

Donc, p étant un nombre premier de la forme $4x+1$, on pourra toujours satisfaire à l'équation

$$(69) \qquad 4p = x^2 + 4y^2.$$

en prenant pour x, y des nombres entiers qui vérifient la condition

$$x \equiv -y\delta \equiv -\Pi_{1,1}.$$

Dans cette dernière formule, la valeur de $\Pi_{1,1}$ sera

$$\Pi_{1,1} = \frac{1.2.3\ldots 2\varpi}{(1.2\ldots\varpi)^2} = \frac{(\varpi+1)\ldots 2\varpi}{1.2\ldots\varpi},$$

la valeur de ϖ étant

$$\varpi = \frac{p-1}{4},$$

et l'on aura d'ailleurs

$$\delta = r - r^3,$$

r étant une racine primitive de l'équation

$$x^4 \equiv 1 \quad (\text{mod.}\, p),$$

en sorte qu'on pourra prendre

$$r = t^{\varpi},$$

t étant ce qu'on nomme une *racine primitive* du nombre p, c'est-à-dire une racine primitive de l'équation

$$x^{p-1} \equiv 1 \quad (\text{mod.}\, p).$$

Cela posé, en ayant égard à la formule

$$\delta^2 \equiv -4 \quad (\text{mod.}\, p),$$

de laquelle on tire

$$\frac{1}{\delta} \equiv -\frac{\delta}{4},$$

on trouvera

$$(70) \qquad x \equiv -\text{II}_{1,1}, \qquad y \equiv -\frac{1}{4}\text{II}_{1,1}\delta \qquad (\text{mod.}\, p).$$

D'ailleurs, pour que l'équation (69) soit vérifiée, il est nécessaire que x soit un nombre pair; et alors, en écrivant $2x$ au lieu de x, dans cette même équation, on obtient la suivante

$$(71) \qquad p = x^2 + y^2,$$

à laquelle on devra satisfaire par des valeurs de x, y propres à vérifier les formules

$$(72) \qquad x \equiv -\frac{1}{2}\text{II}_{1,1}, \qquad y \equiv -\frac{1}{4}\text{II}_{1,1}\delta.$$

D'autre part, comme, en vertu de l'équation (71), les quantités x, y devront offrir des carrés inférieurs à p, et des valeurs numériques inférieures à $p^{\frac{1}{2}}$, par conséquent à

$$\frac{p}{2} = p^{\frac{1}{2}}\frac{p^{\frac{1}{2}}}{2},$$

attendu que p, au moins égal à 5, vérifiera la condition $p^{\frac{1}{2}} > 2$; il est clair qu'à l'aide des formules (72), ou seulement de la première de ces formules, on pourra déterminer complètement les valeurs entières de x, y qui vérifieront la formule (11). On trouvera par exemple, pour $p = 5$,

$$\varpi = \frac{p-1}{4} = 1, \qquad \text{II}_{1,1} = 2,$$

$$x \equiv -1 \qquad (\text{mod.}\, 5),$$

$$x = -1.$$

On a en effet

$$5 = 1^2 + 2^2.$$

Prenons encore $p = 13$, on trouvera

$$\varpi = 3, \qquad \Pi_{1,1} = \frac{4.5.6}{1-2-3} = 20 \qquad (\text{mod. } 13),$$

$$x \equiv -10 \equiv 3 \qquad (\text{mod. } 13),$$

$$x = 3.$$

On a en effet

$$13 = 3^2 + 2^2.$$

Prenons encore $p = 17$; on trouvera

$$\varpi = 4, \qquad \Pi_{1,1} = \frac{5.6.7.8}{1.2.3.4} = 5.2.7 = 70, \qquad \equiv 2 \qquad (\text{mod. } 17),$$

$$x \equiv -1 \qquad (\text{mod. } 17),$$

$$x = -1.$$

On a en effet

$$17 = 1^2 + 4^2.$$

Prenons enfin $p = 29$. On trouvera

$$\varpi = 7, \qquad \Pi_{1,1} = \frac{8.9.10.11.12.13.14}{1.2.3.4.5.6.7}.$$

D'ailleurs, il ne sera pas nécessaire de calculer la valeur exacte de $\Pi_{1,1}$, et l'on pourra se borner à déterminer, par l'une des méthodes exposées dans la Note V, une quantité équivalente à $\Pi_{1,1}$, suivant le module 29. Cette quantité sera immédiatement fournie par le tableau de la page 209, et se réduira au nombre 10, renfermé dans les deux colonnes horizontale et verticale dont les premières cases offrent le nombre 7. On aura donc

$$\Pi_{1,1} \equiv 10 \qquad (\text{mod. } 29),$$

$$x \equiv -5 \qquad (\text{mod. } 29),$$

$$x = -5.$$

On trouve en effet

$$29 = 5^2 + 2^2.$$

La première des formules (73) fournit précisément le beau théorème énoncé par M. Gauss, et relatif à la résolution de l'équation (71) en nombres entiers.

Il est bon d'observer que, dans le cas où l'on suppose, comme on vient de le faire,

$$p = 4\varpi + 1,$$

l'équation connue

$$1.2.3\ldots(p-1) \equiv -1 \qquad (\text{mod}.\, p)$$

donne

$$(1.2.3\ldots 2\varpi)^2 \equiv -1.$$

Donc alors on vérifie la formule

$$\delta^2 \equiv -4,$$

en prenant

$$\delta = 2(1.2.3\ldots 2\varpi),$$

et la seconde des formules (72) peut être réduite à

$$y \equiv -\frac{1.2.3\ldots 2\varpi}{2}\,\Pi_{1,1}.$$

Ainsi, par exemple, on trouvera, pour $p=5$,

$$y \equiv -\Pi_{1,1} \equiv -2 \qquad (\text{mod}.\,5),$$

par conséquent

$$y = -2;$$

pour $p = 13$,

$$y \equiv -3.4.5\ldots 6\Pi_{1,1} \equiv 4\Pi_{1,1} \equiv 80 \equiv 2 \qquad (\text{mod}.\,13),$$

$$y = 2, \qquad \ldots.$$

Considérons maintenant le cas où l'on a $n = 8$,

$$\omega = \rho + \rho^3 - \rho^5 - \rho^7.$$

Dans ce cas, on ne peut plus se servir ni de la formule (61), ni de la formule (66). Mais les équations (7) donnent

$$\mathrm{I} = \Theta_1\Theta_3 = \mathrm{R}_{1,3}\Theta_4, \qquad \mathrm{J} = \Theta_5\Theta_7 = \mathrm{R}_{5,7}\Theta_4,$$

et les coefficients de Θ_4 dans ces formules, savoir :

$$\mathrm{R}_{1,3}, \quad \mathrm{R}_{5,7},$$

représentent des fonctions symétriques des racines primitives

$$\rho, \ \rho^3 \qquad \text{ou} \qquad \rho^5, \ \rho^7.$$

Par suite, la somme

$$\mathrm{R}_{1,3} + \mathrm{R}_{5,7}$$

et la différence

$$R_{1,3} - R_{5,7}$$

seront de la forme

$$R_{1,3} + R_{5,7} = A, \qquad R_{1,3} - R_{5,7} = B\omega,$$

A, B désignant des quantités entières ; et, comme on aura d'autre part

$$R_{1,3} R_{5,7} = p,$$

on trouvera définitivement

$$4p = A^2 - B^2 \omega^2;$$

puis, en ayant égard à la formule

$$\omega^2 = -8,$$

on en conclura

$$4p = A^2 + 8B^2.$$

Dans cette dernière équation, A sera nécessairement pair, et en posant

$$A = 2x, \qquad B = y,$$

on la verra se réduire à

$$p = x^2 + 2y^2. \tag{73}$$

Ajoutons que, si l'on remplace ρ par r dans les deux formules

$$R_{1,3} + R_{5,7} = 2x, \qquad R_{1,3} - R_{5,7} = y\omega,$$

on devra y remplacer ω par δ ; et comme alors $R_{1,3}$ se trouvera remplacé par zéro, et $R_{5,7}$ par

$$-\Pi_{1,3},$$

on aura définitivement

$$2x \equiv -y\delta \equiv -\Pi_{1,3}.$$

Donc, en ayant égard à la formule

$$\delta^2 \equiv -8 \quad (\text{mod.}\, p),$$

de laquelle on tire

$$\frac{1}{\delta} \equiv -\frac{\delta}{8} \quad (\text{mod.}\, p),$$

on trouvera

$$(74) \qquad x \equiv -\frac{1}{2}\Pi_{1,3}, \qquad y \equiv -\frac{1}{8}\Pi_{1,3}\delta \qquad (\text{mod.}\, p),$$

la valeur de $\Pi_{1,3}$ étant donnée par l'équation

$$\Pi_{1,3} = \frac{1.2.3\ldots4\varpi}{(1.2\ldots\varpi)(1.2\ldots3\varpi)} = \frac{(3\varpi+1)\ldots4\varpi}{1.2\ldots\varpi},$$

et la valeur de ϖ étant

$$\varpi = \frac{p-1}{8}.$$

Quant à la valeur de δ, elle sera

$$\delta \equiv r + r^3 - r^5 - r^7 \qquad (\text{mod.}\, p)$$

r étant une racine primitive de l'équivalence

$$x^8 \equiv 1 \qquad (\text{mod.}\, p)$$

en sorte qu'on pourra prendre

$$r \equiv t^{\varpi} \qquad (\text{mod.}\, p),$$

t étant une racine primitive de l'équivalence

$$x^{p-1} \equiv 1 \qquad (\text{mod.}\, p).$$

Les formules (74) suffiront à la détermination complète des valeurs de x, y qui vérifieront l'équation (73), attendu que ces valeurs devront être, l'une et l'autre, inférieures, abstraction faite des signes, à $p^{\frac{1}{2}}$, et à plus forte raison à $\frac{1}{2}p$. On pourra même se borner à déterminer la valeur de x, à l'aide de la première des formules (74). On trouvera, par exemple, pour $p = 17$,

$$\varpi = 2, \qquad \Pi_{1,3} = \frac{7.8}{1.2} = 28,$$

$$x \equiv -14 \equiv 3 \qquad (\text{mod.}\, 17),$$

$$x = 3.$$

On aura effectivement

$$17 = 3^2 + 2.2^2.$$

On trouvera pareillement, pour $p=41$,

$$\varpi=5, \qquad \Pi_{1,3}=\frac{16.17.18.19.20}{1.2.3.4.5}=15.17.3.19\equiv-6 \quad (\text{mod}.41),$$
$$x\equiv-3 \qquad (\text{mod}.41),$$
$$x=-3.$$

On a effectivement

$$41=3^2+2.4^2,$$
. . . .

La première des formules (74) fournit un théorème donné par M. Jacobi, en 1838, dans les *Comptes rendus des séances de l'Académie de Berlin*.

Revenons maintenant au cas général où n désigne un entier qui vérifie la condition

$$\omega^2=-n,$$

sans toutefois se réduire à l'un des trois nombres

$$2, \quad 4, \quad 8.$$

Alors les valeurs entières de x, y, propres à résoudre l'équation

$$4p^\mu=x^2+ny^2,$$

vérifieront la formule (62); et, comme on aura d'ailleurs

$$\delta^2\equiv-n \qquad (\text{mod}.p),$$

par conséquent

$$\frac{1}{\delta}\equiv-\frac{\delta}{n} \qquad (\text{mod}.p),$$

on trouvera

$$(75) \qquad x\equiv\frac{\mathcal{G}}{\mathcal{F}}, \qquad y\equiv\frac{\delta}{n}\frac{\mathcal{G}}{\mathcal{F}} \qquad (\text{mod}.p).$$

Avant d'aller plus loin, il est bon d'observer que, dans la formule

$$4p^\mu=x^2+ny^2,$$

le second membre devra être pair tout comme le premier, et qu'en conséquence les deux termes

$$x^2, \quad ny^2$$

seront tous deux pairs ou tous deux impairs. Donc, si n est impair, les deux carrés

$$x^2, \quad y^2$$

seront en même temps pairs ou impairs. D'ailleurs, si les carrés x^2, y^2 sont tous deux impairs, chacun, divisé par 8, donnera 1 pour reste, et par suite la formule

$$x^2 + ny^2 = 4p^\mu$$

donnera

$$1 + n \equiv 4p^\mu \equiv 4 \quad (\text{mod.} 8),$$

ou, ce qui revient au même,

$$(76) \qquad n \equiv 3 \quad (\text{mod.} 8).$$

Donc, si n, supposé impair, et de la forme $4x + 3$ afin qu'on ait $\mathbb{D}^2 = -n$, ne vérifie pas la condition (76), c'est-à-dire, en d'autres termes, si l'on a

$$(77) \qquad n \equiv 7 \quad (\text{mod.} 8),$$

x^2, y^2 seront pairs l'un et l'autre. Alors, en écrivant $2x$ au lieu de x, et $2y$ au lieu de y, on obtiendra, au lieu de l'équation (29), la suivante

$$(78) \qquad p^\mu = x^2 + ny^2,$$

à laquelle on satisfera par des valeurs entières de x, y, qui vérifieront les conditions

$$(79) \qquad x \equiv \frac{1}{2}\frac{\mathcal{G}}{\mathcal{F}}, \qquad y \equiv \frac{\delta}{2n}\frac{\mathcal{G}}{\mathcal{F}} \qquad (\text{mod.}\, p).$$

Enfin, si n est un nombre pair, divisible par 4 ou par 8, il est clair que, dans l'équation

$$4p^\mu = x^2 + ny^2,$$

x lui-même devra être pair. Alors, en écrivant $2x$ au lieu de x, on verra cette équation se réduire à la suivante

$$(80) \qquad p^\mu = x^2 + \frac{n}{4} y^2,$$

et l'on pourra satisfaire à cette dernière par des valeurs entières de x, y, qui vérifieront les conditions

$$(81) \qquad x \equiv \frac{1}{2}\frac{\mathcal{G}}{\mathcal{F}}, \qquad y \equiv \frac{\delta}{n}\frac{\mathcal{G}}{\mathcal{F}} \qquad (\text{mod.}\, p).$$

Pour montrer quelques applications des formules qui précèdent, prenons d'abord pour n les nombres premiers qui, étant de la forme $4x+3$, et supérieurs à 3, restent inférieurs à 100. Parmi ces nombres premiers, les uns, savoir

$$11, \quad 19, \quad 43, \quad 59, \quad 67, \quad 83,$$

seront de la forme $8x+3$, les autres, savoir

$$7, \quad 23, \quad 31, \quad 47, \quad 71, \quad 79,$$

seront de la forme $8x+7$; et pour chacun d'eux, on obtiendra facilement les valeurs des résidus quadratiques

$$h, \quad h', \quad h'', \quad \ldots$$

en cherchant, dans les Tables construites par M. Jacobi, ceux des nombres

$$1, \quad 2, \quad 3, \quad \ldots, \quad n-1,$$

qui offrent des indices pairs suivant le module n. Ainsi, par exemple, comme, pour $n=7$, les indices des nombres

$$1, \quad 2, \quad 3, \quad 4, \quad 5, \quad 6$$

sont dans ces mêmes Tables

$$0, \quad 2, \quad 1, \quad 4, \quad 5, \quad 3$$

on trouvera, pour $n=7$,

$$h=1, \qquad h'=2, \qquad h''=4,$$
$$\Theta = \rho + \rho^2 + \rho^4 - \rho^3 - \rho^5 - \rho^6.$$

En opérant de la même manière pour les diverses valeurs de n, on reconnaîtra que les quantités $h, h', h'', \ldots$ inférieures ou supérieures à $\frac{n}{2}$, le nombre i ou j des unes ou des autres, et la différence $i-j$ sont respectivement, pour

n		i, j	$i-j$
$n=7$	1, 2 4	$i=2$ $j=1$	$i-j=1$,
$n=11$	1, 3, 4, 5 9	$i=4$ $j=1$	$i-j=3$,
$n=19$	1, 4, 5, 6, 7, 9 11, 16, 17	$i=6$ $j=3$	$i-j=3$,
$n=23$	1, 2, 3, 4, 6, 8, 9 12, 13, 16, 18	$i=7$ $j=4$	$i-j=3$,
$n=31$	1, 2, 4, 5, 7, 8, 9, 10, 14, 16, 18, 19, 20, 25, 28	$i=9$ $j=6$	$i-j=3$,
$n=43$	1, 4, 6, 9, 10, 11, 13, 14, 15, 16, 17, 21, 23, 24, 25, 31, 35, 36, 38, 40, 41	$i=12$ $j=9$	$i-j=3$,
$n=47$	1, 2, 3, 4, 6, 7, 8, 9, 12, 14, 16, 17, 18, 21, 24, 25, 27, 28, 32, 34, 36, 37, 42	$i=14$ $j=9$	$i-j=5$,
$n=59$	1, 3, 4, 5, 7, 9, 12, 15, 16, 17, 19, 20, 21, 22, 25, 26, 27, 28, 29, 35, 36, 41, 45, 46, 48, 49, 51, 53, 57	$i=19$ $j=10$	$i-j=9$,
$n=67$	1, 4, 6, 9, 10, 14, 15, 16, 17, 19, 21, 22, 23, 24, 25, 26, 29, 33, 35, 36, 37, 39, 40, 47, 49, 54, 55, 56, 59, 60, 62, 64, 65	$i=18$ $j=15$	$i-j=3$,
$n=71$	1, 2, 3, 4, 5, 6, 8, 9, 10, 12, 15, 18, 19, 20, 24, 25, 26, 27, 29, 30, 32, 36, 37, 38, 40, 43, 45, 48, 49, 50, 54, 57, 58, 60, 64	$i=21$ $j=14$	$i-j=7$,
$n=79$	1, 2, 4, 5, 8, 9, 10, 11, 13, 16, 18, 19, 20, 21, 22, 23, 25, 26, 31, 32, 36, 38, 40, 42, 44, 45, 46, 49, 50, 51, 52, 55, 62, 64, 65, 67, 72, 74, 76	$i=22$ $j=17$	$i-j=5$,
$n=83$	1, 3, 4, 7, 9, 10, 11, 12, 16, 17, 21, 23, 25, 26, 27, 28, 29, 30, 31, 33, 36, 37, 38, 40, 41, 44, 48, 49, 51, 59, 61, 63, 64, 65, 68, 69, 70, 75, 77, 78, 81	$i=25$ $j=16$	$i-j=9$.

Donc les valeurs de

$$\mu=i-j,$$

qui permettront toujours de résoudre en nombres entiers l'équation

$$p^\mu=x^2+ny^2,$$

seront respectivement :

Pour	$n=7$,	23,	31,	47,	71,	79,
	$\mu=1$,	3,	3,	5,	7,	5;

et les valeurs de

$$\mu=\frac{i-j}{3},$$

qui permettront toujours de résoudre en nombres entiers l'équation

$$4p^\mu=x^2+ny^2,$$

seront respectivement :

$$\text{Pour} \quad n = 11, \quad 19, \quad 43, \quad 59, \quad 67, \quad 83,$$
$$\mu = 1, \quad 1, \quad 1, \quad 3, \quad 1, \quad 3.$$

De plus, on aura, pour $n = 7$,

$$I = \Theta_1 \Theta_2 \Theta_4 = p \frac{\Theta_1 \Theta_2}{\Theta_3}, \qquad J = \Theta_3 \Theta_5 \Theta_6 = p \frac{\Theta_5 \Theta_6}{\Theta_{11}},$$

ou, ce qui revient au même,

$$I = p R_{1,2} = p^2 \frac{1}{R_{6,5}}, \qquad J = p R_{6,5},$$
$$f = 2, \qquad g = 1, \qquad f - g = 1 = \frac{i-j}{3} = \mu,$$
$$F = 1, \qquad G = R_{6,5};$$

et par suite, on pourra prendre

$$\mathcal{F} = 1, \qquad \mathcal{G} = -\Pi_{1,2}.$$

Donc, en vertu des formules (79), on pourra satisfaire à l'équation

$$p = x^2 + 7y^2, \tag{82}$$

par des valeurs entières de x, y, qui vérifieront les conditions

$$x \equiv -\frac{1}{2}\Pi_{1,2}, \qquad y \equiv -\frac{\delta}{14}\Pi_{1,2} \qquad (\text{mod.}\, p), \tag{83}$$

la valeur de $\Pi_{1,2}$ étant donnée par la formule

$$\Pi_{1.2} = \frac{1.2.3\ldots 3\varpi}{(1.2\ldots\varpi)(1.2\ldots 2\varpi)} = \frac{(2\varpi+1)\ldots 3\varpi}{1.2\ldots\varpi},$$

dans laquelle on aura

$$\varpi = \frac{p-1}{7},$$

et la valeur de δ par la formule

$$\delta = r + r^2 + r^4 - r^3 - r^5 - r^6,$$

dans laquelle r sera une racine primitive de l'équation

$$x^7 \equiv 1 \qquad (\text{mod.}\, p),$$

en sorte qu'on pourra supposer

$$r = t^{\varpi},$$

t étant une racine de p, c'est-à-dire une racine primitive de l'équivalence

$$x^{p-1} \equiv 1 \pmod{p}.$$

On trouvera, par exemple, pour $p = 29$,

$$\varpi = 4, \quad \Pi_{1,2} = \frac{1.2.3\ldots 12}{(1.2.3.4)(1.2.3\ldots 8)} = \frac{9.10.11.12}{1.2.3.4} = 9.5.11 \equiv 2 \pmod{29},$$

$$x \equiv -1 \pmod{29},$$

$$x = -1.$$

On a en effet

$$29 = 1 + 7.2^2.$$

Au reste, la quantité 2, qui, dans cet exemple, est équivalente à $\Pi_{1,2}$, suivant le module 29, se trouve immédiatement fournie par le tableau de la page 209, et se réduit, comme on devait s'y attendre, à celle que renferment à la fois les deux colonnes horizontale et verticale dont les premières cases contiennent les deux nombres

$$\varpi = 4, \qquad 2\varpi = 8.$$

M. Jacobi, dans son Mémoire de 1827, avait déjà indiqué les formules (83) comme pouvant servir à la résolution de l'équation (82). Pour arriver à ces formules et à d'autres semblables, il avait suivi une marche analogue à celle par laquelle M. Gauss lui-même a établi la première des formules (72), et il avait eu recours, nous a-t-il dit, à des considérations qui ne diffèrent pas de celles que j'ai exposées dans le *Bulletin des Sciences de* 1829, c'est-à-dire à la considération des fonctions ci-dessus désignées par Θ_h, Θ_k, Θ_l, ...

Si, au lieu de supposer $n = 7$, on prend successivement pour n les nombres premiers

$$11, \quad 19, \quad 43, \quad 67,$$

pour lesquels on a aussi $\mu = 1$, il suffira de recourir aux formules (75), ou du moins à la seconde d'entre elles, pour déterminer complètement les valeurs de x, y propres à vérifier l'équation

$$4p = x^2 + ny^2.$$

D'ailleurs, on trouvera, pour $n = 11$,

$$\begin{aligned} J &= -R_{1,3,4,5,9} = -R_{1,3}\,R_{1+3,4}\,R_{1+3+4,5}\,R_{1+3+4+5,9}, \\ I &= -R_{10,8,7,6,2} = -R_{10,8}\,R_{10+8,7}\,R_{10+8+7,6}\,R_{10+8+7+6,2}; \end{aligned}$$

par conséquent

$$I = pR_{1,3}\,R_{4,4}R_{8,5} = p^3\frac{R_{8,5}}{R_{10,8}R_{7,7}},$$

$$J = pR_{10,8}R_{7,7}R_{3,6} = p^2\frac{R_{10,8}R_{7,7}}{R_{8,5}},$$

$$f = 3, \qquad g = 2, \qquad f - g = 1 = \frac{i-j}{3} = \mu,$$

$$F = R_{8,5}, \qquad G = R_{10,8}R_{7,7},$$

et l'on pourra prendre

$$\mathfrak{F} = -\Pi_{3,6}, \qquad \mathcal{G} = \Pi_{1,3}\Pi_{4,4}.$$

Donc, en vertu des formules (75), lorsque p divisé par 11 donnera pour reste l'unité, on pourra satisfaire à l'équation

$$4p = x^2 + 11y^2 \tag{84}$$

par des valeurs de x, y propres à vérifier les conditions

$$x \equiv -\frac{\Pi_{1,3}\Pi_{4,4}}{\Pi_{2,6}}, \qquad y \equiv -\frac{\delta}{11}\,\frac{\Pi_{1,3}\Pi_{4,4}}{\Pi_{2,6}}, \tag{85}$$

les valeurs de $\Pi_{1,3}$, $\Pi_{4,4}$, $\Pi_{2,6}$ étant données par les formules

$$\Pi_{1,3} = \frac{(3\varpi+1)\ldots4\varpi}{1.2\ldots\varpi}, \qquad \Pi_{4,4} = \frac{(4\varpi+1)\ldots8\varpi}{1.2\ldots4\varpi}, \qquad \Pi_{2,6} = \frac{(6\varpi+1)\ldots8\varpi}{1.2\ldots2\varpi},$$

dans lesquelles on aura

$$\varpi = \frac{p-1}{11}.$$

Si, par exemple, on suppose $p = 23$, on trouvera

$$\varpi = 2,\quad \Pi_{1,3} = \frac{7.8}{1.2},\quad \Pi_{4,4} = \frac{9.10.11.12.13.14.15.16}{1.2.3.4.5.6.7.8},\quad \Pi_{2,6} = \frac{13.14.15.16}{1.2.3.4},$$

$$\Pi_{1,3} \equiv 28 \equiv 5,\qquad \Pi_{4,4} \equiv 9.10.11.13 \equiv -10,\qquad \Pi_{2,6} \equiv 13.14.10 \equiv 3,$$

$$(\text{mod}.23).$$

$$x \equiv -\frac{50}{3} \equiv -\frac{27}{3} \equiv -9 \qquad (\text{mod}.23).$$

Le carré de x^2 devant d'ailleurs être inférieur à $4.23 = 92$, on ne peut supposer que

$$x = -9.$$

On pourrait opérer de la même manière pour les trois valeurs de n représentées par

$$19,\quad 43,\quad 67.$$

Mais il est bon d'observer que chacune d'elles, divisée par 3, donne 1 pour reste. Or, quand cette condition est remplie, ou, ce qui revient au même, quand, n étant premier, $n - 1$ est divisible par 3, on peut ajouter, trois à trois, les nombres renfermés dans chacun des groupes

$$h,\quad h',\quad h'',\quad \ldots \qquad \text{et} \qquad k,\quad k',\quad k'',\quad \ldots,$$

de manière à obtenir des sommes divisibles par n. En effet, soit s une racine primitive de l'équivalence

$$x^{n-1} \equiv 1 \qquad (\text{mod}.\,n).$$

Les nombres renfermés dans le groupe

$$k,\quad k',\quad k'',\quad \ldots$$

seront équivalents, suivant le module n, aux divers termes de la progression géométrique

$$1,\quad s^2,\quad s^4,\quad \ldots,\quad s^{n-3},$$

et les nombres renfermés dans le groupe

$$k,\quad k',\quad k'',\quad \ldots$$

aux divers termes de la progression géométrique

$$s, \quad s^3, \quad \ldots, \quad s^{n-2}.$$

Comme on trouvera d'ailleurs, en supposant $n - 1$ divisible par 3,

$$1 + s^{\frac{n-1}{3}} + s^{2\frac{n-1}{3}} = \frac{s^{n-1} - 1}{s^{\frac{n-1}{3}} - 1} \equiv 0 \qquad (\text{mod.}\, n),$$

il est clair que, dans cette hypothèse, on aura

$$h + h' + h'' \equiv 0 \qquad (\text{mod.}\, n),$$

si l'on prend

$$h \equiv s^m, \qquad h' = s^{\frac{n-1}{3}+m}, \qquad h'' = s^{2\frac{n-1}{3}+m},$$

m étant un nombre pair, et

$$k + k' + k'' \equiv 0 \qquad (\text{mod.}\, n),$$

si l'on prend

$$k \equiv s^m, \qquad k' \equiv s^{\frac{n-1}{3}+m}, \qquad k'' \equiv s^{2\frac{n-1}{3}+m},$$

m étant un nombre impair. Par suite, chacune des fonctions représentées précédemment par I, J pourra être censée résulter de la multiplication de divers produits de la forme

$$\Theta_l \Theta_{l'} \Theta_{l''},$$

dans chacun desquels on aura

$$l + l' + l'' \equiv 0 \qquad (\text{mod.}\, n).$$

Or, on trouvera sous cette condition

$$\Theta_l \Theta_{l'} \Theta_{l''} = \Theta_l \Theta_{l'} \Theta_{-l-l'} = p\,\frac{\Theta_l \Theta_{l'}}{\Theta_{l+l'}} = p\,\mathrm{R}_{l,l'},$$

l, l' pouvant être deux quelconques des trois nombres

$$l, \quad l', \quad l'',$$

par exemple les deux plus petits, lorsqu'on aura

$$l + l' + l'' = n,$$

et les deux plus grands lorsqu'on aura

$$l + l' + l'' = 2n.$$

Donc, dans l'hypothèse admise, chacune des fonctions

$$\mathrm{I}, \quad \mathrm{J}$$

pourra être censée résulter de la multiplication de $\frac{n-1}{6}$ facteurs de la forme

$$p\mathrm{R}_{l,l},$$

ce qui permettra de calculer facilement les valeurs de $\mathfrak{I}$, $\mathfrak{G}$.

Concevons, pour fixer les idées, qu'on ait $n = 19$. Alors, si l'on prend $s = 10$, les nombres qui, étant inférieurs à 19, seront équivalents, suivant le module 19, aux quantités

$$\begin{array}{cccccc} 1, & s, & s^2, & s^3, & s^4, & s^5, \\ s^6, & s^7, & s^8, & s^9, & s^{10}, & s^{11}, \\ s^{12}, & s^{13}, & s^{14}, & s^{15}, & s^{16}, & s^{17}, \end{array}$$

c'est-à-dire les nombres correspondant aux indices

$$\begin{array}{cccccc} 0, & 1, & 2, & 3, & 4, & 5, \\ 6, & 7, & 8 & 9, & 10, & 11, \\ 12, & 13, & 14, & 15, & 16, & 17, \end{array}$$

seront respectivement ceux qui se trouveront contenus dans les trois premières lignes horizontales du tableau

$$(86) \qquad \left\{ \begin{array}{cccccc} 1, & 10, & 5, & 12, & 6, & 3, \\ 11, & 15, & 17, & 18, & 9, & 14, \\ \underline{7,} & \underline{13,} & \underline{16,} & \underline{8,} & \underline{4,} & \underline{2,} \\ 19, & 38, & 38. & 38, & 19, & 19; \end{array} \right.$$

les trois nombres renfermés dans une même colonne verticale pouvant être censés représenter trois valeurs correspondantes de l, l', l'', dont la somme

$$l + l' + l'',$$

toujours égale soit à $n = 19$, soit à $2n = 38$, se trouve placée au-dessous de ces trois nombres, dans la quatrième ligne horizontale. Donc, n étant égal à 19, I pourra être censé résulter de la multiplication des trois produits

$$\Theta_1\Theta_{11}\Theta_7 = p\,R_{1,7}, \qquad \Theta_5\Theta_{17}\Theta_{16} = p\,R_{16,17}, \qquad \Theta_6\Theta_9\Theta_4 = p\,R_{4,6},$$

et J de la multiplication des trois produits

$$\Theta_{10}\Theta_{15}\Theta_{13} = p\,R_{13,15}, \qquad \Theta_{12}\Theta_{18}\Theta_8 = p\,R_{12,18}, \qquad \Theta_3\Theta_{14}\Theta_2 = p\,R_{2,3},$$

et l'on aura

$$I = p^3 R_{1,7}\; R_{16,17} R_{4,6} = p^5 \frac{R_{16,17}}{R_{12,18} R_{13,15}},$$

$$J = p^3 R_{13,15} R_{12,18} R_{2,3} = p^4 \frac{R_{12,18} R_{13,15}}{R_{16,17}},$$

$$f = 5, \qquad g = 4, \qquad f - g = 1 = \frac{i-j}{3} = \mu,$$

$$F = R_{16,17}, \qquad G = R_{12,18} R_{13,15},$$

en sorte qu'on pourra prendre

$$\mathcal{F} = -\Pi_{2,3}, \qquad \mathcal{G} = \Pi_{1,7}\Pi_{4,6}.$$

Donc, en vertu des formules (75), lorsque p, divisé par 19, donnera pour reste l'unité, on pourra satisfaire à l'équation

$$(87) \qquad 4p = x^2 + 19y^2,$$

par des valeurs entières de x, y, qui vérifieront les conditions

$$(88) \qquad x \equiv -\frac{\Pi_{1,7}\Pi_{4,6}}{\Pi_{2,3}}, \qquad y \equiv -\frac{\partial}{19}\frac{\Pi_{1,7}\Pi_{4,6}}{\Pi_{2,3}} \qquad (\text{mod.}\, p).$$

On peut remarquer qu'en vertu des formules (88) la quantité x est équivalente, au signe près, suivant le module p, au rapport

$$\frac{\Pi_{1,7}\Pi_{4,6}}{\Pi_{2,3}},$$

dont le numérateur et le dénominateur ont pour facteurs les trois valeurs de

$$\Pi_{l,l'},$$

correspondant aux trois colonnes verticales du tableau (86) qui offrent des valeurs de l, l', l'' dont la somme est $n = 19$; chaque valeur de

$$\Pi_{l,l'},$$

devant être considérée comme facteur du numérateur ou du dénominateur, suivant qu'elle correspond à une colonne verticale de rang impair, ou de rang pair. Or, il est facile de prouver que cela devait arriver ainsi. En effet, soient l, l'; l'' trois nombres renfermés dans l'une des colonnes verticales, au bas desquelles se trouve placée la somme $n = 19$. Si la colonne dont il s'agit est de rang impair, ces trois nombres correspondront à des indices pairs, et par suite

$$p\mathrm{R}_{l,l'} = \frac{p^2}{\mathrm{R}_{n-l,n-l'}}$$

sera l'un des facteurs de I. Si, au contraire, la colonne dont il s'agit est de rang pair, une autre colonne de rang impair, mais au bas de laquelle on lira la somme $2n = 38$, renfermera les trois nombres

$$n - l, \quad n - l', \quad n - l'',$$

et par suite

$$p\mathrm{R}_{n-l,n-l'}$$

sera l'un des facteurs de I. Donc, dans le premier cas, $\mathrm{R}_{n-l,n-l'}$ sera un facteur de G, et $-\Pi_{l,l'}$ un facteur de $\mathcal{G}$, tandis que, dans le second cas, $\mathrm{R}_{n-l,n-l'}$ sera un facteur de F, et $-\Pi_{l,l'}$ un facteur de $\mathcal{F}$. On peut ajouter qu'à toute colonne de rang impair, terminée par la somme $2n = 38$, correspondra une colonne de rang pair, terminée par la somme $n = 19$. Donc, pour obtenir tous les facteurs de $\mathcal{F}$ et de $\mathcal{G}$, il suffira de considérer les colonnes terminées par la somme $n = 19$; et chacune de ces colonnes fournira un facteur de la forme

$$-\Pi_{l,l'}$$

soit au numérateur, soit au dénominateur du rapport $\frac{\mathcal{G}}{\mathcal{F}}$, suivant qu'elle sera de rang impair ou de rang pair.

La remarque que nous venons de faire donne le moyen d'appliquer facilement les formules (75) aux cas où n se réduit à l'un des nombres 43, 67; et d'abord, si l'on suppose $n=43$, $s=28$, alors, en vertu des tables construites par M. Jacobi, les nombres inférieurs à $n-1$ et équivalents aux quantités

$$1,\quad s,\quad s^2,\quad \ldots,\quad s^{n-1},$$

c'est-à-dire les nombres correspondant aux indices

$$\begin{array}{cccccccccccccc}
0, & 1, & 2, & 3, & 4, & 5, & 6, & 7, & 8, & 9, & 10, & 11, & 12, & 13,\\
14, & 15, & 16, & 17, & 18, & 19, & 20, & 21, & 22, & 23, & 24, & 25, & 26, & 27,\\
28, & 29, & 30, & 31, & 32, & 33, & 34, & 35, & 36, & 37, & 38, & 39, & 40, & 41,
\end{array}$$

seront ceux que renferment les trois premières lignes horizontales du tableau

$$(89)\quad \left\{\begin{array}{cccccccccccccc}
1, & 28, & 10, & 22, & 14, & 5, & 11, & 7, & 24, & 27, & 25, & 12, & 35, & 34,\\
6, & 39, & 17, & 3, & 41, & 30, & 23, & 42, & 15, & 33, & 21, & 29, & 38, & 32,\\
36, & 19, & 16, & 18, & 31, & 8, & 9, & 37, & 4, & 26, & 40, & 2, & 13, & 20,\\
\hline
43, & 86, & 43, & 43, & 86, & 43, & 43, & 86, & 43, & 86, & 86, & 43, & 86, & 86,
\end{array}\right.$$

les trois nombres renfermés dans une même colonne verticale pouvant être censés représenter trois valeurs correspondantes de

$$l,\quad l',\quad l'',$$

dont la somme $n=43$, ou $2n=86$ se trouve placée, dans la quatrième ligne horizontale, au-dessous de ces trois nombres. Cela posé, les valeurs de

$$\Pi_{l,l'},$$

correspondant à des colonnes terminées inférieurement par la somme 43, seront

$$\Pi_{1,6},\quad \Pi_{10,16},\quad \Pi_{3,18},\quad \Pi_{5,8},\quad \Pi_{9,11},\quad \Pi_{4,15},\quad \Pi_{2,12};$$

et parmi ces valeurs, quatre, savoir

$$\Pi_{1,6},\quad \Pi_{10,16},\quad \Pi_{9,11},\quad \Pi_{4,15},$$

correspondront à la première, à la troisième, à la septième, à la neuvième colonne verticale, c'est-à-dire à des colonnes verticales de rang impair, tandis que les trois autres, savoir

$$\Pi_{3,18},\quad \Pi_{5,8},\quad \Pi_{2,12},$$

correspondront à la quatrième, à la sixième, à la douzième colonne verticale, c'est-à-dire à des colonnes verticales de rang pair. Donc, en vertu de ce qui a été dit ci-dessus, si le nombre premier p, divisé par 43, donne pour reste l'unité, on pourra satisfaire à l'équation

$$(90)\qquad 4p = x^2 + 43y^2$$

par des valeurs entières de x, y qui vérifieront les conditions

$$(91)\qquad \begin{cases} x \equiv -\dfrac{\Pi_{1,6}\Pi_{10,16}\Pi_{9,11}\Pi_{4,15}}{\Pi_{3,18}\Pi_{5,8}\Pi_{2,12}} \\ y \equiv -\dfrac{\delta}{43}\dfrac{\Pi_{1,6}\Pi_{10,16}\Pi_{9,11}\Pi_{4,15}}{\Pi_{3,18}\Pi_{5,8}\Pi_{2,12}} \end{cases} \pmod{p}.$$

Supposons, en second lieu, $n = 67$, $s = n$. Alors, au lieu du tableau (89), on obtiendra le suivant

	1,	12,	10,	53,	33,	61,	62,	7,	17,	3,	36,	30,	25,	32,	49,	52,	21,	51,	9,	41,	23,	8,
	29,	13,	22,	63,	19,	27,	56,	2,	24,	20,	39,	66,	55,	57,	14,	34,	6,	5,	60,	50,	64,	31,
(92)	37,	42,	35,	18,	15,	46,	16,	58,	26,	44,	59,	38,	54,	45,	4,	48,	40,	11,	65,	43,	47,	28,
	67,	67,	67,	134,	67,	134,	134,	67,	67,	67,	134,	134,	134,	134,	67,	134,	67,	67,	134,	134,	134,	67.

Or, les valeurs de $\Pi_{l,l'}$ correspondant aux colonnes verticales qui, dans ce tableau, se trouvent terminées inférieurement par la somme $n = 67$, sont respectivement, pour les colonnes de rang impair,

$$\Pi_{1,29},\quad \Pi_{10,22},\quad \Pi_{15,19},\quad \Pi_{17,24},\quad H_{4,14},\quad \Pi_{6,21},$$

et pour les colonnes de rang pair

$$\Pi_{12,13},\quad \Pi_{2,7},\quad \Pi_{3,20},\quad \Pi_{5,11},\quad \Pi_{8,28}.$$

Donc, si le nombre premier p, divisé par 67, donne pour reste l'unité, on pourra satisfaire à l'équation

$$(93)\qquad 4p = x^2 + 67y^2$$

par des valeurs entières de x, y qui vérifieront les conditions

$$(94)\quad \begin{cases} x \equiv -\dfrac{\Pi_{1,29}\Pi_{10,22}\Pi_{15,19}\Pi_{17,24}\Pi_{4,14}\Pi_{6,21}}{\Pi_{12,13}\Pi_{2,7}\Pi_{3,20}\Pi_{5,11}\Pi_{8,18}} \\ y \equiv -\dfrac{\delta}{67}\dfrac{\Pi_{1,29}\Pi_{10,22}\Pi_{15,19}\Pi_{17,24}\Pi_{4,14}\Pi_{6,21}}{\Pi_{12,13}\Pi_{2,7}\Pi_{3,20}\Pi_{5,11}\Pi_{8,18}} \end{cases} \pmod{p}.$$

Si maintenant on prend pour n, non plus un nombre premier, mais un nombre composé, pour lequel on ait

$$\Theta^2 = -n,$$

on trouvera, au-dessous de la limite 100, trois nombres de la forme $8x+3$, auxquels les formules (75) seront applicables, savoir les trois nombres

$$35 = 5.7, \qquad 51 = 3.17, \qquad 91 = 7.13,$$

et cinq nombres de la forme $8x+7$, auxquels les formules (79) seront applicables, savoir

$$15 = 3.5, \qquad 39 = 3.13, \qquad 55 = 5.11, \qquad 87 = 3.19, \qquad 95 = 5.19.$$

Si, pour fixer les idées, on suppose $n = 15 = 3.5$, on trouvera

$$\Theta = \rho + \rho^2 + \rho^4 + \rho^8 - \rho^7 - \rho^{11} - \rho^{13} - \rho^{14},$$

$$I = \Theta_1\ \Theta_2\ \Theta_4\ \Theta_8 = -R_{1,2}\ R_{1+2,4}\ R_{1+2+4,8} = pR_{1,2}\ R_{3,4},$$
$$J = \Theta_{14}\Theta_{13}\Theta_{11}\Theta_7 = -R_{14,13}R_{14+13,11}R_{14+13+11,7} = pR_{14,13}R_{12,11},$$

ou, ce qui revient au même,

$$I = p^3\frac{1}{R_{14,13}R_{12,11}}, \qquad J = pR_{14,13}R_{12,11};$$

par conséquent

$$i = 3, \qquad j = 1, \qquad f = 3, \qquad g = 1, \qquad f - g = i - j = 2,$$
$$F = 1, \qquad G = R_{14,13}R_{12.11};$$

en sorte qu'on pourra prendre

$$\mathfrak{F} = 1, \qquad \mathcal{G} = \Pi_{1,2}\Pi_{3,4}.$$

Donc, si le nombre premier p, divisé par 15, donne 1 pour reste, on pourra satisfaire à l'équation

$$p^2 = x^2 + 15y^2 \tag{95}$$

par des valeurs entières de x, y, qui vérifieront les conditions

$$x \equiv -\frac{1}{2}\Pi_{1,2}\Pi_{3,4}, \qquad y \equiv -\frac{\delta}{30}\Pi_{1,2}\Pi_{3,4} \qquad (\text{mod. } p). \tag{96}$$

Or, comme en vertu de l'équation (95) les valeurs numériques de x, y seront inférieures à p, il est clair que les formules (96), ou au moins la seconde de ces formules, fourniront le moyen de déterminer complètement les valeurs de x, y.

Supposons, par exemple, $p = 31$: on aura

$$\varpi = 2, \qquad \Pi_{1,2} = \frac{5.6}{1.2} = 3.5, \qquad \Pi_{3,4} = \frac{9.10.11.12.13.14}{1.2.3.4.5.6} = 3.7.11.13$$

et

$$\delta \equiv r + r^2 + r^4 + r^8 - r^7 - r^{11} - r^{13} - r^{14},$$

r étant une racine primitive de l'équivalence

$$x^{15} \equiv 1 \qquad (\text{mod. } 31),$$

ou, ce qui revient au même,

$$\delta \equiv t^2 + t^4 + t^8 + t^{16} - t^{14} - t^{22} - t^{26} - t^{28},$$

t étant racine primitive de 31. Cela posé, les tables de M. Jacobi donneront

$$\delta \equiv 10 + 7 + 18 + 14 - 20 - 19 - 9 - 28 \equiv -4 \qquad (\text{mod. } 31),$$

et l'on tirera des formules (96)

$$x \equiv -\frac{33.35.39}{2} \equiv -\frac{2.4.8}{2} \equiv -1, \qquad y \equiv -2\delta x \equiv -8 \qquad (\text{mod. } 31).$$

Donc, puisque la valeur numérique de y devra être inférieure à p et même à $\frac{p}{\sqrt{15}}$, on aura

$$y = -8.$$

On trouvera effectivement

$$31^2 = 1^2 + 15.8^2.$$

Si n cesse d'être impair, alors pour vérifier la condition

$$\mathbb{O}^2 = -n,$$

il devra être de l'une des formes

$$4(4x+1), \quad 8(2x+1),$$

les facteurs impairs étant inégaux. On pourra, par exemple, prendre pour $\frac{n}{4}$ un des nombres

$$5, \quad 13, \quad 17, \quad 21, \quad 29, \quad 33, \quad 37, \quad 41, \quad \ldots,$$

ou pour $\frac{n}{8}$ un des nombres

$$3, \quad 5, \quad 7, \quad 11, \quad 13, \quad 15, \quad 17, \quad 19, \quad 21, \quad \ldots,$$

c'est-à-dire qu'on pourra prendre pour n un terme quelconque de l'une des deux suites

$$20, \quad 52, \quad 68, \quad 84, \quad 116, \quad 132, \quad 148, \quad 164, \quad \ldots,$$
$$24, \quad 40, \quad 56, \quad 88, \quad 104, \quad 120, \quad 136, \quad 152, \quad \ldots.$$

Si, pour fixer les idées, on attribue successivement à $\frac{n}{4}$ les valeurs représentées par les nombres premiers

$$5, \quad 13, \quad 17, \quad 29, \quad 37, \quad 41, \quad \ldots,$$

on pourra déterminer facilement les valeurs des nombres

$$h, \quad h', \quad h'', \quad \ldots,$$

par conséquent celles des trois quantités

$$i, \quad j, \quad \mu = \frac{i-j}{2},$$

à l'aide des principes établis à la page 300; et l'on trouvera successivement, pour valeurs de i, les nombres

$$4, \quad 8, \quad 12, \quad 20, \quad 20, \quad 28, \quad \ldots,$$

pour valeurs de j, les nombres

$$0, \quad 4, \quad 4, \quad 8, \quad 16, \quad 12, \quad \ldots,$$

et pour valeurs de μ, les nombres

$$2,\quad 2,\quad 4,\quad 6,\quad 2,\quad 8,\quad \ldots.$$

D'ailleurs, en vertu des formules (81), on aura :

Pour $\frac{n}{4}=5$, $n=20$,

$$x\equiv-\frac{1}{2}\Pi_{1,9}\Pi_{3,7}\equiv\pm\frac{1}{2}\Pi_{1,9}^2,\qquad y\equiv\frac{\delta}{10}x\qquad(\text{mod}.\,p);$$

Pour $\frac{n}{4}=13$, $n=52$,

$$x\equiv-\frac{1}{2}\,\frac{\Pi_{1,25}\Pi_{9,17}}{\Pi_{3,23}}\,\frac{\Pi_{11,15}\Pi_{7,19}}{\Pi_{5,21}}\equiv\pm\frac{1}{2}\left(\frac{\Pi_{1,25}\Pi_{9,17}}{\Pi_{3,23}}\right)^2,\qquad y\equiv\frac{\delta}{26}x\qquad(\text{mod}\,p),\qquad\ldots.$$

etc....

En terminant cette Note, nous ferons observer que si l'on veut obtenir directement, dans tous les cas, non plus seulement des quantités équivalentes aux quantités entières x, y, qui vérifient l'équation

$$4p^\mu=x^2+ny^2,$$

mais les valeurs mêmes de x et de y, il suffira de recourir aux équations (35), desquelles on tirera, eu égard aux formules $\lambda=g$, $\omega^2=-n$,

$$x+y\omega=2p^{f-g}\frac{F}{G},\qquad x-y\omega=2\frac{G}{F},$$

et par conséquent

$$x=\frac{G}{F}+p^{f-g}\frac{F}{G},\qquad y=\frac{\omega}{n}\left(\frac{G}{F}-p^{f-g}\frac{F}{G}\right).\tag{97}$$

Ces dernières valeurs de y pourront toujours être calculées ainsi que les facteurs de la forme

$$R_{l,l'},$$

compris dans F et dans G, à l'aide des principes établis dans la Note V. On pourra d'ailleurs, si l'on veut, déduire des formules (97) les valeurs exactes de x, y, en remplaçant dans les seconds membres le signe $=$ par le signe $\equiv$, et la racine primitive de l'équation

$$x^n=1$$

par une racine primitive r de l'équivalence

$$x^n \equiv 1 \quad (\text{mod}.\, p^m)$$

m étant un nombre entier assez considérable pour qu'il ne reste aucune incertitude sur la valeur de x ou de y. Dans le cas particulier où l'on a $\mu = 1$ ou $\mu = 2$, on peut déterminer complètement y, en supposant $m = 1$. D'ailleurs, cette dernière supposition réduit les équivalences, qui doivent remplacer les équations (97), aux formules (75).

NOTE XIV.

OBSERVATIONS RELATIVES AUX FORMES QUADRATIQUES SOUS LESQUELLES SE PRÉSENTENT CERTAINES PUISSANCES DES NOMBRES PREMIERS, ET RÉDUCTION DES EXPOSANTS DE CES PUISSANCES.

Soient, comme dans la Note précédente :

p un nombre premier impair ;
n un diviseur de $p - 1$;
$h, k, l, \ldots$ les entiers inférieurs à n mais premiers à n ;
N le nombre des entiers $h, k, l, \ldots$;
ρ l'une des racines primitives de l'équation

$$x^n = 1, \tag{1}$$

et

$$\text{Ⓓ} = \rho^h + \rho^{h'} + \rho^{h''} + \ldots - \rho^k - \rho^{k'} - \rho^{k''} - \ldots \tag{2}$$

une somme alternée de ces racines, les entiers $h, k, l, \ldots$ étant ainsi partagés en deux groupes

$$h, \quad h', \quad h'', \quad \ldots \qquad \text{et} \qquad k, \quad k', \quad k'', \quad \ldots,$$

dont le premier sera censé comprendre l'unité. Enfin supposons que, parmi les entiers

$$h, \quad k, \quad l, \quad \ldots,$$

ceux qui sont inférieurs à $\frac{1}{2}n$ se trouvent, en nombre égal à i, dans le groupe $h, h', h'', \ldots$ et en nombre égal à j, dans le groupe $k, k', k'', \ldots$ Pour que le module n vérifie la condition

$$\Theta^2 = -n \tag{3}$$

il faudra que ce module soit de l'une des formes

$$4x+3, \quad 4(4x+1), \quad 8(2x+1)$$

et qu'en outre les facteurs impairs de n soient inégaux. Alors, en vertu du théorème établi dans la Note précédente, on pourra toujours satisfaire, par des valeurs entières de x, y, à l'équation

$$4p^\mu = x^2 + ny^2, \tag{4}$$

dans laquelle on devra poser généralement

$$\mu = i - j \quad \text{ou} \quad \mu = \frac{i-j}{3} \quad \text{ou} \quad \mu = \frac{i-j}{2},$$

suivant qu'on aura

$$n \equiv 7 \pmod{8} \quad \text{ou} \quad n \equiv 3 \pmod{8} \quad \text{ou} \quad n \equiv 0 \pmod{4}.$$

On doit toutefois observer qu'il y a deux exceptions à faire à cette règle, et qu'on aura : 1° pour $n = 3$

$$\mu = i - j = 1 \quad \text{au lieu de} \quad \mu = \frac{i-j}{3};$$

2° pour $n = 4$

$$\mu = i - j = 1 \quad \text{au lieu de} \quad \mu = \frac{i-j}{2}.$$

Ajoutons qu'on pourra réduire l'équation (4), si n divisé par 8 donne 7 pour reste, à la formule

$$p^\mu = x^2 + ny^2, \tag{5}$$

et, si n est divisible par 4 ou par 8, à la formule

$$p^\mu = x^2 + \frac{n}{4}y^2. \tag{6}$$

En calculant, dans la Note précédente, les valeurs de l'exposant μ correspondant à des valeurs données du module n, nous avons toujours obtenu des valeurs impaires de μ, quand n était un nombre premier, et des valeurs paires de μ, quand n était un nombre composé, supérieur à 4. On peut affirmer qu'il en sera toujours ainsi. En effet, si nous prenons d'abord pour n un nombre impair, ce nombre sera de la forme $4x+3$, et l'exposant μ représenté par la valeur numérique de la différence

$$i-j,$$

ou par le tiers de cette valeur numérique, sera pair ou impair avec elle, suivant que la somme

$$i+j=\frac{N}{2}$$

sera elle-même paire ou impaire. Comme on aura d'ailleurs, si n est un nombre premier,

$$N=n-1$$

et, si n est le produit de plusieurs nombres premiers impairs $\nu, \nu', \ldots$,

$$N=(\nu-1)(\nu'-1)\ldots;$$

il est clair que μ sera impair avec $\frac{n-1}{2}$, si n est un nombre premier de la forme $4x+3$, et pair avec le rapport

$$\frac{(\nu-1)(\nu'-1)\ldots}{2},$$

si n est un nombre composé de la même forme $4x+3$. Dans l'un et l'autre cas, d'après ce qui a été dit dans la Note IX,

$$h, \quad h', \quad h'', \quad \ldots$$

seront ceux des entiers inférieurs à n et premiers à n, qui vérifieront la condition

$$\left[\frac{h}{n}\right]=1.$$

Supposons maintenant qu'on prenne pour n, non plus un nombre impair de la forme $4x+3$, mais un nombre pair divisible par 4. Ce nombre devra être de la forme

$$4\nu\nu'\nu''\ldots,$$

$\nu, \nu', \nu'', \ldots$ étant des facteurs premier impairs, inégaux entre eux, et dont le produit soit de la forme $4x+1$. Alors aussi les nombres

$$h, \quad h', \quad h'', \quad \ldots$$

seront ceux des entiers inférieurs à n, et premiers à n, qui vérifieront ou les deux conditions

$$\left[\frac{h}{\frac{1}{4}n}\right]=1, \qquad h\equiv 1 \qquad (\text{mod.} 4),$$

ou les deux conditions

$$\left[\frac{h}{\frac{1}{4}n}\right]=-1, \qquad h\equiv -1 \qquad (\text{mod.} 4).$$

On peut en conclure que, dans le groupe

$$h, \quad h', \quad h'', \quad \ldots,$$

les nombres entiers inférieurs à $\frac{n}{2}$ seront deux à deux de la forme

$$h, \quad \frac{n}{2}-h.$$

Donc, dans l'hypothèse admise, i sera pair, et, comme l'équation

$$N=2(\nu-1)(\nu'-1)\ldots$$

entraînera la suivante

$$i+j=\frac{N}{2}=(\nu-1)(\nu'-1)\ldots,$$

on peut affirmer encore : 1° que $i+j$ sera pair et même divisible par 4; 2° que j sera pair avec i et $i+j$; 3° que la somme

$$\frac{i}{2}+\frac{j}{2}$$

sera paire elle-même, et qu'on pourra en dire autant de la différence

$$\frac{i}{2}-\frac{j}{2}=\frac{i-j}{2}=\mu.$$

Supposons enfin qu'on prenne pour n un nombre divisible par 8. Ce nombre devra être de la forme

$$8\nu\nu'\nu''\ldots,$$

$\nu, \nu', \nu''\ldots$ étant des facteurs impairs inégaux; et les entiers

$$h, \quad h', \quad h'', \quad \ldots$$

seront : 1° si $\frac{n}{8}$ est de la forme $4x+1$, ceux qui vérifieront les deux conditions

$$\left[\frac{h}{\frac{1}{8}n}\right]=1, \qquad h\equiv 1 \quad \text{ou} \quad 3 \quad (\text{mod. } 1),$$

ou les deux conditions

$$\left[\frac{h}{\frac{1}{8}n}\right]=-1, \qquad h\equiv 5 \quad \text{ou} \quad 7 \quad (\text{mod.} 8);$$

2° si $\frac{n}{8}$ est de la forme $4x+3$, ceux qui vérifieront les deux conditions

$$\left[\frac{h}{\frac{1}{8}n}\right]=1, \qquad h\equiv 1 \quad \text{ou} \quad 7 \quad (\text{mod.} 8).$$

ou les deux conditions

$$\left[\frac{h}{\frac{1}{8}n}\right]=-1, \qquad h\equiv 3 \quad \text{ou} \quad 5 \quad (\text{mod.} 8).$$

On en conclut encore que, dans le groupe

$$h, \quad h', \quad h'', \quad \ldots,$$

les nombres inférieurs à $\frac{n}{2}$ seront, deux à deux, de la forme

$$h, \quad \frac{n}{2}-h.$$

Donc i sera pair, et, comme on aura

$$N = 4(\nu - 1)(\nu' - 1)\ldots,$$
$$i + j = \frac{2}{N} = 2(\nu - 1)(\nu' - 1)\ldots,$$

la somme $i+j$ sera non seulement paire, mais divisible par 4. Donc, par suite,

$$j \quad \text{et} \quad \frac{i}{2} + \frac{j}{2}$$

seront pairs, et l'on pourra en dire autant de la différence

$$\frac{i}{2} - \frac{j}{2} = \frac{i-j}{2} = \mu.$$

Ainsi, en résumé, l'exposant μ sera, dans l'équation (4), (5) ou (6), un nombre impair ou un nombre pair, suivant que le module $n > 4$ sera un nombre premier ou un nombre composé. D'ailleurs, dans le dernier cas, on peut, à l'aide d'une méthode souvent employée par les géomètres, réduire, comme on va le voir, la valeur numérique de l'exposant μ.

Prenons d'abord pour n un nombre composé de la forme $8x + 7$. Alors l'équation (4) pourra être remplacée par la formule (5), dans laquelle μ sera un nombre pair ; et, comme par suite p^μ sera un carré impair, c'est-à-dire de la forme $8x + 1$, x^2 devra être un carré de la même forme, et y^2 un carré pair. Cela posé, les deux facteurs

$$p^{\frac{\mu}{2}} - x, \qquad p^{\frac{\mu}{2}} + x,$$

dont la somme sera $2p^{\frac{\mu}{2}}$, et le produit $p^\mu - x^2 = ny^2$, auront évidemment pour plus grand commun diviseur le nombre 2; et, pour satisfaire à l'équation (5), on devra supposer

$$p^{\frac{\mu}{2}} - x = 2\alpha u^2, \qquad p^{\frac{\mu}{2}} + x = 2\text{Ϭ} v^2,$$

par conséquent

$$p^{\frac{\mu}{2}} = \alpha u^2 + \text{Ϭ} v^2, \tag{7}$$

α, 6, u, v désignant des nombres entiers qui vérifieront les conditions

$$(8) \qquad \alpha 6 = n,$$

$$(9) \qquad 2uv = y.$$

Il y a plus : comme le produit $\alpha 6 = n$ sera diviseur de $p - 1$, on aura

$$\left[\frac{p}{\alpha}\right] = 1, \qquad \left[\frac{p}{6}\right] = 1,$$

et par suite la formule (7) entraînera les conditions

$$(10) \qquad \left[\frac{6}{\alpha}\right] = 1, \qquad \left[\frac{\alpha}{6}\right] = 1,$$

auxquelles les facteurs α, 6 devront encore satisfaire. Enfin, comme on l'a dit dans la Note IX, la loi de réciprocité comprise dans la formule

$$(11) \qquad \left[\frac{6}{\alpha}\right] = (-1)^{\frac{\alpha-1}{2}\frac{6-1}{2}} \left[\frac{\alpha}{6}\right]$$

est applicable au cas où l'on représente par α, 6, non pas seulement deux nombres premiers supérieurs à 2, mais encore deux nombres impairs quelconques ; et, comme, n étant de la forme $4x+3$, l'un des facteurs α, 6 devra être de la forme $4x+1$, il est clair que, dans l'hypothèse admise, la première des conditions (10) entraînera la seconde, et réciproquement. Donc : *lorsque n sera un nombre composé de la forme* $8x+7$, *l'équation* (5) *entraînera la formule* (7), *dans laquelle* α, 6 *devront vérifier les conditions*

$$(12) \qquad \alpha 6 = n, \qquad \left[\frac{6}{\alpha}\right] = 1.$$

Supposons, pour fixer les idées, $n = 15 = 3.5$. On trouvera pour h $h', \ldots$ les nombres

$$1, \quad 2, \quad 4, \quad 8,$$

dont trois sont inférieurs et un seul supérieur à $7\frac{1}{2}$. On aura donc

$$i = 3, \qquad j = 1, \qquad \mu = \frac{i-j}{2} = 2,$$

et l'équation (5), réduite à

$$p^2 = x^2 + 15y^2,$$

entraînera la formule

$$p = \alpha u^2 + 6v^2;$$

α, 6 étant des entiers assujettis à vérifier les deux conditions

$$\alpha 6 = 15, \qquad \left[\frac{6}{\alpha}\right] = 1.$$

Or, de ces deux conditions, la première sera vérifiée si l'on prend pour α, 6 les nombres 1 et 15 ou 3 et 5. Mais comme on a

$$\left[\frac{5}{3}\right] = -1,$$

la seconde condition nous oblige à rejeter les nombres 3 et 5, en prenant pour α, 6 les nombres 1 et 15. Donc, p étant un nombre premier de la forme $15x + 1$, ou, ce qui revient au même, de la forme $30x + 1$, la considération des facteurs primitifs de p fournira la solution, en nombres entiers, de l'équation

$$p = u^2 + 15v^2.$$

Supposons, par exemple, $p = 31$. On trouvera d'abord (*voir* la Note précédente) $x = -1$,

$$31^2 = 1^2 + 15.8^2;$$

puis on en conclura

$$(31 + 1)(31 - 1) = 4.15u^2v^2,$$

le produit uv devant vérifier la condition

$$u^2v^2 = 4^2;$$

et, comme des deux nombres

$$31 - x = 31 + 1 = 32, \qquad 31 + x = 31 - 1 = 30,$$

c'est le second qui se trouve divisible par 15, on aura, dans le cas présent,

$$\alpha = 1, \qquad 6 = 15,$$

$$31 + 1 = 2u^2, \qquad 31 - 1 = 2.15v^2.$$

On vérifiera effectivement les deux dernières équations, en prenant

$$u^2 = 4^2, \qquad v^2 = 1;$$

et, par conséquent, il suffira d'attribuer à u, v les valeurs numériques 4 et 1 pour résoudre, en nombres entiers, l'équation

$$31 = u^2 + 15v^2.$$

Prenons maintenant pour n un nombre composé de la forme $9x + 3$. Alors on pourra vérifier en nombres entiers l'équation (4). De plus, les deux facteurs

$$2p^{\frac{\mu}{2}} - x, \qquad 2p^{\frac{\mu}{2}} + x,$$

dont la somme sera $4p^{\frac{\mu}{2}}$ et le produit $4p^{\mu} - x^2 = ny^2$, resteront premiers entre eux, si x^2, y^2 sont des carrés impairs. Donc alors pour satisfaire à l'équation (4), on devra supposer

$$2p^{\frac{\mu}{2}} - x = \alpha u^2, \qquad 2p^{\frac{\mu}{2}} + x = 6v^2,$$

et par suite

$$4p^{\frac{\mu}{2}} = \alpha u^2 + 6v^2, \tag{13}$$

α, 6, u, v étant des nombres entiers qui vérifient les formules

$$\alpha 6 = n, \qquad uv = y,$$

avec les conditions (10). Si, dans le cas que nous considérons, x^2, y^2 étaient des carrés pairs, on pourrait, comme dans le cas précédent, réduire l'équation (4) à l'équation (5), et l'on arriverait à la formule (7), qui peut être censée comprise dans la formule (13), de laquelle on la déduit, en remplaçant u par $2u$ et v par $2v$. On peut donc énoncer la proposition suivante :

Lorsque n est un nombre composé de la forme $8x + 3$, *l'équation* (4) *entraîne la formule* (13), *dans laquelle* α, 6 *doivent vérifier les conditions* (12).

Prenons maintenant pour n un nombre composé, divisible par 4, mais non par 8. Alors, on pourra satisfaire en nombres entiers à l'équation (6), si $\frac{n}{4}$ est de la forme $4x+1$; et, par des raisonnements semblables à ceux dont nous venons de faire usage, on prouvera que l'équation (6) entraîne l'une des deux formules

$$p^{\frac{\mu}{2}} = \alpha u^2 + 6 v^2, \tag{14}$$

$$2 p^{\frac{\mu}{2}} = \alpha u^2 + 6 v^2, \tag{15}$$

α, 6 désignant des nombres impairs assujettis à vérifier la condition

$$\alpha 6 = \frac{n}{4}, \tag{16}$$

et u, v des quantités entières qui vérifieront l'une des conditions

$$2uv = y, \qquad uv = y.$$

D'ailleurs, le produit

$$\alpha 6 = \frac{n}{4}$$

étant de la forme $4x+1$,

$$\alpha, \quad 6$$

seront tous deux de cette forme, ou tous deux de la forme $4x+3$; et, comme l'équation (14) entraînera les formules (10), en vertu desquelles la formule (11) donnera

$$(-1)^{\frac{\alpha-1}{2}\frac{6-1}{2}} = 1, \tag{17}$$

il est clair que, dans l'équation (14), α, 6 ne pourront être tous deux de la forme $4x+3$. Ils y seront donc l'un et l'autre de la forme $4x+1$. Quant aux valeurs de α, 6, renfermées dans l'équation (15), elles devront vérifier les formules

$$\left[\frac{6}{\alpha}\right] = \left[\frac{2}{\alpha}\right], \qquad \left[\frac{\alpha}{6}\right] = \left[\frac{2}{6}\right], \tag{18}$$

desquelles on tirera, en les combinant avec les formules (10) et (16),

$$\left[\frac{2}{\frac{1}{4}n}\right] = (-1)^{\frac{\alpha-1}{2}\frac{6-1}{2}}; \tag{19}$$

et, comme u^2, v^2 devront être impairs dans l'équation (15), cette équation donnera encore

$$2 \equiv \alpha + 6 \pmod{8}. \tag{20}$$

Or, en vertu des formules (19), (20), les entiers

$$\alpha, \quad 6$$

devront être tous deux de la forme $8x+1$, ou tous deux de la forme $8x+5$, si $\frac{n}{4}$ est de la forme $8x+1$; et l'un de la forme $8x+3$, l'autre de la forme $8x+7$, si $\frac{n}{4}$ est de la forme $8x+5$. On peut donc énoncer la proposition suivante :

Lorsque n est un nombre composé divisible par 4 *et non par* 8, *l'équation* (6) *entraîne ou les équations* (14) *et* (16), *ou les équations* (15) *et* (16); α, 6 *étant deux nombres impairs qui devront être tous deux de la forme* $8x+1$, *ou tous deux de la forme* $8x+5$, *si* $\frac{n}{4}$ *est de la forme* $8x+1$, *et l'un de la forme* $8x+3$, *l'autre de la forme* $8x+7$, *si* $\frac{n}{4}$ *est de la forme* $8x+5$. *Ajoutons que* α, 6 *devront encore satisfaire, si l'équation* (14) *se vérifie, à l'une des équations* (10), *et, si l'équation* (15) *se vérifie, à l'une des équations* (18).

En appliquant, au cas où n est divisible par 8, des raisonnements semblables à ceux dont nous venons de faire usage, on obtiendra la proposition suivante :

Lorsque n est un nombre composé, divisible par 8, *l'équation* (6) *entraîne la formule*

$$p^{\frac{\mu}{2}} = \alpha u^2 + 26 v^2, \tag{21}$$

α, 6 *étant deux nombres impairs assujettis à vérifier la condition*

$$\alpha 6 = \frac{n}{8}, \tag{22}$$

avec les deux suivantes

$$(23)\qquad \left[\frac{\alpha}{6}\right]=1,\qquad \left[\frac{6}{\alpha}\right]=\left[\frac{2}{\alpha}\right],$$

desquelles on tire, eu égard à la formule (11),

$$(-1)^{\frac{\alpha-1}{2}\frac{6-1}{2}}=\left[\frac{2}{\alpha}\right]=(-1)^{\frac{1}{2}\frac{\alpha-1}{2}\frac{\alpha+1}{2}}$$

et, par conséquent,

$$\frac{\alpha-1}{2}\,\frac{6-1}{2}\equiv\frac{1}{2}\,\frac{\alpha-1}{2}\,\frac{\alpha+1}{2}\qquad(\text{mod.}\,2);$$

ou, ce qui revient au même,

$$(24)\qquad (\alpha-1)(\alpha-26+3)\equiv 0\qquad(\text{mod.}\,16).$$

En vertu des diverses propositions que nous venons d'établir, l'exposant μ de la puissance de p renfermée dans l'équation (4), (5) ou (6), peut être réduit, lorsque n est un nombre composé, à l'exposant $\frac{\mu}{2}$. Ce dernier exposant, s'il est pair, pourra souvent lui-même être réduit à $\frac{\mu}{4}$; et cette nouvelle réduction sera particulièrement applicable aux formules (7), (13), (14), (21), si dans ces formules, α se réduit à l'unité.

Pour vérifier cette dernière observation sur un exemple, supposons

$$n=68=4.17.$$

Alors, parmi les entiers inférieurs à 17, et premiers à 68, ceux qui feront partie du premier groupe, savoir

$$1,\quad 3,\quad 7,\quad 9,\quad 11,\quad 13,$$

seront au nombre de 6, et ceux qui feront partie du second groupe, savoir

$$5,\quad 15,$$

seront au nombre de deux. On aura donc par suite

$$\frac{i}{2}=6,\qquad \frac{j}{2}=2,\qquad \mu=\frac{i-j}{2}=6-2=4,$$

et l'on pourra, en supposant que p, divisé par 68, donne l'unité pour reste, résoudre en nombres entiers l'équation

$$p^4 = x^2 + 17y^2.$$

Or, celle-ci entraînera l'une des formules

$$p^2 = u^2 + 17v^2, \qquad 2p^2 = u^2 + 17v^2,$$

dont la première à son tour entraînera l'une des suivantes

$$p = s^2 + 17t^2, \qquad 2p = s^2 + 17t^2,$$

s, t désignant encore des nombres entiers. Effectivement on sait que tout nombre premier de la forme $68x + 1$ peut être représenté par l'une des formules

$$y^2 + 2yz + 18z^2 = (y + z)^2 + 17z^2,$$
$$2y^2 + 2yz + 9z^2 = \frac{(2y + z)^2 + 17z^2}{2}.$$

POST-SCRIPTUM.

La note placée au bas de la page 179, et relative à la loi de réciprocité qui existe entre deux nombres premiers, se réduit à cette observation très simple, que la démonstration empruntée par M. Legendre à M. Jacobi ne paraît pas avoir été publiée par l'un ou l'autre de ces deux géomètres avant 1830. Je suis loin de vouloir en conclure que cette démonstration n'ait pu être découverte par M. Jacobi à une époque antérieure. Dans le Mémoire de 1827, intitulé : *De residuis cubicis commentatio numerosa*, M. Jacobi, avant d'énoncer les théorèmes relatifs à la résolution des équations indéterminées $4p = x^2 + 27y^2$, $p = x^2 + 7y^2$, dit expressément : *In fontem uberrimum indici, e quo inter alia et demanare sequentia theoremata vidi.* La source féconde dont M. Jacobi parle dans ce passage est, comme lui-même me l'a déclaré depuis (*voir*, dans le *Bulletin des Sciences de M. de Ferussac*, le Mémoire de septembre 1829), la considération des propriétés dont jouissent les racines de l'équation auxiliaire, qui sert à la résolution d'une équation binome, c'est-à-dire, en d'autres termes, les fonctions ci-dessus désignées Θ_h, Θ_k, ... Quelques-unes de ces propriétés avaient déjà conduit M. Gauss aux importants résultats que contiennent les dernières pages de ses *Disquisitiones arithmeticæ*, et à son théorème sur la résolution de l'équation $p = x^2 + y^2$. Ainsi, les recherches de M. Jacobi sur les formes quadratiques des nombres premiers, et l'on doit en dire autant des miennes, peuvent être considérées comme offrant de nouveaux développements de la belle théorie exposée par M. Gauss. J'ajouterai que, les propriétés des fonctions de la forme Θ_h étant supposées connues, il devient très facile d'obtenir la démonstration ci-dessus rappelée. Il est donc tout naturel qu'à une époque renfermée entre 1827 et 1830, M. Jacobi ait trouvé cette démonstration et l'ait communiquée verbalement ou par écrit à M. Legendre. Mais quelle est la date précise de cette communication? C'est un point sur lequel je n'ai aucun renseignement, et je m'en rapporterai au témoignage de l'illustre géomètre de Kœnigsberg.

FIN DU TOME III DE LA PREMIÈRE SÉRIE.

TABLE DES MATIÈRES

DU TOME TROISIÈME.

PREMIÈRE SÉRIE.

MÉMOIRES EXTRAITS DES RECUEILS DE L'ACADÉMIE DES SCIENCES DE L'INSTITUT DE FRANCE.

MÉMOIRES EXTRAITS DES « MÉMOIRES DE L'ACADÉMIE DES SCIENCES ».

MÉMOIRE SUR LA THÉORIE DES NOMBRES.

FIN DE LA TABLE DES MATIÈRES DU TOME III DE LA PREMIÈRE SÉRIE.

40804 Paris. — Imprimerie GAUTHIER-VILLARS, 55, quai des Grands-Augustins.